普通高等教育"十二五"规划教材

环境工程设计教程

徐新阳　郝文阁　主编

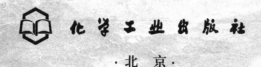

化学工业出版社

·北京·

本书以环境工程专业本科生环境工程设计课程的教学大纲为指导，以环境工程设计（重点是不同环境要素污染治理工程设计）为主线，简要地介绍了环境工程设计的范围、内容及环境工程设计的前期工作，对不同环境要素污染治理工程的工艺流程选择、工艺流程计算、工艺设备选型进行了全面系统的介绍，并阐述了环境工程设计的经济技术分析。

本书适用于高等院校环境工程专业作为教材使用，也可供从事环境工程设计工作的工程技术、管理人员参考。

图书在版编目（CIP）数据

环境工程设计教程/徐新阳，郝文阁主编. —北京：
化学工业出版社，2011.7（2024.6重印）
普通高等教育"十二五"规划教材
ISBN 978-7-122-11120-3

Ⅰ. 环…　Ⅱ. ①徐…②郝…　Ⅲ. 环境工程-设计-
高等学校-教材　Ⅳ. X505

中国版本图书馆 CIP 数据核字（2011）第 072603 号

责任编辑：满悦芝　　　　　　　　　　　　文字编辑：刘莉珺
责任校对：边　涛　　　　　　　　　　　　装帧设计：尹琳琳

出版发行：化学工业出版社（北京市东城区青年湖南街13号　邮政编码100011）
印　　装：北京虎彩文化传播有限公司
787mm×1092mm　1/16　印张18¼　字数489千字　2024 年 6 月北京第 1 版第 9 次印刷

购书咨询：010-64518888　　　　　　　　　　售后服务：010-64518899
网　　址：http://www.cip.com.cn
凡购买本书，如有缺损质量问题，本社销售中心负责调换。

定　　价：68.00 元

前　言

环境工程专业是实践性很强的学科，环境工程设计在环境工程专业本科生教学中具有重要地位。高等学校环境科学与工程教学指导委员会制定的《高等学校本科环境工程专业规范》中已经明确将环境工程设计列入专业知识单元，但是，与其他专业课相比，环境工程设计课程设置较晚，有关该课程教学内容、教学方法的研究以及教材建设还有待进一步完善。有关环境工程设计方面的手册已经不少，但是，适合环境工程设计这门课的教材却几乎是空白。

2000 年，东北大学环境工程专业开设了"环境工程设计基础"这门课。由于还没有合适的教材可以选用，我们组织编写了相关的教学讲义。《环境工程设计教程》正是在教学讲义的基础上编写而成的。本书编者力求在系统全面介绍环境工程设计的基础知识、环境污染治理工程的流程选择、处理设备（构筑物）的选型计算的同时，尽可能地吸收最近、最新的技术和资料，但限于篇幅，也不可能面面俱到。

本书共 6 篇 21 章，包括绪论，环境工程设计的前期工作，污染源强度计算，烟气净化系统设计，除尘器设计，气态污染物控制设备设计，换热设备设计，污水的物理处理，污水的化学处理，污水的活性污泥法处理，污水的生物膜法处理，污水的厌氧生物处理，污泥的处理，固体废物的收集、运输和贮存，固体废物填埋场设计，固体废物焚烧处理设计，有机固体废物生物处理设计，隔振装置的设计，吸声、隔声及消声器的设计，环境工程项目概预算，环境工程项目技术经济分析等。本书 1、2 章、20、21 章由徐新阳编写，第 3 章由钟子楠编写，第 4～7章由郝文阁编写，第 8～13 章由李茹编写，第 14～17 章由陈熙编写，第 18、19 章由宫璇编写。全书由徐新阳统稿。

作为教材，本书吸收和借鉴了许多同行的研究成果，在本书编写过程中，得到了许多兄弟院校和研究单位的大力支持和帮助，化学工业出版社的编辑为本书的付印做了大量工作，东北大学的张国权教授认真审阅了书稿，东北大学余仁焕教授、罗茜教授、黄戊生认真审阅了编写提纲，并提出了宝贵意见，在此一并表示衷心的感谢！本书编写过程中参考了许多国内外专家学者的著作和研究成果，在此表示真诚的谢意。感谢东北大学环境工程研究所的研究生吴岩、李艳、李梦成、王翼、于洪蕾、孟凡钰、范寅娣、刘海朋等在文字编辑过程中所做的工作。感谢殷杰、徐书聪、徐新福、徐珈、陈新在文字校对方面给予的帮助。

本书可作为高等院校环境工程专业的教材使用，也可供从事环境工程设计工作的工程技术、管理人员参考。

由于时间仓促，书中不足和不妥之处在所难免，衷心希望读者给予批评和指正。

编者

2011 年 6 月于沈阳

目　录

第一篇　环境工程设计基础知识

第二篇　废气污染控制工程设计

第三篇　污水处理工程设计

第四篇　固体废物处理处置工程设计

第五篇 噪声污染控制工程设计

第六篇 环境工程经济技术分析

环境工程设计基础知识

1 绪论

建设项目在带来经济效益和社会效益的同时，往往会造成不同程度的环境污染。环境工程就是研究如何对生产、生活过程中产生的废气、废水、固体废物、噪声、电磁辐射、放射性污染、光污染等进行处理和防治，减轻或消除不利环境影响的科学。根据我国《建设项目环境保护管理条例》，对环境有影响的建设项目需要配套建设环境保护设施，而且环境保护设施要与主体工程同时设计、同时施工、同时投入使用（即"三同时"）。环境工程设计的主要任务是运用工程技术和相关基础科学的原理和方法，具体落实和实现环境保护设施的建设，以各种工程设计文件、图纸的形式表达设计人员的思路和设计思想，直至建设成功各种环境污染治理设施、设备，并保证其正常运行，满足环保要求，通过竣工验收。

1.1 环境工程设计的范围和内容

1.1.1 环境工程设计的工作范围

环境工程设计的对象是"对环境有影响的建设项目"的污染治理工程。"对环境有影响的建设项目"是指在建设期、运营期及运营期满后对周围环境可能带来不利影响的建设项目。

随着社会经济的发展和科学技术的进步，"工程"的概念也不断发生变化。工程已经不再是单纯的技术问题，而且与社会、经济密切相关。在解决具体工程问题时，需要综合考虑技术、经济、市场、法律等诸多方面的因素。环境工程设计不能仅仅理解为完成设计任务的工作阶段，更不能认为"设计"就等于图纸。实际上环境工程设计贯穿于环境工程项目建设的全过程。在环境工程项目建设的前期阶段（包括立项、可行性研究、环境影响评价、编制设计任务书等）离不开环境工程设计人员的参与，在环境工程设计施工阶段需要环境工程设计人员全程指导，环境工程项目建成后的处理设备试运行、测试、工程验收也需要环境工程设计人员参加。

1.1.2 环境工程设计的工作内容

环境工程设计的主要工作内容包括以下几个方面。

（1）大气污染防治　大气污染物种类繁多，一次污染物按其存在状态可分为两大类：颗粒污染物和气态污染物。其中对环境危害严重的气态污染物有二氧化硫、氮氧化物、碳氢化合物、碳氧化合物、卤素化合物等。对于上述污染物的主要防治措施有工业污染末端治理、提高能源效率和节能、开发新能源和可再生能源、机动车尾气污染控制等。

（2）水污染防治　水污染的主要来源是工业废水和生活污水。

工业废水主要产生于各类工矿企业的生产过程，其水量和水质随生产过程而异，根据其来源又可分为工艺废水、原料和成品洗涤废水、场地冲洗水和设备冷却水等。生活污水主要产生于居民日常生活和城市公用设施，污水中的主要污染物有悬浮态和溶解态的各种有机物、氮、硫、磷等的无机盐和各种微生物。水污染防治的主要措施包括：推行清洁生产、节水减污、污染物排放总量控制、加强污水处理工程建设及运行管理等。

（3）固体废物污染防治　固体废物是指生产、生活、流通、自然灾变等过程中产生的，在一定时间和地点利用而被丢弃的固态或泥状废物。固体废物可分为城市生活垃圾、一般工业固体废物、危险固体废物和放射性固体废物等。

固体废物一词中的"废"具有鲜明的时间和空间特征。从时间方面讲，它仅仅相对于目前的技术和经济条件，随着科学技术的进步和资源的不断枯竭，今天的废物有可能成为将来的资源。从空间角度看，废物仅仅相对于某一过程或某一方面没有使用价值，而并非在一切过程或一切方面没有使用价值，某一过程的废物往往会是另一过程的原料。所以，有人形象地把固体废物称作是"放错位置的资源"。

我国20世纪80年代中期提出"无害化、减量化和资源化"的固体废物管理技术政策，并确定在今后较长一段时间内，应以无害化为前提，发展趋势是从无害化走向资源化，资源化以无害化为前提，无害化和减量化以资源化为条件。改进生产工艺、采用清洁生产工艺、大力提倡固体废物的综合利用，从源头减少固体废物的排放是控制工业固体废物污染的重要措施。固体废物的最终处置必须以保证安全性为前提。

（4）物理性污染防治　物理性污染防治主要包括噪声污染防治、电磁辐射防治、放射性防治、减振及光污染防治等。物理性污染防治的主要措施是控制污染源、控制传播途径和对接收者采取防护措施等。物理污染的防治近年来日益受到人们的重视。

1.2　环境工程设计程序

环境工程设计必须按照国家规定的设计程序进行，大体上分成三个阶段。

（1）项目建议书阶段　项目建议书应根据建设项目的性质、规模、建设地区的环境状况等资料，对建设项目投产后可能造成的环境影响进行简要说明，其主要内容包括：①所在地区环境现状；②可能造成的环境影响分析；③当地环境保护主管部门的意见和要求；④存在的问题。

（2）可行性研究阶段　建设项目的可行性研究报告应具有环境保护的专门篇章，其主要内容是：①建设地区的环境现状；②主要污染源和主要污染物；③项目建设可能引起的生态变化；④设计采用的环境保护标准；⑤控制环境污染和生态变化的初步方案；⑥环境工程投资估算；⑦环境影响分析和环境影响评价的结论；⑧存在的问题及意见。

（3）工程设计阶段　工程设计阶段一般包括初步设计和施工图设计。

建设项目初步设计必须有环境保护篇章，落实环境影响报告书（表）及环境保护主管部门审批意见所确定的各项环境保护措施。具体内容包括：①环境保护设计依据；②主要污染源和主要污染物的种类、名称、数量、浓度或强度及排放方式；③规划采用的环境保护标准；④环境保护工程设施及简要处理工艺流程、预期处理效果；⑤对建设项目引起的生态变化所采取的防治措施；⑥绿化设计；⑦环境管理机构及定员；⑧环境监测机构；⑨环境保护工程投资概算；⑩存在的问题及建议。

建设项目环境保护工程的施工图设计，必须按已批准的初步设计文件及其环境保护篇章所确定的各种措施和要求进行。

1.3　环境工程设计依据

环境工程设计的主要依据为国家及地方有关工程建设的各类政策、法规、标准、规范、建设项目的可行性研究报告、政府相关批文和设计委托合同。

（1）国家及地方有关标准和政策　环境工程设计应贯彻执行国家及地方有关工程建设的政策和法规，符合国家现行的建筑工程建设标准，遵循国家和地方相关的设计规范、技术政策和设计深度规定。

（2）工程可行性研究报告　工程可行性研究报告是对工程项目进行全面分析和论证评估的书面报告。工程可行性研究报告一般由建设单位或建设单位委托设计单位编制，报告完成后，由规划管理部门、贷款银行或投资者以及有关部门组织行内专家对其进行评审，形成项目评价报告，作为项目决策的依据。

（3）政府有关批文和设计委托　环境工程项目需经有关部门批准，发放建设许可批文后，方可进行工程建设。设计单位承接建设项目设计时，需与委托方签订设计合同，明确设计要求和职责。

1.4　环境工程设计的原则

1.4.1　工程设计的一般原则

工程设计应遵循技术先进、安全可靠、质量第一、经济合理的原则，具体包括：

（1）工程设计要认真贯彻国家的经济建设方针、政策　这些政策包括产业政策、技术政策、能源政策、环保政策等。正确处理各产业之间、长期与近期之间、生产与生活之间等各方面的关系。

（2）应充分考虑资源的充分利用　要根据技术上的可能性和经济上的合理性，对能源、水资源、土地等资源进行高效综合利用，提高利用效率。

（3）选用的技术要先进实用　工程设计时要尽量采用先进、成熟和适用的技术，要符合我国的国情，同时要积极吸收和引进国外先进技术和经验，但要符合国内的管理水平和消化能力。采用新技术要经过试验而且要有正式的技术鉴定。必须引进国外新技术及进口国外设备的，要与我国的技术标准、原料供应、生产协作配套、维修配件的供应条件相协调。

（4）安全可靠，质量第一　工程设计要坚持安全可靠、质量第一的原则，保证项目建成后能长期安全正常生产。

（5）坚持经济合理的原则　在我国资源和财力条件下，使项目建设达到项目投资的目标，取得投资省、工期短、技术经济指标最佳的效果。

1.4.2　环境工程设计的原则

除了要遵循工程设计的一般原则外，环境工程设计还必须遵循以下原则。

① 环境工程设计必须遵循国家有关环境保护的法律法规，合理开发和充分利用各种自然资源，严格控制环境污染，保护和改善生态环境。

② 建设项目需要配套建设的环境保护设施，必须与主体工程同时设计、同时施工、同时投入使用。

③ 环境保护设计必须遵守污染物排放的国家标准和地方标准；在实施重点污染物排放总量控制的区域内，还必须符合重点污染物排放总量控制的要求。

④ 环境工程设计应当在工业建设项目中采用能耗少、污染物产生量少的清洁生产工艺，实现工业污染防治从末端治理向生产全过程控制的转变。

思　考　题

1. 简述环境工程设计的范围和内容。
2. 环境工程设计包括哪些程序？
3. 环境工程设计的依据主要包括哪些？
4. 环境工程设计的原则包括哪些？

2 环境工程设计的前期工作

2.1 前期工作应备资料

环境工程设计前期工作应备资料可概括为五大部分：①规划资料；②项目建议书、批文；③基础资料；④技术资料；⑤互提资料。

2.1.1 规划资料

规划资料主要有城市总体规划、区域环境保护规划、区域大气和水体污染总量控制规划以及国家环境保护部门的有关政策与标准。

（1）城市（区域）总体规划　是依据城市（区域）的性质、社会经济发展目标、人口控制规模，对城市（区域）规划区内的人口、土地资源、房屋建筑、道路交通、绿化及各项市政基础设施的统筹安排，建设项目必须服从城市（区域）总体规划的要求。

（2）区域环境保护规划　是根据地区的环境现状、社会经济发展规划，制定的近期环境保护工作的行动指南。

（3）区域大气、水体污染总量控制规划　是为实现地区环境保护目标，结合当地的自然环境状况和环境容量，制定的区域内污染物排放控制目标。

（4）国家有关政策与标准　是指国家建设、环境保护等行政主管部门颁布的有关部门规章和规范性文件、环境管理规定、环境质量及污染物排放等技术标准。

2.1.2 项目建议书及批文

项目建议书及批文主要包括工程项目建议书和批文，以及工程项目可行性研究报告和批文。

2.1.3 基础资料

基础资料包括区域自然条件、社会经济条件、技术经济条件、建筑施工条件及协议文件等。

（1）区域自然条件

① 地理与地形：建设项目所处的经、纬度，行政区位置和交通、水电、地形图。

② 水文：地表水、地下水情况。

③ 工程地质：地层稳定性、土壤特性及允许承载压力、土壤中含酸碱性物质种类及程度以及腐蚀情况、地震的情况。

④ 气候与气象：建设项目所在地区的主要气候特征，年平均风速和主导风向，年平均气温，极端气温与月均气温（最冷月与最热月），年平均相对湿度，平均降水量、降水天数，降水量极值，积雪量极值，积雪深度，当地逆温层特征、云量、云状和日照，土壤湿度及冻土层深度，主要天气特征（如梅雨、寒潮、雹和台风、飓风）等。

（2）社会经济条件

① 行政区划、社会经济和人口：行政分区，经济发展状况，居民区的分布情况及分布特点，人口数量和人口密度。

② 农业与土地利用：可耕地面积，粮食作物与经济作物构成及产量，农业总产值及土地利用现状。

③ 自然保护区与环境敏感点：各种自然保护区，历史文化古迹，疗养院以及重要政治军事文化设施。

④ 人群健康状况：各类流行病、传染病情况。

（3）技术经济条件

① 地区工业协作条件：建设项目附近工矿企业分布、生产性质、生产能力、发展远景、生产协作条件。

② 管线：给水、排水、供电、供热管线。

③ 交通：铁路、公路、水运、航空。

④ 通信：电视、电话、交换机、转播站。

⑤ 市政：市政建设与规划、卫生福利、文教设施、消防等。

（4）建筑施工条件

① 建筑材料；

② 配件、部件、管件；

③ 施工条件；

④ 施工单位和设施情况。

（5）协议文件　一般包括政府主管部门同意建设用地或扩建用地的协议；供热、供电、供气、供水及接管、接线的协议；卫生、劳动、环境保护、国土资源、公安等部门同意建设项目或改扩建项目的证明文件；紧缺材料供应协议等。

2.1.4　技术资料

建设单位应提供的技术资料主要包括以下几项。

（1）项目可行性研究报告。

（2）环境影响评价报告书（表）。

（3）设计任务书。

（4）选址报告。

（5）环境质量监测报告。

（6）科学试验报告，一般包括以下内容：①工业废物采样方法、采样点及分析化验资料；②有害物的利用价值及处理初步设想；③工艺散尘设备、工艺密闭阀、自动化、气力输送的测试试验资料；④为解决技术难点而构思设计的设备、设施、部件的实施情况。

2.1.5　互提资料

互提资料指进行设计工作时，各相关专业（部门）互相提供的资料。通常环境保护工程涉及的主要专业是工艺主体专业和各种辅助专业（暖通、水、电力、总图、技术经济、自动控制、建筑、结构、设备等）。

2.2　项目建议书

2.2.1　项目建议书的作用

项目建议书是项目业主向国家有关部门提出要求建设某一具体环境工程项目的建议文件，是基本建设程序中最初阶段的工作，是投资决策前对拟建项目的轮廓性设想。项目建议书是根据国民经济和社会发展的长远目标、行业和地区的环境规划、国家经济和环境政策以及企业的战略目标，结合本地区、本企业的资源状况和物质条件，通过前期的资料收集、调研工作，对环境工程项目所提出的一个构想，并在此基础上形成文字材料，对该项目的轮廓进行描述，从宏观上就项目建设的必要性和可行性提出预论证。项目建议书的作用概括起来包括：①项目建议书是国家选择建设项目的依据，一旦获得批准即为立项；②批准立项的工程可以进一步开展可行性研究；③涉及外资的项目只有在批准立项后方可开展对外工作。

2.2.2 项目建议书的内容

项目建议书的编制通常由建设单位委托有相应工程咨询资质的机构，通过初步考查和调研，提出初步设想，分析项目建设的必要性、可行性，建设地点的选择，建设内容与规模，投资估算与资金筹措，以及经济效益、环境效益和社会效益估计等。环境工程项目建议书的主要内容见表2.1。

表 2.1　环境工程项目建议书的主要内容

要　　目	主　要　内　容
项目基本情况	项目名称、项目业主单位和项目负责人
项目建设的必要性	说明项目提出的背景，列出城镇、区域或企业的环境保护规划资料，国家有关部门对该项目的要求，结合项目所在地区的环境状况说明项目建设的必要性；需要引进技术和设备的项目，应说明国内外技术的差距和状况以及引进理由
项目内容与范围，拟建规模和建设地点的初步设想	说明项目涉及的处理对象和建设内容，各自规模与工程分期，建设地点等
项目资源情况，建设条件，协作关系和引进技术的可能性及引进方式	主要说明项目资源供应的可能性与可靠性，拟建地点供水、供电及其他公用设施的情况，主要协作条件情况，如果涉及引进国外技术，应说明引进国别、与国内技术相比的优势以及技术来源、技术鉴定和转让情况，需引进设备的，需要说明选择的理由，国外厂商概况
投资估算和资金筹措设想	投资估算包括建设期利息、投资方向调节税等，并适当考虑物价因素；资金筹措计划应说明资金来源，利用外资项目还应说明利用外资的理由和可能性，以及偿还贷款的初步设想
项目建设进度的初步安排计划	项目建设的工作计划，包括前期的涉外调查、考察、谈判、设计等进度的粗略计划，以及项目计划的进度安排
效益初步分析	经济效益、环境效益和社会效益的初步分析

2.3　项目可行性研究报告

环境工程项目在项目建议书获得批准后，须由项目业主委托有资质的设计（咨询）单位，对项目的可行性进行论证，并编制环境工程项目可行性研究报告。

2.3.1 环境工程项目可行性研究报告编制目的

环境工程项目可行性研究报告是环境工程项目前期工作的重要内容，它从项目建设和运营的全过程考察分析项目的可行性，目的是回答项目是否有必要建设、是否可能建设以及如何建设等问题。可行性研究根据项目的工程目的和基础资料，运用工程学和经济学的原理，对项目的技术、经济以及效益等诸方面进行综合分析、论证、评价和方案比较，提出该工程项目的最佳可行方案，为编制和审批设计任务书提供可靠、充分的依据。具体编制目的如下：

（1）可以作为项目最终决策的依据和投资决策的文件。

（2）可以作为筹措资金和银行贷款的依据。

（3）可以作为项目建设单位与各协作单位签订合同和有关协议的依据，在引进技术和设备的项目中可以作为与国外厂商谈判和签约的依据。

（4）可以作为开展初步设计的依据，项目设计应严格按照可行性研究报告内容进行，不得随意修改。

（5）可以作为安排项目的计划和实施方案，进行项目所需设备、材料订货等工作的依据。

（6）可以作为环境保护部门审查项目对环境影响的依据。

（7）可以作为国家各级计划部门编制资产投资计划的依据，并可作为向项目建设地政府和规划部门申请建设执照的依据。

（8）可以作为引进技术和设备申请减免税的依据。

（9）可以作为项目建成后开展企业组织管理、机构设置、职工培训等工作的依据。

2.3.2　环境工程项目可行性研究报告的内容

环境工程项目可行性研究报告的编制应以批准的项目建议书和委托书为依据，在充分调查研究、评价预测和必要的勘察工作基础上，对项目建设的必要性、经济合理性、技术可行性、实施可能性等进行综合性的研究与论证，选择并推荐优化的建设方案，为决策单位或业主提供决策依据。环境工程项目可行性研究报告的主要内容见表2.2。

表 2.2　环境工程项目可行性研究报告的主要内容

要　目	主　要　内　容
总论	前言：说明工程项目的建设目的以及提出的背景，建设的必要性和社会、环境、经济意义；简述可行性研究报告编制过程
	编制依据：上级有关部门的相关主要文件和主管部门批准的项目建议书；上级主管部门的相关政策文件；委托单位提出的正式委托书和双方的合同；国家有关部门的本项目执行的环境保护标准的要求；环境影响评价报告；与项目有关的环境保护或城市总体规划文件
	编制范围：合同中规定的范围，经双方商定的有关内容和范围
	项目所在地区概况：社会经济状况、自然环境状况、气候与水文、环境质量状况
方案论证	污染产生工艺及污染源分析论证；污染排放条件与污染物排放量分析论证；污染物控制方案论证；位置与布局论证；污染物治理工艺论证；综合利用论证
工程方案内容	设计原则；工程方案比较；工艺方案说明；配套设施；厂区绿化与防护距离
管理机构、劳动定员及建设进度计划	管理机构及定员；工程项目的建设进度要求和总体安排；建设阶段的划分
投资估算与资金筹措	投资估算：编制依据与说明；工程投资估算表；近期工程投资估算表
	资金筹措：资金来源；资金的构成
财务效益及工程效益分析	财务预测：资金专用预测，根据建设进度设想确定项目的分年度投资；固定资产折旧；污染物处理成本，单位处理量的费用；污染物处理收费标准建议
	财务效益分析：计算投资效益；投资回收期
	工程效益分析：节能效益分析；经济效益分析；环境和社会效益分析
结论与存在的问题	结论：在技术、经济、效益等方面论证的基础上，提出工程项目的总体评价和推荐方案意见；说明有待进一步研究解决的主要问题
附图及附件	附图：总体布置图；主要工艺流程图；总平面布置图，对比方案示意图
	附件：各类批件和附件

2.4　设计任务书

2.4.1　设计任务书的作用

设计任务书又称计划任务书，是国家对大中型基本建设项目、限额以上技术改造项目进行投资决策和转入实施阶段的法定文件，是进行工程设计的依据和工程建设的大纲。

按照批准的项目建议书，部门、地区或企业负责委托或自行组织项目的可行性研究，对项目在技术、工程、经济、环境、社会和外部协作条件等方面论证是否合理可行；进行全面的分析论证，做多方面的比较，认为项目可行、成熟后，推荐最佳方案，编制设计任务书上报。

2.4.2　设计任务书的内容

设计任务书由项目业主委托的工程咨询单位负责编制。根据可行性研究报告内容，设计任务书要对拟建项目的投资规模、工程内容、经济技术指标、质量要求、建设进度等做出规定。

环境工程项目设计任务书的主要内容包括：明确设计任务书或委托书的批准机关、文号、日期；说明任务书的主要内容，如污染物处理工程规模、建设范围、污染源资料、处理要求，并说明对设计委托单位的主要要求，如处理工艺方案、工程建设标准、投资控制、设计范围、设计文件的交付进度；写明设计单位与设计委托单位双方的责任、权利及义务。

思 考 题

1. 环境工程设计的前期工作应备资料包括哪些？
2. 如何编制环境工程项目建议书？
3. 简述环境工程项目可行性研究报告的主要内容。
4. 简述环境工程项目设计任务书的主要内容。

3 污染源强度计算

3.1 污染源调查

3.1.1 污染源调查的作用

污染源是指能够产生污染物的场所、设备和装置。根据污染物的来源、特征、结构形态不同，污染源可分为不同的类型。

按照污染物的来源可分为自然污染源和人为污染源。自然污染源分为生物污染源（鼠、蚊、蝇、菌等）和非生物污染源（火山、地震、泥石流等）。人为污染源分为生产性污染源（工业、农业、交通等）和生活性污染源（住宅、学校、商业等）。

按照对环境要素的影响分为大气污染源、水体污染源、土壤污染源、生物污染源、噪声污染源等。

按污染途径分为直接污染源和转化污染源。

按污染源形态分为点源、线源和面源。

环境调查是了解环境污染的历史和现状，预测环境污染的发展趋势的前提。通过污染源调查，可以掌握污染源的类型、数量及其分布，掌握各类污染源排放的污染物种类、数量及其随时间的变化情况，从而确定一个区域内的主要污染物和主要污染源，然后提出具体可行的污染控制和治理方案，是环境工程设计的基础性资料。

3.1.2 污染源调查的方法

（1）区域污染源调查 区域污染源调查分为普查和详查两个阶段，所用方法是社会调查，包括印发各种调查表，召开各种类型、不同规模的座谈会，到现场调查、访问、采样和测试等。

① 普查 首先从有关部门查清区域内的工矿、交通运输等企事业单位的名单，采用发放调查表的方法对每个单位的规模、性质、排污情况进行概略性的调查；对农业污染源和生活污染源可到主管部门收集农业、渔业、畜牧业的基础资料、人口统计资料、供排水和生活垃圾排放等方面资料，通过分析和预测，得出所在域内污染物排放的基本情况。在普查的基础上，确定重点调查（详查）对象。

② 详查 详查是对重点污染源展开的系统调查。重点污染源是指污染物排放种类多（特别是含有危险污染物）、排放量大、影响范围广、危害程度大的污染源。一般来说，重点污染源排放的主要污染物占调查区域内总排放量的60%以上。详查时，调查人员要深入现场实地调查和开展监测，并通过计算取得系统的数据。

经过普查和详查资料的综合，总结出调查区域内污染源的详细状况。

（2）具体项目的污染源调查 具体项目的调查方法类似于区域污染源调查中的"详查"，其内容包括如下几方面。

① 排放方式、排放规律调查 对废气要调查排放方式（有组织排放还是无组织排放），对于有组织排放，还要调查其源强、排放方式和排放高度等；对废水要调查有无排污管道，是否做到清污分流，通过调查说明废水和废液的种类、成分、浓度、排放方式、排放去向和处置方式；固体废物调查要明确废渣中的有害成分、溶出浓度、数量、处理和处置方式及贮存方法。

此外，还要调查污染物的排放规律。

② 污染物的物理、化学及生物特性 要详细调查重点污染源所排放的污染物的种类及其理化性质。

③ 对主要污染物进行追踪分析 对代表重点污染源特征的主要污染物要进行追踪分析，以弄清其在生产工艺中的流失原因及重点发生源，以便针对性地采取减少污染物排放的措施。

④ 污染物流失原因分析 用生产管理、能耗、水耗、原材料消耗量定额，根据工艺条件计算理论消耗量，调查国内、国际同类型的先进工厂的消耗量，与重点污染源的实际消耗量进行比较，找出差距，分析原因，另外还要进行设备分析和生产工艺分析，查找污染物流失的原因，计算各种原因影响的比重。

在统计污染物排放量的过程中，对于新建项目主要涉及两个方面：一是工程自身的污染物设计排放量；二是按照治理规划和拟采取措施实施后能够实现的污染物削减量。对于改扩建项目和技术改造项目，污染物排放量的统计主要包括三个方面：一是改扩建项目技术改造前污染物的实际排放量；二是改扩建和技术改造项目实施的自身污染物排放量；三是实施治理措施后能削减的污染物量。

3.1.3 污染源调查的内容

污染源排放的污染物种类、数量、排放方式、途径及污染源的类型和位置，直接关系到其影响对象、范围和程度。污染源调查就是要了解和掌握上述情况及其他相关问题。

3.1.3.1 工业污染源调查

(1) 企业和项目概况 企业或项目名称、厂址、主管机关名称、企业性质、企业规模、厂区占地面积、职工构成、固定资产、投产时间、产品、产量、产值、利润、生产水平、企业环境保护机构名称、辅助设施、配套工程、运输和贮存方式等。

(2) 工艺调查 工艺原理、工艺流程、工艺水平、设备水平、环保设施等。

(3) 能源、水源、辅助材料情况 能源构成、成分、单耗、总耗，水源类型、供水方式、供水量、循环水量、循环利用率、水平衡；辅助原材料种类、产地、成分及含量、消耗定额、总消耗量。

(4) 生产布局调查 企业总体布局、原料和燃料堆放场、车间、办公室、厂区、居民区、废渣堆放区、污染源位置、绿化带等。

(5) 管理调查 管理体制、编制、生产制度、管理水平及经济指标；环境保护管理机构编制、管理水平。

(6) 污染物治理调查 工艺改革、综合利用、管理措施、治理方案、治理工艺、投资、治理效果、运行费用、副产品的成本及销路、存在问题、改进措施及今后污染治理规划或设想。

(7) 污染物排放调查 污染物种类、数量、成分、性质；排放方式、规律、途径、排放浓度、排放量；排放口位置、类型、数量、控制方法；排放去向、历史情况、事故排放情况。

(8) 污染危害调查 人体健康危害调查、动植物危害调查、污染物危害造成的经济损失调查、危害生态系统情况调查。

(9) 发展规划调查 生产发展方向、规模、指标、"三同时"措施，预期效果及存在问题。

3.1.3.2 农业污染源调查

农业生产过程中，由于农药、化肥使用不合理，会给环境造成污染；另外，农业废弃物也会造成环境污染。

(1) 农药使用情况调查 农药品种、使用剂量、方式、时间，施用总量、年限，有效成分含量，稳定性等。

(2) 化肥使用情况调查 使用化肥的品种、数量、方式、时间，每亩平均施用量。

(3) 农业废弃物调查 农作物秸秆、牲畜粪便、农用机油渣等。

(4) 农用机械使用情况调查 汽车、拖拉机台数、耗油量,行驶范围和路线,其他机械的使用情况等。

3.1.3.3 生活污染源调查

生活污染源主要指住宅、学校、医院、商业及其他公共设施。主要污染物有污水、粪便、垃圾、污泥、烟尘及废气等。

(1) 城市居民人口调查 总人数、总户数、流动人口、人口构成、人口分布、密度、居住环境。

(2) 城市居民用水和排水调查 用水类型,人均用水量,办公楼、旅馆、商店、医院及其他单位的用水量。排水管网情况,机关、学校、商店、医院有无化粪池及小型污水处理设施。

(3) 民用燃料调查 燃料构成、燃料来源、成分、供应方式、燃料消耗量及人均燃料消耗量。

(4) 城市垃圾及处理方法调查 垃圾种类、成分、构成、数量及人均垃圾量,垃圾场的分布、运输方式、处理方式,处理场自然环境、处理效果,投资、运行费用,管理人员、管理水平。

3.1.3.4 交通污染源调查

随着人们生活水平的不断提高,汽车拥有量不断增加,交通污染已经越来越引起人们的重视。交通污染调查的主要包括以下内容。

(1) 噪声调查 车辆种类、数量、车流量、车速、路面状况、绿化状况、噪声分布。

(2) 汽车尾气调查 汽车的种类、数量、用油量、燃油构成、排气量、排放浓度。

除上述调查内容外,还可以增设其他污染源的调查内容。同时,在进行污染源调查时,还需同时进行自然环境背景调查和社会背景调查。自然环境背景调查包括地质、地貌、气象、水文、土壤、生物等;社会背景调查包括居民区、水源区、风景区、名胜古迹、工业区、农业区、林业区等。

3.2 污染物排放量的计算方法

3.2.1 物料衡算法

物料衡算法计算污染物排放量的原理是生产过程中投入的物料量应等于产品中所包含这种物料的量与这种物料流失量的总和,即某种产品生产过程中投入一种物料 i 的总量 M_i,等于经过工艺过程进入产品中的量 P_i、回收的量 R_i、转化为副产品的量 B_i 以及进入废水、废气、废渣中成为污染物的量 W_i 的总和。即

$$M_i = P_i + R_i + B_i + W_i \tag{3-1}$$

通过对工艺过程中物料衡算或对生产过程进行实测,可以确定每一项的量。如果该产品的产量为 G,则可以求出单位产量的投料量 m_i 和单位产品的排污量 w_i。

$$m_i = \frac{M_i}{G} \tag{3-2}$$

$$w_i = \frac{W_i}{G} \tag{3-3}$$

单位产品的总排污量是进入废水(w_{iw})、废气(w_{ia})和废渣(w_{is})中的该物料的总和,即

$$w_i = w_{iw} + w_{ia} + w_{is} \tag{3-4}$$

如果废水、废气、废渣经过一定的处理后排放，其处理过程的去除率分别为 η_w、η_a 和 η_s，则生产单位产品排入环境中的该污染物量为：

$$w_i = (1-\eta_w)w_{iw} + (1-\eta_a)w_{ia} + (1-\eta_s)w_{is} \tag{3-5}$$

许多产品生产的工艺规程中规定了原料-成品的转化率、原料-副产品的转化率以及单位产品的排污量等指标，可以依据这些定额推算污染物的排放量。

3.2.2　排放系数法

排放系数有三类：单位产品基、单位产值基和单位原料基。已知某行业的某种产品的产量、产值或原材料消耗量，将其乘以相应的排污系数便可求得污染物的排放量，即

$$D_i = M_{ip}G \tag{3-6}$$

$$D_i = M_{in}Y \tag{3-7}$$

$$D_i = M_{ir}R \tag{3-8}$$

式中，D_i 为 i 污染物的排放量，kg/a；M_{ip}、M_{in}、M_{ir} 分别为单位产品的排污系数（kg/t）、万元产值的排污系数（kg/万元）和单位原料消耗的排污系数（kg/t）；G、Y、R 分别为产品年产量（t/a）、年总产值（万元/a）和原材料年消耗量（t/a）。

3.2.3　实测法

实测法就是按照监测规范，连续或间断采样，分析测定工厂或车间外排的废水和废气的量和浓度。污染物排放量按下述公式计算：

$$D_{iw} = C_{iw}Q_{iw} \times 10^{-6} \tag{3-9}$$

$$D_{ia} = C_{ia}Q_{ia} \times 10^{-9} \tag{3-10}$$

式中，D_{iw}、D_{ia} 分别为废水和废气中污染物的排放量，t/a；C_{iw}、C_{ia} 分别为废水和废气中某污染物的浓度，mg/L，mg/m³；Q_{iw}、Q_{ia} 分别为废水、废气排放量，m³/a。

3.3　废气排放计算

3.3.1　燃料燃烧产生的废气量计算

燃料燃烧过程排放的废气通常指工业锅炉、采暖锅炉以及家用炉灶等纯燃料燃烧装置使用的煤、油、气等燃料在燃烧过程中产生的废气。按废气排放方式可分为有组织排放和无组织排放。废气排放量可以实测，也可以用经验公式计算。

（1）锅炉燃料消耗量计算　锅炉燃料消耗量一般与锅炉的蒸发量（或热负荷）、燃料的发热量等因素有关。对产生饱和蒸汽的锅炉，可以用下式计算：

$$B = \frac{D(I_1 - I_2)}{Q_L\eta} \tag{3-11}$$

式中，B 为锅炉燃料消耗量，kg/h 或 m³/h；D 为锅炉每小时的产汽量，kg/h 或 m³/h；I_1 为在锅炉工作压力下饱和蒸汽的热焓，kJ/kg 或 kcal/kg；I_2 为锅炉给水的热焓值，kJ/kg 或 kcal/kg，一般取 20℃ 水的热焓计算，即 83.75 kJ/kg 或 20kcal/kg；Q_L 为燃料应用基的低位发热值，kJ/kg；η 为锅炉的热效率，%。

对热水锅炉的燃料消耗量，可用下式计算：

$$B_W = \frac{K_W(I_c - I_j)}{Q_L\eta} \tag{3-12}$$

式中，B_W 为热水锅炉的燃料消耗量，kg/h 或 m³/h；K_W 为锅炉每小时的出水量，kg/h；I_c 为锅炉出水的热焓，kJ/kg；I_j 为锅炉进水的热焓，kJ/kg。

（2）理论空气需要量的计算　理论空气需要量是指燃料中的可燃成分完全变成燃烧产物所

需的空气量。其值可以根据完全燃烧的化学反应方程式和元素分析计算。

① 固体和液体燃料的理论空气需要量 固体和液体燃料燃烧产物的计算是以 1kg 燃料为基准的，以燃烧的化学反应方程式作为计算依据。燃烧反应方程式如下：

$$C+O_2 \longrightarrow CO_2$$
$$2C+O_2 \longrightarrow 2CO$$
$$2H_2+O_2 \longrightarrow 2H_2O$$
$$S+O_2 \longrightarrow SO_2$$

根据以上方程式可以求得完全燃烧时的理论空气需要量 V_0。

$$V_0 = \frac{2.667\frac{w_C}{100}+7.94\frac{w_H}{100}+\frac{w_S}{100}-\frac{w_O}{100}}{0.21\times1.429} \tag{3-13}$$

$$=0.0889w_C+0.265w_H+0.0333w_S-0.0333w_O$$

式中，w_C、w_H、w_S、w_O 分别表示燃料中碳、氢、硫和氧元素的质量分数，%；V_0 为固体和液体燃料的理论空气需要量，m^3/kg。

② 气体燃料的理论空气需要量 气体燃料的组成成分常以标准立方米❶干气体中各种成分的容积百分比表示，它的计算以 $1m^3$ 气体燃料为基准，燃烧反应方程式如下：

$$2CO+O_2 \longrightarrow 2CO_2$$
$$2H_2S+3O_2 \longrightarrow 2SO_2+2H_2O$$
$$2H_2+O_2 \longrightarrow 2H_2O$$
$$CH_4+2O_2 \longrightarrow CO_2+2H_2O$$
$$C_2H_4+2O_2 \longrightarrow 2CO_2+2H_2O$$

各种碳氢化合物燃烧的化学反应，可用下面化学反应方程式表示：

$$C_mH_n+\left(m+\frac{n}{4}\right)O_2 \Longrightarrow mCO_2+\frac{n}{2}H_2O$$

因此，$1m^3$ 气体燃料燃烧所需理论空气量 V_0 为：

$$V_0 = \frac{1}{100\times0.21}\left[\frac{1}{2}\varphi_{CO}+\frac{1}{2}\varphi_H+\frac{3}{2}\varphi_{H_2S}+\sum\left(m+\frac{n}{4}\right)\varphi_{C_mH_n}-\varphi_{O_2}\right]$$
$$\tag{3-14}$$

$$=0.0238\varphi_{CO}+0.0238\varphi_H+0.0714\varphi_{H_2S}+0.0476\sum\left(m+\frac{n}{4}\right)\varphi_{C_mH_n}-0.0476\varphi_{O_2}$$

式中，φ_{CO}、φ_H、φ_{H_2S}、$\varphi_{C_mH_n}$、φ_{O_2} 分别表示气体燃料中 CO、H_2、H_2S、碳氢化合物和氧气的容积百分比，%；V_0 为气体燃料的理论空气需要量，m^3/m^3。

③ 经验公式法计算理论空气需要量 由于一般工业企业或供热单位没有条件设置燃料分析室，而且燃料来源也不固定，因此，利用前面的公式计算理论空气量存在一定困难。通常可用下述经验公式进行计算。

对于燃料应用基的挥发分 $V_y>15\%$ 的每千克烟煤：

$$V_0=1.05\frac{Q_L}{4182}+0.278 \tag{3-15}$$

对于 $V_y<15\%$ 的每千克贫煤或无烟煤：

$$V_0=\frac{Q_L}{4182}+0.606 \tag{3-16}$$

---

❶ 本书中气体除特别指明外均为标准状态。

对于 $Q_L < 12546 kJ/kg$ 的每千克劣质煤：

$$V_0 = \frac{Q_L}{4182} + 0.455 \tag{3-17}$$

对于每千克液体燃料：

$$V_0 = 0.85\frac{Q_L}{4182} + 2 \tag{3-18}$$

对于 $Q_L < 10455 kJ/m^3$ 的 $1m^3$ 气体燃料：

$$V_0 = 0.875\frac{Q_L}{4182} \tag{3-19}$$

对于 $Q_L > 14637 kJ/m^3$ 的 $1m^3$ 气体燃料：

$$V_0 = 1.09\frac{Q_L}{4182} - 0.25 \tag{3-20}$$

（3）燃烧产生烟气量的计算

① 固体和液体燃料产生的烟气量　根据燃料的燃烧方程式可知，1kg 碳燃烧生成 CO_2 体积为 $1.866m^3$，1kg 硫燃烧生成 SO_2 体积为 $0.7m^3$，1kg 氢燃烧生成的水蒸气体积为 $11.11m^3$，加上氮、燃料本身带入的水、理论空气带入的水和燃料油雾化蒸气带入的水，则 1kg 燃料燃烧生成的总烟气体积为：

$$V_y = 1866\frac{w_C}{100} + 0.7\frac{w_S}{100} + 0.8\frac{w_N}{100} + (\alpha - 0.21)V_0 + 0.0124w_W + 0.111w_H + 0.016\alpha V_0 + 1.244G_m$$

$$= 0.01866w_C + 0.007w_S + 0.008w_N + 0.0124w_W + 0.111w_H + 1.016\alpha V_0 - 0.21V_0 + 1.244G_m \tag{3-21}$$

式中，w_N、w_W 分别为燃料中氮和水的质量分数，%；G_m 为使用 1kg 雾化燃油的蒸汽量，kg；α 为空气过剩系数，$\alpha = \alpha_0 + \Delta\alpha$，$\alpha_0$ 为炉膛空气过剩系数，$\Delta\alpha$ 为烟气流程上各段受热面处的漏风系数，见表 3.1 和表 3.2。

表 3.1　炉膛空气过剩系数 α_0

燃烧方式	烟煤	无烟煤	重油	煤气
手烧炉及抛煤机炉	1.3～1.5	1.3～2.0	1.15～1.2	1.05～1.10
链条炉	1.3～1.4	1.3～1.5		
煤粉炉	1.2	1.25		
沸腾炉	1.23～1.3			

表 3.2　漏风系数 $\Delta\alpha$

漏风部位	炉膛	对流管束	过热器	省煤器	空气预热器	除尘器	钢烟道（每 10m）	砖烟道（每 10m）
$\Delta\alpha$ 值	0.1	0.15	0.05	0.1	0.1	0.05	0.01	0.05

② 气体燃料产生的烟气量　根据化学反应方程式，对于 $1m^3$ 燃气可计算出烟气中各烟气成分的体积，其中产生的三原子气体体积为：

$$V_{RO_2} = 0.01(\varphi_{CO_2} + \varphi_{CO} + 0.071\varphi_{H_2S} + \sum m\varphi_{C_mH_n}) \tag{3-22}$$

式中，V_{RO_2} 为燃烧产生的三原子气体体积，m^3/m^3；φ_{CO_2}、φ_{CO}、φ_{H_2S}、$\varphi_{C_mH_n}$ 分别为气体燃料中各自成分的百分比，%。

理论烟气中的氮气体积为：

$$V_{N_2} = 0.79V_0 + \frac{\varphi_N}{100} \quad (m^3/m^3) \tag{3-23}$$

式中，V_{N_2} 为理论烟气中氮气体积，m^3/m^3；φ_N 为燃料中氮气的百分比，%。

水蒸气的体积为：

$$V_{H_2O} = 0.01(\varphi_{H_2S} + \varphi_{H_2} + \sum \frac{n}{2}\varphi_{C_mH_n} + 0.124d) + 0.0161V_0 \tag{3-24}$$

式中，d 为气体燃料的湿度，g/m^3。

因此，$1m^3$ 气体燃料燃烧产生的烟气体积为：

$$V_y = V_{RO_2} + V_{N_2} + V_{H_2O} + (\alpha-1)V_0 \tag{3-25}$$

③ 经验公式计算烟气产生量　在不掌握燃料准确组成的情况下，烟气产生量可用以下经验公式计算。

对于 1kg 无烟煤、烟煤或贫煤：

$$V_y = 1.01\frac{Q_L}{4182} + 0.77 + 1.0161(\alpha-1)V_0 \tag{3-26}$$

对于 $Q_L < 12546kJ/kg$ 的 1kg 劣质煤：

$$V_y = 1.04\frac{Q_L}{4182} + 0.54 + 1.0161(\alpha-1)V_0 \tag{3-27}$$

对于 1kg 液体燃料：

$$V_y = 1.04\frac{Q_L}{4182} + 0.54 + 1.0161(\alpha-1)V_0 \tag{3-28}$$

对于 $1m^3$ 的气体燃料，当 $Q_L < 10455kJ/m^3$ 时：

$$V_y = 0.725\frac{Q_L}{4182} + 1.0 + 1.0161(\alpha-1)V_0 \tag{3-29}$$

对于 $1m^3$ 的气体燃料，当 $Q_L > 14637kJ/m^3$ 时：

$$V_y = 1.14\frac{Q_L}{4182} - 0.25 + 1.016(\alpha-1)V_0 \tag{3-30}$$

对于小型锅炉，可采用下面简化公式计算 1kg 燃料的烟气量。

$$V_0 = \frac{K_0 Q_L}{4182} \tag{3-31}$$

式中，K_0 为与燃料有关的系数，具体数值见表 3.3。

表 3.3　系数 K_0 的取值表

燃料	烟煤	无烟煤	油	褐煤(水分≤30%)	褐煤(30%<水分<40%)
K_0 值	1.1	1.11	1.1	1.14	1.18

④ 烟气总量的计算　烟气总量可用下述经验公式计算：

$$V_{yt} = BV_y \tag{3-32}$$

式中，V_{yt} 为烟气总量，m^3/h 或 m^3/a；B 为燃料消耗量，kg/h 或 kg/a，m^3/h；V_y 为实际烟气量，m^3/kg 或 m^3/m^3。

3.3.2　燃料燃烧产生的气态污染物量计算

(1) 二氧化硫排放量的计算　煤中的硫有三种赋存状态：有机硫、硫铁矿和硫酸盐。煤燃烧时，只有有机硫和硫铁矿中的硫可以转化为二氧化硫，硫酸盐则以灰分的形式进入灰渣中。一般情况下，可燃硫占全硫量的 80% 左右。燃煤产生的二氧化硫的计算公式如下：

$$G_{SO_2} = B \times S \times 80\% \times 2 \tag{3-33}$$

式中，G_{SO_2} 为二氧化硫的产生量，kg；B 为燃煤量，kg；S 为煤的含硫量，%。

燃油产生的二氧化硫计算公式与燃煤基本相似，可用下式计算：

$$G_{SO_2} = 2B_0 w_s \tag{3-34}$$

式中，B_0 为燃油量，kg；w_s 为油中的硫含量，%。

天然气燃烧产生的二氧化硫主要是由其中所含的硫化氢燃烧产生的，因此，二氧化硫的产生量可用下列公式计算：

$$G_{SO_2} = 2.857 V C_{H_2S} \tag{3-35}$$

式中，V 气体燃料的消耗量，m^3；C_{H_2S} 为气体燃料中硫化氢的体积含量，%；系数 2.857 是每立方米二氧化硫的质量，kg/m^3。

如果没有脱硫装置，二氧化硫的排放量等于产生量。如果有脱硫装置，二氧化硫的排放量为：

$$G_P = (1-\eta) G_{SO_2} \tag{3-36}$$

式中，G_P 为二氧化硫的排放量，kg；η 为脱硫装置的脱硫效率，%。

（2）氮氧化物排放量的计算 燃烧产生的氮氧化物主要有两个来源，一是燃料中含氮有机物在燃烧时与氧反应生成的一氧化氮，通常称为燃料型 NO；二是空气中的氮气在高温下氧化生成的氮氧化物，通常称为温度型氮氧化物。燃料含氮量的大小对烟气中氮氧化物浓度的高低影响很大，而温度是影响温度型氮氧化物的主要因素。燃料燃烧产生的氮氧化物可用下式计算：

$$G_{NO_x} = 1.63B(\beta n + 10^{-6} V_y C_{NO_x}) \tag{3-37}$$

式中，G_{NO_x} 为燃料产生的氮氧化物量，kg；B 为煤或重油消耗量，kg；n 为燃料中氮的含量，%，可以实测或查表 3.4；β 为燃料氮向燃料型 NO 的转化率，%，其值与燃料含氮量有关，一般燃烧条件下，燃煤层燃炉为 25%～50%，粉煤炉为 20%～25%，$n \geqslant 0.4\%$ 时，燃油锅炉的 β 值为 32%～40%；V_y 为 1kg 燃料生成的烟气量，m^3/kg；C_{NO_x} 为燃烧时生成的温度型氮氧化物的浓度，mg/m^3，通常取 $93.8mg/m^3$。

表 3.4 锅炉用燃料的含氮量

燃料名称	含氮质量分数/%		燃料名称	含氮质量分数/%	
	数值范围	平均值		数值范围	平均值
煤	0.5～2.5	1.5	一般重油	0.08～0.4	0.14
劣质重油	0.2～0.4	0.2	优质重油	0.005～0.08	0.03

（3）一氧化碳的计算 固体和液体燃料燃烧产生的一氧化碳是由含碳化合物不完全燃烧引起的。1kg 碳燃烧产生的一氧化碳是 2.33kg，因此，固体和液体燃料燃烧产生的一氧化碳可用下式计算：

$$G_{CO} = 2330 q w_C \tag{3-38}$$

式中，G_{CO} 为一氧化碳产生量，g/kg；q 为不完全燃烧值，%，见表 3.5；w_C 为燃料中碳的质量分数，%，见表 3.5。

表 3.5 燃料含碳量和不完全燃烧值

燃料种类	不完全燃烧值/%	碳含量/%	燃料种类	不完全燃烧值/%	碳含量/%
木材	4	30～35	木炭	3	—
泥煤	4	30～60	焦炭	3	75～85
褐煤	4	40～70	重油	2	85～90
烟煤	3	70～80	人造煤气	2	15～20
无烟煤	3	80～90	天然气	2	70～75

对于天然气和人造气体燃料，一氧化碳的产生量为：

$$G_{CO} = 1250q(V_1 + V_2 + \cdots + V_n) \tag{3-39}$$

式中，V_1，V_2，$\cdots$，V_n 分别为 CO、CH_4、C_2H_4、C_2H_6、C_3H_8、C_4H_{10}、C_5H_{12} 和 H_2S 等的质量分数，%。

3.3.3 工业生产过程产生的气态污染物量计算

除了燃料燃烧过程产生的大气污染物外，不同行业的生产过程也会产生大量的各种气态污染物。由于行业不同、生产工艺不同、生产水平不同，不同污染源所排放的污染物量也不同。对这类污染源在生产过程中排放的气态污染物的计算，可以采用实测法或排放系数法计算。也可以采用经验估算法计算。下面介绍计算几种常见气态污染物的经验方法。

(1) 水泥熟料烧成过程中 SO_2 的排放量计算　水泥熟料烧成过程中，燃料中的硫一部分进入水泥熟料和窑灰中，一部分以 SO_2 的形式排入大气中。因此，水泥熟料烧成过程中排放的 SO_2 量可用下式计算：

$$G_{SO_2} = 2(Bw_S - 0.4Mf_1 - 0.4G_d f_2) \tag{3-40}$$

式中，G_{SO_2} 为水泥熟料烧成过程中排放的 SO_2 量，t；B 水泥熟料烧成过程中的耗煤量，t；w_S 为煤的含硫量，%；M 为水泥熟料的产量，t；f_1 水泥熟料的 SO_3^{2-} 含量，%；G_d 为水泥熟料烧成过程中产生的粉尘量，t，回转窑产生的粉尘一般占熟料量的 20%～30%；f_2 粉尘中 SO_3^{2-} 的含量，%。

(2) 氟化物（以 F^- 计）排放量的计算　氟化物主要指 HF，产生氟化物的行业主要有炼铝业、磷酸（肥）业和建材业等。

① 炼铝过程氟化物产生量　电解铝生产中气态氟化物排放量可用下式计算：

$$G_F = M(H_1 F_{H_1} + H_2 F_{H_2}) f_F (1-\eta) \tag{3-41}$$

式中，G_F 电解铝生产过程中气态氟化物的排放量，t；M 为电解铝的产量，t；H_1 为生产每吨铝冰晶石的消耗量，kg/t 铝；F_{H_1} 为冰晶石的含氟量，%；H_2 为生产每吨铝氟化铝的消耗量，kg/t 铝；F_{H_2} 为氟化铝的含氟量，%；f_F 为气态氟的逸出率，一般可取 56.6%；η 为氟化物净化系统的净化效率，%。

② 磷肥与制磷工业氟化物产生量　以磷矿为原料的工业包括磷肥、磷酸、黄磷及洗衣粉制造等工业，排出的气体中含有氟化氢和四氟化硅等化合物，其气态氟化物的排放量可用下式计算。

$$G_F = MHF_H f_H (1-\eta) \tag{3-42}$$

式中，M 为以磷矿粉为原料产品的产量，t；H 为磷矿石的消耗定额，kg/t 产品；F_H 为磷矿石的含氟量，%；f_H 为磷矿在生产工艺过程中气态氟的逸出率，一般取 20%～40%。

(3) 高炉炼铁一氧化碳排放量计算　高炉炼铁是在还原气氛中进行的，炉气中 CO 高达26%～32%，高炉炉顶一般会发生漏气排入大气。通常废气泄漏量占总气量的 5% 左右。高炉CO 排放量可用下式计算：

$$G_{CO} = nVf\rho_{CO}M = 1.25nVfM \tag{3-43}$$

式中，G_{CO} 为高炉炼铁 CO 的排放量，kg；n 为泄漏气量占总炉气量的比例，%；V 为高炉废气量，m³/t 铁；f 为废气中 CO 含量，%；ρ_{CO} 为 CO 废气的密度，其值为 1.25kg/m³；M 为高炉生铁产量，t。

3.4　用水量和废水排放量计算

3.4.1　用水量计算

（1）用水量的计算　工业用水总量等于厂区新鲜用水和重复用水量之和，厂区新鲜用水量包括厂区生活用水量。由于厂区生活用水量和其他用水量比生产用水量小得多，通常不单独设水表计量，为了计算方便，可以将其他用水量归入生活用水量。因此，企业用水总量可用下式表示：

$$W = W_1 + W_2 = W_1 + W_3 + W_4 \qquad (3-44)$$

式中，W 为用水总量，t；W_1 为工业重复用水量，t；W_2 为厂区新鲜用水量，t；W_3 为工业用新鲜用水量，t；W_4 为厂区生活用水量，t。

（2）新鲜用水量的计算　新鲜用水量指企业从地下水源或城市自来水取用的新鲜水总量。新鲜用水量可采用水表或流量计进行测算。

$$W_2 = W_p + W_e - W_v \qquad (3-45)$$

式中，W_p 企业自备水源供水量，t；W_e 为来自城市自来水的供水量，t；W_v 为厂家属区生活用水量，t，可按人均用量与用水天数和人数计算。若厂区供水系统与家属区供水系统各自独立，则 $W_v = 0$。

（3）重复用水量的计算　通常将循环使用、循序使用的水量统称为重复用水量。在循环给水系统中，循环水是使用后经过处理重新回用的水，不再外排，在循环过程中所损耗的水量，须用新鲜水加以补充。其计算公式如下：

$$W_1 = W_S - W_C \qquad (3-46)$$

式中，W_S 未采用重复用水措施时所需的新鲜水量，t；W_C 采用重复用水措施时所需的新鲜水量，t。

（4）厂区生活用水量的计算　厂区生活用水量是指每名职工每年的生活用水量和沐浴用水量，可按下式计算：

$$W_4 = 0.365(q_1 N_1 + q_2 N_2) \qquad (3-47)$$

式中，q_1 为生活饮用水定额，可按 $25 \sim 36$L/（人·d）计算；N_1 为企业职工人数，人；q_2 为沐浴用水标准，可按 $50 \sim 60$L/（人·d）计算；N_2 为每天沐浴人数，人。不接触有毒物质及粉尘的车间或工厂职工，如仪表、机械、加工、金属冷加工等，其沐浴用水标准取下限，极易引起皮肤吸收或污染的工厂，如农药、水泥、钢铁、铸造等企业取上限，一般污染取平均值。

3.4.2　废水排放量的计算

在生产和生活过程中，经过使用从而丧失了原有使用价值而被废弃排放的水量，称为废水排放量。废水排放系统一般可分为合流制和分流制两种。合流制排水系统就是将生活污水、工业废水和地表径流都汇集在一起排出和处理的排水系统。分流制排水系统就是将生活污水、工业废水和雨水分别汇集在两个或两个以上排水系统排出或处理的排水系统。废水的排放量可采用实测计算法、经验计算法和水衡算法计算。

（1）废水排放量的实测法　实测法是测算废水排放量最直接、最准确的方法。实测时应首先测定废水的流量或流速，从而计算得出废水排放量。

① 明渠流流量测算　若废水在排水管渠中做无压连续均匀流动，液流处于层流状态，即所有各过水断面的面积、平均流速、水深、水力坡度等水力因子沿程不变。在不受下游壅水、跌水、弯道影响的直段，可用下式测算其流量：

$$Q = CS\sqrt{Ri} \qquad (3-48)$$

式中，Q 为排水流量，m^3/s；S 为过水断面面积，m^2；R 为水力半径，m，指过水断面面积与其湿周之比；i 为水力坡度；C 为与管渠粗糙度有关的系数，可用下式计算：

$$C=\frac{1}{n}R^Y \tag{3-49}$$

式中，n 为人工管渠粗糙系数，可从表 3.6 查得；Y 为与 n 和 R 有关的指数，一般取 1/6。

表 3.6   人工管渠粗糙系数

管渠类别及壁面性质	n	管渠类别及壁面性质	n
缸瓦管(带釉)	0.013	砂浆块石管道(不抹面)	0.011
混凝土管	0.013	干砌块石管道	0.020～0.025
钢筋混凝土管	0.014	土明渠	0.025～0.030
石棉水泥管	0.012	木槽	0.012～0.014
铸铁管	0.013	砖砌管道(不抹面)	0.015
水泥砂浆抹面管道	0.013	人砌石管道	0.030～0.035

利用一定几何形状的插板，拦住水流形成溢流堰，通过量取插板前后的水头和水位可计算出水流流量。它具有制作和使用方便、测流精度高等优点。三角薄壁堰是测流中最常用的设备，适用于水头 0.05～0.35m 之间，流量小于 0.1m³/s 的废水流量的测定。

对于不同夹角的三角堰流量可用下式计算：

$$Q=\frac{8}{15}\mu\left(\tan\frac{\theta}{2}\right)\sqrt{2g}H^{\frac{1}{2}} \tag{3-50}$$

式中，Q 为过堰的废水流量，m^3/s；μ 为流量系数，约为 0.6；θ 为堰口夹角，度；g 为重力加速度，$9.8m/s^2$；H 为堰的几何水头，m。

另外，可以采用尾叶流速仪测量废水流速，进而计算废水流量。流速仪携带方便，便于测量，测量精度高。用流速仪测量水流流速时，应选择排水渠道比较平直段测量，适用范围为水深不低于 10m，流速不大于 0.05m/s。如果废水流经的排水渠较宽，可设置测流断面，在测流断面的不同宽度、深度进行测定，测定点越多，结果越准确。测得各点的流速后，可以求得断面平均流速：

$$\bar{V}=\frac{\sum\limits_{i=1}^{n}V_i}{n} \tag{3-51}$$

式中，$\bar{V}$ 为测流断面的平均流速，m/s；V_i 为第 i 个测量点的流速，每次测量应不少于 100s；n 测量点个数。

过水断面的废水流量可以用下式计算：

$$Q=\bar{V}S \tag{3-52}$$

② 管流流量的计算   管流也叫压流，测量管流流量的仪器仪表很多，比较适于测量废水流量的有皮托管、文丘里管等压差式流速仪以及电磁式流量计等。这些仪器都有专门的流量显示设备，按照仪器的使用说明操作就可进行流量的测定。如果没有这些测量仪器，也可采用简单的容量法，测量时，在废水排放口放置一个计量容器接收，同时记录所需时间，容器接收的废水体积除以接收时间即为流量。

(2) 废水排放量的衡算法   水衡算法即根据水平衡来计算废水排放量，其计算式为：

$$W^1=W_1^1-(W_2^1+W_3^1+W_4^1+W_5^1) \tag{3-53}$$

式中，W^1 为工业废水排放量，t；W_1^1 为工业生产新鲜用水量，t；W_2^1 为产品带走的水量，t；

W_3^1 为漏失量，t；W_4^1 为锅炉用水量，t；W_5^1 为其他损失量，t。

对于工业废水排放量的计算，还可以采用排放系数法，根据不同行业、不同产品的污水排放系数和产品产量，可以估算企业污水排放量。

3.5　固体废物排放量计算

3.5.1　城市垃圾产生量计算

城市垃圾产量与城市工业发展、城市规模、人口增长及居民生活水平的提高成正比。世界各国城市垃圾产量 20 世纪 70～80 年代增长迅速，近年来总体上仍有增长趋势。部分国家垃圾产量及年增长率见表 3.7。我国目前全国城市垃圾总产量已超过 1.5×10^8 t/a。

根据已知的或者利用计算估算的垃圾人均年产量 [kg/(人·a)] 及增长率和人口预测数，就可以预测未来垃圾平均年产量。

$$W = W_0(1+r_1)^n P_0(1+r_2)^n \times 10^{-7} \qquad (3\text{-}54)$$

式中，W 为预测年份的垃圾平均年产量，10^4 t/a；W_0 为基准年份人均垃圾产量，kg/(人·a)；r_1 人均垃圾产生量的平均递增率；P_0 为预测区域基准年份的人口数量，人；r_2 人口年均增长率；n 预测年份与基准年份的差值，a。

表 3.7　1981 年部分国家垃圾产量及年增长率

国名	垃圾总量 /(10^4 t/a)	年增长率 /%	单位产量 /[kg/(人·d)]	国名	垃圾总量 /(10^4 t/a)	年增长率 /%	单位产量 /[kg/(人·d)]
美国	160000	3.5	2.39	荷兰	520	3.0	0.57
英国	200	3.2	0.87	瑞士	378	2.0	0.66
日本	11365	5.0	2.46	瑞典	259	2.5	0.82
法国	1200	2.9	0.75	意大利	2100	3.0	0.59

3.5.2　工业固体废物产生量计算

工业固体废物的种类繁多、来源广泛、数量巨大、性质各异、危害往往较大，其产生量与所属行业、生产工艺及管理水平密切相关，固体废物排放量和其中污染物质排放量计算方法较多，计算公式也有多种形式。一般采用物料平衡法、排放系数法（表 3.8 是一些行业固体废物的排放系数）和实测法计算，参见本章第 2 节，这里不再赘述。下面介绍几种排放量较大的典型工业固体废物的计算。

表 3.8　部分行业固体废物排放系数

行业名称	产品	生产方法	固体废物名称	产生量/(t/t)
冶金行业	铅	铅冶炼	废渣	0.37（按原料计）
	锌	锌蒸馏	废渣	0.43
	镍	镍蒸馏	废渣	40（按原料计）
	铝	铝电解	废渣	2.0～3.0
	汞	高炉（沸腾）炼汞	废渣	500～700（按原料计）
		汞精矿水冶法炼汞	废渣	6～13（按精矿计）
		汞精矿蒸馏法炼汞	废渣	3～12（按精矿计）
	铁	高炉炼铁	废渣	0.3～0.9

续表

行业名称	产品	生产方法	固体废物名称	产生量/(t/t)
冶金行业	钢	转炉炼钢	钢渣	0.13~0.24
		平炉炼钢	钢渣	0.17~0.21
		电炉炼钢	钢渣	0.15~0.2
	铁合金	火法冶炼	废渣	1.0
	氧化铝	拜尔法	赤泥	1.0~1.2
		联合法	赤泥	0.65~0.75
		烧结法	赤泥	1.65~1.75
无机盐工业	重铬酸钠	氧化焙烧法	铬渣	1.8~3.0
	氰化钠	氨钠法	氰渣	0.057
	黄磷	电炉法	电炉炉渣	8~12
			富磷泥	0.1~0.15
氯碱工业	烧碱	水银法	含汞盐泥	0.04~0.05
		隔膜法	盐泥	0.04~0.05
	聚氯乙烯	电石乙炔法	电石渣	1.0~2.0
磷肥工业	黄磷	电炉法	电炉炉渣	8.0~12.0
	磷酸	湿法	磷石膏	3.0~4.0
氮肥工业	合成氨	煤造气	炉渣	0.7~0.9
硫酸工业	硫酸	硫铁矿制酸	硫铁矿烧渣	0.7~1.0
有机原料及合成材料工业	季戊四醇	低温缩合法	高浓度废母液	2.0~3.0
	环氧乙烷	乙烯氯化法	皂化废液	3.0
	聚甲醛	聚合法	烯醛液	3.0~4.0
	聚四氟乙烯	高温裂解法	蒸馏高沸残液	0.1~0.15
	氯丁橡胶	电石乙炔法	电石渣	3.2
	丁辛醇	乙醛缩合法	废催化剂	0.0005~0.001
	乙醛	乙烯氧化法	丁烯醛废液	0.005
	苯酚	磺化法	精馏残渣	0.1
	苯酐-三氯乙烯	萘氧化法	蒸馏残渣	0.06~0.08
		乙炔氧化法	精馏塔高沸物	0.1~0.3
	肥皂、香皂		污泥	20.0
	钛白粉	硫酸法	废硫酸亚铁	3.8
染料工业	还原咔叽 2G	化学合成	氯化母液	2.8
	还原艳绿 FFB	化学合成	废浓硫酸	14.5
	碱性紫	化学合成	酸化铜渣	1.0
	双倍硫化青	化学合成	氧化滤液	3.5~4.5
	活性艳蓝 K-NR	化学合成	含铜滤渣	1.25~1.5
	蓝色盐 VB	化学合成	重氮化滤渣	0.22
	色酚 AS	化学合成	有机树脂物	0.15
	分散红玉 S-2GFL	化学合成	重氮化滤渣	0.01
	分散深蓝 HGL	化学合成	偶合母液	5.0
	双乙烯酮	化学合成	蒸馏残液	0.188
	染料中间体 H 酸	化学合成	T-酸滤液	29.0
化学矿山	硫铁矿	选矿	尾矿	0.6~1.1

（1）矿渣类固体废物　矿渣类固体废物一般指矿山工业排出的固体废物，包括露天和地下开采的剥离废石、掘进废石等。该类固体废物的计算公式为：

$$m_{矿渣}=K_{矿}\ m_{矿石} \tag{3-55}$$

式中，$m_{矿渣}$ 为矿渣类固体废物产量，t；$K_{矿}$ 为排放系数，t/t；$m_{矿石}$ 为矿石产量，t。

排放系数是指采掘单位质量的原矿时矿山类固体废物的排放量。需要指出的是不同时期、不同类型的矿床、不同类型的矿石、矿床矿石品位不同、不同生产技术、不同管理水平，其 $K_{矿}$ 值有很大不同，如原煤 $K_{矿}$ 为 0.15～0.25t/t（不含掘进废石），或 1t/t（含掘进废石）；铜矿、铝矿、镍矿、锌铁矿为 2t/t。

（2）尾矿类固体废物　尾矿是指在选矿过程中废弃的脉石类矿物，根据选矿工艺的不同，选矿厂排放的固体废物有块状、粉状和泥浆状三种，其排放量计算公式如下：

$$m_{尾}=\frac{m_{j}(b-a\varepsilon)}{b} \tag{3-56}$$

式中，$m_{尾}$ 为尾矿排放量，t；m_{j} 为原矿产量，t；a 为原矿品位，%；b 为精矿品位，%；ε 为选矿回收率，%。

（3）冶金废渣　冶金工业包括黑色金属和有色金属两大类，其排放的固体废物具有产量巨大、危害较重、可利用的资源丰富等特点，是固体废物处理、处置和资源化的重点对象。

① 高炉渣产生量　高炉渣产量一般用渣铁比计算：

$$m_{渣}=K_{铁}\ m_{铁} \tag{3-57}$$

式中，$m_{渣}$ 为高炉渣产生量，t；$K_{铁}$ 为渣铁比，t/t；$m_{铁}$ 为生铁产量，t。渣铁比的值可以从表 3.8 查得。

② 钢渣产生量　炼钢有平炉、电炉和转炉三种方法，相对应的钢渣有平炉渣、电炉渣和转炉渣。一般通过渣钢比计算。

$$m_{渣}=K_{钢}\ m_{钢} \tag{3-58}$$

式中，$m_{渣}$ 为钢渣产生量，t；$K_{钢}$ 为渣钢比，t/t；$m_{钢}$ 为钢铁产量，t。渣钢比的值可以从表 3.8 查的。

③ 铁合金渣产生量　在铁合金生产过程中，产生的固体废物称为铁合金渣，该类渣的种类较多，成分复杂，其排放量亦可用渣铁比计算：

$$m_{渣}=K_{合金}m_{合金} \tag{3-59}$$

式中，$m_{渣}$ 为钢渣产生量，t；$K_{合金}$ 为钢渣比，t/t；$m_{合金}$ 为钢铁产量，t。渣铁比的值可以从表 3.8 查得。

（4）粉煤灰和炉渣　煤的燃烧过程中会产生大量的炉渣和粉煤灰。由物料平衡法可以到处炉渣和粉煤灰的计算公式。

$$m_{渣}=\frac{BAd_{z}}{1-C_{z}} \tag{3-60}$$

$$m_{灰}=\frac{BAd_{h}\eta}{1-C_{h}} \tag{3-61}$$

式中，$m_{渣}$ 为炉渣排放量，kg/a；B 为燃煤量，kg/a；A 为煤的灰分含量，%；d_{z} 为炉渣中灰分占总灰分的百分数，%；d_{h} 为粉煤灰中灰分占总灰分的比例，%，与燃烧方式有关（见表 3.9）；η 为除尘器总效率，%。C_{z} 炉渣中可燃成分的含量，%；C_{h} 为粉煤灰中可燃物的含量。

表 3.9　不同炉型的烟气中烟尘占总灰分量的百分数（d_h 值）

炉　型	d_h 值/%	炉　型	d_h 值/%
手烧炉	15～20	煤粉炉	70～80
链条炉	15～20	往复炉	15～20
抛煤炉	20～40	化铁炉	25～35
沸腾炉	40～60		

各种除尘器的效率不同，可参照有关除尘器的说明书。如安装了二级除尘器，则除尘器系统的总效率为：

$$\eta = 1 - (1-\eta_1)(1-\eta_2) \tag{3-62}$$

式中，η_1 为一级除尘器的除尘效率，%；η_2 为二级除尘器的除尘效率，%。

炉渣和粉煤灰总量也可以通过烟尘比和不完全燃烧损失计算，计算公式如下：

$$m_{灰渣} = m_灰 + m_渣 \tag{3-63}$$

$$= B\left[A + (1-A)\frac{qQ_L}{32784.2}\right] - \frac{BAd_h(1-\eta)}{1-C_h}$$

式中，q 为机械不完全燃烧损失，%；Q_L 为燃料的低位热值，kJ/kg。

炉渣和粉煤灰产量计算公式中的有关参数可实际测定或查阅有关热平衡资料，亦可参考表 3.10。如果没有相关资料，通常 C_z 取 10%～25%，C_h 取 15%～45%，而煤粉炉 C_z 可取 0～5%，电厂粉煤灰 C_h 取 4%～8%。

表 3.10　机械不完全燃烧损失

炉(煤)型	q/%	炉(煤)型	q/%
煤粉炉	5～6	振动炉排炉	10～14
手烧炉	7～10	固定炉排炉	6～19
链条炉	6～10	无烟煤	7～15
沸腾炉	15～25	石煤	20～30
往复炉	10～14	煤矸石	20～30

（5）工业粉尘排放量的计算　工业粉尘是指工业生产工艺中破碎、筛分等过程排放的固体微粒，在水泥、钢铁、石棉等行业都有可能排除大量含尘废气。工业粉尘的排放量可用下式计算：

$$G_d = 10^{-6}Q_f C_f t \tag{3-64}$$

式中，G_d 为工业粉尘排放量，kg；Q_f 排尘系统风量，m³/h；C_f 设备出口排尘浓度，mg/m³；t 为排尘除尘系统运行时间，h。

思　考　题

1. 污染源调查对环境工程设计有什么作用？
2. 污染源调查包括哪些主要内容？
3. 污染物排放量的计算方法主要有哪几种？
4. 如何计算锅炉燃烧的烟气排放量和污染物排放量？
5. 废水排放量的计算方法有哪些？计算时应主要哪些问题？
6. 某除尘系统，进入除尘系统的烟气量为 12000m³/h，含尘浓度为 2200mg/m³，收集粉尘量为 22kg/h，若不考虑除尘系统漏气影响，试求净化后的废气含尘浓度。

7. 某化工厂年产重铬酸钠 2010t，其纯度为 98%，每吨重铬酸钠用铬铁矿粉（FeO·Cr_2O_3）1440kg，铬铁矿中 Cr_2O_3 含量为 50%，重铬酸钠转炉焙烧转化率为 80%，含铬废水处理量为 75000m^3，处理前废水六价铬浓度为 0.175kg/m^3，处理后废水六价铬浓度为 0.005kg/m^3，试求该厂全年六价铬的流失量。

8. 某炼油厂共有两个排污口。第一排水口每小时排放废水 400t，废水中平均含油量为 650mg/L，COD 为 300mg/L，第二排水口每小时排放废水 500t，平均含油量为 100mg/L，COD 为 120mg/L，该厂全年连续工作，求全厂年排放油和 COD 的数量。

9. 已知某厂煤的工业分析数据如下：$w_C = 61.01\%$，$w_S = 4.57\%$，$w_H = 5.12\%$，$w_N = 1.59\%$，$w_o = 0.8\%$，挥发分为 26.67%，灰分为 21.52%，求该厂的煤完全燃烧时的理论空气需要量。当 $\alpha = 1.2$ 时，求煤完全燃烧后的烟气量。

第二篇

废气污染控制工程设计

4 烟气净化系统设计

4.1 烟气净化系统概述

在一些工业生产过程中，往往会散发出各种有害气体和粉尘，为防止污染源的扩散，需要将污染气体进行有效收集；同时，为了防止环境大气受到污染，必须对收集的污染气体加以净化。

局部排气净化系统一般由集气罩、换热器、净化装置、风机、管道系统、排气筒及其附属设施组成，如图 4.1 所示。

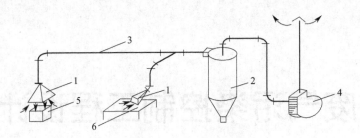

图 4.1　局部排气系统示意图

1—排气罩；2—净化装置；3—风管；4—通风机；5—污染源；6—工作台

4.2　集气罩设计

4.2.1　集气罩的基本形式

4.2.1.1　密闭罩

密闭罩是将污染源的局部或整体密闭起来的一种罩子，其作用原理是使污染物的扩散限制在一个小的密闭空间内，并通过吸风口排出一定量的空气，使罩内保持一定的负压，以达到防止污染物外逸的目的。密闭罩与其他类型集气罩相比所需的排风量最小，控制效果最好，且不受车间横向气流的干扰。因此，在设计局部集气罩时，应优先选用密闭罩。按密闭罩的结构特点，可将其分为以下三种。

（1）局部密闭罩　局部密闭罩是将污染源的局部地点密闭起来。其特点是容积比较小，工艺设备大部分露在罩子的外面，方便设备的操作和检修。局部密闭罩一般适用于污染源气体尘点固定、污染气流速度较小且连续发生的污染源设备，如皮带运输机的受料点，如图 4.2 所示。

（2）整体密闭罩　整体密闭罩是将产生污染气体的设备或地点全部或大部分密闭起来，只将设备需要经常观察或检修的部分留在罩外，它的特点是容积大，罩子本身基本上是一个独立的整体，容易做到严密，整体密闭罩适用于有振动且气流速度较大的产生污染的设施，如干轮碾机的整体密闭罩（见图 4.3）。

（3）大容积密闭罩　大容积密闭罩是将污染设备或地点全部密闭起来，也称密闭小室，其特点是容积大，可以缓冲含污染物的冲击气流，减少局部正压，可以在罩内进行设备检修，适用于多点、阵发性且污染气流速度大的设备或地点，如多交料点的皮带运输机转运点、振动筛等设施。如图 4.4 所示。

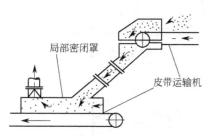

图 4.2　皮带运输机的局部密闭罩

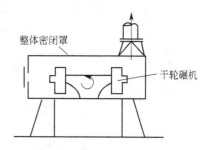

图 4.3　干轮碾机的整体密闭罩

4.2.1.2　排气柜

排气柜是密闭罩的一种排气设施。产生有害物质的操作过程完全在罩内进行，因此，在罩上开有较大的操作孔，通过孔口吸入的气流来控制有害物的外逸。化学实验室的通风柜和小零件喷漆箱就是典型的排气柜。如图 4.5 所示。

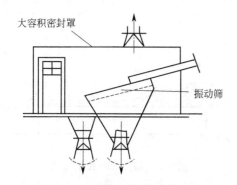

图 4.4　振动筛的大容积密闭罩

(a) 气流滞留式排气柜　(b) 气流湍流式排气柜

图 4.5　排气柜示意图

4.2.1.3　外部集气罩

外部集气罩是通过罩的抽吸作用，在污染源附近把污染物全部吸收起来的集气罩。它的结构简单，安装方便，吸气方向与污染气流方向往往不一致，一般需要较大的排风量才能控制污染气流的扩散，而且容易受到室内横向气流的干扰，所以捕集效率较低。外部集气罩的形式较多，按集气罩与污染源的相对位置可以分为：上部集气罩、下部集气罩、侧吸罩、槽边集气罩，如图 4.6 所示。外部集气罩适用于因工艺条件限制、无法对污染源进行密闭的场合。

4.2.1.4　接受式集气罩

接受式集气罩是接受由生产过程（如热过程、机械运动过程等）本身产生或诱导的污染气流的一种集气罩，罩口外的气流运动不是由于罩子的抽吸作用，而是由于生产过程本身造成的，如图 4.7 所示。

4.2.1.5　吹吸式集气罩

当外部集气罩与污染源的距离较大时，单纯依靠罩口的抽吸作用往往控制不了污染物扩散，可以用射流作为动力，把污染物吹送到吸气罩口，再由吸气罩排除；或者利用射流进行围挡，控制污染物的扩散，这种把吹和吸结合起来的气流收集方式称为吹吸式集气罩。由于吹出气流的速度衰减得较慢，以及它的气幕作用，使室内空气混入量大为减少，所以达到同样的控制效果时，要比单纯采用外部集气罩节约风量，且不易受到室内横向气流的干扰，如图 4.8 所示。

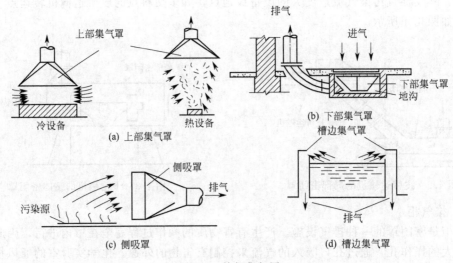

图 4.6   外部集气罩

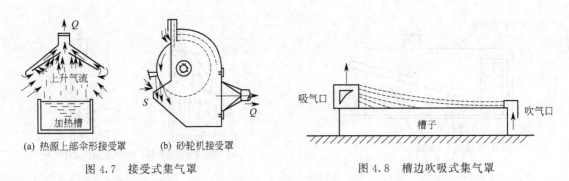

图 4.7   接受式集气罩   图 4.8   槽边吹吸式集气罩

4.2.2   集气罩的设计计算

（1）集气罩的结构尺寸   排气罩的吸风口大多为喇叭形，如图 4.9 所示。罩口面积 F 与连接风管横断面积 f 的关系为：$F \leqslant 16f$ 或 $D \leqslant 4d$；或喇叭口的长度 L 与风管直径 d 的关系为 $L \leqslant 3d$。如使用矩形风管，矩形风管的边长 B（长边）为：$B = 1.13\sqrt{F}$。

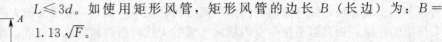

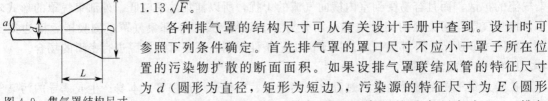

图 4.9   集气罩结构尺寸

各种排气罩的结构尺寸可从有关设计手册中查到。设计时可参照下列条件确定。首先排气罩的罩口尺寸不应小于罩子所在位置的污染物扩散的断面面积。如果设排气罩联结风管的特征尺寸为 d（圆形为直径，矩形为短边），污染源的特征尺寸为 E（圆形为直径，矩形为短边），排气罩距污染源的垂直距离为 H，排气罩口的特征尺寸为 D（圆形为直径，矩形为短边），则应满足 $d/E > 0.2$，$1.0 < D/E < 2.0$，$H/E < 0.7$。

（2）排气罩排气量的计算   冷过程排气量的确定可采用控制风速法加以确定，依据能够将污染物散发源相对集气罩最不易吸入点（控制点）上的污染物有效吸走的风速（控制风速），采用风速衰减关联式，计算出罩口对应的风速，并与罩口面积相乘，从而确定出所需的风量。控制风速值的大小与工艺过程和室内气流运动情况有关，一般通过实测求得。如缺乏现场实测数据，可参考有关设计手册的经验数值。某些污染源的控制速度列于表 4.1～表 4.4。

通常使用的通风柜属于半密闭型,其排气量 Q(m^3/h)可通过下式进行计算:

$$Q=3600Fv\beta \tag{4-1}$$

式中,F 为操作口实际开启面积,m^2;v 为操作口处空气吸入速度,m/s;β 为安全系数,一般取 $1.05\sim1.1$。

敞开式排气罩的喇叭口一般多装有 $7.5\sim15cm$ 宽的边框,边框可节省排风量 $20\%\sim25\%$,压力损失可减少 50% 左右。对不同形状的排气罩,其排气罩的计算方法不同,设计时可查阅有关手册,现将一部分计算公式列于表 4.5。

表 4.1 按有害物散发条件选择的吸入速度

有害物散发条件	举 例	最小吸入速度/(m/s)
以轻微的速度散发到几乎是静止的空气中	蒸汽的蒸发,气体或烟囱敞口容器中外逸,槽子的液面蒸发,如脱油槽浸槽等	0.25~0.5
以较低的速度散发到较平静的空气中	喷漆室内喷漆,间断粉料装袋,焊接台,低速皮带机运输,电镀槽,酸洗	0.5~1.0
以相当大的速度散发到空气运动迅速的区域	高压喷漆,快速装袋或装桶,往皮带机上装料,破碎机破碎,冷落砂机	1.0~2.5
以高速散发到空气运动很迅速的区域	磨床,重破碎机,在岩石表面工作,砂轮机,热落砂机	2.5~10

注:当室内气流很小时或者对吸入有利,污染物毒性很低或者仅是一般的粉尘,间断性生产或产量低的情况,大型罩——吸入大量气流的情况,按表 4.3 取下限;当室内气流搅动很大,污染物的毒性高,连续性生产或产量高,小型罩——仅局部控制等情况下,按表 4.3 取上限。

表 4.2 对于某些特定作业的吸入速度

作业内容	吸入速度/(m/s)	说 明	作业内容	吸入速度/(m/s)	说 明
研磨喷砂作业			铸造拆模	3.5	高温铸造
在箱内	2.5	具有完整排风罩	有色金属冶炼		
在室内	0.3~0.5	从该室下面排风	铝	0.5~1.0	排风罩的开口面
袋装作业			黄铜	1.0~1.4	排风罩的开口面
纸袋	0.5	装袋室及排风罩	研磨机		
布袋	1.0	装袋室及排风罩	手提式	1.0~2.0	从工作台下排风
粉砂业	2.0	污染源处处设排风罩	吊式	0.5~0.8	研磨箱开口面
囤斗与囤仓	0.8~1.0	排风罩的开口面	金属精炼		
皮带输送机	0.8~1.0	转运点处排风罩的开口面	有毒金属(铝、镉)	1.0	精炼室开口面
铸造型芯抛光	0.5	污染源处	无毒金属(铁、铝)	0.7	精炼室开口面
手工锻造场	1.0	排风罩的开口面	无毒金属(铁、铝)	1.0	外装精炼室开口面
铸造用筛			混合机(砂等)	0.5~1.0	混合机开口面
圆筒筛	2.0	排风罩的开口面	电弧焊	0.5~1.0	污染源(吊式排风罩)
平筛	1.0	排风罩的开口面		0.5	电焊室开口面
铸造拆模	1.4	低温铸造,下方排风			

表 4.3 按周围气流情况及有害气体的危害性选择吸入速度

周围气流情况	吸入速度/(m/s)	
	危害性小时	危害性大时
无气流或者容易安装挡板的地方	0.20~0.25	0.25~0.30
中等程度气流的地方	0.25~0.30	0.30~0.35
较强气流的地方或者不安挡板的地方	0.35~0.40	0.38~0.50
强气流的地方	0.5	
非常强气流的地方	1.0	

表 4.4　按有害物危害性及排气罩形式选择吸入速度　　　　单位：m／s

危害性	圆形罩		侧面方形罩	伞形罩	
	一面开口	两面开口		三面敞开	四面敞开
大	0.38	0.50	0.50	0.63	0.88
中	0.38	0.45	0.38	0.50	0.78
小	0.30	0.38	0.25	0.38	0.63

表 4.5　各种排气罩排气量计算公式

名称	型式	罩形	罩子尺寸比例	排气量计算公式 $Q/(m^3/s)$	备注
矩形及圆形平口排气罩	无边		$h/B \geqslant 0.2$ 或圆口	$Q=(10x^2+F)t_x$	罩口面积 $F=Bh$ 或 $F=\pi d^2/4$ d 为罩口直径，m
	有边		$h/B \geqslant 0.2$ 或圆口	$Q=0.75(10x^2+F)v_x$	罩口面积 $F=Bh$ 或 $F=\pi d^2/4$ d 为罩口直径，m
	台上或落地式		$h/B \geqslant 0.2$ 或圆口	$Q=0.75(10x^2+F)v_x$	罩口面积 $F=Bh$ 或 $F=\pi d^2/4$ d 为罩口直径，m
	台上		$h/B \geqslant 0.2$ 或圆口	有边 $Q=0.75(5x^2+F)v_x$ 无边 $Q=(5x^2+F)v_x$	罩口面积 $F=Bh$ 或 $F=\pi d^2/4$ d 为罩口直径，m
条缝侧集罩	无边		$h/B \leqslant 0.2$	$Q=3.7Bxv_x$	$v_x=10m/s$；$\xi=1.78$；B 为罩宽，m；h 为条缝宽度，m；x 为罩口至控制点距离，m
	有边		$h/B \leqslant 0.2$	$Q=2.8Bxv_x$	$v_x=10m/s$；$\xi=1.78$；B 为罩宽，m；h 为条缝宽度，m；x 为罩口至控制点距离，m

名称	型式	罩形	罩子尺寸比例	排气量计算公式 $Q/(\mathrm{m^3/s})$	备　注
条缝侧集罩	台上		$h/B \leqslant 0.2$	无边 $Q=2.8Bxv_x$ 有边 $Q=2Bxv_x$	$v_x=10\mathrm{m/s}$；$\xi=1.78$；B 为罩宽，m；h 为条缝宽度，m；x 为罩口至控制点距离，m
上部伞形罩	冷态		按操作要求	(1)侧面无围挡时 $Q=1.4Phv_x$ (2)两侧有围挡时 $Q=(W+B)hv_x$ (3)三侧有围挡时 $Q=whv_x$ 或 $Q=bPhv_x$	P 为罩口周长，m；W 为罩口长度，m；B 为罩口宽度，m；H 为污染源至罩口距离，m； $v_x=0.25\sim2.5$ $\xi=0.25$
上部伞形罩	热态		低悬罩 $(H<1.5\sqrt{f})$ 圆形 $D=d+0.5H$ 矩形 $W=W+0.5H$ $B=b+0.5H$	圆形罩 $Q=1.67D^{2.33}(\Delta t)^{5/12}$ 矩形罩 $Q=221B^{3/4}(\Delta t)^{5/12}$ [$\mathrm{m^3/(h \cdot m}$ 长罩子$)$]	D 为罩子实际罩口直径，m；Δt 为热源与周围温度差，℃；f 为热源水平投影面积，$\mathrm{m^2}$；B 为罩口实际宽度，m；W 为罩子长度，m
			高悬罩 $(H>1.5\sqrt{f})$ 圆形 $D=D_0+0.8H$	$Q=v_0+f_0+v'(F-F_0)$ $v_0=\dfrac{0.87f^{1/3}(\Delta t)^{5/12}}{(H')^{1/4}}$ $F_0=\pi D_0^2/4$ $D_0=0.433(H')^{0.88}$ $H'=H+2d$ $F=\pi D^2/4$	F 为实际罩口面积，$\mathrm{m^2}$；F_0 为罩口处热气流断面积，$\mathrm{m^2}$；v' 为通过罩口过剩面积的气流速度，$0.5\sim0.75\mathrm{m/s}$；d 为热源直径；f 为热源的水平面积，$\mathrm{m^2}$；Δt 为热源与周围空气的温差，℃；D_0 为罩口处热气流的直径，m
槽边侧集罩			$h/B \leqslant 0.2$	$Q=BWC$ 或 $Q=v_0 n$	h 按罩口速度 $v_x=10\mathrm{m/s}$ 确定；C 为风量系数，在 $0.25\sim2.5\mathrm{m^3/(m^2 \cdot s)}$ 范围内变化，一般取 $0.75\sim1.25$；$\xi=2.34$
半密闭罩	通风柜		上中下三处缝隙面积相等且 $v=5\sim7\mathrm{m/s}$	用于热态时 $Q=4.86\sqrt[3]{hqF}$ 用于冷态时 $Q=Fv$	h 为操作口高度，m；q 为柜内发热量，$\mathrm{kW/s}$；F 为操作口面积，$\mathrm{m^2}$；为操作口平均速度，$0.5\sim1.5\mathrm{m/s}$

续表

名称	型式	罩形	罩子尺寸比例	排气量计算公式 $Q/(\mathrm{m^3/s})$	备　注
密闭罩	整体密闭罩			$Q=Fv$ 或 $Q=v_0n$	F 为缝隙面积，$\mathrm{m^2}$；v 为缝隙风速，近似 $5\mathrm{m/s}$；v_0 为罩内容积，$\mathrm{m^3}$；n 为换气次数，次$/\mathrm{h}$
吹吸罩				H(集气罩高度)$=D\cdot\tan10°=0.18D$ $Q_1=Q_2/DE$ D 为射流长度，m；E 为进入悉数；$Q_2=1830\sim2750\mathrm{m^3/(h\cdot m^2)}$（槽面）；$W$ 按喷口速度 $5\sim10\mathrm{m/s}$ 确定	射流长度 D/m　进入系数 E ：<2.5 — 2.0；$2.5\sim5.0$ — 1.4；$5.0\sim7.5$ — 1.0；>7.5 — 0.7

（3）排气罩压力损失的计算　排气罩压力损失 ΔP 一般用压力损失系数 ζ 与直管中的气流动能 P_V 的乘积来表示。ζ 值可从有关设计手册中查表得到。

$$P_V=\frac{\rho v^2}{2g}\approx\left(\frac{v}{4.04}\right)^2 \tag{4-2}$$

式中，ρ 为气体密度。

4.3　管道系统设计计算

4.3.1　管道布置的一般原则

管道的布置关系到整个净化系统的总体布局。合理设计、施工和使用管道系统，不仅能充分发挥净化系统的作用，而且直接关系到系统运行的经济性。管道布置的一般原则为：

① 布置管道时应对所有管线通盘考虑，统一布置，尽量少占有用空间，力求简单、紧凑，而且安装、操作和检修要方便。

② 划分系统时，要考虑排送气体的性质，可以把几个排气罩集中成一个系统，但是如果污染物混合后可能引起燃烧或爆炸，则不能合并成一个系统，或者不同温度和湿度的含尘气体，混合后可能引起管内结露时也不能合成一个系统。

③ 管道布置力求顺直、减少阻力。一般圆形风道强度大、耗用材料少，但占空间大。矩形风道管件占用空间小、易布置。管道敷设应尽量明装。

④ 管道应集中成列，平行敷设，并尽量沿墙或柱子敷设，管径大的和保温管应设在靠墙侧，管道与梁、柱、墙、设备及管道之间应有一定的距离，以满足施工、运行、检修和热胀冷缩的要求。

⑤ 输送剧毒物的风管不允许是正压，此风管也不允许穿过其他房间。

⑥ 水平管道应有一定坡度，以便放气、放水和防止积尘，一般坡度为 2‰～5‰。

⑦ 管道与阀门的重量不宜支承在设备上，应设支架、吊架。保温管道的支架应设管托，焊缝不得位于支架处，焊缝与支架的距离不应小于管径，至少不得小于 200mm。管道焊缝的位置应在施工方便和受力小的地方。

⑧ 确定排气口位置时，要考虑排出气体对周围环境的影响。对含尘和含毒的排气即使经净化处理后，仍应尽量在高处排放，通常排出口应高于周围建筑 2～4m，为保证排出气体能在

大气中充分扩散和稀释，排气口可装设锥形风帽，或者辅以阻止雨水进入的措施。

⑨ 风管上应设置必要的调节和测量装置（如阀门、压力表、温度计、风量测量孔和采样孔等），或者预留安装测量装置的接口，调节和测量装置应设在便于操作和观察的位置。

4.3.2　管道系统的设计计算

管道设计应在保证使用效果的前提下使管道系统投资和运行费用最低。管道系统设计计算的任务主要是确定管道的位置、选择断面尺寸并计算风道的压力损失，以便根据系统的总风量和总阻力选择适当的风机和电机。

管道系统设计应用较多的是流速控制法，该方法一般按以下步骤进行：

① 绘制管道系统的轴侧投影图，对各管段进行编号，标注长度和流量，管段长度一般按两管件中心线之间的长度计算，不扣除管件（如三通、弯头）本身的长度。

② 选择适宜的气体流速，在保障技术性能的前提下，使其技术经济合理，即使得系统的造价和运行费用的总和最经济。

③ 根据各管段的风量和选定的流速确定各管段的断面尺寸，并按国家规定的统一规格进行圆整，选取标准管径。

④ 确定系统最不利环路，即最远或局部阻力最多的环路，也是压损最大的管路，计算该管段总压损，并作为管段系统的总压损。

⑤ 对并联管路进行压损平衡计算，两支管的压损差相对值，对除尘系统应小于10%，其他系统可小于15%。

⑥ 根据系统的总流量和总压损选择合适的风机和电机。

4.3.2.1　流速选择

风管内气体流速对通风系统的经济性有较大影响。流速高，风管断面小，材料消耗少，建造费用小；但是系统阻力大，动力消耗大，运行费用增加。流速低，阻力小，动力消耗少；但是风管断面大，材料和建造费用大，风管占用的空间也会增大。对除尘系统来说，流速过低还会使粉尘沉积堵塞管道。因此必须通过全面的技术经济比较，选定适当的流速。具体数值见表4.6和表4.7。

表4.6　工业通风管道内的风速　　　　　　　　　　　　单位：m/s

风道部位	钢板和塑料风道	砖和混凝土风道
干管	6～14	4～12
支管	2～8	2～6

表4.7　除尘风道空气流速　　　　　　　　　　　　单位：m/s

灰尘性质	垂直管	水平管	灰尘性质	垂直管	水平管
粉尘的黏土和砂	11	13	铁和钢（屑）	19	23
耐火泥	14	17	灰土、砂土	16	18
重矿物灰尘	14	16	锯屑、刨屑	12	14
轻矿物灰尘	12	14	大块干木屑	14	15
干型砂	11	13	干微尘	8	10
煤灰	10	12	燃料灰尘	14～16	16～18
湿土（2%以下）	15	18	大块湿木屑	18	20
铁和钢	13	15	谷物灰尘	10	12
棉絮	8	10	麻（短纤维灰尘杂质）	8	12
水泥灰尘	8～10	18～22			

4.3.2.2　管径的选择

在已知流量和确定流速以后，管道断面尺寸可按下式计算：

$$D = \sqrt{\frac{4Q}{\pi v}} \qquad (4\text{-}3)$$

式中，D 为管道直径，m；Q 为体积流量，m^3/s；v 为管内流体的平均流速，m/s。

计算出的管径应按统一规格进行圆整。圆形和矩形风道及其配件规格可参阅相关手册。

4.3.2.3 管道内气体流动的压力损失

流体在流动过程中，由于阻力的作用产生压力损失。根据阻力产生的原因不同，可分为沿程阻力和局部阻力。

(1) 沿程阻力的计算 空气在任何横断面形状不变的管道内流动时，摩擦阻力 ΔP_m（Pa）可按下式计算：

$$\Delta P_m = \lambda \frac{l}{4R_s} \cdot \frac{v^2 \rho}{2} \qquad (4\text{-}4)$$

$$R_s = \frac{A}{P} \qquad (4\text{-}5)$$

式中，λ 为摩擦阻力系数；v 为风管内空气的平均流速，m/s；ρ 为空气的密度，kg/m^3；l 为风管长度，m；R_s 为风管的水力半径，m；A 为管道中充满流体部分的横截断面，m^2；P 为湿润周边，在通风系统中，即为风管的周长，m。

圆形风管单位长度的摩擦阻力 R_m（又称比摩阻，Pa/m）为：

$$R_m = \frac{\lambda}{D} \cdot \frac{v^2 \rho}{2} \qquad (4\text{-}6)$$

摩阻力系数 λ 与空气在风管内的流动状况 Re 和风管管壁的绝对粗糙度 K 有关。在通风系统中，薄钢板风管的空气流动状态大多数属于水力光滑管到水力粗糙管之间的过渡区。此时，可采用下式计算 λ 值。

$$\frac{1}{\sqrt{\lambda}} = -2\lg\left(\frac{K}{3.71D} + \frac{2.51}{Re\sqrt{\lambda}}\right) \qquad (4\text{-}7)$$

式中，K 为风管内壁粗糙度，mm；D 为风管直径，mm。

进行通风系统设计时，为了避免繁琐的计算，常使用按上述公式绘制成的各种形式的计算表或线解图。当已知 Q、v、D、R_m 中任意两个量就可以确定其余的量。图表计算基于的空气参数为大气压力 $p = 101.3 \text{kPa}$、温度 $t = 20℃$、密度 $\rho = 1.24 \text{kg/m}^3$、运动黏度 $\nu = 15.06 \times 10^{-6} \text{m}^2/\text{s}$。对于钢板制风管，绝对粗糙度 $K = 0.15 \text{mm}$。

当条件改变时，需对沿程阻力进行修正。

① 粗糙度对摩擦力的影响：摩擦阻力系数 λ 不仅与 Re 有关，还与管壁粗糙度 K 有关，当粗糙度增大时摩擦阻力系数和摩擦阻力也增大。风管材料变化、管壁的粗糙度改变以后，需对比摩阻进行修正。

② 空气温度对摩擦阻力的影响：如果风管内的空气温度不是 20℃，随着温度的变化，空气的密度 ρ、运动黏度 ν 以及单位长度摩擦阻力 R_m 都会发生变化。因此，对比摩阻必须用下式进行校正：

$$R_m' = R_m K_t \qquad (4\text{-}8)$$

式中，R_m' 为不同温度下实际的单位长度摩擦阻力，Pa/m；R_m 为按 20℃查得的单位长度摩擦阻力，Pa/m；K_t 为摩擦阻力温度修正系数。见图 4.10。

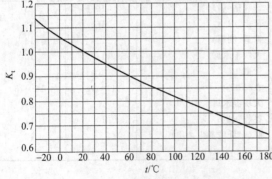

图 4.10 摩擦阻力温度修正系数图

③ 矩形风管的摩擦阻力　前面研究的沿程阻力都是针对圆管的，对于矩形管道，可以利用当量直径 d_e 仍按圆形管道的沿程阻力公式计算。当量直径有两种：流速当量直径和流量当量直径。流速当量直径的含义是管道（面积 $a \times b$）中的沿程阻力，与同一长度、同一平均流速、直径为 d_e 的圆形管道中的沿程阻力相等。根据这一定义，从式（4-5）可以看出，圆形风管和矩形风管的水力半径必须相等。已知圆形风管的水力半径 $R'_s = \dfrac{D}{4}$，矩形风管的水力半径 $R''_s = \dfrac{ab}{2(a+b)}$，令 $R'_s = R''_s$，即：

$$D = \frac{2ab}{a+b} = d_e \tag{4-9}$$

（2）局部阻力的计算　流体流过异型管件或设备时，由于流动情况发生变化将会造成流动阻力增加，增加的这种阻力称局部阻力。局部阻力 Δp_j（Pa）可按下计算：

$$\Delta p_j = \zeta \frac{v^2 \rho}{2} \tag{4-10}$$

式中，ζ 为局部阻力系数，是一个无量纲量；v 为断面平均流速，m/s。局部阻力系数通常是用实验方法确定的。计算时必须注意 ζ 值是对应于哪一个断面的气流速度。

4.3.2.4　并联管道阻力平衡

对于并联管道，当初次选择的管径不能满足设计流量条件下阻力平衡的要求时，则必须采取阻力平衡措施，如改变管径或加装调节阀门等。重新选择管径可按下式计算：

$$d'_p = d \left(\frac{\Delta p}{\Delta p'} \right)^{0.025} \tag{4-11}$$

式中，Δp 为初选管径计算的阻力损失，Pa；$\Delta p'$ 为需满足的阻力损失，Pa；d 为初选管径，m；d'_p 为重选管径，m。

4.3.2.5　风机的选择

根据通风机的作用原理，风机可分为离心式、轴流式和贯流式三种。贯流式风机目前仅用于设备产品中，如风机盘管、风幕等。在通风工程中常用的是离心式和轴流式风机。根据风机的用途不同，又可分为输送一般气体的风机、高温风机、防爆风机、防腐风机、耐磨风机等。离心风机按其压力又分为高压风机（$P > 3000\text{Pa}$）、中压风机（$1000\text{Pa} < P < 3000\text{Pa}$）、低压风机（$P < 1000\text{Pa}$）。

选择风机时应注意下面几个问题：

（1）根据输送气体的性质，确定风机的类型。例如，输送清洁空气，可选择一般通风换气用的风机；输送腐蚀性气体，要选用防腐风机；输送易燃气体或含尘气体，要选用防爆风机或排尘风机。

（2）根据所需风量、风压及选定的风机类型，确定风机的机号。为了便于接管和安装，还要考虑合适的风机出口方向和传动方式。

（3）考虑到管道可能漏风，有些阻力计算不够完善，选用风机的风量和风压应大于通风系统计算的风量和风压。

$$Q_0 = K_Q Q \tag{4-12}$$

$$\Delta p_0 = K_P \Delta p \tag{4-13}$$

式中，Q_0、Δp_0 为选择风机用的风量、风压；Q、Δp 为净化系统计算的风量、风压；K_Q 为风压附加安全系数，一般管道系统 $K_Q = 1 \sim 1.1$，除尘系统 $K_Q = 1.1 \sim 1.15$；K_P 为风压附加安全系数，一般管道系统 $K_P = 1.1 \sim 1.15$，除尘系统 $K_P = 1.15 \sim 1.2$。

（4）风机样本上的性能参数是在标准状态（大气压力为 $1.013 \times 10^5\text{Pa}$，温度为 20℃，相对湿度为 50％) 下得出的, 如实际使用情况不是标准状态, 风机的风压就会变化, 风量不变, 因此选择风机时应对参数进行换算。

$$\Delta p_0' = \Delta p_0 \frac{\rho}{\rho_0} = \Delta p_0 \frac{T p_0}{T_0 p} \tag{4-14}$$

式中, Δp_0 为风机在实际工况下的风压; $\Delta p_0'$ 为风机样本上的风压; ρ_0、T_0 及 p_0 为气体在标准状态下的密度、温度和压力; ρ、T、p 为气体在实际工况下的密度、温度和压力。

(5) 在满足风量和风压的条件下, 尽可能选用噪声低、工作效率高的风机。

思 考 题

1. 对输送气体的并联管道进行阻力平衡目的何在?

2. 风机工况点的确定由哪几个因素决定?

3. 有些外部吸气罩在罩口中心部位局部安装阻风体, 试分析其作用。

4. 有一圆形排气罩, 罩口直径 $d = 250mm$, 要在距罩中心轴向 0.2m 处造成 0.5m/s 的吸入速度, 试计算该排气罩口有无法兰边时的排气量。

5 除尘器设计

5.1 重力沉降室

5.1.1 重力沉降室类型

重力沉降室按含尘气体在其内部的流动状态分为层流沉降室和紊流沉降室,实践中,只有紊流沉降室具有应用价值。为了减小颗粒的沉降距离往往采用多层沉降室结构,如图 5.1、图 5.2 所示。

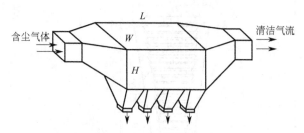

图 5.1　重力沉降室示意

图 5.2　沉降室中倾斜隔板安装示意

5.1.2 重力沉降室设计计算

普遍应用的紊流沉降室的除尘全效率大致在 $50\%\sim60\%$,主要是对粒径大于 $30\mu m$ 的粗颗粒的预净化。满足一般预净化目的的除尘器结构设计通常采用经验方法。沉降室通道内气流的流速宜控制在 1m/s 以内,通道的高度应尽量小,可设计成多层结构形式,视沉降距离和除尘效率的要求,按式(5-1)估算沉降室长度。紊流沉降室的阻力损失一般在 $50\sim150Pa$ 之间。

$$\eta=1-\frac{N}{N_0}=1-\exp\left[-\frac{v_s L}{\Delta H v}\right] \tag{5-1}$$

式中,L 为沉降室长度,m;ΔH 为沉降室沉降高度,m;v_s 为沉降室粒子沉降速度,m/s;v 为气体流动速度,m/s。

沉降室设计时,应注意:

① 降低风速和减少高度 ΔH 可以提高收集效率,沉降室中都装有隔板,以减小粒子在沉降室中的沉降高度。此外,为了清灰方便,隔板多为倾斜的,如图 5.2 所示。

② 为保证沉降室横断面上气流分布均匀,一般将进气管设计成渐扩管形,若受场地限制,可装导流板、扩散板等气流分布装置。

③ 用于净化高温烟气,由于热压作用,排气口以下的空间有可能气流减弱,从而降低了容积利用率和除尘效率,此时,沉降室的进出口位置应低一些。

5.2 惯性除尘器

惯性除尘器能够使通过的含尘气体在行进中流动方向和速度发生急剧变化,利用粉尘密度较大的特性,依靠颗粒的惯性力实现从气体中的分离。一般也用于两级除尘器的第一级,或在

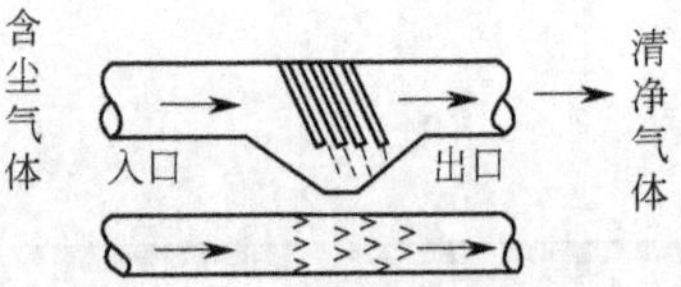

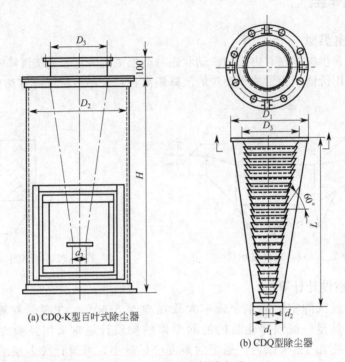

含尘气体
入口
出口
清净气体
图 5.3　冲击式惯性除尘器

高效除尘器的进风斗加装惰性板。主要捕集粒径大于 20μm 的粉尘颗粒。具有结构简单，设备体积较小，阻力损失适中等优点。

5.2.1　惯性除尘器的类型

按其结构特征惯性除尘器可分为冲击式和回转式两类，实际应用更多的是两种方式的组合形式，如图 5.3、图 5.4 所示。

D_3
100
D_2
H
d_2
(a) CDQ-K型百叶式除尘器
D_1
D_3
60°
L
d_2
d_1
(b) CDQ型除尘器
图 5.4　回转式惯性除尘器

5.2.2　惯性除尘器的设计计算

惯性除尘器因其结构的差异，除尘效率变化范围较大，对于大于 20μm 粒径的粉尘全效率约为 70%左右，一般随着效率的增加，阻力损失也增加，阻力损失在 150～400Pa 区间。冲击风速一般取值为 15～25m/s。惰性板间距在 30～50mm，回转角度控制在 130°～150°之间。

5.3　旋风除尘器

旋风除尘器也称作离心力除尘器，它是利用含尘气流作旋转运动产生的离心力把尘粒从气体中分离出来的装置。图 5.5 为旋风除尘器的一般形式。它由圆筒体、圆锥体、进气管、顶盖、排气管及排灰口组成。含尘气流由进气管以较高的速度（15～20m/s）沿切线方向进入除尘器内，在圆筒体与排气管之间的圆环内作旋转运动，尘粒在离心力的作用下，穿过气流流线向外筒壁移动。达到器壁后，失去其惯性，在重力及二次涡流的作用下，尘粒沿器壁向下滑动，直至排灰口排出。

旋风除尘器具有结构简单、投资少、除尘效率较高、适应性强、运行操作与维修方便等优点，是应用较广泛的除尘设备之一。在通常情况下，旋风除尘器能捕集 5μm 以上的尘粒，其除尘效率可达 90%以上。

5.3.1 旋风除尘器的分类

旋风除尘器的种类繁多，可以根据其不同的特点和要求来进行分类。

根据对旋风除尘器的效率和处理风量不同，可以分三类。

（1）高效旋风除尘器 这种除尘器的筒体直径较小（很少大于900mm），用来分离较细的粉尘，除尘效率在95%以上。处理同样风量时，消耗的钢材较多，能耗也较高，因而投资相应地也大些。

（2）高流量旋风除尘器 这种除尘器的筒体直径较大（直径为1.2~3.6m或更大），用于处理很大的气体流量，其除尘效率为50%~80%。由于单个除尘器所处理的风量较大，因而处理单位风量所消耗的钢材也少，造价相应也低些。

（3）通用旋风除尘器 这种除尘器介于上述两者之间，用于处理中等气体流量，其除尘效率为80%~95%。

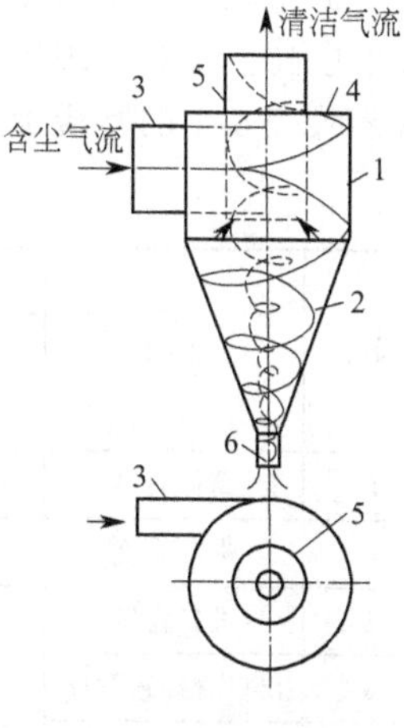

按旋风除尘器组合方式分为两类。

（1）常规旋风除尘器 筒体直径一般在300~2000mm范围内，可单台或并联组合使用，视筒体直径大小、除尘效率在80%~90%之间。

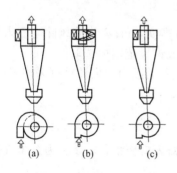

图 5.5 旋风除尘器示意

1—圆筒体；2—圆锥体；
3—进气管；4—顶盖；
5—排气管；6—排灰口

（2）多管旋风除尘器 为了提高旋风除尘器的除尘效率，采用将多支小型旋风除尘器并联组合在一个箱体内，小旋风器筒体直径一般在200~300mm，进风形式通常用轴流式，材质广泛采用铸铁或陶瓷，除尘效率可达到95%以上。

按气流导入情况以及气流进入旋风除尘器后的流动路线可分为两类。

（1）切流反转式旋风除尘器 这是旋风除尘器最常用的形式。含尘气体由筒体的侧面沿切线方向导入。气流在圆筒部旋转向下，进入锥体，到达锥体的端点前反转向上。清洁气流经排气管排出。根据不同的进口形式又可分为蜗壳进口 [图 5.6(a)]、螺旋面进口 [图 5.6(b)] 和普通切缝入口 [图 5.6(c)]。

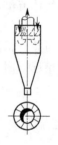

图 5.6 旋风除尘的入口分类

图 5.7 轴流反转式旋风除尘器

（2）轴流式旋风除尘器 这种除尘器是利用导流叶片使气流在旋风除尘器内旋转。其除尘效率比切流式旋风除尘器低，但处理流量大，多个除尘器并联时（多管除尘器）布置很方便。图 5.7 为轴流反转式旋风除尘器。

按清灰方式可分为干式和湿式两种。

在旋风除尘器中，粉尘被分离到除尘器筒体内壁上后，直接依靠重力和旋转气流的推力而落于灰斗中，称为干式清灰。如果通过喷水或淋水的方法，将内壁上粉尘冲洗到灰斗中，则称为湿式清灰。

按气体流动方式可分为立式旋风除尘器和牛角形旋风除尘器。

5.3.2　旋风除尘器的设计计算

根据旋风除尘器分离粉尘的原理，在进风口风速相同的条件下，通常筒体直径愈小，除尘效率愈高。针对处理风量的大小，选定合适的筒体直径后，常规旋风除尘器的其他结构尺寸可以参照表 5.1 的常规旋风除尘器结构尺寸比例关系进行设计。

表 5.1　切线进口旋风除尘器的结构尺寸

尺寸	说明	高效旋风器		莱柏 (Lapple)	一般旋风器	
		斯台尔曼 (Stairmand)	斯维夫特 (Swift)		斯维夫特 (Swift)	彼得森和怀特拜 (Peterson 和 Whitby)
D	筒体直径	1.0	1.0	1.0	1.0	1.0
a	进口高度	0.5	0.44	0.5	0.5	0.583
b	进口宽度	0.2	0.21	0.25	0.25	0.208
s	出口管插入深度	0.5	0.5	0.625	0.6	0.583
d	出口管直径	0.5	0.5	0.5	0.5	0.5
h	圆柱体高度	1.5	1.4	2.0	1.35	1.333
H	全高	4.0	3.9	4.0	3.75	3.17
B	排灰口直径	0.375	0.4	0.25	0.4	0.5

若已知处理风量，则可由式(5-2) 计算出筒体的直径 D，再根据此类型除尘器的比例关系确定其他相关尺寸。根据对分离的粒子情况和除尘效率的要求，单台旋风除尘器处理的风量和筒体直径可以进行调整。

$$Q = abv = 0.1D^2 v \tag{5-2}$$

$$D = \sqrt{\frac{10Q}{v}} \tag{5-3}$$

式中，Q 为处理的气体流量，m^3/s；a 为旋风除尘器入口高度，m；b 为旋风除尘器入口宽度，m；v 为旋风除尘器入口风速，m/s，视粉尘属性在 $15 \sim 25 m/s$ 范围内选取。

灰斗径和高度可按一倍筒体直径进行设计。旋风除尘器的阻力损失计算可采用式(5-4) 进行计算，正常使用情况下阻力损失在 $1000 \sim 2000 Pa$ 之间。

$$\Delta p = \zeta \frac{1}{2} v^2 \rho \tag{5-4}$$

式中，ζ 为旋风除尘器阻力系数，$\zeta = 16A/d^2$，A 为除尘器入口面积，m^2；ρ 为含尘气体密度，kg/m^3。

5.4　袋式除尘器

袋式除尘器属于过滤式除尘器，它是含尘气流通过滤袋来滤去其中粉尘的除尘装置。袋式除尘器具有很多优点：除尘效率高，特别是对微细粉尘也有较高的效率，一般高于99%；适应性强，可以收集不同性质的粉尘，例如对于高比电阻粉尘，采用袋式除尘器就优于电除尘器。使用灵活，处理风量可由每小时数百立方米到每小时数十万立方米，既可以做成直接设置于室内或设备附近的小型机组，也可做成大型的除尘器室，即所谓"袋房"；结构简单，可以因地制宜采用简单的"简易袋除尘器"，在条件允许时也可采用效率更高的脉冲喷吹袋式除尘器。

袋式除尘器也有明显的不足之处：①袋式除尘器的应用范围主要受滤料的耐温、耐腐蚀性等性能的局限。特别是在耐高温方面，目前常用的滤料（如涤纶）适用于120～130℃，而玻璃纤维等滤料可耐250℃左右，烟气温度更高时，或者要采用造价高的特殊滤料，或者要采用烟气降温措施。其结果会导致除尘系统复杂化，造价也高；②不适宜于黏结性强及吸湿性强的粉尘，特别是烟气温度不能低于露点温度，否则，会产生结露，致使滤袋堵塞；③袋式除尘器的运行能耗和滤袋更换费用较高；④维护、管理工作量较大。

5.4.1 袋式除尘器的分类

袋式除尘器的形式、种类很多，可以根据它的不同特点进行分类。

按清灰方式可分为机械清灰、逆气流清灰、脉冲喷吹清灰等三类。

(1) 机械清灰式　这种清灰方式包括人工振打、机械振打等，是一种最简单的清灰方式。一般来说，机械振打的滤袋沿轴向的振动分布不均匀，且加速度衰减较快，因此，滤袋长度一般较短，过滤风速也较小。

(2) 逆气流清灰式　逆气流清灰是采用室外或循环空气形成与含尘气流相反的反方向气流通过滤袋，使其上的尘层脱落，掉入灰斗中。在这种清灰方式中，一方面是由于反方向的清灰气流在粉尘层上形成的黏性剥离力直接剥离尘层；另一方面，由于气流方向的改变，滤袋产生胀缩振动，也有助于尘块的脱落。

逆气流可以是用正压将气流吹入滤袋（反吹风清灰），也可以是以负压将气流吸出滤袋（反吸风清灰）。清灰气流可以由主风机供给，也可以单独设置反吹（吸）风风机。如图5.8所示。逆气流清灰在整个滤袋上的气流分布比较均匀，清灰力度柔和，但清灰强度较小，过滤风速不宜过大。清灰气体流量根据每次清灰的滤袋面积和反向气流速度计算，提供的压头主要用于反向气流克服穿越粉尘层时的黏性阻力。

(3) 脉冲喷吹清灰式　压缩空气经过喷吹口以很高的速度喷出后诱导周围的空气在极短的时间内喷入滤袋，使滤袋产生快速胀缩。粉尘层的剥离一方面是借助喷吹气流对粉尘层的剥离力，另一方面则是依靠膨胀滤袋在回缩过程中形成的反向加速度将粉尘甩脱。这种方式的清灰强度大，可以在过滤工作状态下进行清灰，允许的过滤风速也高。由于脉冲喷吹清灰方式具有许多优点，逐渐成为袋式除尘器的一种主要清灰方式。

逆喷式脉冲袋式除尘器的基本构造及净化过程如图5.9所示。含尘气体从下侧部或上部进入除尘器，经滤袋3过滤，粉尘被阻留在滤袋外壁，净化后的气体通过滤袋从上部经文氏管11排出。文氏管上部设有压缩空气喷吹管8，每隔一定时间用压缩空气喷吹一次，使附着在滤袋上的粉尘脱落，落入集尘斗15，经排灰装置16排出。

按滤袋形状可分为圆袋、扁袋两类。

(1) 圆袋式　圆袋结构简单，便于清灰，滤袋直径一般为100～300mm。滤袋直径太小时，容易造成袋间风速过大，不利于粉尘沉降；滤袋直径太大，则空间的利用率较低。通常袋长≤8m，长径比在30～50之间。

(2) 扁袋式　扁袋除尘器是由一系列扁长滤袋所组成。滤袋的厚度以及滤袋之间的间隙为25～50mm，因此在单位体积内所布置的过滤面积较大。

按过滤方式可分为内滤式和外滤式两类。

(1) 内滤式　这种除尘器的含尘气流首先进入滤袋内部，由内向外过滤，粉尘沉积于滤袋内表面。内滤式的滤袋外部为干净气体侧，便于检查与换袋。内滤式一般适用于机械清灰和逆气流清灰袋式除尘器。

（2）外滤式　这种除尘器的含尘气流由滤袋外部通过滤料进入滤袋内，净化后排出。为了便于过滤，滤袋内部要设支撑骨架（袋笼）。外滤式适用于脉冲喷吹袋式除尘器、高压气流反吹袋式除尘器、扁袋除尘器等。

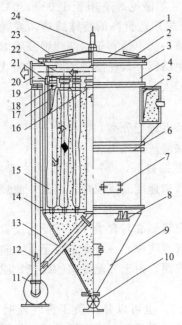 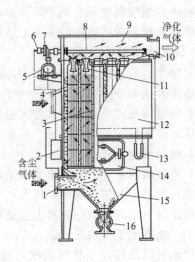

图 5.8　ZC 型回转反吹扁袋除尘器

1—除尘器盖；2—观察孔；3—旋转揭盖装置；4—清洁室；
5—进气口；6—过滤室；7—人孔门；8—支座；9—灰斗；
10—星形排灰阀；11—反吹风机；12—循环气管；13—反吹
气管；14—定位支撑架；15—滤袋；16—花板；17—滤袋
框架；18—滤袋导器；19—喷口；20—出气口；21—分圈反
吹机构；22—旋臂；23—换袋人孔；24—旋臂减速机构

图 5.9　逆喷式脉冲袋式除尘器

1—进气口；2—控制仪；3—滤袋；4—滤袋框架；
5—气包；6—控制阀；7—脉冲阀；8—喷吹管；
9—净气箱；10—净气出口；11—文氏管；
12—集尘箱；13—U 形压力计；14—检修门；
15—集尘斗；16—排灰装置

按进出口的位置不同可分为下进风和上进风两类。

（1）下进风　含尘气流由除尘器的下部灰斗部分进入除尘器内［见图 5.10(a)、(b)］。当采用下进风时，除尘器的结构较简单。但内于气流的方向与粉尘下落的方向相反，容易使部分下落的微细粉尘还未落到灰斗，就又重新返回到滤袋表面上，从而降低了清灰效果，增加了过滤阻力和清灰频率。

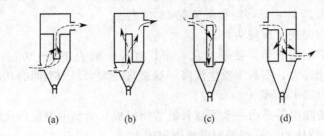

(a)　　　　　(b)　　　　　(c)　　　　　(d)

图 5.10　袋式除尘器的两种进风形式

（2）上进风　含尘气流由除尘器的上部进入除尘器内［见图 5.10(c)、(d)］。清灰时，气流与粉尘下落的方向一致，下降的气流有助于清灰，除尘器阻力可降低 15%～30%，除尘效率也有所提高。对于大型除尘器，一般采用带有布风装置的中部进风方式。

5.4.2 滤料

滤料是加工滤袋的主要原料,其造价一般占设备费用的 10%～15%。除尘器的效率、阻力,特别是维护管理都与滤料的选用有关。因此,正确选用滤料有着重要的技术经济意义。

滤料既要有良好的粉尘捕集效率,又要能够承受较大的粉尘负荷。性能优良的滤料必须具备过滤效率高、透气度式中、尺寸稳定性好等基本特性。同时为了满足特殊应用场所的要求,在耐温、抗湿、防静电以及防化学侵蚀等方面也应呈现出优良品质。

滤料按材质可分天然纤维、人造合成纤维及纤维混合织品,其主要特征列于表 5.2。

表 5.2　各种纤维的特性

品名	化学类别	密度 /(g/cm³)	直径 d/μm	受拉强度 /(g/mm²)	伸长率 /%	耐酸酸	碱性能碱	抗虫及细菌性能	耐温性能/℃ 经常	很高	吸水率 /%
棉	天然纤维	1.47～1.6	10～20	35～76.6	1～10	差	良	未经处理时差	75～85	95	8～9
玻璃纤维	矿物纤维	2.54	5～8	100～300	3～4	良	良	不受侵蚀	260	350	0
维纶	聚酸乙烯基 Vinyl 类	1.39～1.44	—	—	12～25	良	良	优	40～50	65	0
尼龙	聚胺	1.13～1.15	—	51.3～84	25～45	冷:良 热:差	良	优	75～85	95	4～4.5
耐热尼龙	芳香族聚酰胺	1.4	—	—	—	良	良	优	200	260	5
腈纶	(纯)聚丙烯腈	1.14～1.17	—	30～65	15～30	良	一般	优	125～135	150	2
	聚丙烯腈与聚胺混合聚合物		—	—	18～22	良	一般	优	110～130	140	1
涤纶	聚酯	1.38	—	33	40～55	良	良	优	140～160	170	0.4
特氟隆	聚四氟乙烯	2.3	—	—	10～25	优	优	不受侵蚀	220～250	—	—
Ryton	聚苯硫醚	1.34	—	3.8～4.6	25～40	优	优	优	180	220	0.2～0.3

5.4.3 脉冲喷吹机构

脉冲喷吹袋式除尘器是一种周期性地向滤袋内喷吹压缩空气来达到清除滤袋积尘的袋式除尘器,它具有效率高、处理风量大等优点,而且由于清灰装置没有运动部件,故滤袋的损伤较小。脉冲袋式除尘器有多种形式,但其脉冲喷吹原理及清灰系统大致相同。通常由脉冲控制仪表、喷吹机构(包括控制阀和脉冲阀)、气包和喷射器(包括喷吹管和引射器)等组成。喷吹系统的工作程序是:当滤袋过滤阻力增加达到一定值时,由脉冲仪发出指令,按顺序触发各控制阀,开启脉冲阀,使气包内的压缩空气从喷吹管各喷孔(环隙式则从引射器环隙中)以极高的速度喷出一次空气流,同时诱导二次气流一起喷入滤袋,造成滤袋瞬间急剧膨胀或收缩,从而使附着在滤袋上的粉尘脱落。每次喷吹的时间很短,约 0.1～0.2 秒,由控制仪进行切换,每分钟内可有多排滤袋得到清灰,图 5.11 为脉冲喷吹系统的结构和工作示意图。

5.4.4 袋式除尘器的设计计算

(1) 确定过滤总面积　设计袋式除尘器首先应已知处理风量 Q(m³/min) 及被处理烟气的含尘浓度 c。通常认为含尘浓度 c 应小于 $10g/m^3$,超过时,应考虑对烟气进行预处理。其次,根据选用的清灰方式和粉尘特性等因素确定过滤风速 v(m/min)。过滤风速一般约为 0.6～3.0m/min,对于脉冲清灰方式可在 1.0～3.0m/min 之间选取。这样,就可以计算出袋式除尘器总的过滤面积 A (m²)。

$$A=Q/v \tag{5-5}$$

(2) 确定滤袋尺寸　常用的滤袋直径 D 有 120mm、130mm、150mm、200mm 等。根据应用经验,滤袋长度 l 不应大于 8m,长度过长会影响清灰效果。此外,滤袋长度的选取还要

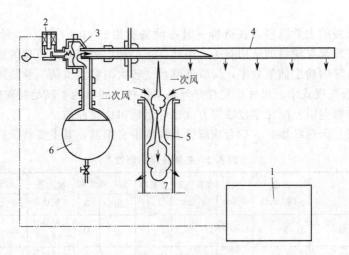

图 5.11　喷吹系统
1—脉冲控制仪；2—控制阀；3—脉冲阀；4—喷吹管；5—文氏管；6—气包；7—滤袋

看除尘器的大小。对于小型袋式除尘器，滤袋长度的选取需要考虑除尘器的长、宽、高比例是否协调。不妨先进行初选，然后根据实际情况加以调整。

（3）滤袋数量的确定　滤袋的直径、长度确定以后，即可计算出单个滤袋的过滤面积 A_0，$A_0 = \pi Dl$。由此可以求出滤袋数量 N，即：

$$N = A/A_0 \tag{5-6}$$

由于计算得到的滤袋数量应视为滤袋数量的最小值。最后还要按滤袋的排列布局及分室情况增加。

（4）除尘器的分室　对于小型袋式除尘器，没有分室的必要，而对于大型袋式除尘器有必要进行分室，这样有利于清灰和在线维护。若采用离线清灰方式，一台除尘器的分室数目不应少于 4 个，否则在离线清灰时会引起处理风量有较大的波动，这对除尘系统的运行是十分不利的。一个分室内的过滤面积应控制在 $60m^2$ 以下。

（5）滤袋的布置　袋式除尘器主箱体内或一个分室内滤袋的布置需要确定每行和每列滤袋的数量，以及确定袋间距离和袋与箱壁之间的距离。通常袋间距应在 $50 \sim 80mm$ 之间选取，对于长度大的滤袋应选上限。而滤袋与箱壁的间距约为 $100 \sim 150mm$ 之间，长度大的滤袋也应选上限。

（6）箱体尺寸　依据滤袋的布置情况，即可计算出除尘器箱体的具体尺寸，其中上箱体的高度一般按大于 500mm 设计，以方便喷吹系统的安装与检修。

（7）清灰系统设计　对于小型直接脉冲喷吹清灰的袋式除尘器，每行（或每列）分别设置电磁脉冲阀和喷吹管。电磁脉冲阀的规格根据每行（或每列）的滤袋数量（过滤面积）确定。对于气箱式脉冲清灰，每室一套清灰系统，最好选用大型淹没式电磁脉冲阀，每个分室的净气侧与排风道之间设置风路切换阀，以实现离线脉冲清灰。

（8）进、出管道　除尘器的进风口位置，选用上进风与下进风均可，进风管道的断面应保证其中的风速大于 12m/s，以防止粉尘的沉降。而出风管道的断面要比进风断面大些，使其中的风速<10m/s，以减小设备阻力。

（9）排灰系统　为保证顺利排灰，灰斗的倾角应大于 55°，一般在灰斗下方设置星形排灰阀。对于大型除尘器，排灰阀的数量较多，为了减少排灰阀的数量和降低灰斗高度，可设置船形灰斗并在灰斗下方可设置螺旋输送机，在螺旋输送机的一端安设星形排灰阀。

（10）袋式除尘器的其他参数　反吹清灰时，滤速一般为 0.6～1.2m/min；脉冲清灰时，滤速一般为 1.0～3.0 m/min。收尘效率＞99.5％，最高可达 99.9％。设备阻力通常在 1200～1800Pa 之间。

5.5　湿式除尘器

湿式除尘器是利用液体（通常为水）来去除含尘气流中的尘粒和有害气体的设备。通常是利用水滴、水膜、气泡去除废气中的尘粒，并兼备吸收有害气体的作用。

湿式除尘器具有结构简单、造价低和除尘效率高等特点，适用于净化非纤维类和不与之发生化学反应的各种粉尘，尤其适宜净化高温、易燃的含尘气体。应用湿式除尘器必须解决好污水及污泥二次污染和设备腐蚀等问题。

5.5.1　湿式除尘器的常见类型

（1）喷淋塔　喷淋塔的典型结构如图 5.12 所示。气流从塔下部进入，通过气流分布板使气流在塔内得到均匀分布。塔内设置一排或数排喷嘴，喷水压力不低于 (1.5～2)×100kPa，水雾在重力作用下向下流动。含尘气流经水雾净化后由上部排出。在气体排出之前设挡水板将气流中的水滴捕集下来，防止带出。喷淋塔中的气流速度一般为 0.6～1.2m/s，停留时间为 3～5s。

喷淋塔的特点是压力损失小（约 250～500Pa），可以处理高浓度的含尘气流，喷水量小（约 0.4～2.7L/m³），在耗水量较大的情况下，还可以采用循环水（约为总水量 30％～35％）。喷淋塔的除尘效率与喷水量有关，喷水量越大，效率越高。一般对＞10μm 的粉尘，其除尘效率约为 70％。对于 0～5μm 的粉尘的效率较低。因此，喷淋塔常用作降低烟气温度和预除尘。

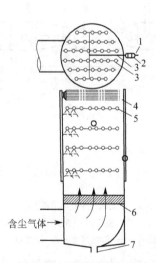

图 5.12　喷淋塔示意图
1—人水口；2—滤水器；3—水管；
4—挡水板；5—喷口嘴；
6—气流分布板；7—污水出口

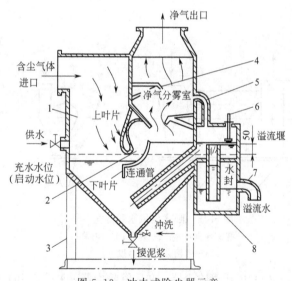

图 5.13　冲击式除尘器示意
1—进气室；2—S形通道；3—除尘机组支架；
4—挡风板；5—通气道；6—水位自动
控制装置；7,8—溢流管

（2）冲击式除尘器　冲击式除尘器常与风机、清灰装置和水位自动控制装置组成一个机组，它具有结构简单紧凑、占地面积小、便于施工、维修管理简单、用水量少等优点，适用于净化各种非纤维性粉尘。但叶片的制作和安装要求高，压力损失也较大。如图 5.13 所示，含尘气流进入进气室后冲击于洗涤液上，较粗的尘粒由于惯性作用落入液中，而较细的尘粒则随

着气流以 18～35m/s 的速度通过 "S" 形叶片通道。高速气流在通道处强烈地冲击着液体, 就

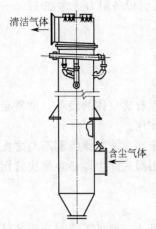

图 5.14　CLS 型立式
旋风水膜除尘器

形成了大量的水花, 使气液充分接触, 尘粒被液滴所捕获。净化后的气体通过气液分离室和挡水板, 去除水滴后排出。被捕获的尘粒则沉至漏斗底部, 并定期排出 (如泥浆较多, 可安装机械刮泥装置)。除尘器内的水位高低对除尘效率和压力损失都有直接影响, 为保持一个稳定的水位, 常采用二路供水, 并有溢流箱及水位自动控制装置。

(3) 旋风水膜除尘器　这种除尘器是采用喷雾或其他方式, 使旋风除尘器的内壁上形成一薄层水膜, 可以有效地防止粉尘在器壁上的反弹、冲刷而引起的二次扬尘, 从而大大提高旋风除尘器的效率, 对于 $5\mu m$ 的粉尘, 湿式除尘效率可达 87%, 而干式仅在 70% 左右。按结构形式, 旋风水膜除尘器可分为立式和卧式两种。

立式旋风水膜除尘器的喷水方式有四周喷雾、中心喷雾或上部周边淋水等方式。含尘气体的进口速度一般取 13～22m/s, 太高会使水膜破坏, 压力损失也加大。立式水膜除尘器进口的最高允许含尘量 $2g/m^3$, 否则应在其前增加一级除尘器, 以降低进口含尘浓度。CLS 型和 CLS/A 型立式旋风水膜除尘器采用沿圆周设置喷嘴, 如图 5.14 所示, 保证供水沿切线方向喷入内壁, 水压恒定在 $(0.3～0.5)×100kPa$。

卧室旋风水膜除尘器也称为水鼓除尘器、旋筒式水膜除尘器等, 如图 5.15 所示。

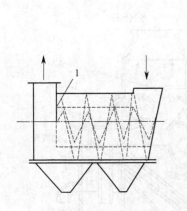

图 5.15　卧式旋风水膜除尘
1—螺旋导流叶片; 2—外壳; 3—内筒;
4—水槽; 5—通道度

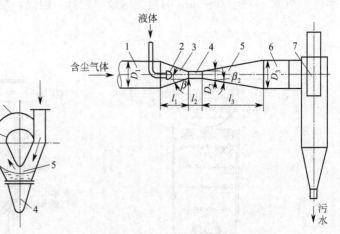

图 5.16　文氏管除尘器结构
1—进风管; 2—喷水装置; 3—收缩管; 4—喉管;
5—扩散管; 6—连接风管; 7—除雾器

(4) 文氏管除尘器　文氏管除尘器 (见图 5.16) 由三部分组成: 引水装置 (喷雾器)、文氏管本体以及脱水器, 从而在文氏管除尘器中实现雾化、凝聚和脱水三个过程。它的特点是除尘效率高 (可达 99%), 又能消除 $1\mu m$ 以下的细尘粒, 结构简单, 造价低廉, 维护管理简单。但由于喉管处的气流速度高 (一般为 40～120m/s) 及粉碎水滴所需的能量大, 故压力损失大, 用水量也大。

5.5.2　湿式除尘器的脱水装置

几乎在所有的湿式除尘器中, 都有不同程度的水雾被净化后的气流所携带, 为了减少水雾带出影响周围环境, 在湿式除尘器的出口要设置脱水器。脱水器有两种设置方式: 一种是设在除尘器内部, 成为除尘器的一部分, 适用于普通低能湿式除尘器; 另一种是设在除尘器外部,

成为单独的设备。脱水器的形式要根据水滴的大小、所要求的脱水效率、除尘器的类型等因素进行选择。

（1）惯性脱水器　惯性脱水器在低能湿式除尘器中得到广泛应用。它设在除尘器的出口，其原理与惯性除尘器相同，一些惯性除尘器也可用作脱水器。图5.17所示为惯性脱水器的一些形式。

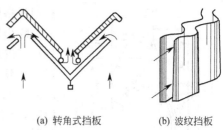

图 5.17　惯性脱水器

（2）旋风脱水器　当水滴较细而又要求脱水效率高时，可以采用旋风脱水器。图5.18为其中的一种，其断面流速为 $4.5 \sim 5.5 \mathrm{m/s}$；有效高度为直径的1.5倍；进气管的流速约 $25 \mathrm{m/s}$，高宽之比为 $3 : 1$；排气管与进气管面积之比为 $1 : 0.7$。当入口含水量为 $0.2 \mathrm{g/m^3}$ 以下时，出口不超过 $0.03 \mathrm{g/m^3}$。

（3）旋流板脱水器　利用固定叶片迫使气流进行旋转，如图5.19所示，从而在离心力作用下将水滴分离的装置称为旋流板脱水器，通常都设在除尘器的出口处。这种脱水器有圆柱形和圆锥形两种。圆锥形旋流板消耗金属少，压力损失小，但只适用于水汽浓度不超过 $0.8 \mathrm{L/m^3}$ 的情况。当水汽浓度达 $3.0 \mathrm{L/m^3}$ 时，则须采用圆柱形旋流板。

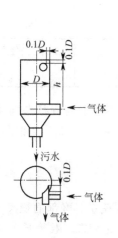

图 5.18　旋风脱水器

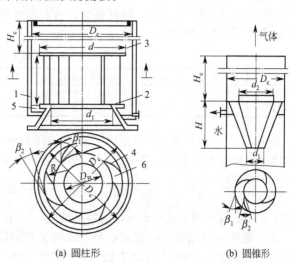

图 5.19　圆柱形和圆锥形旋流板脱水器

1—外壳；2—圆环；3—圆板；
4—叶片；5—水槽；6—汽液通道

圆柱形和圆锥形旋流板脱水器的相对尺寸列于表5.3。在圆柱形旋流板有效断面上的最优气流速度为5m/s，而圆锥形旋流板为 $12 \sim 18 \mathrm{m/s}$。

表 5.3　圆柱形和圆锥形旋流板脱水器的相对尺寸

几何参数	圆柱形旋流板	圆锥形旋流板	几何参数	圆柱形旋流板	圆锥形旋流板
H/d_1	0.7	6.0	H_c/D_c	1.5 以下	2.00
d_2/D_e	0.6	0.85	β_1	50°	34°
d_1/D_e	0.5	0.20	β_2	0°	10°
d_2/d_1	1.25	4.25	叶片数	18 以下	18

5.5.3　湿式除尘器的设计计算

（1）冲击式除尘器　冲击式除尘器常规使用条件下，耗水量为 $0.04 \sim 0.171 \mathrm{/m^3}$，压力损失在 $1 \sim 1.6 \mathrm{Pa}$ 直径，除尘效率为99%左右。有带链条刮板扒泥装置和排泥阀两种类型。两种

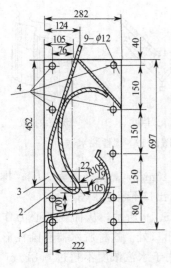

图 5.20　S 形通道叶片结构
1—下叶片；2—上叶片；3—端板；
4—在安装时绑固胶垫用开孔

类型规格的 S 形通道叶片的结构尺寸相同，如图 5.20 所示。

除尘器进口要尽量实现气体能够沿 S 形通道叶片长度上均匀分布，进口风速一般不大于 18m/s。进口下沿离水面距离愈大愈好，一般不小于 0.8m；单位长度叶片处理气体量为 5000～7000m³/hm；溢流堰高出叶片下沿 50mm 为宜。为了保持运行稳定，S 形通道的叶片两侧容水量应近似相等，以防止风机启停时器内水量变化，增大用水量。由上下两叶片构成的 S 形通道的结构和尺寸对除尘器的除尘效率和压力损失起关键性作用。据试验，通过 S 形通道的气体速度在 18～35m/时均可获得 99％以上的除尘效率。为了把水雾有效地从气体中除去，净气脱雾室应有足够的空间，气体上升速度一般不大于 2.7m/s。此外，为防止排气带水，净气脱雾设有挡水板，挡水板的断面气速不大于 2.5m/s，挡水板下沿距水面高度不小于 0.5m。

（2）文丘里除尘器　实际应用的文丘里除尘器按除尘效率和能耗分为高效和低效两类，其区别主要体现在喉部风流速度和水气比上，见表 5.4。

表 5.4　文丘里除尘器运行参数

类型	液气比/(L/m³)	喉部风速/(m/s)	压力损失/Pa	除尘效率/%
低效	0.6～1.0	40～60	1200～1600	95～98
高效	0.6～1.0	80～90	5000～6000	＞99

正常情况下，喉部气流风速大可选取较高的液气比。实验表明，水滴直径是颗粒直径的 150 倍时，除尘效率较高，而喉部气流雾化形成的水滴直径（μm）可用式(5-7)加以计算：

$$d_w = \frac{4980}{v} + 29L^{1.5} \qquad (5-7)$$

式中，v 为喉管气流速度，m/s；L 为液气比，L/m³。

文丘里管的收缩管、喉管和扩散管几何尺寸应符合一定的比例关系。喉部面积尺寸由选择的喉部风速确定。渐缩管一般取倾角 $\beta_1 = 23°\sim28°$，渐扩管倾角 $\beta_2 = 7°$。喉管长度 l 一般取 0.8～1.5 倍喉部直径 D_2，喉管长，除尘效率高，但阻力损失也大，喉管直径小，其倍数可取大值；进气管风速可取 16～22m/s，出气管风速可取 18～22m/s。

喷入的液体应保证液滴直径均匀，符合除尘要求，同时要在喉管断面上均匀分布。喷液有两种方式，一种是经喉管周边均布的小孔进入，另一种通过伸入到喉管断面中心的喷水管喷入。进水位置必须位于喉管的进口处。喷孔直径在 3～5mm 范围，喷孔水流速度为 10～15m/s。注水方式的设计可参照图 5.21。

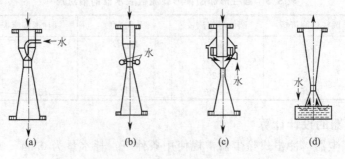

图 5.21　文丘里洗涤器的注水方式

5.6 静电除尘器

5.6.1 电除尘器的分类

静电除尘器作为高效除尘装置，具有除尘效率高、对净化气体的温度和湿度适应性强及气流阻力小（一般小于400Pa）等优点。高压电源由于电场电流很小，其电耗也较小，静电除尘器被广泛应用于大流量气体的粉尘净化领域。电除尘器根据不同的特点，分成不同的类型。

根据集尘极的形式，可分为管式电除尘器和板式电除尘器。

（1）管式电除尘器 这种电除尘器是在圆管的中心放置电晕极，而圆管的内壁成为集尘的表面。管径通常为150～300mm，长2～5m。由于单根管通过的烟气量很小，经常用多排管并列而成。为了充分利用空间可以用六角形（即蜂房形）的管子来代替圆管。也可以采用多个同心圆的形式。管式电除尘器一般只适用于气体量较小的情况，通常采用湿式清灰。

（2）板式电除尘器 这种电除尘器是在一系列平行的通道间设置电晕极。通道间的宽度一般为200～500mm，通道数由几个到几十个，甚至上百个，高度为2～12m，甚至达15m。除尘器长度根据对除尘效率的要求确定。

板式电除尘器由于它的几何尺寸很灵活，可做成大小不同的各种规格。用电除尘器进口有效断面积来表示，小的可以为几个m²，而大的可达到数百m²以上。板式电除尘器绝大多数情况采用干式清灰，是工业中广泛采用的形式。

根据气流流动的方式，可分为立式电除尘器和卧式电除尘器。

（1）立式电除尘器 气流通常由下到上，通常做成管式，但也有采用板式。

（2）卧式电除尘器 气流沿水平方向通过。在长度方向，根据结构及供电的要求，通常每隔3～4m左右（有效长度）划分成单独的电场，常用3～6个电场，如图5.22所示。

在尺寸几乎同等的条件下，立式除尘器的效率不如卧式。因此，在除了特殊情况（如占地面积受限制、水膜清灰及气体易发生爆炸），一般都优先采用卧式电除尘器。

根据电晕极采用的极性分为正电晕及负电晕除尘器。

正电晕即在电晕极上施加正极高压，而集尘极为负极接地。负电晕则相反，在电晕极上施加的是负极高压，而集尘极为正极接地。正电晕的击穿电压低，工作时不如负电晕稳定。但负电晕产生大量对人体有害的臭氧及氮氧化物，因此用作送风的空气净化时只能采用正电晕，而用作工业排出气体的除尘时则绝大多数都采用负电晕。

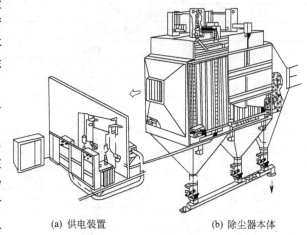

(a) 供电装置   (b) 除尘器本体

图5.22 电除尘器

根据粉尘荷电及分离区的空间布置的不同，分为单区电除尘器和双区电除尘器。

双区电除尘器 即粉尘首先在荷电区荷电后再进入分离区，而单区电除尘器则荷电及分离区均在同一区内进行，单区电除尘器是工业排气除尘中最常见的一种形式，而双区则一般用于送风空气的净化。近年来，在工业废气净化中也尝试采用双区电除尘器净化高比电阻粉尘烟气。

根据粉尘的清灰方式，可分为湿式电除尘器和干式电除尘器。

湿式电除尘器是用喷雾或淋水、溢流等方式在集尘极表面形成水膜将黏附于其上的粉尘带走，由于水膜的作用避免了产生粉尘的二次扬尘，除尘效率很高；同时没有振打设备，工作也很稳定。但是产生大量泥浆，如不加以适当处理，将造成二次污染。干式电除尘器是通过振打或者用刷子清扫而使粉尘落于灰斗中。由于这种方式回收下来的粉尘处理简单，便于综合利用，因而也是一种常见的方式。但由于振打时使沉积于集尘极上的粉尘有可能再次扬起进入气流中（二次扬尘），致使效率降低。

5.6.2 静电除尘器的设计计算

5.6.2.1 电除尘器的基本参数计算

（1）电场风速和电场断面积 电除尘器断面风速对除尘效果影响很大，通常情况下，电场风速在 0.5～1.2m/s 的范围内选取。

依据电场风速可以确定电场断面积：

$$F = Q/v \tag{5-8}$$

式中，F 为电场断面面积，m^2；Q 为处理气体流量，m^3/s；v 为电场风速，m/s。

（2）比集尘极板面积和集尘极板面积 比集尘极板面积 f 是指集尘极板的总投影面积（A）与处理烟气量（Q）的比值，由 Deutsch 效率公式可得：

$$f = A/Q = \frac{1}{\omega_e} \ln \frac{1}{1-\eta} \tag{5-9}$$

当有效驱进速度和除尘效率已确定，即可计算出 f 值。主要工业窑炉电除尘器的 f 值一般在 40～170m/s 的范围内。而各种应用场所的静电除尘器的有效驱进速度可参照表5.5选取。

表 5.5 一些工业窑炉电除尘器的电场风速和有效驱进速度

主要工业窑炉的电除尘器			$v/(m/s)$	$\omega_e/(cm/s)$
热电站锅炉飞灰			1.2～2.4	5.0～15
纸浆和造纸工业黑液回收锅炉			0.9～1.8	6.0～10
钢铁工业	烧结机		1.2～1.5	2.3～11.5
	高炉		2.7～3.6	9.7～11.3
	吹氧平炉		1.0～1.5	7.0～9.5
	碱性氧气顶吹转炉		1.0～1.5	7.0～9.0
	焦炭炉		0.6～1.2	6.7～16.1
水泥工业	湿法窑		0.9～1.2	8.0～11.5
	立波尔窑		0.8～1.0	6.5～8.6
	干法窑	增湿	0.7～1.0	6.0～12
		不增湿	0.4～0.7	4.0～6.0
	烘干机		0.8～1.2	10～12
	磨机		0.7～0.9	9～10
	熟料篦式冷却机		1.0～1.2	11～13.5
都市垃圾焚烧炉			1.1～1.4	4.0～12
接触分解过程			—	3.0～11.8
铝煅烧炉			—	8.2～12.4
钢焙烧炉			—	3.6～4.2
有色金属转炉			0.6	7.3
冲天炉（灰口铁）			15	3.0～3.6
硫酸雾			0～1.5	6.1～9.1

由于电除尘器工作时的实际条件（如烟气特性、风压、温度等）与设计时设定的条件可能存在差异，或者设计者选取的某些数值（如驱进速度、选定的振打周期以及气体分布等）与生产实际可能有些出入，所以在设计除尘器时，必须要有一定的储备能力，目前多采用增大集尘极面积的方法作为除尘器的储备能力。

（3）通道宽度 通道宽度 $2b$ 是指集尘极板之间的距离，对于管式电除尘器即为管径。常规电除尘器的通道宽度一般为 250～350mm。从 20 世纪 70 年代初开始发展宽间距电除尘器，宽间距是指通道宽度大于或等于 400mm。采用宽间距后，集尘极及电晕极的数量减少，因而节约钢材，减轻重量。集尘极和电晕极的安装和维修都比较方便。但是由于工作电压的增高，供电设备费用也相应增大。目前采用较多的极间距大多为 400～500mm。

（4）电场数 集尘极板面积确定后，即可根据极板高度计算出电场的总长度，在卧式电除尘器中，为了适应烟气的特性，一般可将电极沿气流方向分为几段，通称几个电场，其中单电场的长度为 2.5～5.4m，当电场长度为 2.5～4.5 时（多为 3.5～4m），称为短电场，电场长度为 4.5～5.6m 时，称为长电场。当采用长电场时，虽然配套的硅整流器台数可适当减少，但硅整流器的容量需加大，对大规格的电除尘器甚至需配用 2000mA 以上的供电装置。此外，采用长电场时、电晕极框架的承载石英套管（或瓷支柱）的载荷也大；而且维修电场时，从两侧进入也不够方便。但是由于总的电场数减少，检修平台数也减少，除尘器的总长度也相应缩短，当用短电场时，由于电场短，集尘极可采用单边振打，这样可减少振打机构的台数。建议单电场长度取 3.5～4m 为宜。

（5）电晕线线距 在管式电除尘器中，一根除尘管安装一根电晕线，电晕线间不存在相互影响的问题。卧式电除尘器则不同，当电晕线间距太近时，会由于电屏幕作用使导线单位电流值降低，甚至为零，但线距也不宜过大，过大会使空间电流密度降低，且引发电流面密度均匀性下降，从而影响除尘器的除尘效率。设计过程中应尽量选取最佳线距，最佳线距与电晕线的形式和外加电源有关，一般以 0.6～0.65 倍通道宽度为宜。如对星形断面和圆形断面的电晕线，当通道宽度为 250～300mm 时，电晕线距取 160～200mm；但当极间距增至 400mm 时，线间距取 200mm。对于芒刺电晕电极，由于具有强烈的放电方向性，其线距可适当减小。

5.6.2.2 电除尘器的结构设计

电除尘器的结构设计主要包括集尘极系统、电晕极系统、气体分布装置、壳体结构以及排灰装置等。

（1）集尘极系统 集尘极系统的设计主要是对集尘极板、极板悬挂构件和清灰装置的设计。

① 集尘极板 集尘极板要求具备良好的电性能，极板电流密度分布要均匀；良好的震动加速度分布性能；良好的防止粉尘二次飞扬性能；钢材耗量少，强度大，不易变形。

立式电除尘器的极板常见的有圆管状（ϕ250mm～300mm）和郁金花状两种。郁金花状因有防止粉尘二次飞扬的特点，应用较多；卧式电除尘器的极板形式见图 5.23。图中所示的 C 形极板由于极板的阻流宽度大，不能充分利用电场空间；Z 形板由于有较好的电性能以及振动加速度均匀的性能，重量也较轻，因而使用较普遍，但由于两端的防风沟朝向相反，极板在悬吊后容易出现扭曲；ZT 形极板则既具有良好的电性能、制造也容易。

极板的材料通常用普通碳素钢的三号镇静钢（A_3）制作。用于净化腐蚀性气体时，应用不锈钢。

② 板的悬挂 极板通常被悬吊在固定于壳体顶梁的小梁上。其连接点有铰接和固接两种，不同的连接方法对板面振动加速度的影响不同。上下两端采用固接方式可获得较大的板面振动加速度。但是，上下均采用固接形式，当各条极板受热不均匀时，会造成某些极板弯曲，影响

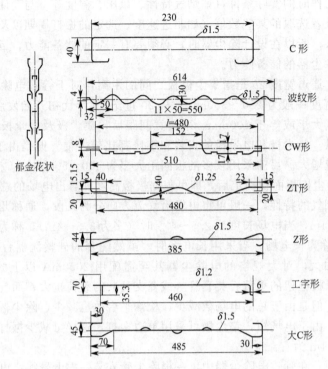

图 5.23 各种集尘极板的形式

两极间距，降低操作电压，使除尘效率降低。图 5.24 是发电厂电除尘器常用的一种结构形式，悬吊梁用钢板轧制成两根槽型钢组成，并支承在壳体顶梁的翼缘上，极板伸入两槽型钢中间，在极板与槽型钢间垫以垫块，使螺栓紧固时能将极板紧紧压住。上端固接的悬吊方法也可以采用图 5.25 形式，极板的一端焊接一块厚为 6～8mm 的连接板，悬吊梁用单根或双根角钢组成并焊于壳体顶梁下平面，极板用螺栓紧固于悬吊梁上。

③ 极板清灰装置 靠对极板进行周期性振打，并使板面产生一定的振动加速度实现集尘极极板表面上的粉尘清除。振打周期、频率和强度与含尘气体、粉尘性质、电除尘器的结构形式等很多因素有关。设计中应留有较大的调整余地，以便

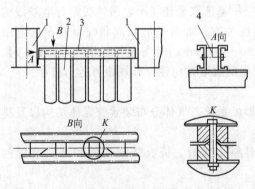

图 5.24 极板的上部悬吊
1—壳体顶梁；2—极板；3—悬吊梁；4—支撑块

在运转过程中逐步调整确定出合适的振打制度。集尘极一般采用间歇振打，振打频率为每分钟 4～8 次，振打周期随气体含尘浓度而定。敲打极板方式中平行于板面的振打方式比垂直于板面的振打方式要好，它既可保证极板间距在振打过程中变化不大，又可使粉尘和板面间在振打时产生一定惯性切力，使黏附在板面上的粉尘更易脱落。集尘极的振打机构有锤打机构、电磁振打等结构形式。挠臂锤击机构具有结构简单，运转可靠的优点，被国内外的电除尘器广泛采用，图 5.26 是该类机构的一种形式。根据经验，锤重可取 5～12kg。连杆长度取 150～225mm，曲柄长度取 100mm 左右。

通常，一个电场的各排集尘极板的振打锤均装在一根轴上。相邻的两副锤子错开一定角度（一般为 150°）、以减少振打时粉尘的二次飞扬。振打轴支承在两个滑动轴承上，当电除尘器

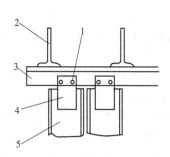

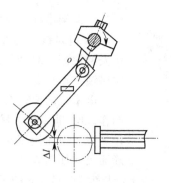

图 5.25　极板上端固接的悬吊方法　　　　　　图 5.26　挠臂锤捶打机构

1—螺栓；2—顶梁；3—角钢；4—连接板；5—极板

宽度尺寸较大时，可将振打轴分成若干段，每段应支承在两个轴承上。每段长度不大于 3m。每段轴间宜用允许较大径向位移的联轴器，结构如图 5.27 所示。

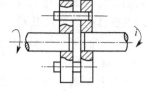

　　振打轴的轴承宜采用不加润滑剂的滑动轴承结构，轴承的轴瓦面应不易沉积粉尘，而且与轴有较大的间隙，以免受热时，发生抱轴故障。轴承有剪刀式、托板式、托滚式、双曲面式等几种。

　　集尘极振打轴的组合如图 5.28 所示。振打机构所需功率一般是很小的，进口设备多为 0.22～0.4kW 的电机，国内多为 0.4～1kW 电机。

图 5.27　较大径向
位移的联轴器

　　振打轴穿过器壁处的常用密封结构如图 5.29 所示，适用于除尘器内负压不很大的条件。图 5.30 是另一种密封性良好的轴端密封结构形式，适用于除尘器内负压较大的情况。

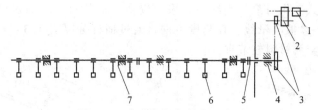

图 5.28　集尘极振打轴的组合图

1—电动机；2—减速机；3—链轮；4—轴承；5—联轴器；6—振打锤；7—轴挡

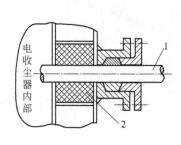

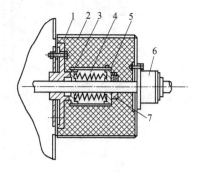

图 5.29　振打轴密封结构　　　　　　图 5.30　集尘极振打轴轴端密封装置

1—转轴；2—矿渣棉　　　　　　1—密封盐；2—矿渣棉；3—密封摩擦块；4—弹簧；

　　　　　　　　　　　　　　　5—弹簧座；6—滚动轴；7—挡圈

　　(2) 电晕极系统　电晕极是电除尘器的放电极亦即阴极。电晕极系统包括电晕线、电晕极框架、框架吊杆、支承套管及电晕极振打装置等。

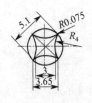

图 5.31   星形电晕线

① 电晕线   电晕线要求具备：放电性能好、起晕电压低、击穿电压高、伏安特性好，对烟气条件变化的适应性能强；机械强度好，不断线或少断线；耐腐蚀、耐高温；制造容易，重量轻，成本低。

电晕线的形式有：a. 圆裸线，直径为 $\phi 1.5 \sim 2.5mm$，多采用耐热合金钢制作。b. 星形线，材质采用普通碳素钢冷轧而成，材料易得、价格便宜，易于制造。但在使用时容易因吸附粉尘而肥大。适用于含尘浓度低的情况，其断面尺寸如图 5.31 所示。c. 芒刺状电晕极线，极线采用 A3 钢，在电晕线的主干上焊上若干个长为 $7 \sim 11mm$ 的不锈钢芒刺，电晕线工作时，在刺尖上能产生强烈的电晕放电，对含粉尘浓度高的烟气可减轻电晕闭塞现象；同时，强烈的离子流可产生数米的电风而提高粉尘的驱进速度，通常大多在除尘器前端电场采用此类极线。图 5.32 是目前常见的几种芒刺电晕线形式。其中"三角形"芒刺因具有放电性好，刚度大，被广泛应用。

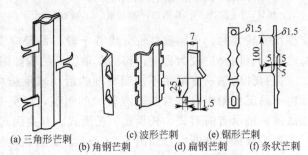

(a) 三角形芒刺   (b) 角钢芒刺   (c) 波形芒刺   (d) 扁钢芒刺   (e) 锯形芒刺   (f) 条状芒刺

图 5.32   各种型式的芒刺电晕线

② 电晕线的固定   电晕线的固定方式通常有三种，如图 5.33 所示。a. 重锤悬吊式，电晕线在上部固定后，下部用 2.3kg 的重锤拉紧，以保持电晕线处于平衡的伸直状态，通过设于下部的固定导向装置，防止电晕线摆动，保持电晕极与集尘极之间的距离。b. 框架式，用直径为 $1.27 \sim 2.14cm$ 的钢管作成框架，电晕极绷设于框架上。沿高度方向，每隔大约 $0.6 \sim 1.5m$ 设一横杆，以缩短单根电晕线的长度。这种方式工作可靠、断线少、采用较多。c. 桅杆式，通过中间的主立杆作为支撑。在两侧各绷以 $1 \sim 2$ 根电晕线。在高度方向，通过横杆分隔成 1.5m 长的间隔。这种方式与框架式相类似，但金属材料较节省。

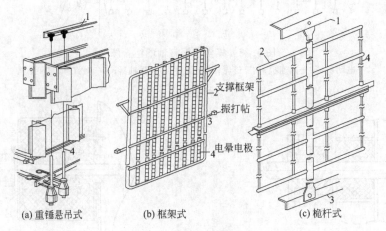

(a) 重锤悬吊式   (b) 框架式   (c) 桅杆式

图 5.33   电晕线的固定方式

1—顶部梁；2—横杆；3—下部梁；4—放电集

③ 电晕极的振打装置   为了避免电晕闭塞，需设置电晕极的振打装置。电晕极振打装置的方式有水平转轴挠臂锤击装置、摆线针轮传动机构、凸轮提升振打机构。其中使用较多的是水平转轴挠臂捶击装置和提升振打装置。目前开始流行电磁铁锤垂直振打方式。

水平转轴挠臂锤是在电晕极的侧架上安装一根水平轴,轴上安装若干副振打锤,锤重 2~3kg、每一个振打锤对准每个单元框架,锤的运动类似集尘极的挠臂锤,当轴转动时,锤子被托起,当锤子落下时打击到安装在单元框架上的砧子上。在电除尘器工作时电晕极是通高压电的,故框架的锤打装置也是带高压电的,这样,锤打装置的转轴与安装于外壳的传动装置连接时,必须有一瓷绝缘连杆进行绝缘,转轴穿出壳体时要注意留有足够的击穿距离。电瓷轴两端装有方向联轴器,以补偿振打轴的中心与链轮轴中心的偏差。瓷连杆外部设置有保温箱。箱内有加热器和恒温控制器,以保持箱内温度高于烟气露点 30℃。保温箱应设置检查门和清扫灰孔,以定期检查瓷轴的工作情况和打扫箱内积灰。转轴穿入电场处装设有绝缘性能良好的密闭板,密闭板采

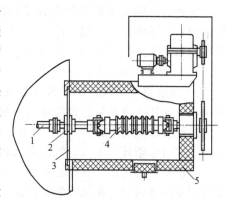

图 5.34 电晕极振打传动装置
1—安装振打锤的轴;2—密封装置;
3—密封板;4—电瓷轴;5—保温箱

用 5mm 厚的聚四氟乙烯板制作。密闭板与转轴结合处应有密封填料,以防止粉尘从转轴和密封板的间隙处漏入。传递扭矩的瓷连杆应能承受 100kV 的直流电压及大于 1000N·m 的扭矩。由于瓷连杆不能承受太大的扭矩,水平振打轴不宜过长,当除尘器宽度大于 5m 时,应在除尘器的两侧各安装一套振打装置;除尘器高度大于 5m 时,应上下各装置两套振打装置;当电场长度大于 5m 时,应从框架的两侧进行振打。电晕极振打时,转轴的转速范围在 $0.25 \sim 0.3 r/min$,电机的相应功率为 $0.2 \sim 0.4 kW$。振打轴可用 $\phi 40mm$ 的普通碳素钢制作,轴承选用 $\phi 40mm$ 的双曲面滑动轴承,每段轴长需小于 2.5m。中间联轴器除与瓷连杆连接的一段采用钢性联轴器外,其余应选用允许径向位移的柱销联轴器。见图 5.34。

④ 绝缘套管 电晕电极框架是借助于吊杆吊于壳体顶部的绝缘套管上的,通过绝缘套管、瓷管或石英盆使之与顶板绝缘。其结构形式如图 5.35 所示。绝缘套管可由三种材质制成:a. 石英质绝缘套管,石英质绝缘套管由不透明石英玻璃制成,壁厚 20~25mm,直径为 400mm、高度为 500~700mm,适用于烟气温度 120~800℃的电除尘器,石英套管的绝缘性能应大于 10kV/cm,抗压强度不小于 40MPa,石英套管抗冲击强度较差,一般小于 0.083 MPa。b. 瓷

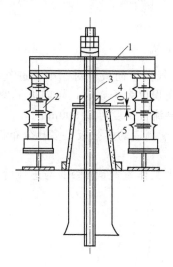

图 5.35 电晕极绝缘支柱
1—框架;2—瓷支柱;3—电晕极吊杆;4—法兰盖;5—瓷套管

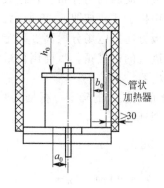

图 5.36 保温箱内部尺寸

质绝缘套管，瓷质绝缘套管电瓷质瓶的壁厚 30～35mm，高度不低于 400mm，其易于制造，价格便宜，适用于工作温度低于 320℃ 的条件。瓷质绝缘套管安装时最好采用稳定性、密封性都比较好的机械卡装。c. 刚玉瓷质套管，刚玉瓷质套管具有良好的抗冲击强度（700～770kPa）和耐高温而被广泛采用。

⑤ 保温箱　为保证绝缘装置不致因周围的温度过低或局部漏气，在其表面出现冷凝酸液和水汽，而使绝缘装置出现爬电（短路）现象，破坏绝缘性能使工作电压上不去，需在绝缘装置周围设置保温箱，如图 5.36 所示。在保温箱内加热，使其温度升高且高于露点 20～30℃。加热方式有电阻丝、蒸汽盘管、通入预热气体等。保温箱内应设有温度控制器，以控制加热温度。保温箱的内部尺寸在保证不发生电击穿条件下尺寸越小越好，这样既省材料，减轻重量，又有利于内部清扫。保温箱的壳体保温层可采用 100mm 厚的矿渣棉，保温箱的各部尺寸推荐按下式确定：

$$a_0 = (1.2 - 1.4)b \tag{5-10}$$

$$h_0 = (2 - 2.5)b \tag{5-11}$$

$$b_0 = (1.1 - 1.2)b \tag{5-12}$$

式中，b 为除尘器内两极间的距离，m。

（3）气流分布装置　气流分布板的结构形式有很多种，如图 5.37 所示。格板式、多孔板式、垂直偏转板、锯齿形、X 形孔板和垂直折板式等。垂直偏转板和垂直折板式适用于上进口的进气箱。

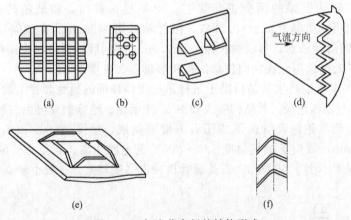

图 5.37　气流分布板的结构形式

为促进气流的均匀分布，在进气箱的入口处往往设置气流导向板。对于中心进气的气箱，导向板多用格子式，如图 5.38 所示。当进气箱大小口的面积比大于 5 时，导向板至少要 2×2 块，导流板方向按电场分段高度确定，如图 5.39 所示，导流板长度可取 500mm。

中心进气的进气箱，目前用得最多的是结构简单、易于制造的多孔板，多孔分布板的设计包括以下内容。

① 分布板层数的确定　根据实验，多孔板的层致可由工作室截面积 F_k 与进风管面积 F_0 的比值近似地确定：

$$\text{当} \frac{F_k}{F_0} \leqslant 6 \text{ 时，} \quad n = 1 \tag{5-13}$$

$$\text{当} 6 < \frac{F_k}{F_0} \leqslant 20 \text{ 时，} \quad n = 2 \tag{5-14}$$

$$\text{当} 20 < \frac{F_k}{F_0} < 50 \text{ 时，} \quad n = 3 \tag{5-15}$$

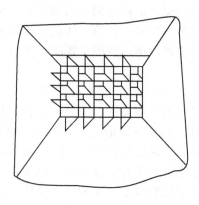

图 5.38　方格子导向板

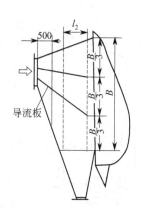

图 5.39　导流板

② 分布板的开孔率　为保证气体流速分布均匀，常需使多孔板有合适的阻力系数，即

$$\zeta = N_0 \left(\frac{F_k}{F_0}\right)^{\frac{2}{n}} - 1 \qquad (5-16)$$

式中，ζ 为阻力系数；N_0 为气流在入口处按气流动量计算的速度场系数，对于直管或带有导向板的弯头 $N_0 = 1.2$，不带导向板的缓慢弯管，且弯管后无平直段时，$N_0 = 1.8 \sim 2.0$。

孔隙率 f 与多孔板的阻力系数 ζ 的关系为：

$$\zeta = (0.707 \sqrt{1-f} + 1 - f)^2 \frac{1}{f^2} \qquad (5-17)$$

③ 相邻两层多孔板的距离

$$l_2 \geqslant 0.2 D_r \qquad (5-18)$$

式中，D_r 为 F_k 断面上的水力直径，$D_r = \dfrac{4F_k}{P_k}$，P_k 为 F_k 断面上的周长，m。

④ 进气管出口到第一层多孔板的距离

$$H_p \geqslant 0.8 D_r' \qquad (5-19)$$

式中，D_r' 为进气管的水力直径。

多孔板的孔径为 $\phi 40 \sim 50$mm 的圆孔，多孔板可由 3mm 厚的钢板弯成槽形制成。弯边为 $20 \sim 25$mm。孔板宽 400mm 左右，长度按进气箱确定，上下焊以连接板。上部用螺栓悬吊于上部梁上，下部与撞击杆相连，板与板之间，可用扁钢和螺栓固定，如图 5.40 所示。

⑤ 分布板的振打装置　分布板振打装置结构如图 5.41 所示。电动机通过联轴器与一台二

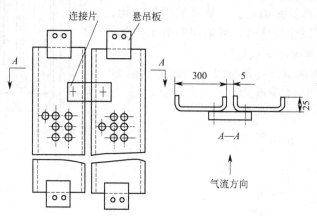

图 5.40　多孔板型气流分布板

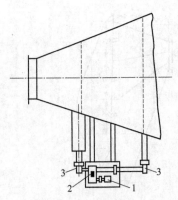

级蜗轮减速器相连，蜗轮减速器的低速轴由两端出轴，分别在两端安装两套挠臂锤击装置，使第一、第二两层分布板得到振打。也可以将分布板与收尘极的撞击杆刚性连接，实现与极板同时清灰。

⑥ 槽形板的设计 为提高电除尘器对微细粉尘（小于5μm）的收集，在除尘器的出气箱前平行安装两排槽形板，如图 5.42 所示。槽形板可用 3mm 厚的钢板制成。每块槽形板宽 100mm，翼缘为 25～30mm，两槽形板的气流间隙取 50mm 左右，两排槽用两条扁钢、钢管、螺栓、螺母固定联成一组。当槽形板的高大于 5m 时，槽形板需上、下各设一道固定板，其结构形式如图 5.43 所示。槽形板装置同样应设置振打装置。

（4）壳体结构与几何尺寸 电除尘器的壳体结构主要由箱体、灰斗、进出风口风箱及框架等组成，其外形如图 5.44 所

图 5.41 分布板振打装置

1—电动机；2—减速机；3—锤头

示。电除尘器箱体，根据实际需要可设计成户外式或户内式，箱体也可设计成单室或双室式。

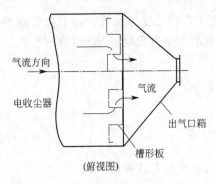

图 5.42 槽形板装置

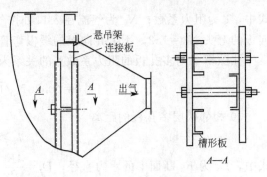

图 5.43 槽形板装置的结构

为了保证电除尘器正常运行、壳体要有足够的刚度、强度、稳定性和密封性。电除尘器的壳体除承受自重外，还要考虑风、雪、灰斗积灰、极板挂灰、地震、温度、屋面活载（按 2kPa 考虑）等外部附加荷载。当被处理烟气中含有可燃物质容易引起爆炸时，为释放爆炸压力，除设置防暴阀外，箱体设计可考虑承受部分爆炸力。箱体的构造形式和使用材料要根据被处理烟气性质和实际情况确定。一般多采用钢结构，当被处理烟气含有腐蚀性气体时，可采用混凝土壳体。腐蚀性严重的还要内衬耐酸砖或瓷砖。

① 电除尘器箱体横断面各部分尺寸 箱体横断面上的各部分尺寸如图 5.44 所示。

a. 箱体断面积 F' 的初步确定

$$F' = \frac{Q}{V} \tag{5-20}$$

b. 极板高度 h

当 $F' \leqslant 80 \text{m}^2$ $h \approx \sqrt{F'}$ (5-21)

当 $F' > 80 \text{m}^2$ $h \approx \sqrt{\dfrac{F'}{2}}$ (5-22)

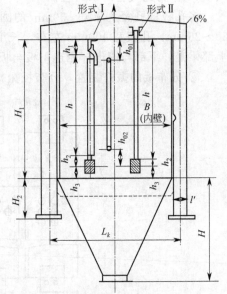

图 5.44 电除尘器横断面图

即当 $F'>80m^2$ 时，电除尘器要设双进风口。计算后的 h 值应进行调整，当高度小于 8m 时，以 0.5m 为 1 级，大于 8m 时，以 1m 为 1 级。

表 5.6 除尘器极板的阻流宽度

极板形式	K'	
(锯齿形极板图)	a	
(Z形极板图)	a	
(双Z形极板图)	a	
(宽板极板图)	$\dfrac{b}{a}\leqslant 4.5$	$\dfrac{a}{2}$
	$\dfrac{b}{a}>4.5$	δ

c. 电除尘器的通道数 Z

$$Z=F'/(2b-K')h \tag{5-23}$$

式中，$2b$ 为相邻两极板中心距，m；K' 为除尘器极板的阻流宽度，设计时按表 5.6 所列数据选择，m。

将 Z 值圆整为整数，当选用双进风口时，Z 值应取偶数，则电除尘器电场有效宽度为：

$$B_{有效}=Z(2b-K') \tag{5-24}$$

d. 电除尘器的过流断面积 F

$$F=B_{有效}h \tag{5-25}$$

e. 电除尘器的内壁宽 B

单进风：
$$B=2Zb+2\Delta \tag{5-26}$$

双进风：
$$B=2Zb+4\Delta+e'_1 \tag{5-27}$$

式中，Δ 电除尘器最外层的一排极板中心线与内壁的距离，$\Delta=50\sim100mm$；e'_1 为中间柱的宽度。

f. 过流断面上外侧柱间距 L_K

$$L_K=B+2\delta_1+e' \tag{5-28}$$

式中，δ_1 为除尘器壳体钢板的厚度，一般取 5mm；e' 为柱的宽度，m。

g. 除尘器顶梁底面至灰斗断面的距离 H_1

$$H_1=h+h_1+h_2+h_3 \tag{5-29}$$

式中，h 为集尘板有效高度，m；h_1 为当极板上端吊于顶梁的 X 形梁上时（如图 5.44 形式 Ⅱ），h_1 等于零；当极板悬吊于顶梁下面的悬挂装置时，$h_1=80\sim300mm$；h_2 为除尘极下端至撞击杆的中心距离，按结构形式不同取 $35\sim50mm$；h_3 为撞击杆中心至灰斗上端的距离，$h_3=160\sim300mm$。

h. 极板配置尺寸 当电晕极与集尘极的配置采用图 5.45(a) 时，极板配置尺寸见表5.7。这种配置形式，电晕极多制成框架式，电晕极的振打可以设在框架的腰部，清灰的效果较好，缺点是除尘器的长度较大。图 5.45(b) 是另一种配置形式，电晕极较集尘极高，宽度略小于集尘极。这种形式的电晕极可制成框架式，也可采用重锤下部拉紧装置的方法，适用高温电除尘器。

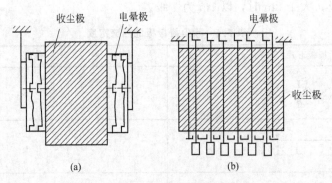

图 5.45 集尘极与电晕极的配置

表 5.7 极板配置尺寸

极板间距	300		400	
极板悬吊形式	I	II	I	II
h_{01}/mm	>220	180	>380	240
h_{02}/mm	160		220	

i. 灰斗上端至支柱的基础面距离 H_2 根据除尘器大小定，$H_2 = 800 \sim 1200\text{mm}$。

j. 梁上端的斜度取 0.06。

② 箱体沿气流方向的内壁有关尺寸　箱体沿气流方向的内壁有关尺寸见图 5.46。

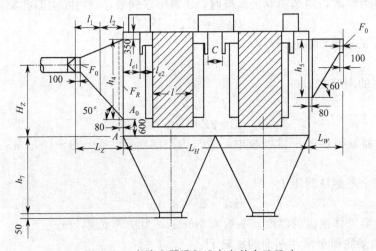

图 5.46 电除尘器沿气流方向的内壁尺寸

a. 电场长度 L

$$L = A/2nZh \qquad (5\text{-}30)$$

式中，n 为电场数量；A 为集尘极面积，m^2。

求出 L 后，应按每块极板的名义宽度的倍数进行圆整。电场长度亦可按下式计算：

$$L = vt \qquad (5\text{-}31)$$

式中，v 为气体在电场内的平均流速，m/s；t 为气体在电场内的停留时间，s，t 值可以在 6～20s 范围内选择，净化效率要求高时，停留时间可选得长些。

b. l_{e1}、l_{e2}、C 的取值

若电极的配置采用图 5.45（a）形式时，电晕极吊杆至进气箱大端面距离 l_{e1} 为 $400\sim$ 500mm；集尘极一侧距电晕极吊杆的距离 l_{e2} 为 $450\sim500$mm；两电极框架间吊杆间距 $C\geqslant$ $380\sim440$mm。

c. 除尘器壳体内壁长度

$$L_{\mathrm{H}}=n(l+2l_{e2}+C)+l_{e1}-C \tag{5-32}$$

d. 电除尘器的柱距　电除尘器的柱距根据结构形式的不同而不同，当集尘极的悬挂采用图 5.44 形式 II 时。

中间柱距：

$$l_{d1}=l+2l_{e2}+C \tag{5-33}$$

外侧柱距：

$$l_{d2}=l+2l_{e2}+C/2 \tag{5-34}$$

最外侧柱与除尘器的内壁距离：

$$x_1=l_{e1} \tag{5-35}$$

若集尘极安装在顶梁的底面，每个电场的荷重由两根梁和边柱承担，此时立柱可设计成等距的，柱距为：

$$l_{\mathrm{d}}=\frac{l}{2}+l_{e2}+C/2 \tag{5-36}$$

首尾的边柱与壁的距离为

$$x=\frac{l}{2}+l_{e1}+l_{e2}-\frac{l_{\mathrm{d}}}{2} \tag{5-37}$$

③ 进出气箱的形状及尺寸　进气箱的进气方式有水平进气和上进气两种（见图 5.47），一般情况下大型除尘器多采用水平进气式。

$$F_0=Q/v_0 \tag{5-38}$$

式中，F_0 为进气口的面积；v_0 为进气口出处的风速，m/s。该值越小对电除尘越有利，v_0 一般取 $13\sim15$m/s。

长度

$$L_{\mathrm{Z}}=(0.55-0.56)(a_1-a_2)+250 \tag{5-39}$$

式中，a_1、a_2 分别为 F_{K}、F_0 处的最大边长，mm；F_{K} 为进气箱大端面积，m^2。

进气箱有灰斗时的上沿宽度为

$$L_{\mathrm{E}}=(0.6-0.65)L_{\mathrm{Z}} \tag{5-40}$$

前端灰斗下口宽 L_{M}，一般取 400mm。

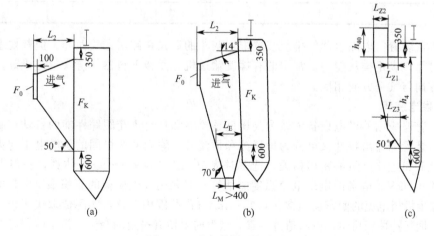

图 5.47　进气箱的进气方式

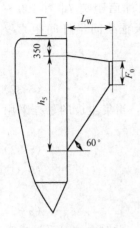

图 5.48 出气箱尺寸

计算上进气箱的进气口面积可按 $v_0 = 14\text{m/s}$ 进行选取,相关尺寸如下:

$$h_{40} \geqslant 0.64h_4 \tag{5-41}$$

$$L_{Z1} = (0.095 - 0.1)h_4 \tag{5-42}$$

$$L_{Z2} = 0.25h_4 \tag{5-43}$$

$$L_{Z3} = 0.15h_4 \tag{5-44}$$

出气箱(见图 5.48)的大端尺寸一般设计成比进气箱的大端小(即 $h_5 < h_4$)以降低粉尘的二次飞扬。出气箱小端面积与进气箱小端面积相同;出气箱大端高度 $h_5 \geqslant 0.8a_1 + 0.2a_2 + 170\text{mm}$;出气箱长度 L_W 为 $0.8L_Z$。

④ 电除尘器灰斗的有关尺寸 四棱台状灰斗为电除尘器每一个区下面设置一个灰斗,灰斗的斜壁与水平夹角大于 60°灰斗下料口尺寸大小,参照表 5.8 确定,最小不小于 300mm×300mm。

表 5.8 四棱台状灰斗的排灰量

排灰斗下料口尺寸	300mm×300mm	350mm×350mm	400mm×400mm	500mm×500mm
排灰量/(t/h)	20	35	50	100

棱柱状槽形(见图 5.49)灰斗槽的方向为顺气方向,灰斗上口长度为 L_H,下口宽度 B_1 参照表 5.9 确定。当除尘器内器壁 L_H 较长时,斗上口应分为几个小斗。在相邻两电场间通常设计一个三角形板,既防止短流,又便于基础梁安装横梁。

除尘器进出口处的灰斗长 l_6:

$$l_6 = l_{e1} + 2l_{e2} + l + C/2 \tag{5-45}$$

电场中部灰斗长度 l_7:

$$l_7 = l + 2l_{e2} + C \tag{5-46}$$

灰斗高为:$h_7 = 1.732(L_H/n_2 - B_1)/2 \tag{5-47}$

式中,n_2 为沿除尘器长度方向的斗数。

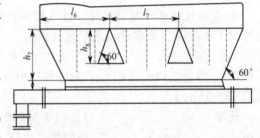

图 5.49 下灰斗尺寸

表 5.9 槽形灰斗排灰量

排灰槽下口宽度 B_1/mm	300	370	415	500
排灰量/(t/h)	8	15	20	32

(5)排灰装置 电除尘器的排灰装置根据灰斗的形式和卸灰方式而异。但都要求密闭性能好,工作可靠,满足排灰能力。常用的有螺旋输送机、回转下料器、链式输送机等。排灰输送机的输送方向与气流方向相反。

5.6.2.3 供电装置

迄今,普遍应用的供电设备依然为高压硅整流器和具有火花跟踪性能的自动控制设备的组合。按供电装置的输出特性又可分为恒压源和恒流源。除尘器两极间的供电电压与极间距、处理烟气特性和粉尘比电阻值密切相关,选型时按 $b(\text{cm}) \times 3\text{kV/cm}$ 进行估算,一般电源的输出最大电压为 100kV。电场的电晕电流强度的估算一般采用收尘极板的面积乘以电晕电流面密度的方法,收尘极板电流的面密度通常在 $0.1 \sim 1\text{mA/m}^2$ 范围内变化,实际值取决于极间电压、电晕线形式、烟气特性和粉尘比电阻值等因素,选型时要留有一定的余量。为了改善各个电场的供电质量和易于调控,除尘器普遍采用分区供电方式,每一电场采用一套或多套供电装置。

思 考 题

1. 简述旋风除尘器的特性及适用的应用场合。

2. 简述静电除尘器采取分区供电的益处。

3. $2 \times 10^3 \, \mathrm{m^3/h}$，温度为 20℃ 的含尘浓度为 $5 \, \mathrm{g/m^3}$ 的炼铁厂烧结厂配料系统尘气，拟决定采用脉冲喷吹袋式除尘器净化粉尘，试设计除尘器的结构尺寸。

4. 简述文丘里管除尘器结构的设计内容。

6 气态污染物控制设备设计

气态污染物的控制主要是利用其物化性质如溶解度、吸附饱和度、露点、选择性化学反应等的差异，将污染物从废气中分离出去，或者将污染物转化为无害或易于处理的物质。常用的方法有吸收法、吸附法、冷凝法、催化转化法和燃烧法。对 VOCs 也可以用生化降解的方法加以净化，其原理与水中 BOD 的净化相类似。

6.1 吸收设备

吸收净化法是利用各种气体在液体中的溶解度不同，污染物组分被吸收剂选择性吸收，从而使废气得以净化的方法。吸收净化法效率高，适应性强，各种气态污染物一般都可以选择适当的吸收剂进行处理。如工业废气中的二氧化硫、氮氧化物、卤化物、硫化氢、一氧化碳及碳氢化合物等都可以用吸收法予以治理。吸收法净化废气的主要设备是吸收塔。

6.1.1 吸收塔类型

6.1.1.1 填料塔

填料塔以填料作为气液接触的基本构件。填料塔的结构如图 6.1 所示，塔体为直立圆筒，筒内支承板上堆放一定高度的填料，气体从塔底送入，经过填料间的空隙上升。吸收剂自塔顶经喷淋装置均匀喷洒，沿填料表面下流，填料的润湿表面就成为气液连续接触的传质表面，被净化气体最后从塔顶排出。

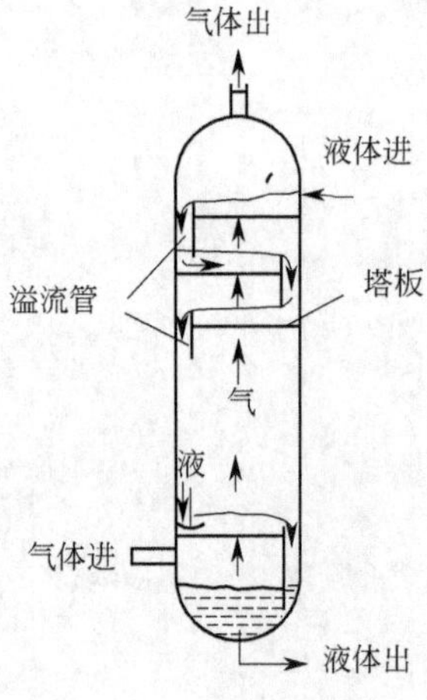

填料塔具有结构简单，便于用耐腐蚀材料制造，压降小等待点。塔径在 4800mm 以下时，较板式塔造价低，安装检修容易。

图 6.1 填料塔结构

6.1.1.2 板式塔

板式塔以塔板作为气液接触的基本构件。塔板可分为有降液管和无降液管两种。板上气液接触部件可分为筛孔、栅条、浮阀、泡罩、浮板等不同形式。有降液管板式塔的结构如图 6.2 所示。

塔体为直立圆筒，筒内有一定数量的塔板。吸收剂从塔顶进入，依靠重力沿水平方向流过塔板，越过溢流堰后经降液管沉至下一层塔板，溢流堰使塔板上保持一定深度的液层，气体由塔底进入，在压力差的推动下通过塔板上的孔隙，以气泡的形式分散在液层中，形成气液接触界面很大的泡沫层，气体逐板上升与板上的液体逐级接触，被净化气体最后由塔顶排出。与填料塔相比，板式塔的空塔速度高，因而生产能力大，检修清理较容易，造价较低，但气体压降较高。

6.1.1.3 喷淋塔

图 6.3 为具有三层喷嘴的喷淋塔。高压液体经喷嘴喷洒分散于气体中，气体由塔底进入，经气体分布系统均匀分布后和液滴逆流接触，净化后气体经除沫层由塔顶排出。喷淋塔的优点是结构简单、造价低廉、气体压降小，且不会堵塞，通常适用于溶解度大的有毒有害气体吸收。

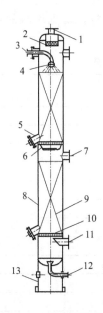

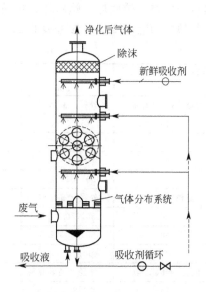

图 6.2　板式塔结构　　　　　　图 6.3　喷淋塔

1—气体出口；2—除沫装置；3—液体进口；4—液体分布装置；
5—卸料口；6—液体再分布装置；7—人孔；8—筒体；9—填料；
10—栅板；11—气体进口；12—液体出口；13—裙座

6.1.2 填料塔设计计算

填料塔主要由塔体、填料、填料支承、液体喷淋装置、液体再分布装置、气体进出口管等部件组成。

6.1.2.1 收集资料、找出气液平衡关系

根据实地调查或任务书给定的气、液物料系统和温度、压力条件，查阅手册或其他相关资料，若无合适数据可供采用时，则应通过实验找出气液平衡关系。

6.1.2.2 确定流程

吸收流程可采用单塔逆流流程，也可采用单塔吸收、部分吸收剂再循环的流程；或采用多塔串联、部分吸收剂循环的流程。部分吸收剂再循环的主要作用是提高喷淋密度，保证完全润湿填料和除去吸收热，其次是可以调节产品的浓度。当设计计算所得填料层过高时，应将其分为数塔，然后加以串联；有时填料层虽不太高，由于系统容易堵塞或其他原因，为了维修方便也可分为数塔串联。

6.1.2.3 决定吸收剂用量

由于废气处理时一般气、液相浓度都较低，吸收剂的最小用量 [kmol/(m²·h)] 可按下式计算：

$$L_{min} = \frac{y_1 - y_2}{y_1/m - x_2} G \tag{6-1}$$

式中，y_1、y_2 为气相进、出口摩尔分数，kmol（溶质）/kmol（混合气）；x_2 为液相进口摩尔分数，kmol（溶质）/kmol（溶液）；m 为气相液相平衡常数；G 为气相摩尔流率，kmol/(m²·h)。

为保证填料表面充分润湿，必须保证一定的喷淋密度，一般最小喷淋密度可取为 5～12m³/(m²·h)，操作时的喷淋密度常常大于此值。

6.1.2.4 选择填料

填料的作用是增加气液两相的接触表面，促进吸收的进行。填料可分为通用型填料及精密

填料两大类。拉西环、鲍尔环、矩鞍填料等属于通用型填料，常见填料的特性数据见表 6.1。某些填料的应用要点可参考表 6.2。

表 6.1 几种填料的特性数据

填料类别及名义尺寸 /mm	实际尺寸 /mm	比表面积 $a_t/(m^2/m^3)$	孔隙率 $\varepsilon/(m^3/m^3)$	堆积密度 $\rho_D/(kg/m^3)$	填料因子 ϕ/m^{-1}
陶瓷拉西环(乱堆)	外径×高×厚				
15	15×15×2	330	0.70	690	1020
25	25×25×2.5	190	0.78	505	450
40	40×40×4.5	126	0.75	577	350
50	50×50×4.5	93	0.81	457	205
陶瓷拉西环(整砌)	外径×高×厚				
50	50×50×4.5	124	0.72	673	
80	80×80×9.5	102	0.57	962	
100	100×100×13	65	0.72	930	
刚拉西环(乱堆)	外径×高×厚				
25	25×2.5×0.8	220	0.92	640	390
35	35×35×1	150	0.93	570	260
50	50×50×1	110	0.95	430	175
陶瓷鲍尔环(乱堆)	外径×高×厚				
25	25×25	220	0.76	505	300
50	50×50×4.5	110	0.81	457	130
钢鲍尔环(乱堆)	外径×高×厚				
25	25×25×0.6	209	0.94	480	160
38	38×38×0.8	130	0.95	379	92
50	50×50×0.9	103	0.95	355	66
塑料鲍尔环(乱堆)	外径×高×厚				
25		209	0.90	72.6	170
38		130	0.91	67.7	105
50		103	0.91	67.7	82
塑料阶梯环(乱堆)	外径×高×厚				
25	25×12.5×1.4	223	0.90	97.8	172
38	38.5×19×1.0	132.5	0.91	57.5	115
陶瓷弧环(乱堆)	外径×高×厚				
25		252	0.69	725	360
38		146	0.75	612	213
50		106	0.72	645	148

表 6.2 某些典型填料及其应用

填料	应 用 要 点
拉西环	单位价格通常比较便宜,但效率往往比其他填料差。可用多种多样的材料制成,以适应各种用各种用途。结构坚固。壁厚和某些尺寸随制造厂而异;有效表面积随壁厚而定。通常这种填料会使较多的液体分布不均匀而把较多的液体引向塔壁

填料	应 用 要 点
圆鞍形材料 	在大多数应用中,比拉西环更有效,但也更贵。填料会互相套在一起,从而在床层中形成"密实"点,促使液体在填料中分布不均匀,但不像拉西环那么严重。不产生太大的侧推力,单位压降较低,但泛点比拉西环高一些。在床层中更容易破碎
矩鞍形填料 	最有效的填料之一,但较贵。互相套在一起和堵塞床层面积的可能性很小。床层比较均匀。液泛极限比拉西环或者是弧鞍形填料高,但压降比它们低。在床层中比拉西环容易碎
鲍尔环 	压降比拉西环低(低一半),液泛极限较高。液体分布均匀,流量高。对塔壁厚可产生相当大的侧推力。可用金属、塑料和陶瓷制成
十字分割环 	通常用整砌法,是为支承上部较小的填料而整砌在支承板上的头几层。压降比较低,对于整砌得相当好的填料来说,降低了液体分布的不均匀性,无塔壁侧推力
波纹板 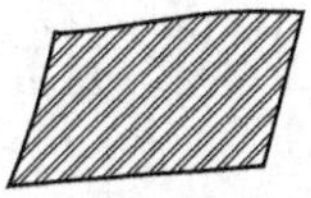	排列规则,结构紧凑,具有很大的表面积,压降小,操作弹性大,效率较高。可用各种金属和非金属材料制造,便于处理腐蚀性物料

6.1.2.5　填料塔直径的计算

填料塔直径应根据生产能力和空塔气速决定。先用泛点和压降通用关联图计算泛点空塔气速 v_F,操作空塔气速 v 通常为泛点气速 v_F 的 50%～80%。图 6.4 是填料塔泛点和压降的通用关联图。此图显示出泛点与压降、填料因子、液气比等参数的关系。

图中,Q_{mL}、Q_{mG} 为液相、气相的质量流量;ρ_L、ρ_G 液相、气相的密度;v 为空塔气速;ϕ 为填料因子;ψ 为水的密度与溶液密度之比;μ 为溶液的黏度;g 为重力加速度。

操作空塔气速确定后填料塔直径由下式计算:

$$D_T = \sqrt{\frac{4Q}{\pi v}} \qquad (6\text{-}2)$$

式中,D_T 为塔直径,m;Q 为气体体积流量,m^3/s;v 为操作空塔气速,m/s。

当计算出的塔径不是整数时需根据加工要求及设备定型予以圆整。直径在 1m 以下时,间隔为 100mm;直径在 1m 以上时,间隔为 200mm。

塔径确定后,应对填料尺寸进行校核,对拉西环 $D_T > (20\sim25)d$,金属鲍尔环 $D_T > 8d$,矩鞍填料 $D_T > (8\sim10)d$。

6.1.2.6　填料层高度计算

低浓度气体吸收可用下式计算填料塔填料层高度:

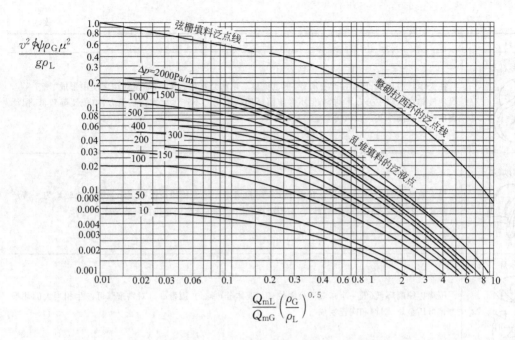

图 6.4 填料塔泛点和压降的通用关联图

$$Z=\frac{G}{K_ya}\int_{y_2}^{y_1}\frac{\mathrm{d}y}{y-y^*}\tag{6-3}$$

式中，G 为气相流率，$\mathrm{kmol/(m^2 \cdot s)}$；$K_y$ 为按气相计算的总传质系数，$\mathrm{kmol/(m^2 \cdot s)}$；$a$ 为填料的比表面积，$\mathrm{m^2/m^3}$；y_1、y_2 为吸收前、后被吸收组分在气相中的摩尔分数；y^* 为与液相浓度 x 平衡的气相摩尔分数。

积分项 $\int_{y_2}^{y_1}\dfrac{\mathrm{d}y}{y-y^*}$ 表示此系统的分离难易程度，称为气相总"传质单元数 N_{OG}"，$\dfrac{G}{K_ya}$ 可视为相应于每个传质单元所需的填料高度，称为气相总"传质单元高度 H_{OG}"

$$Z=H_{\mathrm{OG}}N_{\mathrm{OG}}\tag{6-4}$$

（1）气相总传质单元高度的计算　对于一定物系的吸收，填料一定时，H_{OG} 变化范围不大。若无经验数值可以采用，则可按下式估算：

$$H_{\mathrm{OG}}=H_{\mathrm{G}}+\frac{H_{\mathrm{L}}}{A}\tag{6-5}$$

$$A=\frac{L}{mG}\tag{6-6}$$

式中，A 为吸收因素；L、G 为液相与气相流率，$\mathrm{kmol/(m^2 \cdot s)}$；$H_{\mathrm{G}}$、$H_{\mathrm{L}}$ 为气相和液相传质单元高度，m。表 6.3 为部分填料的气相和液相传质单元高度值。

表 6.3　拉西环和栅条的 H_{L}、H_{G} 值

填料类型	填料规格/mm	H_{G}/m	H_{L}/m
乱堆瓷环	15×15×2.0	0.1	0.47
	25×25×2.5	0.23	0.47
	40×40×4.5	0.35	0.55
	50×50×4.5	0.51	0.61
	80×80×9.5	0.66	0.70

续表

填料类型	填料规格/mm	H_G/m	H_L/m
整砌瓷环	50×50×4.5	0.7	0.59
	80×80×9.5	0.82	0.61
	100×100×9.5	1.71	0.70
乱堆金属环	15×15×0.5	0.11	0.59
	25×25×0.8	0.22	0.46
	50×50×1.0	0.43	0.61
齿形栅条 （木质）	100×13 间距 100	6.8	0.70
	50×10 间距 50	1.8	0.58
	38×5 间距 38	1.55	0.55
平面栅条 （栅条）	25×6.4 间距 25	0.89	0.47
	25×6.4 间距 50	1.22	0.59
平面栅条 （金属）	25×1.6 间距 26	0.98	0.49
	50×1.6 间距 50	1.22	0.58

（2）气相总传质单元数的计算　当平衡线为直线时，可用对数平均推动力法计算

$$N_{OG} = \frac{y_1 - y_2}{\Delta y_m} \qquad (6-7)$$

$$\Delta y_m = \frac{(y_1 - y_1^*) - (y_2 - y_2^*)}{\ln \dfrac{y_1 - y_1^*}{y_2 - y_2^*}} \qquad (6-8)$$

式中，y_1^*、y_2^* 为与吸收前、后吸收液浓度平衡的气相摩尔分数。

6.1.3　石灰石-石膏湿法烟气脱硫系统

6.1.3.1　石灰石-石膏湿法烟气脱硫系统的构成

石灰石-石膏湿法烟气脱硫系统原则上可由下列结构系统构成：①由石灰石粉料仓和石灰石磨及测量站构成的石灰石制备系统；②由洗涤循环、除雾器和氧化工序组成的吸收塔；③由回转式烟气-烟气换热器或蒸气-烟气预热器、清洁烟气经冷却塔排放或湿烟气烟囱直排构成的烟气再热系统；④脱硫风机；⑤由水力旋流分离器和真空过滤皮带组成的石膏脱水装置；⑥石膏贮存装置；⑦废水处理系统。

图 6.5 为德国巴高克（BABCOOK）公司所采用的基于石灰石吸收的烟气脱硫装置流程简图。由粉末石灰石与再循环的洗涤水混合而成的 20% 的石灰石浆用泵打入洗涤塔底部的持液槽，与槽中现存的石灰石浆一起经不同高度上的喷嘴喷射到洗涤塔中，石灰石浆与烟气中的 SO_2 反应生成亚硫酸钙和石膏。为了实现将反应产物完全转化成石膏，需将氧化用的空气通入持液槽中。通过水力旋流分离器将粗石膏晶体从洗涤液中分离出来，然后用真空皮带过滤机将石膏脱水到水分含量低于 10%。

（1）石灰石浆制备系统　石灰石是目前烟气脱硫（FGD）中最常用的吸收剂。石灰在早期的 FGD 装置中广泛地用来作为吸收剂，这是由于它有较好的与 SO_2 的反应性。眼下使用石灰石的 FGD 几乎总能达到与石灰一样的脱硫效率。在选择石灰石作为吸收剂时必须考虑石灰石的纯度和活性，其脱硫反应活性主要取决于石灰石粉的粒度和颗粒比表面积。一般要求石灰石粉90%通过 325 目筛（44μm）。

石灰石浆制备系统主要由石灰石粉贮仓、计量和输送装置、带搅拌的浆液罐、浆液泵等组成，如图 6.6 所示。将石灰石粉由罐车运到料仓存储，然后通过给料机、计量器和输粉机将石灰石粉送入浆液配制罐，在罐中用来自工艺过程的循环水配制成石灰石粉质量分数为 10%～15% 的浆液。用泵将灰浆经由一带流量测量装置的循环管道打入吸收塔底槽。

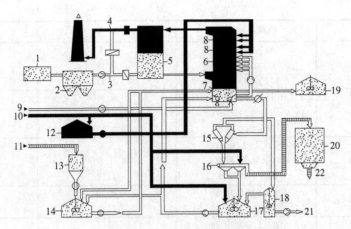

图 6.5　石灰石-石膏湿法烟气脱硫装置流程

1—锅炉；2—电除尘器；3—引风机；4—净化烟气；5—气-气换热器；6—吸收塔；
7—持液槽；8—除雾器；9—氧化用空气；10—工艺过程用水；11—粉状石灰石；12—工艺水箱；
13—粉状石灰石贮仓；14—石灰石中和剂贮箱；15—水力旋流分离器；16—皮带过滤机；17—中间贮箱；
18—溢流贮箱；19—维修用塔槽贮箱；20—石膏贮仓；21—溢流废水；22—石膏

（2）吸收塔　吸收塔是烟气脱硫系统的核心装置，要求气液接触面积大，气体的吸收反应良好，压力损失小，并且适用于大容量烟气处理。在这一装置中，完成下列主要工艺步骤：①在洗涤灰浆对有害气体的吸收；②烟气与洗涤浆液分离；③浆液的中和；④将中间中和产物氧化成石膏；⑤石膏结晶析出。

吸收塔主要有喷淋塔、填料塔、双回路液柱塔和喷射鼓泡塔等常用类型。用于大流量气体净化的吸收塔以喷淋塔居多，液柱塔次之。

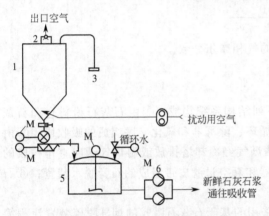

图 6.6　石灰石储存和制浆系统

1—粉状石灰石贮仓；2—滤清器；3—压缩空气填充装置；
4—计量和输送装置；5—浆液罐；6—灰浆泵

（3）烟气再热系统　烟气经过湿法 FGD 系统洗涤后，温度降至 50～60℃，已低于露点，为了增加烟囱排出烟气的扩散能力，防止烟囱排出蒸汽白烟，通常需要对烟气进行加热升温。再加热的方法较多，如图 6.7 所示。最简单的方法是使用燃烧天然气或是低硫油的后燃器。与

旋转式气-气热交换器和热管气-气热交换器相比，这种方法要消耗大量的能量。此外燃料燃烧又是另一个污染源。另一种是采用蒸汽烟气再热器，热源为工艺或锅炉产生的蒸汽，蒸汽-烟气再热器的基本投资比蓄热式气气热交换器低，但运行费用高。安装蒸汽-烟气再热器主要是受空间限制造成的。从冷却塔排放烟气避免成本高、耗能集中的再热段，在欧美被广泛采用。

蓄热式换热器利用未脱硫的热烟气加热冷烟气，简称 GGH。蓄热式换热器又分回转式烟气换热器、介质循环换热器和管式换热器，均通过载热体或载热介质将热烟气的热量传递给冷烟气。旋转式烟气换热器与电厂用的旋转式空气预热器的工作原理相同，是通过平滑的或带波纹的金属薄片或载热体将烟气的热量传递给净化后的冷烟气，如图 6.8 所示。

图 6.9 是德国 Hamburg-Wedd 电厂所采用的旋转式气-气热交换器的布置图。它占用空间大、投资高，但运行成本低。

旋转式气-气热交换器在 150℃运行时遇到的问题是热烟气会泄漏到冷烟气中，占总流量

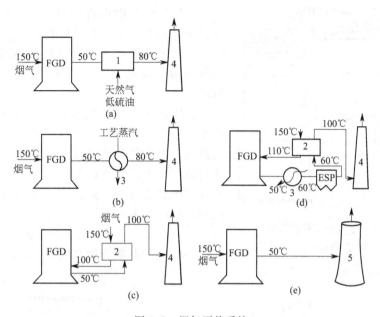

图 6.7　烟气再热系统

1—后燃烧器；2—气-气再热器；3—蒸汽-气体再热器；4—烟囱；5—冷却塔

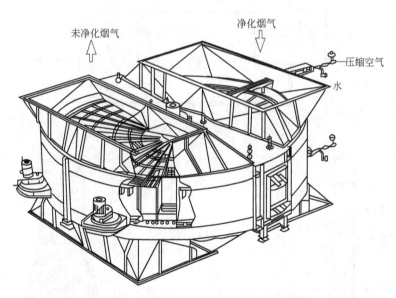

图 6.8　旋转式气-气热交换器简图

的 3%～5%。从原烟气向处理后的烟气泄漏导致干净烟气被污染，脱硫率降低。旋转式换热器在以往的脱硫系统中应用较多，但当烟气中 SO_2 浓度很高或要求的脱硫率非常高时，需使用无泄漏的再热系统，如图 6.10 所示。这种气-气热交换器是吸热器和再热器的组合，由电除尘器来的烟气被盘管吸热器从 130℃冷却到 97℃，FGD 净化后的烟气被再热器从 48℃加热到 80℃。进出气体的热交换通过换热介质（如水）完成。

　　另一种新型热交换器是热管，不需要泵，如图 6.11 所示。管内的介质在吸热段蒸发，蒸汽沿管上升至烟气加热区，通过冷凝放热加热低温烟气。为防止腐蚀，离开除雾器的低温烟气首先在用耐腐蚀材料制造的蒸汽-烟气加热器中升温，然后再被热管加热。低温区热管用耐腐材料制造，而高温区用低碳钢制造。系统应采用高效除雾器。

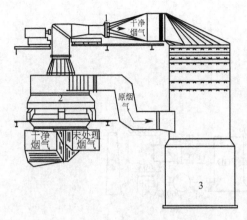

图 6.9　旋转式气-气热交换器布置图
1—风机；2—烟气加热器；3—喷雾塔

塔内气体密度之差。

采取湿烟气烟囱直排的方式，虽然能节省一部分投资，但不利于 SO_2 的吸收，耗水量也大。

冷却塔排放烟气与常规做法不同，烟气不通过烟囱排放，而被送至自然通风冷却塔，如图 6.12 所示。

在塔内，烟气从配水装置上方均匀排放，与冷却水不接触。由于烟气温度约 50℃，高于塔内湿空气温度，发生混合换热现象，混合的结果改变了塔内气体流动工况。塔内气体向上流动的原动力是湿空气产生的热浮力，热浮力克服流动阻力而使气体流动，热浮力为：

$$F = h_c \times \Delta \rho \times g \tag{6-9}$$

式中，h_c 为冷却塔有效高度；$\Delta \rho$ 为塔外空气密度与塔内气体密度之差。

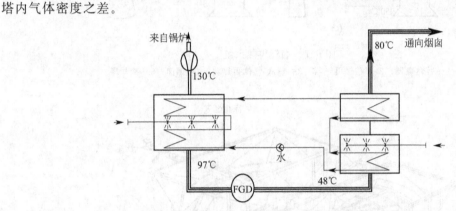

图 6.10　无泄漏的气-气热交换器

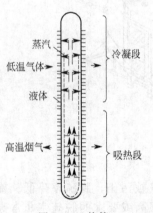

图 6.11　热管

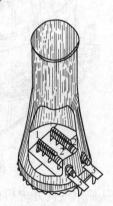

图 6.12　导入烟气的自然通风冷却塔

一般情况下，进入冷却塔的烟气密度低于塔内气体的密度，对冷却塔的热浮力产生正面影响。而且进入塔内的烟气占塔内气体的容积份额一般不超过 10%，因为所占容积份额小，对塔内气体流速影响甚微。此外，冷却塔的阻力系数主要决定于配水装置，而烟气在配水装置以上进入，对配水装置区间段阻力不产生影响，烟气能够通过双曲线自然通风冷却塔顺利排放。由于冷却塔中空气质量大于脱硫后的烟气质量，提供的升力超过烟囱。从冷却塔排放烟气的 FGD 系统避免了普通 FGD 烟囱出口温度的限制。与采用热交换器再热-烟囱系统相比，冷却塔烟气排放可以减少 5%～7% 的运行成本，取消耗资很大的再热系统，并且可以降低排放物的地面平均浓度。

（4）脱硫风机　安装烟气脱硫装置后，整个脱硫系统的烟气阻力约为 2500～3000Pa，单靠原有锅炉引风机不足以克服这些阻力，需增设脱硫风机（BUF），脱硫风机有 4 种布置方案。如图 6.13 所示。4 种布置方案的比较见表 6.4，可见各方案各有优缺点。4 种方案中，（a）和（c）较为常用。（a）的优点是无腐蚀，并且用常规的风机就可用来做引风机，风机的造价低。缺点是能耗较大、气压高造成气-气换热器漏风率升高。尽管如此，FGD 中常常选用（a）方案。（c）方案最为节能，这是由于运行温度较低，即风机中气流体积减少所致，此外，该方案会降低气-气热交换器的漏风率。

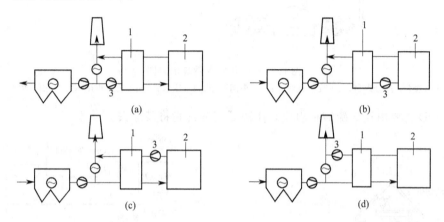

图 6.13　脱硫风机的位置

1—换热器；2—FGD 吸收塔；3—风机

表 6.4　脱硫风机不同布置方案比较

风机位置见图 6.13	(a)	(b)	(c)	(d)
烟气温度/℃	100～150	70～100	45～55	70～100
磨损	少（飞灰造成）	少（飞灰造成）	无	无
腐蚀	无	有（由于 SO_3,Cl）	有（由于 SO_3,Cl）	少
沾污	少	少	有（由于湿气）	无
漏尘率/%	约 0.60	约 4.0	约 4.0	约 6.0
漏气率/%	3.0	约 0.3	约 0.3	约 3.0
能耗	100（基数）	90	82	95

（5）石膏脱水系统　石膏是强制氧化石灰石湿法烟气脱硫的副产物。FGD 中，石膏脱水系统如图 6.14 所示。来自吸收塔持液槽的石膏浆先在一台水力旋流分离器中稠化到其固体含量约 40%～60%。然后将稠化的石膏浆用真空皮带过滤器脱水到所需要的残留湿度 10%。为了使氯含量减少到不影响石膏的使用质量，同时需在过滤皮带上对其进行洗涤。旋流器、分水器以及真空皮带过滤机由专业厂商供应，只需按处理量进行选型。

（6）石膏存储系统　湿石膏的存储方法取决于烟气脱硫系统石膏的产量、运输手段以及石膏中间储仓的大小。对于容量为 300～700m³ 的中间储仓，石膏在其中的存放时间不应超过 1 个月。推荐采用带有底部卸料系统的一次型储仓，如图 6.15 所示。

（7）废水处理　产生废水是石灰石湿法脱硫的缺点。图 6.16 是传统的废水处理系统。先在废水中加入石灰沉积氟化物，然后加氢氧化钠在高 pH 值下除去重金属，过滤沉淀物和固体

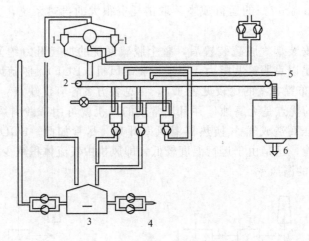

图 6.14　石膏脱水系统示意图

1—水力旋风分离器；2—皮带过滤器；3—中间贮箱；4—废水；5—工艺过程用水；6—石膏贮仓

悬浮物。COD 主要由连二硫酸根组成，用离子交换树脂将其除去。

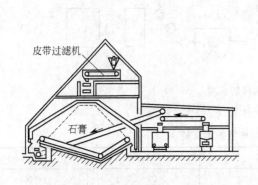

图 6.15　一次通过型石膏储仓

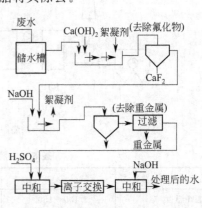

图 6.16　废水处理

6.1.3.2　喷淋吸收塔的设计

（1）喷淋塔工艺参数选择　喷淋塔是湿法工艺的主流塔型，结构如图 6.17 所示，它多采用逆流方式布置，烟气从喷淋区下部进入吸收塔，与均匀喷出的吸收浆液逆流接触。烟气流速为 3m/s 左右，液气比与煤含硫量和脱硫率关系较大，一般在 $8\sim20L/m^3$ 之间。喷淋塔优点是塔内部件少，故结垢可能性小。压力损失也小。逆流运行有利于烟气吸收液充分接触，但阻力损失比顺流大。吸收区高度为 $5\sim15m$，如按塔内流速 3m/s 计算，接触反应时间 $2\sim5s$。区内设 $3\sim5$ 个喷淋层，每个喷淋层都装有多个雾化喷嘴，交叉布置，覆盖率达 $200\%\sim300\%$。喷嘴入口压力不能太高，在 $0.5\times10^5\sim8.6\times10^5Pa$ 之间。喷嘴出口流速约 10m/s。雾滴直径约 $1320\sim2950\mu m$，大液滴在塔内的滞留时间 $1\sim10s$，小液滴在一定条件下呈悬浮状态。石灰石的粒度选择 $200\sim300$ 目，浆液浓度为 20% 左右。反应温度控制在 $40\sim80℃$ 左右。吸收塔底部是氧化槽，氧化槽的功能是接受和储存脱硫剂，溶解石灰石，鼓风氧化 $CaSO_3$ 结晶生成石膏。循环的吸收剂在氧化槽内的设计停留时间一般为 $4\sim8min$。氧化空气采用罗茨风机或离心风机鼓风，压力约 $0.5\times10^4\sim8.6\times10^4Pa$，一般氧化 $1mol\ SO_2$，需要 $1mol\ O_2$。由于石灰石的低溶解度，这一储存底槽的容积非常大，为了防止固体沉降，保证新的石灰石浆能与因吸收 SO_2 而酸化必须进行中和的那些洗涤浆液更好地混合，需设置一些搅拌器保持不停地搅动。从该底槽中取出一定流量的灰浆送入脱水设备。在吸收塔不同的高度上对吸收浆液的 pH 值连续测

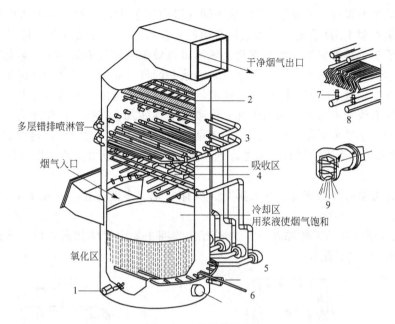

图 6.17 喷淋塔结构

1—搅拌器；2,8—除雾器；3—错排喷淋管；4—托盘；5—循环泵；6—氧化空气集管；
7—水清洗喷嘴；9—碳化硅浆液喷嘴

量，用来校正和保持吸收塔底槽中灰浆的 pH 值为常数。

（2）除雾器的设计 二级除雾器装在塔的顶部（垂直布置）或塔出口弯道后的平直烟道上（水平布置），并设置冲洗水，间歇冲洗除雾器。冷烟气中残余水分一般不超过 10mg/m³，否则会沾污热交换器、烟道和风机等。湿法烟气脱硫塔采用的除雾器主要有折流板除雾器和旋流板除雾器。

折流板除雾器是利用液滴与固体表面相撞击而将液滴凝聚并捕集的，见图 6.18。气液通过曲折的挡板，流线多次偏转，液滴由于惯性而被在挡板捕集下来，见图 6.19。

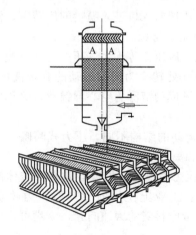

图 6.18 折流板除雾器结构示意

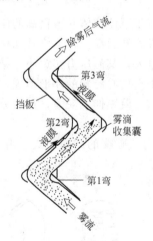

图 6.19 折流板除雾器原理示意

通常，折流板除雾器中两板之间的距离为 20～30mm，对于垂直安置的折流板气体的平均流速为 2～3m/s；对于水平放置的折流板，气体的流速可以高些，一般为 6～10m/s。气速过高会引起二次夹带。

（3）雾化喷嘴的设计 石灰石-石膏湿法烟气脱硫工艺中，喷淋式吸收塔中喷射石灰石浆液的雾化喷嘴是控制 FGD 系统运行和维护费用的重要因素。雾化喷嘴的功能是将大量的石灰石浆液转化为能提供足够接触面积的雾化小液滴以有效脱除烟气中的 SO_2。雾化喷嘴的选择和设计，应该考虑以下几个因素：①存在于石灰石浆和废气中导致喷嘴锈蚀的因素，特别是氯化物和氟化物的含量以及 pH 值；②导致喷嘴被侵蚀的因素，包括飞灰的百分含量、石灰石颗粒的大小以及石灰石浆液通过喷嘴时的流速；③喷嘴的性能要求在指定操作压力下必须达到系统要求的雾滴粒径；④喷嘴对堵塞的敏感度，既能自由畅通直径（喷嘴允许通过的最大直径的球形杂质）；⑤用来制造喷嘴的材料必须考虑到喷嘴是否能够克服因安装、操作以及维护等造成的机械损伤。

液体的雾化方法有压力雾化、转盘雾化、气体雾化、声波雾化等。在 FGD 中，一般采用压力雾化方法。

① 压力式雾化喷嘴的工作原理 压力式雾化喷嘴主要由液体切向入口、液体旋转室、喷嘴孔等组成，如图 6.20 所示。

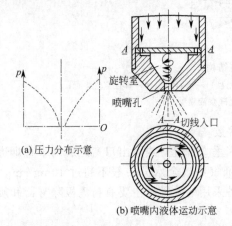

(a)压力分布示意

(b)喷嘴内液体运动示意

图 6.20 压力式雾化喷嘴工作原理

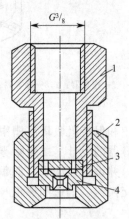

图 6.21 旋转型压力喷嘴
1—接头；2—螺帽；3—旋转室；4—喷嘴

利用高压泵使液体获得很高的压力（2～20MPa），从切向入口进入喷嘴的旋转室，液体在旋转室获得旋转运动。根据旋转动量矩守恒定律，旋转速度与旋转半径成反比，愈靠近轴心，旋转速度愈大，其静压力亦愈小，结果在喷嘴中央形成一股压力等于大气压的空气旋流，而液体则形成绕空气心旋转的环形薄膜，液体静压能在喷嘴孔处转变为向前运动的旋转液体动能，从喷嘴喷出，液膜伸长变薄，最后分裂为小雾滴，这样形成的液雾为空心圆锥形，又称空心锥喷雾。

② 压力式喷嘴的结构形式 由于使液体获得旋转运动的结构不同，压力式喷嘴可粗略地分为旋转型和离心型两类。

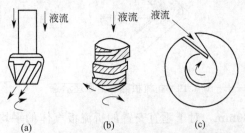

旋转型压力喷嘴的结构特点是有一液体旋转室及切线入口。工业上使用的旋转型压力喷嘴如图 6.21 所示。考虑料液的磨蚀问题，喷嘴可采用碳化钨材料制造。

离心型压力喷嘴的结构特点是在喷嘴内安装一喷嘴芯，此芯的作用是使液体造成旋转运动，此种结构如图 6.22 所示。其中（a）为斜槽形，（b）为螺旋槽形，（c）为旋涡片。

(a)   (b)   (c)

图 6.22 离心型压力喷嘴芯结构示意图

③ 用于 FGD 的压力式雾化喷嘴　通常用于 FGD 湿式洗涤塔和吸收塔的喷嘴有 5 种。

a. 空心锥切线型　采用这种设计的喷嘴，石灰石浆从切线方向进入喷嘴的涡旋腔内，然后从与入口方向成直角的喷孔喷出，可允许自由通过的颗粒尺寸大约是喷孔尺寸的 80%～100%，喷嘴无内部分离部件，其外形如图 6.23(a) 所示。

(a) 空心锥切线型　　(b) 实心锥切线型　　(c) 实心锥型　　(d) 螺旋型

图 6.23　FGD 应用的几种常用喷嘴

用于 FGD 系统的喷嘴是采用炭化硅材料铸造的空心锥形旋流切线喷嘴（如美国 BETE 公司的 TH 系列），通常在 0.1～0.2MPa 压力下工作。旋流切线型喷嘴与相似的传统实心锥形旋流喷嘴相比，前者比后者的自由畅通直径要大许多，尤其是对喷射循环使用的石灰石浆液更实用。

b. 实心锥切线型　这种喷嘴的设计思路与空心锥切线型喷嘴近似，所不同的是在涡旋腔封闭端的顶部使部分液体转向喷入喷雾区域的中央，以此来实现实心锥形喷雾的效果，其外形如图 6.23 (b) 所示。喷嘴允许通过颗粒的尺寸为喷孔直径的 80%～100%，这种喷嘴喷射的液滴平均粒径比相向尺寸的空心锥形喷嘴的大 30%～50%。BETE 的 TSC 系列就是这种喷嘴，在吸收塔中应用时它可以采用氮连接碳化硅陶瓷材料（SNBSC）。

c. 双空心锥切线型　这种喷嘴就是在一个空心锥切线腔体上设计两个喷孔，在吸收塔中，一个喷孔向下喷，另一个喷孔向上喷，这种喷嘴允许通过的颗粒尺小为喷孔直径则 80%～100%。BETE 的 DTH 系列为双空心锥切线设计的喷嘴。

d. 实心锥　这种喷嘴通过内部的叶片使石灰石浆形成旋流，然后以入口的轴线为轴从喷孔喷出。根据不同的设计，这种喷嘴允许通过的最大颗粒直径从喷孔直径的 25%～100% 不等，在同等条件下，这种喷嘴所能提供的雾化粒径相当于相同尺寸的空心锥切线型喷嘴的 60%～70%，其外形如图 6.23(c) 所示。BETE 的最大自由通道 MP 系列就是专门设计开发出来的可以提供自由畅通直径大，同时又兼顾了旋流切线设计所拥有的良好的实心锥形喷雾雾化特点的喷嘴。

e. 螺旋型　在这种喷嘴设计中，随着连续变小的螺旋线体，石灰石浆不断经螺旋线相切后改变方向成片状喷射成同心轴状锥体，其外形如图 6.23(d) 所示。这一喷嘴设计无分离部件，自由畅通直径等于喷孔直径的 30%～100%，在同等条件下这种喷嘴的平均粒径相当于相

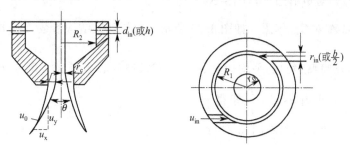

图 6.24　液体在喷嘴内流动示意图

同尺寸的空心锥切线型喷嘴的 50%～60%。在很低的压力下，螺旋型喷嘴也可以提供很强的吸收效率，所以这种喷嘴推出后迅速获得广泛应用，典型的操作压力在 0.05～0.1MPa。

f. 大通道螺旋型　这种喷嘴是在螺旋型喷嘴的基础上变形后得到的。比如 BETE 的 STXP 系列就是通过增大螺旋体之间的距离后设计出来的，STXP 设计允许通过的固体颗粒直径与喷孔直径相同，最大可达 38mm。

④ 压力式雾化喷嘴的计算　液体以切线方向进入喷嘴旋转室，形成厚度为 l 的环形液膜绕半径为 r_c 的空气心旋转而喷出，形成一个中心锥喷雾，其雾化角为 θ，液膜是以 θ 角喷出，液膜的平均速度的 u_0（系体积流量被厚度为 l 的环形截面积除）可分解为水平分速度 u_x 及轴向分速度 u_y。图 6.24 中，R_2 为旋转室半径；d_{in} 为液体入口直径；r_{in} 为液体入口半径；b 为液体入口宽度（入口为矩形时）；r_0 为喷嘴孔半径；h 为液体入口高度；$R_1 = R_2 - r_{in}$；u_{in} 为切线入口速度。

由动量守恒定理可推导出离心压力喷嘴的流量方程如下：

$$V = C_D \pi r_0^2 \sqrt{2gH'} \tag{6-10}$$

$$C_D = \frac{a\sqrt{1-a}}{\sqrt{1-a+a^2 A_2^2}} \tag{6-11}$$

式中，C_D 为流量系数；V 为液体的体积流量；H' 为喷嘴孔处压头，$H' = \Delta p/\rho g$，Δp 为喷嘴处前后压差；$a = 1 - \dfrac{r_c^2}{r_0^2}$，表示液流截面占整个喷孔截面的分数，反映了空气心的大小，称为有效截面系数；$A_2 = \dfrac{R_2 r_0}{r_{in}^2}$，表示喷嘴主要尺寸之间的关系，称为几何特性系数。

上述方程是以一个圆形入口通道（其半径为 r_{in}）为基准的。在实际应用中，一般采用两个或两个以上的圆形或矩形通道，此时 A_2 值要按下式计算。

$$A_2 = \frac{\pi r_c R_2}{A_t} \tag{6-12}$$

式中，A_t 为全部入口通道的总横截面积。当旋转室有两个圆形入口，半径为 r_{in} 时，则 $A_t = 2(\pi r_{in}^2)$，$A_2 = \dfrac{r_0 R_2}{2 r_{in}^2}$。当旋转室有两个矩形入口，其宽度为 b，高为 h 时，则 $A_t = 2bh$，$A_2 = \dfrac{\pi r_0 R_2}{2bh}$。

考虑到喷嘴阻力和液膜厚度影响，将几何特性系数 A_2 乘上一个校正系数 $\left(\dfrac{r_0}{R_1}\right)^{1/2}$，得

$$A' = A_2 \left(\frac{r_0}{R_1}\right)^{1/2} \tag{6-13}$$

式中，$R_1 = R_2 - r_{in}$，对矩形通道，$R_1 = R_2 - \dfrac{b}{2}$。

按式 (6-13) 以 A' 对 C_D 作图，如图 6.25 所示。只要已知结构参数 A'，即可由此查得流量系数 C_D。

为了计算液体从喷嘴喷出的平均速度 u_0，就需求空气心半径 r_c。图 6.26 为 A_2 与 a 的关联图。由 A_2 查得 a，再由 $a = 1 - \dfrac{r_c^2}{r_0^2}$ 求得 r_c。

雾化角可用下式计算（参看图 6.24）：

$$\tan \frac{\theta}{2} = \frac{u_{x0}}{u_{y0}} \tag{6-14}$$

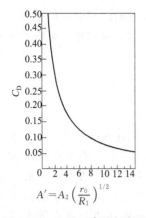

图 6.25 C_D 与 A' 的关联图

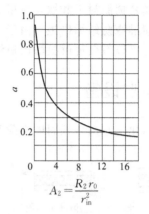

图 6.26 A_2 与 a 的关联图

式中，u_{x0} 与 u_{y0} 分别为喷嘴出口处的径向和轴向分速度。

雾化角也可用下式计算：

$$\theta = 43.5\lg\left[14\left(\frac{R_2 r_0}{r_{in}^2}\right)\left(\frac{r_0}{R_1}\right)^{1/2}\right] = 43.5\lg(14A') \qquad (6\text{-}15)$$

将此式作图，即可得 A' 与 θ 角关联图，如图 6.27 所示。

利用图 6.25、图 6.26 及图 6.27 和几个基本关系式，便能进行压力喷嘴的计算。

控制雾滴直径的因素非常复杂，目前只能靠实验方法加以确定。

具有切线入口喷嘴的雾滴直径 D_{VS} 为：

$$D_{VS} = 572.8 d_0^{1.589} \sigma^{0.594} \mu^{0.220} V^{-0.537} \qquad (6\text{-}16)$$

式中，D_{VS} 为体积-面积平均直径，μm；d_0 为喷嘴孔径，mm；σ 为表面张力，N/m；μ 为黏度，N·s/m²；V 为体积流量，m³/s。

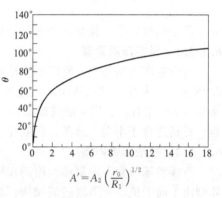

图 6.27 A' 与 θ 角关联图

⑤ 雾化喷嘴的连接方式 在选择合适的雾化喷嘴的连接方式时必须仔细考虑以下三点：连接尺寸、连接类型、连接材料。喷嘴的连接尺寸主要由与喷嘴相连的分支管中石灰石浆的流速来决定。石灰石浆的最小输送量支配着它的最低流速，管道系统的材料限制着石灰石浆的最高流速。一旦确定石灰石浆的流速，根据喷嘴产品样本中的液体流量表可以确定管道的尺寸与连接方式。法兰连接是 FGD 系统中经常采用的连接方式，因为这种方式可以保证更好地把喷嘴和管道牢固地连接在一起。除采用法兰连接方式外，螺纹连接方式也可用于各种材料的喷嘴。

（4）构件材料的选择及其防腐蚀技术 锅炉排放的烟气一般温度在 180℃ 左右，相对湿度为 3%，含有灰分及各种腐蚀性成分如 SO_2、NO_x、HCl 及盐雾等。在脱硫过程中又具有酸、碱介质变替的特性。石灰石湿法脱硫系统很自然地要受到腐蚀性环境的影响而导致腐蚀和磨损。由于烟气的绝热冷却和饱和，从吸收塔入口到烟囱出口必须进行保护以防止酸的腐蚀。特别是入口管道、吸收塔、出口管道、再热系统和烟囱内衬。所有的浆液处理部件都会受到腐蚀和磨损。包括吸收塔喷淋区、贮液槽、搅拌器、泵、管道、阀门和所有的脱水设备。湿法脱硫系统构件材料的选择十分重要，因为它在很大程度上影响系统的可靠性、投资和运行成本。目前，大型喷淋塔一般选碳钢内衬防腐层作为筒体材料，小型喷淋塔广泛选用玻璃钢筒体材质。

采用玻璃鳞片树脂衬里和橡胶衬里是烟气脱硫装置可行且有效的内衬防腐蚀技术。

（5）喷淋塔防结垢措施 由于普遍采用就地强制氧化技术，通过保持浆液稳定的 pH 值和增大气液比可以有效地解决塔内机体表面结垢问题。

6.2 吸附设备

吸附净化法是用多孔固体吸附剂将废气中的有害组分积聚在其表面上，从而使废气得到净化的方法。由于吸附作用可以进行得相当完全，因而能有效地清除用一般手段难以处理的低浓度气态污染物。吸附法通常用来回收废气中的有机污染物及去除恶臭。如人造纤维工业中回收丙酮、二硫化碳，油漆工业中回收甲苯、二甲苯、酯类等。此外，还可用于治理烟气中的硫氧化物、氮氧化物、汽车排出的 CO、硝酸车间尾气等。

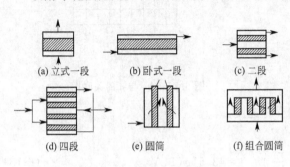

图 6.28 固定床吸附器的形式

6.2.1 吸附设备的类型

按吸附剂运动状态的不同，吸附设备可分为固定床吸附器、移动床吸附器、流化床吸附器和其他类型的吸附器。

6.2.1.1 固定床吸附器

在固定床吸附器内，吸附剂在承载板上固定不动。固定床可分为立式、卧式和环式，如图 6.28 所示。其中一段式固定床层厚 1m 左右，适用于浓度较高的废气净化，其他形式固定床层厚为 0.5m 左右，适用于浓度较低的废气净化。固定床吸附器结构简单、工艺成熟、性能可靠，特别适合于小型、分散、间歇性的污染源治理。

6.2.1.2 移动床吸附器

在移动床吸附器内固体吸附剂在吸附床中不断移动，一般固体吸附剂由上向下移动，而气体则由下向上流动，形成逆流操作。移动床吸附器的结构如图 6.29 所示。最上段冷却器用于冷却吸附剂。吸附段Ⅰ、精馏段Ⅱ、汽提段Ⅲ之间由分配板分开。分配板的结构如图 6.30 所示。脱附器下部装有吸附剂控制机构，控制机构的结构如图 6.31 所示。移动床克服了固定床间歇操作的缺点，适用于稳定、连续量大的气体净化。

6.2.1.3 流化床吸附器

在流化床吸附器中吸附层内的固体吸附剂呈沸腾状态。流化床吸附器的结构如图 6.32 所示。进入锥体的待净化气体以一定速度通过筛板向上流动，进入吸附段后，将吸附剂吹起，在吸附段内完成吸附过程。净化后气体进入扩大段后由于气速降低，气体中夹带的固体吸附剂沉回到吸附段，而气体则从出口管排出。与固定床相比，流化床所用的吸附剂粒度较小，气流速度要大 3～4 倍以上，气、固接触充分，吸附速度快，但吸附剂的损耗较多。

6.2.2 吸附剂的选择与再生

6.2.2.1 对吸附剂的基本要求

虽然许多固体表面都具有吸附能力，但合乎工业需要的吸附剂应满足下列要求：

① 有巨大的内表面，吸附剂的吸附作用主要发生在与外界相通的空穴的表面上，孔穴越多，内表面越大，则吸附性能越好。

② 有良好的选择性，不同的吸附剂因其组成、结构不同，所显示出来的对某些物质优先吸附的能力就不同，例如，木炭吸附 SO_2 或 NH_3 的能力较吸附空气要大。

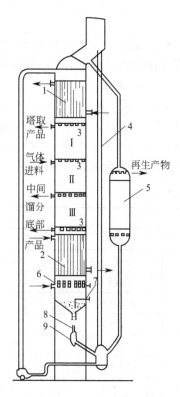

图 6.29 移动床吸附器

1—冷却塔；2—脱附塔；3—分配板；

4—提升管；5—再生器；6—吸附剂控制机构；

7—固粒料面控制器；8—封闭装置；9—出料阀门

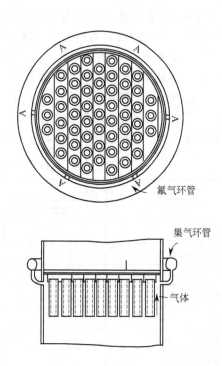

图 6.30 移动床吸附器的分
配板的结构示意图

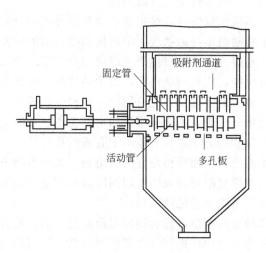

图 6.31 移动床吸附器的
吸附剂控制机构

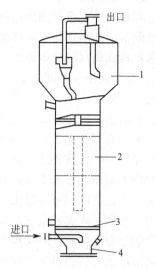

图 6.32 流化床吸附器示意

1—扩大段；2—吸附段；3—筛板；4—锥体

③ 有良好的再生特性，吸附剂再生效果的好坏，往往是吸附技术使用的关键，因此要求吸附剂具有简单的再生方法、稳定的再生活性。

④ 有较好的机械强度、热稳定性和化学稳定性。

⑤ 原料来源广泛，制备简单，价格低廉。

6.2.2.2 吸附剂的种类

吸附剂的种类很多，可分为无机的和有机的，天然的和合成的。天然矿产如活性白土、漂白土和硅藻土等，经过适当的加工，就可形成多孔结构直接作为吸附剂使用，一般用于石油制品的脱色或脱水及溶剂的精制等。天然沸石如丝光沸石、斜发沸石等，可直接用于废气中 NO_x 治理。合成无机材料吸附剂有活性炭、活性碳纤维、硅胶、活性氧化铝和合成沸石分子筛等。特别是合成分子筛有严格的孔道结构，它的性能经调节和不断改进，具有较高的选择性和催化性能，适用于分离性能非常类似的物质。近年来还研制出多种大孔吸附树脂，与活性炭相比，具有选择性良好、性能稳定、再生容易等优点，常用于废气治理的吸附剂的物理性质见表 6.5。

表 6.5 几种常用吸附剂的物理性质

物理性质	吸附剂种类			
	活性炭	活性氧化铝	硅胶	沸石分子筛
真密度/(g/cm³)	1.9~2.2	3.0~3.3	2.2~2.3	2.0~2.5
表现密度/(g/cm³)	0.6~1.0	0.9~1.0	0.8~1.3	0.9~1.3
堆积密度/(g/cm³)	0.35~0.60	0.50~1.00	0.50~0.75	0.60~0.75
平均孔径/Å	15~50	40~120	10~140	—
孔隙率/%	33~45	40~45	40~45	32~40
比表面积/(m²/g)	700~1500	150~350	200~600	400~750
操作温度上限/K	423	773	673	873
再生温度/K	373~413	473~523	393~423	473~573

注：1Å=0.1nm。

6.2.2.3 吸附剂的选择

吸附过程设计中，吸附剂的选择是十分重要的，一般可按下述方法进行。

(1) 吸附剂的初步选择 选择吸附剂要有一定的机械强度外，最主要的是对预分离组分要有良好的选择性和较高的吸附能力，这主要取决于吸附剂本身的物理化学结构和吸附质的性质（例如极性、分子大小、浓度高低、分离要求等）。对极性分子，可优先考虑使用分子筛、硅胶和活性氧化铝。而对非极性分子或分子量较大的有机物，应选用活性炭，因为活性炭对碳氢化合物具有良好的选择性和较高的吸附能力。对分子较大的吸附质，应选用活性炭和硅胶等孔径较大的吸附剂。而对于分子较小的吸附质，则应选用分子筛，因为分子筛的选择性更多地取决于其微孔尺寸极限。很重要的一点是，要除去的污染物的分子直径必须小于有效微孔尺寸。当污染物浓度较大而净化要求不太高时，可采用吸附能力适中而价格便宜的吸附剂。当污染物浓度高而净化要求也高时，可考虑用不同吸附剂进行两级吸附处理或用吸附剂浸渍的方法（例如浸渍过碘的活性炭可除去汞蒸气，浸渍过溴的活性炭可除去乙烯或丙烯）。

(2) 活性与寿命实验 对初步选出的一种或几种吸附剂应进行活性和寿命实验。活性实验一般在小试阶段进行，而对活性较好的吸附剂一般应通过中试进行寿命实验（包括吸附剂的脱附和活化实验）。

(3) 经济评估 对初步选出的几种吸附剂进行活性、使用寿命、脱附性能、价格等方面的综合比较，进行经济估算，从中选用总费用最少，效果较好的吸附剂。

6.2.3 固定吸附器的设计计算

固定床吸附器主要由壳体、吸附剂、吸附剂承载装置、气体进出口管和脱附再生剂进出口管等部件组成。图 6.33 为立式固定床吸附器。固定床吸附器的设计程序如下。

6.2.3.1 收集数据

固定床吸附器操作时影响吸收过程的因素很多。床层内有已饱和区、传质区、未利用区。在传质区内吸附质的浓度随时间而改变。随着传质区的移动，三个区的位置又不断改变。因此，设计吸附器时需收集废气风量、废气成分、浓度、温度、湿度以及排放规律等。此外，还应尽可能地选用与工业生产条件相似的模拟实验，或参照相似的生产装置，取得饱和吸附量和穿透规律等必要的数据，作出透过曲线。

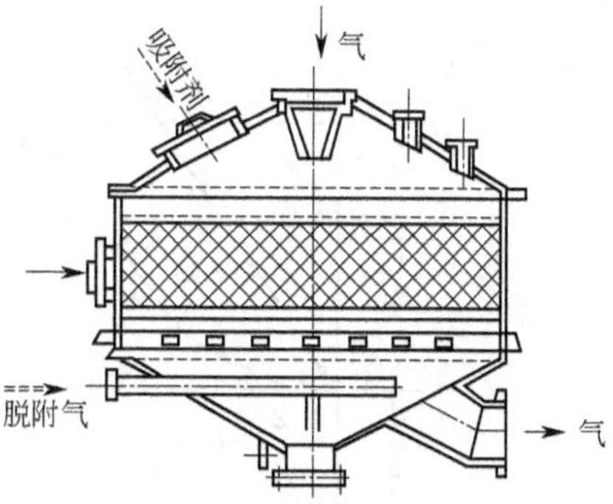

图 6.33 立式吸附器

6.2.3.2 吸附剂的选用

选择吸附剂时最重要的条件是饱和吸附量大和选择性好。除此以外，还应具备解吸容易、机械强度高、稳定性好、气流通过阻力小等条件。

6.2.3.3 选取空塔气速

固定床空塔气速过小则处理能力低，空塔气速太大，不仅阻力增大，而且吸附剂易流动而影响吸附层气流分布。固定床吸附器的空塔气速一般为 0.2～0.5m/s，可参考类似装置选取。

空塔气速决定后吸附剂层截面积 A 由下式计算：

$$A = \frac{Q}{v} \qquad (6-17)$$

式中，Q 为处理气体量，m^3/s；v 为空塔气速，m/s。

6.2.3.4 吸附床穿透时间和床高

常用的有穿透曲线法和希洛夫近似计算法，一般采用希洛夫近似计算法。希洛夫近似计算法基于如下假设：

(1) 吸附速率为无穷大，即吸附质一进入吸附层立即被吸附。因此，传质区高度为无限小，吸附在一个"传质面"上进行，而不在一个"传质区"上进行。

(2) 穿透点的浓度定得很低，即达到穿透时间时，吸附剂床层全部达到饱和，因此，饱和吸附量应等于吸附剂静平衡吸附量，饱和度 $S=1$。

根据上述两个假设，穿透时间内气流带入床层的吸附质的量应等于该时间内吸附剂床层所吸附的吸附质的量：

$$G_S \tau_B Y_0 = Z \rho_S X_T \qquad (6-18)$$

式中，G_S 为载气通过床层的速率，$kg/(m^2 \cdot s)$；τ_B 为穿透时间，s；m^2；Y_0 为气体中吸附质的初始浓度（kg 吸附质/kg 载气）；Z 为吸附剂床层高度，m；ρ_S 为吸附剂颗粒的堆积密度，kg/m^3；X_T 为与 Y_0 达到吸附平衡时吸附剂的静平衡吸附量（kg 吸附质/kg 吸附剂）。对一定的系统及操作条件，$X_T \rho_S / G_S Y_0$ 为常数，并用 K 表示。吸附床的穿透时间：

$$\tau_B = X_T \rho_S / G_S Y_0 \times Z = KZ \qquad (6-19)$$

上式表明，对一定的吸附系统及操作条件，吸附床的穿透时间与吸附床高度成直线关系。在 τ-Z 图上应是一条通过原点的直线，如图 6.34 中的直线 1，该直线的斜率即为 K 值。因而，只要测得 K 值，即可由床层高度 Z 计算出穿透的时间 τ_B，或由需要的穿透时间计算出所需的床层高度。

实际上，吸附速率并不是无穷大，存在的是"传质区"而不是"传质面"。饱和吸附量 X_e 小于静平衡吸附量 X_T。也就是说，实际的穿透时间要小于上述假设的理想穿透时间，即 $\tau_B <$ KZ。在 τ-Z 图上，实测的直线 Z 与 τ 轴相交于负端 τ_0 处，与 Z 轴相交于 Z_0 处，离开原点而平行于直线 1，如图 6.34 中的直线 2。在实际设计中，可将式(6-19) 修正为

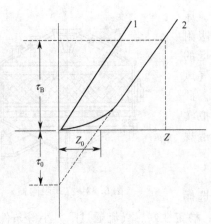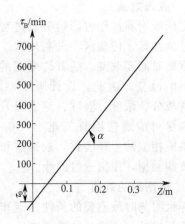

图 6.34　τ-Z 曲线

$$\tau_B = KZ - \tau_0 \tag{6-20}$$

或

$$\tau_B = K(Z - Z_0) \tag{6-21}$$

上两式为希洛夫公式。τ_0 称为吸附操作的时间损失，Z_0 称为吸附床层的高度损失。τ_0 和 Z_0 值均由实验确定。依据相近工况获得的 X_T 和 τ_0，以及拟定的吸附床使用周期，就可以确定床层的有效高度。

6.2.3.5　固定床吸附装置的压力降计算

流体通过固定床吸附剂床层的压力降可用下式近似计算：

$$\frac{\Delta P}{Z} \times \frac{\varepsilon d_P \rho}{(1-\varepsilon)G_S^2} = \frac{150(1-\varepsilon)}{Re} + 1.75 \tag{6-22}$$

式中，ΔP 为通过床层的压力降，Pa；Z 为床层高度，m；ε 为吸附层孔隙率，%；d_P 为吸附剂颗粒平均直径，m；ρ 为气体密度，kg/m³；G_S 为气体通过床层速率，kg/(m²·s)；Re 为气体绕吸附剂颗粒流动的雷诺数（$Re = d_P G_S / \mu$）；μ 为气体黏度，Pa·s。

6.3　气固催化反应器设计

催化法是利用催化剂的催化作用，将废气中的有害气体转化成无害物质或转化成易于进一步处理的物质。例如，将碳氢化合物转化成二氧化碳和水，氮氧化合物转化成氮气，二氧化硫转化成三氧化硫等。该法对不同浓度的废气均有较高的转化率，但催化剂价格较昂贵，还要消耗预热能源，故适用于处理连续排放的高浓度废气。

催化法净化气态污染物的主要设备是气固催化反应器。工业上常见的气固催化反应器分固定床和流化床两大类。固定床催化反应器结构简单，体积较小，催化剂不易磨损，催化剂用量较少。其床层内气体流动模式简单，容易控制。

6.3.1　固定床催化反应器的分类

固定床催化反应器有以下几类。

（1）单段绝热式固定床反应器　单段绝热反应器如图 6.35 所示，其外形一般呈圆筒形，内有栅板，承装催化剂。气体由上部进入，均匀通过催化剂床层并进行反应。整个反应器与外界无热量交换。这种反应器的优点是结构简单，气体分布均匀，反应空间利用率高，造价低，适用于反应热效应较小、反应过程对温度变化不敏感、副反应较少的反应过程。

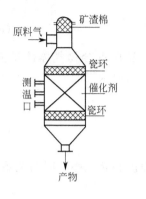

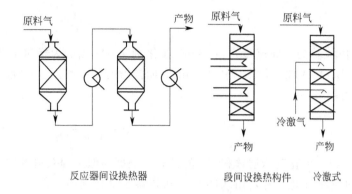

图 6.35 单段绝热式固定床反应器　　　　　　图 6.36 多段绝热式反应器

（2）多段绝热式反应器　多段绝热反应器实际上可看作是串联起来的单段绝热反应器。它把催化剂分成数层，热量由两个相邻床层之间引出（或加入），避免了床层热量的积累，使得每段床层的温度保持在一定的范围内，并具有较高的反应速率。多段绝热式反应器又分为反应器间设换热器、各段间设换热构件、冷激式等形式（见图 6.36）。这类反应器适用于中等热效应的反应。

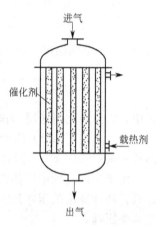

（3）管式反应器　管式反应器结构与列管式换热器相似，如图 6.37 所示。在管内装填催化剂，管间通入热载体，或者在管内通入热载体，而管间装填催化剂。管式反应器传热效果好，适用于反应热特别大的情况。

由于催化净化气态污染物所处理的废气风量大，污染物的浓度低，反应热效应小，一般选用单段绝热反应器即可。下面主要介绍单段绝热固定床反应器。

6.3.2　固定床反应器的设计计算

图 6.37 管式反应器

绝热固定床反应器主要由壳体、催化剂层、催化剂承载装置、气体进出口管及分布板等组成。固定床反应器的设计计算方法有数学模型计算法和经验计算法两种。

数学模型法通过对固定床反应器内流体与颗粒的行为进行"合理"简化，提出一种物理模型，然后再根据化学反应原理，结合动量传递、热量传递、质量传递对物理模型进行数学描述，获得数学模型，最后求解得到所需的结果。

用于气态污染物净化的固定床反应器，可以采用"一维似均相理想流动模型"进行计算。模型的基本假定是流体在床层中流动属于平推流；流体沿床层径向无温度和浓度差异；流体与催化剂在同一截面处的温度相同。"一维似均相理想流动模型"的基本方程有：动量衡算方程、物料衡算方程、热量衡算方程、宏观动力学方程。理论上按照给定条件，只要确定床层空塔速率 v，求得床层直径，就可通过上述方程组求出床层高度 L、温度 T 和压力 p，并解决反应器的设计计算问题。实际上这个方程组的求解十分困难，只有在某些特定条件下能求得解析解。

经验计算法也称定额计算法，是采用实验室、中间试验装置、工厂现有装置中测得一些最佳条件，如空间速度 v_{SP}、接触时间 τ 等作为设计依据来进行计算的方法。工程设计中更多采用经验计算法。

空速 v_{SP} 表示单位时间内、单位催化剂体积所能处理的反应混合物的体积。

$$v_{SP} = \frac{Q_N}{V} \tag{6-23}$$

式中，v_{SP} 为空间速度，$m^3/(m^3 \text{ 催化剂} \cdot h)$；$Q_N$ 为标准状况下反应混合物气体体积流量，m^3/h；V 为催化剂床层体积，m^3。而接触时间 τ 是反应物通过催化剂床层的时间，等于空速的倒数。

$$\tau_0 = \frac{1}{V_{SP}} = \frac{V}{Q_N} \tag{6-24}$$

（1）催化剂床层体积 V_R 的计算　根据相似工程获得的空间速度和转化率之间的关系以及欲实现的净化指标，由式(6-25) 可以确定催化剂的体积。

（2）床层截面积和高度的计算　由催化剂颗粒状况确定空床气流速度，反应器直径 D_T 由下式计算：

$$D_T = \sqrt{\frac{Q_0}{3600 \frac{\pi}{4} v}} \tag{6-25}$$

式中，v 为空床速度，m/s；反应器直径 D_T 经圆整确定后，催化剂床层高度由下式计算：

$$L = V \Big/ \Big[(1-\varepsilon)\frac{\pi}{4}D_T^2\Big] \tag{6-26}$$

式中，V 为催化剂床层体积，m^3；L 为催化剂床层高度，m；ε 为催化剂床层空隙率。

（3）床层压降 Δp 的计算及调整　对于颗粒状的催化剂，气体通过催化剂床层时的压力降同样可采用式(6-24) 进行计算。

由于生产流程中气体的压力是有限的，因而一般要求固定床中的压降不超过床内压力的15%。如计算出的压降过大，可重新选用较大直径的催化剂或加大床层截面积以减少床层高度来调整压降。

6.3.3　催化转化装置设计及应用时应注意的几个问题

用催化转化法净化气态污染物，首先应结合实际反应选择适当的催化剂。良好的催化剂应具备：①活性高，能在较低温度下达到较高的转化率，选配良好的助催化剂可以明显改善催化剂活性；②选择性好，尽量不发生副反应；③机械强度高、抗毒性强、热稳定性好，使用寿命一般应不小于一年，适宜的催化剂载体对于催化剂的稳定性具有重要的作用；④成本低，来源容易。然后根据催化剂的性能确定预热温度、压力、空速等反应条件及氧化剂或还原剂用量。在此基础上选择并设计经济合理、结构简单、便于操作、效能良好的催化反应器。

设计及应用时需注意的问题：①调查核实所处理废气的成分、浓度、温度、湿度、含氧量、含尘量等，特别要注意引起催化剂中毒物质的含量，以确定催化转化法是否切实经济可行；②凡可能引起催化剂中毒的物质，必须经预处理除去；若预处理不经济则应选用抗毒性好的催化剂；③根据处理气体量确定预热能源和排气余热回收方式；④必须控制废气浓度低于爆炸下限的 25%，并设置防回火、泄爆、报警等设备，以确保生产操作安全；⑤催化剂在使用过程中，由于某些物理因素和化学因素的影响而逐渐劣化，使催化转化率降低，一般可适当提高反应温度或采用适当的方法进行再生。

思　考　题

1. 比较催化剂床体的空床风速和空间速度的区别，它们在固定催化剂床体设计时有何用途？

2. 简述吸附剂床体的比表面积和孔隙率对固定吸附床系统运行参数的影响。

3. 比较几种典型吸附塔结构特征和优缺点。

4. 简述石灰水-石膏工艺中，严格控制吸收塔浆液 pH 值的意义。

5. 空气和丙酮蒸气的混合气含丙酮 3%（摩尔分数）。在填料塔中用清水吸收丙酮，吸收率 98%，混合气入塔流率为 0.02kmol/(m² · s)，操作压力为 101.3kPa，温度为 20℃，此时气液平衡关系可用 $y=1.75x$ 表示，体积传质系数 K_y 为 0.016kmol/(m³ · s)，若出塔水溶液中的丙酮浓度为饱和浓度的 70%，求所需清水用量及填料层高度。

7 换热设备设计

7.1 概述

7.1.1 换热器的分类

使温度较高的载热体把热量传给另一较低的载热体的装置，称为热交换设备或换热器。在废气处理的工艺过程中有放热和吸热的作用，例如催化燃烧过程或直接燃烧过程中的烟气热量的回收及利用、某些有用蒸汽的冷凝回收等，都需要热交换设备才能完成。热交换器可按作用原理分类，也可按用途分类，但最普遍采用的分类方法是按加热表面的形状和结构来分。大气污染治理常用的热交换器有：①管壳式换热器，这类换热器由一组两端被固定在特殊管板中的管束和一个壳体组成。其中一种载热体流经管内，另一种载热体流经管间。管壳式换热器又可按流体流过的方式分为单程式及多程式。或按结构形式分为固定板式、浮头式、具有热补偿的换热器等类型。此外，用于烟气热量回收的余热锅炉其传热原理也类似于管壳式换热器。②板式换热器，这类换热器的加热表面是平面。③热管换热器，这类热交换器利用管中特定液体的蒸发和凝结实现双向热交换。

7.1.2 换热器的设计原则

一个设计合理的换热器一般应满足下述几点要求：①在给定的工作条件（流体流量、进口温度等）下，达到要求的传热量和流体出口温度；②流体压降要小，以减少运行的能量消耗；③满足外形尺寸和重量要求；④安全可靠，满足最高工作压力、工作温度以及防腐、防漏、工作寿命等方面的要求；⑤制造工艺切实可行，选材合理且来源有保证，以减少初始投资；⑥安装、运输以及维修方便等。所有这些要求和考虑常常是相互影响、相互制约的。在不同应用场合，各项要求的苛刻程度不尽相同，因而设计时重点也应有所不同。

7.1.3 换热器的设计内容

换热器的设计涉及各种数量的分析和以经验为基础的定性决断。图 7.1 可用以说明换热器设计的一般过程和所包含的内容。

(1) 设计参数 换热器的设计指标包括工作流体的种类及其流量、进出口温度、工作压力、允许压降、尺寸、重量和换热器效率等。

(2) 总体布置 换热器的总体布置首先要选定换热器的类型和结构、流体流动形式及所用材料，然后选择传热表面的种类。

(3) 热设计 换热器的热设计包括传热计算及确定尺寸。进行热设计除技术性能指标外，还需要有传热表面的特性（包括换热器特性、流阻特性和结构参数）以及流体和材料的热物性参数。根据设计目标，对于选定的各种换热器形式和传热表面，通过不同的角度进行优化设计，提供几种可供选择的方案。

(4) 结构设计 换热器的结构设计包括以下内容：①根据最高工作温度和最大工作压力，以及热设计和阻力计算结果，确定各部分的材料和尺寸，保证换热器在稳定运行时的性能；②根据工作温度、压力及流体性质，选择焊接方法及密封材料；③以保证流体分配的均匀性为目标，进行封头、联箱、接管及隔板等的设计；④为满足热力和阻力性能的结构设计，对主要零部件须进行强度校核，以避免在极限工作状态下因强度不够，导致破坏或选材过厚而造成浪

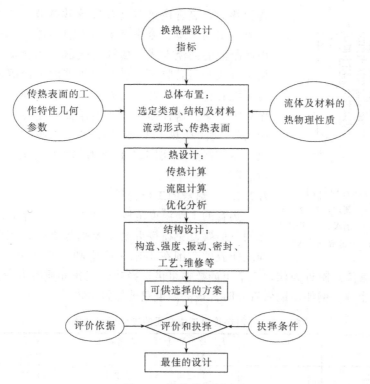

图 7.1 换热器设计过程

费；⑤要考虑维修（包括清洁、修理及保养等）和运输的要求。对于一些在特殊条件下工作的换热器，有的还须在计算其在启动和停车时期内的热应力，核算由于流体流动引起的结构振动，或为了减少腐蚀和结垢而验算流速。总之，结构设计和热设计有相同的重要性，设计换热器时需要同时兼顾，并且应该相互协调。

（5）设计方案抉择　换热器热设计和结构设计完成后，根据评价的判据，考虑各种具体条件，对提供的几个可供选择的方案进行最后抉择。

7.2 热管换热器

7.2.1 热管工作原理及热管换热器结构

7.2.1.1 热管的工作原理

标准热管的简单定义为：一个封闭的依靠工质相变转换实现传热的元件。图 7.2 为标准热管结构及工作原理图。

标准热管由管壳、吸热芯、工作介质及翅片等组成。热管在纵向上分为蒸发段、绝热段和冷凝段三个区域组成。利用管内的介质受热蒸发和遇冷冷凝的原理，同时借助吸液芯的毛细作用实现介质在三段之间的质量和热量的转移。汽化潜热传递热量具有换热量大、管壁温度均衡等优点。

7.2.1.2 热管换热器

用热管作为传热元件制作的换热器称为热

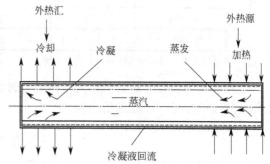

图 7.2 标准热管结构及工作原理

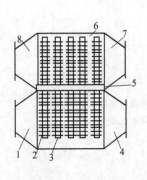

图 7.3 重力热管换热器
1—高温气体入口;2—翅片;3—热管;
4—高温气体出口;5—隔板;6—箱体;
7—低温气体出口;8—低温气体入口

管换热器,热管换热器具有换热效率高、压力损失小、工作可靠、结构紧凑、冷热流体间绝热性能好等优点。依据热管内冷凝液的回流方式,热管换热器分为普遍型和重力型。利用垂直或倾斜安装于换热器中热管内的冷凝液重力回流原理将吸液芯替换,开发出的简单重力热管换热器,其结构和制作更加简单。这种形式的换热器被广泛应用于烟气治理领域中的气-气间换热、气-水间换热(省烟器)和烟气的余热回收(热管锅炉)。图 7.3 是重力热管换热器的结构及工作原理示意图。

7.2.1.3 热管的工作介质

热管的工作温度范围一定要在工作介质的熔点到临界点之间,但要避免在接近熔点及临界点附近工作。一般尽量选择工作温度范围在工作介质饱和蒸汽压力线上较陡的一段,约在工作介质正常沸点附近为佳。表 7.1 的数据可供选择热管工作介质时参考。工作介质还要考虑管壳材料的影响,例如用铜做管壳时,最高温度只能容许 200℃。

表 7.1 不同热管用工作介质的工作温度范围

工作介质		熔点 /℃	大气压下沸点 /(℃/K)	临界温度 /℃	临界压力 /MPa	工作温度范围 /℃
中温热管用	氨	−78	−33/240	132.15	11.278	−60~100
	氟利昂-11	−111	24/297	198.05	4.315	−40~120
	戊烷	−130	28/301	196.65	3.236	−20~120
	氟利昂-113	−35	48/321	196.85	5.394	−10~100
	丙酮	−95	57/330	236.35	4.707	0~120
	甲醇	−98	64/337	240	7.845	10~120
	乙醇	−112	78/351	213.05	6.178	0~130
	庚烷	−90	98/371	267	2.648	0~150
	水	0	100/373	374.15	22.115	30~200
	导热姆①	12	257/530			150~395
高温热管用	汞	−39	361/634	1162	107.870	250~650
	铯	29	670/943			450~900
	钾	62	774/1047			500~1000
	钠	98	892/1165			600~1200
	钙	179	1340/1613			1000~1800
	银	960	2213/2185			1800~2300

① 导热姆为联苯 36.5% 与苯醚 73.5% 的复合液。

工作介质的物性对热管的轴向传热能力影响甚大,可用液体热输送能力因数 N_1 作为选择工作介质时的参考,以较高值为佳。

$$N_1 = \frac{\rho_1 \lambda \sigma}{\mu_1} \qquad (7-1)$$

式中,ρ_1 为液体密度,kg/m^2;λ 为汽化潜热,kJ/kg;σ 为表面张力,N/m;μ_1 为液体黏度,$Pa \cdot s$。图 7.4 是几种工作介质的 N_1 与蒸汽温度 T_0 的关系曲线。

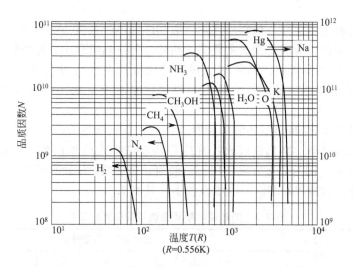

图 7.4 几种工作介质的液体热输送能力因数曲线

7.2.1.4 工作介质的灌注

热管工作介质的灌注量要适中，量少时会影响传热性能，过量又可能导致冷凝段阻塞。重力热管的适宜充液量与工质特性有关。水为工质时，充注量占管内总容积的 1/8～1/5 为宜。

7.2.1.5 热管管壳

管壳的选择要考虑强度质量比、导热性以及制造方便（包括易于焊接和机械加工），还要考虑可塑性。管壳材料的选择首要因素是与工作介质的相容性。所谓"相容"是指热管运行时不发生腐蚀和不产生不凝气体。同时，管壳壁厚应满足强度要求：

$$\delta \geqslant \frac{pd}{2\sigma} \tag{7-2}$$

式中，δ 为壁厚，m；σ 为许用应力，Pa；p 为管内压力，Pa；d 为管径，m。

7.2.2 热管换热器的设计计算

7.2.2.1 热管元件直径

热管元件直径对单管热流量、承压强度、换热面积、流动阻力等均有影响。热管直径要考虑到各种传热工作限制，特别是音速限和携带限，当然必须满足强度要求。通常使用的热管直径与单管热流量与蒸发段的长度关系大体如表 7.2 所示。目前我国普遍采用 $\phi25$ 热管，也有用 $\phi32～\phi51$ 热管。

表 7.2 热管直径与单管热流量及蒸发段长度关系

蒸发段长/mm	单管热流量/kW	热管外径/mm
500～100	<1	16～25
1000～2000	<3	25～32
2000～3500	<7	32～60

7.2.2.2 热管元件长度及长度比

热管长度与冷热流体的流量及流速有关，有时受到安装场所的限制。一般而言，小容量热管换热器的热管长 1～2m，中等容量换热器的热管长 3～4m，较大容量换热器的热管长可达 5m 以上，特大容量换热器的热管可达 10m 或更长。

热管换热器中的热管长度比（蒸发段与冷凝段长度之比）有：①流通长度比；②经济长度

比；③安全长度比。

流通长度比是基于考虑强化热管外换热系数和降低热管束阻力的对立因素综合选择迎风质量流速的保证条件而得；经济长度比则是基于热管总传热热阻最小，即热管单位表面积传热量最大的保证条目；而安全长度比则是基于根据许用蒸汽温度 t_0 核算蒸发段吸热与冷凝段放热基本平衡的保证条件。三者计算结果不一致时，流通长度比和经济长度比要小于安全长度比。

（1）流通长度比 L_F　换热器热流体及冷流体迎风质量流速 G_1、G_2 [kg/(m^2 · s)]，要根据传热和阻力的要求选取。空气流过翅片管的管外放热系数约与 G 的 0.7 次方成正比，而每一排管的阻力降约与 G 的 1.7 次方成正比。一般为强化传热，G 值宜较大，而为减小阻力，则 G 值宜较小。此外，管排数较多时，G 值也较小，见表 7.3。

表 7.3　流体迎风质量流速与管排数的关系

迎风质量流速	流动方向上的管排数		
	4	6	3
$G/[kg/(m^3 · s)]$	3.3～3.6	3	2.4～2.7

G_1、G_2 已知后，热流体与冷流体所需迎风面积 F_1 及 F_2 分别为：

$$F_1 = W_1 L_1 = M_1/G_1 \tag{7-3}$$

$$F_2 = W_2 L_2 = M_2/G_2 \tag{7-4}$$

式中，L_1、L_2 为蒸发段及冷凝段长，m；W_1、W_2 为热流体与冷流体管束宽度，m；M_1、M_2 为热流体与冷流体质量流速，kg/(m^3 · s)；由此，流通长度比为 $\bar{L}_F$：

$$\bar{L}_F = \frac{L_1}{L_2} = \frac{M_1}{M_2} \times \frac{G_2}{G_1} \times \frac{W_2}{W_1} \tag{7-5}$$

通常气-气式热管换热器冷热流体管束宽度相同，即 $W_1 = W_2$，故流通长度比 $\bar{L}_F$ 为：

$$\bar{L}_F = \frac{M_1}{M_2} \times \frac{G_2}{G_1} \tag{7-6}$$

（2）经济长度比 $\bar{L}_E$

$$\bar{L}_E = \sqrt{\frac{K_2}{K_1}} \tag{7-7}$$

式中，K_1、K_2 为蒸发段和冷凝段的传热系数，W/(m^2 · K)。

对于气-气式热管换热器，其传热热阻主要集中在管外放热侧，故

$$\bar{L}_E = \sqrt{\frac{\alpha_2}{\alpha_1}} \tag{7-8}$$

式中，α_1、α_2 为热流体和冷流体管外放热系数，W/(m^2 · K)。

经济长度比与流通长度比往往难以兼顾，若令二者相等，则 $\dfrac{M_1}{M_2} \times \dfrac{G_2}{G_1} = \sqrt{\dfrac{\alpha_2}{\alpha_1}}$，对于气-气式热管换热器 $\alpha \infty G^{0.7}$，由此，$\dfrac{G_1}{G_2} = \left(\dfrac{M_1}{M_2}\right)^{1.538}$，得

$$\bar{L}_E = \bar{L}_F = \left(\frac{M_1}{M_2}\right)^{-0.538} \tag{7-9}$$

（3）安全长度比 $\bar{L}_S$（按许用蒸汽温度 t_v）　蒸发段吸收热量与冷凝段放出热量相等，即

$$K_1 A_1 (t_1 - t_v) = K_2 A_2 (t_v - t_2) \tag{7-10}$$

式中，A_1、A_2 为蒸发段与冷凝段的表面积；t_1 为热流体温度；t_2 为冷气体温度；t_v 为蒸汽

温度。

则安全长度比可按下式计算:

$$\bar{L}_S = \frac{K_2}{K_1} \times \frac{t_v - t_2}{t_1 - t_v} \tag{7-11}$$

对气-气式热管换热器 $\frac{K_2}{K_1} \approx \frac{\alpha_2}{\alpha_1} \approx \left(\frac{G_2}{G_1}\right)^{0.7}$，令安全长度比与流通长度比相等，可得

$$\frac{G_2}{G_1} = \left(\frac{M_2}{M_1} \times \frac{t_v - t_2}{t_1 - t_v}\right)^{3.33} \tag{7-12}$$

从而有

$$\bar{L}_S = \left(\frac{M_2}{M_1}\right)^{2.33}\left(\frac{t_v - t_2}{t_1 - t_v}\right)^{3.33} \tag{7-13}$$

具体设计时，$\bar{L}_S$ 不得小于 $\bar{L}_E$ 和 $\bar{L}_F$，否则需修改参数，重新设计。

7.2.2.3 翅片

通常热管上大多装有翅片，常见为矩形截面的环翅。整体翅片管因铸造、压制困难，所以虽无接触热阻及强度较高，但亦难以推广。绕片或穿片的机械连接翅片管虽然经济，但不可靠，接触热阻有时很大，最佳选择还是焊片管。翅化效果通常用翅片效率 η_f 来衡量:

$$\eta_f = Q/Q_0 \tag{7-14}$$

式中，Q 为翅片表面的实际换热量；Q_0 为假定整个翅片表面处于翅基温度时的换热量。

理论计算的环翅效率相当复杂，使用不便，通常概况为:

$$\eta_f = f(\zeta \cdot r_f'/r_0) \tag{7-15}$$

式中，r_f' 为翅片修正外半径，$r_f' = r_f + \frac{1}{2}\delta_f$。其中: r_f 为翅片外半径；δ_f 为翅片厚度；r_0 为翅片根半径，即管外半径；ζ 为系数，$\zeta = h'^{3/2}(\alpha/\lambda A)$；其中: h' 为翅片修正高度（矩形环翅 $h' = h + \delta_f/2$，其中 h 为翅片高）；A 为翅片纵剖面积（矩形环翅 $A = \delta_f h'$）；α 为管外放热系数；λ 为翅片热导率。利用图 7.5 可查出相应的 η_f 值。

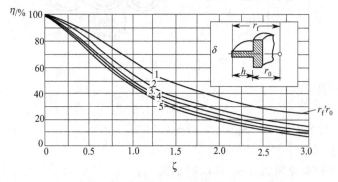

图 7.5　矩形环翅效率曲线 $\eta_f = f(\zeta \cdot r_f'/r_0)$

翅片管的传热计算可通过两部分进行，一是翅片总面积 A_f，一是无翅片部分管的表面积 A_r，图 7.6 是加装翅片前后的管表面积变化，A_0 为原表面积（无翅片光管）。

翅片的换热量 Q 为翅片部分换热量 Q_f 与无翅片部分换热量 Q_r 之和:

$$Q = Q_r + Q_f = \alpha A_r \Delta t + \alpha A_f \Delta t \eta_f = \alpha \Delta t (A_r + \eta_f A_f) \tag{7-16}$$

式中，α 为流体与管外表面的对流换热系数。

按总面积　$A_{ft} = A_f + A_r$ 计算时: 　$Q = \alpha \Delta t A_{ft} \eta_0 \tag{7-17}$

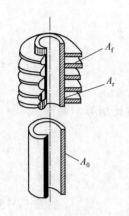

图 7.6　加装翅片前后的
管表面积变化

式中，η_0 为翅片面积效率，$\eta_0 = \dfrac{A_r + \eta_f \times A_f}{A_{ft}}$，当 $A_f \geqslant A_r$ 时，$\eta_0 = \eta_f$；习惯上常按原表面积 A_0（无翅片光管）为基准进行计算，则

$$Q = \alpha \Delta t A_0 \beta \eta_0 = \alpha' \Delta t A_0 \tag{7-18}$$

式中，β 为翅化比（或称肋化系数），$\beta = A_{ft}/A_0 = (A_f + A_r)/A_0$；$\alpha'$ 为当量放热系数，$\alpha' = \alpha \beta \eta_0$。

矩形环翅的翅化比 β 可按下式计算：

$$\beta = \frac{1}{2}\left[\left(\frac{d_f}{d_0}\right)^2 - 1\right]\frac{d_0}{b} + \frac{d_f}{d_0}\frac{\delta_f}{b} + 1 - \frac{\delta_f}{b}$$

$$= \frac{1}{2}\left[\left(\frac{d_f}{d_0}\right)^2 - 1\right]\frac{d_0}{b} + 1 + \frac{\delta_f}{b}\left(\frac{d_f}{d_0} - 1\right) \tag{7-19}$$

式中，d_f 为翅片外径；d_0 为翅片根径；b 为翅片间距，$b = Y + \delta_f$，其中：Y 为翅片间隙；δ_f 为翅片厚度。

据分析，翅片高厚比 $\dfrac{h}{\delta_f}$ 符合下列关系为佳：

$$\frac{h}{\delta_f} = 0.71\sqrt{\frac{2\lambda}{\alpha \delta_f}} \tag{7-20}$$

7.2.2.4　管束排列

热管管束排列通常采用叉排，其换热强度高（较顺排约高 16%），但流阻较大。为减少流阻，也可采用顺排。常用排列为正三角形叉排或正方形顺排。因管束间距影响流速、流阻、噪声等多种因素，管束间距分为横向间距和纵向间距，见图 7.7。

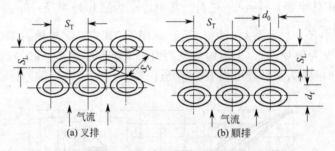

图 7.7　翅片管束排列

横向间距 S_T 一般可取

$$S_T = (1.05 \sim 1.5)d_f \tag{7-21}$$

纵向间距 S_L 一般可取

$$S_L = (0.87 \sim 1.1)(d_f + d_t) \tag{7-22}$$

式中，d_t 为吹灰器直径。

不吹灰又可容许较高流阻时，S_L 可取较小值。

正三角形叉排

$$S_L = \frac{\sqrt{3}}{2}S_T \tag{7-23}$$

正方形顺排

$$S_L = S_T \tag{7-24}$$

7.2.2.5　其他几何参数

有效翅化比表示扩展传热面积的效果，矩形环翅的有效翅化比为：

$$\beta\eta_0 = \frac{A_f\eta_f + A_r}{A_0} = \frac{1}{2}\eta_f\left[\left(\frac{d_f}{d_0}\right)^2 - 1\right]\frac{d_0}{b} + \eta_f\frac{d_f}{d_0}\times\frac{\delta_f}{b} + \left(1 - \frac{\delta_f}{b}\right) \tag{7-25}$$

阻断系数表示热管及翅片遮盖的迎风面积（流道截面）比例，矩形环翅的阻断系数 φ 为：

$$\varphi = \frac{d_0 + 2h\delta_f/b}{S_T} \tag{7-26}$$

7.2.2.6 迎风流速

迎风流速（流道流速）决定流道的迎风面积，也影响实际流速 v、放热系数 α、流阻 Δp、积灰速度和磨损速度。一般选择流体 $v_{01} = 2 \sim 3 \text{m/s}$ 较为合适，此时传热面实际流速 v 可达 $7 \sim 10 \text{m/s}$。预热空气时，因空气温度低，无磨损作用，v_{02} 取值稍大。设计计算时，已定热、冷流体积流量 V_{01} 及 V_{02}（m^3/s）并选取 v_{01} 和 v_{02}（m/s）后，则热流体侧迎风面积为 $A_{01} = V_{01}/v_{01}$；冷流体侧迎风面积为 $A_{02} = V_{02}/v_{02}$。

按均流性要求，道流宽度 $B = \sqrt{A_0}$。由此，冷热流体侧的有效高度可得，即相应热管的冷凝段和蒸发段长，计入隔板厚（绝热段）以及工艺预留长度，可得热管元件长度。此外，根据选定的管束排列方式，确定横向间距 S_T 后，第一排热管数可求出。有时，因位置受限，热管元件冷凝段和蒸发段长一定，可核算有关参数是否合理，必要时予以调整。

7.2.2.7 热流体出口温度

热流体为工艺流体时，出口温度由工艺过程决定。如为烟气，必须考虑露点腐蚀问题，即必须高于酸露点。

7.2.2.8 流体物性参数确定

如为多组分流体，有关平均物性按下列公式计算：

热导率
$$\lambda = \frac{1}{2} \left\{ \sum_{i=1}^{n} x_i \lambda_i + \left[\sum_{i=1}^{n} (x_i/\lambda_i)^{-1} \right] \right\} \tag{7-27}$$

气体常数
$$R = \sum_{i=1}^{n} x_i R_i \tag{7-28}$$

平均分子量
$$\mu = \sum_{i=1}^{n} y_i \mu_i \tag{7-29}$$

密度
$$\rho = \sum_{i=1}^{n} y_i \rho_i \tag{7-30}$$

比容
$$\gamma = \sum_{i=1}^{n} x_i r_i \tag{7-31}$$

质量比热容
$$c = \sum_{i=1}^{n} x_i c_i \tag{7-32}$$

容积比热容
$$c' = \sum_{i=1}^{n} y_i c_i' \tag{7-33}$$

式中，x 为混合气体质量分数；y 为混合气体容积组分，即摩尔组分。

7.2.2.9 热力计算

与通常的换热器相似，热管换热器热力计算也基于传热方程和热平衡方程：

$$Q = KA\Delta t_m \tag{7-34}$$

$$Q = M_1 c_{p1}(t_1' - t_1'')(1 - q_0) = M_2 c_{p2}(t_2'' - t_2') \tag{7-35}$$

式中，Q 为传热量（总热流量），W；K 为传热系数，$\text{W/(m}^2 \cdot \text{K)}$；$A$ 为传热面积，m^2；Δt_m 为对数平均温差，℃；t_1'、t_1'' 分别为热流体入、出口温度，℃；t_2'、t_2'' 分别为冷流体入、出口温度，℃；q_0 为热损失率。

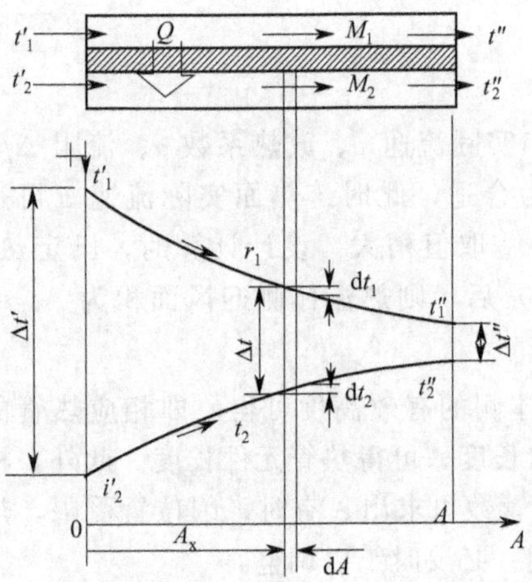

图 7.8   顺流时温度变化

鉴于用流动形式的对数平均温差 Δt_{m} 均为热流体与冷流体入口及出口温度的函数，即

$$\Delta t_{\mathrm{m}} = f(t_1', t_1'', t_2', t_2'') \tag{7-36}$$

上述三个方程中具有八个变量：KA、$M_1 c_{p1}$、$M_2 c_{p2}$、t_1'、t_1''、t_2'、t_2'' 及 Q。这样必须要给定其中的五个变量，才能进行热管换热器的热力计算。

（1）对数平均温差   对数平均温差的计算与冷热流体的相互流动形式有关。根据冷热流体的流向可分为顺流（两者平行而同向流动）、逆流（两者平行而反向流动）、叉流（两者垂直交叉流动）和混合流（几种流动的组合）。

顺流时温度变化见图 7.8。不考虑散热损失及轴向导热，并认为传热系数 K 为常数时，在微元换热面 $\mathrm{d}A$ 上，热流体放出与冷流体吸收热量相等，其热平衡方程为：

$$\mathrm{d}Q = -M_1 c_{p1} \mathrm{d}t_1 = M_2 c_{p2} \mathrm{d}t_2 \tag{7-37}$$

而

$$\mathrm{d}(\Delta t) = \mathrm{d}t_1 - \mathrm{d}t_2 = -\left(\frac{1}{M_1 c_{p1}} + \frac{1}{M_2 c_{p2}}\right)\mathrm{d}Q = -q\mathrm{d}Q \tag{7-38}$$

其中 $q = \left(\dfrac{1}{M_1 c_{p1}} + \dfrac{1}{M_2 c_{p2}}\right)$。

微元传热面 $\mathrm{d}A$ 上，传热方程为

$$\mathrm{d}Q = K\Delta t \mathrm{d}A \tag{7-39}$$

将式（7-39）代入式（7-38）得：

$$\mathrm{d}(\Delta t) = -qK\mathrm{d}A\Delta t \qquad \frac{\mathrm{d}(\Delta t)}{\Delta t} = -qK\mathrm{d}A$$

由始点（$A=0$，流体入口处）温差 $\Delta t'$ 积分至任一截面（A_x）处温差 Δt_x，有：

$$\ln\frac{\Delta t_x}{\Delta t'} = -qKA_x , \Delta t_x = \Delta t' \mathrm{e}^{-qKA_x} \tag{7-40}$$

积分至终点（$A=A_x$，流体出口处）温差 $\Delta t''$

$$\ln\frac{\Delta t''}{\Delta t'} = -qKA \tag{7-41}$$

$$\frac{\Delta t''}{\Delta t'} = \mathrm{e}^{-qKA} \tag{7-42}$$

比较式（7-34）和式（7-39）

$$Q = KA\Delta t_{\mathrm{m}} = \int_0^A \mathrm{d}Q = \int_0^A K\Delta t\mathrm{d}A$$

将式（7-40）置入，经变换得

$$\Delta t_{\mathrm{m}} = \frac{1}{A}\int_0^A \Delta t\mathrm{d}A = \frac{\Delta t'}{A}\int_0^A \mathrm{e}^{-qKA}\mathrm{d}A = \frac{\Delta t'}{-qKA}(\mathrm{e}^{-qKA} - 1)$$

将式（7-41）、式（7-42）置入，得

$$\Delta t_{\mathrm{m}} = \frac{\Delta t'}{\ln\dfrac{\Delta t'}{\Delta t''}}\left(\frac{\Delta t''}{\Delta t'} - 1\right) = \frac{\Delta t' - \Delta t''}{\ln\dfrac{\Delta t'}{\Delta t''}} \tag{7-43}$$

式中，$\Delta t'$ 为始点温差，$\Delta t' = t_1' - t_2'$；$\Delta t''$ 为终点温差，$\Delta t'' = t_1'' - t_2''$。

当 $\dfrac{\Delta t'}{\Delta t''} \leqslant 1.7$ 时，可以用算术平均温差代替，即

$$\Delta t_m \approx \frac{1}{2}(\Delta t' + \Delta t'') = \left(\frac{t_1' + t_1''}{2} - \frac{t_2' + t_2''}{2}\right) \quad (7\text{-}44)$$

当 $\dfrac{\Delta t'}{\Delta t''} \leqslant 5$ 时，可近似取

$$\Delta t_m \approx \frac{1}{2}(\Delta t' + \Delta t'') - 0.1(\Delta t' - \Delta t'') \quad (7\text{-}45)$$

逆流时温度变化见图 7.9。

推理过程相似于顺流，其中 $q = \left(\dfrac{1}{M_1 c_{p1}} + \dfrac{1}{M_2 c_{p2}}\right)$，并且始点和终点的温度为 $\Delta t' = t_1' - t_2''$，$\Delta t'' = t_1'' - t_2'$

考虑到逆流时可能出现 $\Delta t' < \Delta t''$ 的情况，故可统一将顺流和逆流的对数平均温差 Δt_m 表达为

$$\Delta t_m = \frac{\Delta t_{\max} - \Delta t_{\min}}{\ln \dfrac{\Delta t_{\max}}{\Delta t_{\min}}} \quad (7\text{-}46)$$

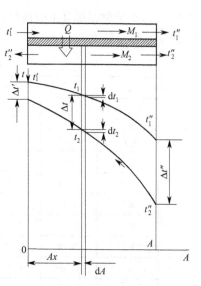

图 7.9　逆流时温度变化

当 $\dfrac{\Delta t'}{\Delta t''} \leqslant 1.7$ 时，$\Delta t_m \approx \dfrac{1}{2}(\Delta t_{\max} + \Delta t_{\min})$ 　　(7-47)

当 $\dfrac{\Delta t'}{\Delta t''} \leqslant 5$ 时，　　　　$\Delta t_m \approx \dfrac{1}{2}(\Delta t_{\max} + \Delta t_{\min}) - 0.1(\Delta t_{\max} - \Delta t_{\min})$ 　　　　(7-48)

其他流动通常采用修正逆流平均温差的办法进行计算，即：

$$\Delta t_m = \psi \frac{(t_1' - t_2'') - (t_1'' - t_2')}{\ln \dfrac{t_1' - t_2''}{t_1'' - t_2'}} \quad (7\text{-}49)$$

式中，ψ 为修正系数，$\psi = f(P, R)$；其中，P 为换热器温度效率，$P = \dfrac{t_2'' - t_2'}{t_1' - t_2'}$；$R$ 为热容量比，$R = \dfrac{t_1' - t_1''}{t_2'' - t_2'}$。

(2) 传热面积及相应传热系数　若以热光管外表面积 A_{01} 为基准。热管光外表面积 A_{01} 为

$$A_{01} = \pi d_0 L \quad (7\text{-}50)$$

式中，d_0 为管外径；L 为热管全长。

传热系数 K_{0t} 为　　　　　　　　$K_{0t} = \dfrac{1}{R_{0t}}$ 　　　　　　　　　(7-51)

热阻 R_{0t} 为

$$R_{0t} = \frac{L}{\alpha_1 \beta_1 \eta_{01} e_1 L_1} + \frac{d_0 L}{2\lambda L_1}\ln\frac{d_0}{d_1} + \frac{d_0 L}{\alpha_1 d_1 L_1} +$$
$$\frac{d_0 L}{\alpha_2 d_2 L_2} + \frac{d_0 L}{2\lambda L_2}\ln\frac{d_0}{d_2} + \frac{L}{\alpha_2 \beta_2 \eta_{02} e_2 L_2} \quad (7\text{-}52)$$

式中，α_1 为蒸发段内放热系数，$\alpha_1 = 7000 \sim 9000$，$W/(m^2 \cdot K)$，随着热负荷的增加而增大；$\alpha_2$ 为冷凝段内放热系数，$\alpha_2 = 5000 \sim 7000$，$W/(m^2 \cdot K)$，随着热负荷的增加而减小；$L_1$ 为蒸发段长；L_2 为冷凝段长；β_1 为蒸发段的翅化比；β_2 为冷凝段的翅化比；η_{01} 为蒸发段翅片面积效率；η_{02} 为冷凝段翅片面积效率；e_1 为蒸发段换热面积的清洁度；e_2 为冷凝段换热面积的清洁度；λ 为管壁热导率，$W/(m^2 \cdot K)$。

7.2.2.10　流体横掠管束阻力计算

(1) 流体横掠管束　流体横掠管束阻力可按下式计算：

$$\Delta p = 0.167 C_f N \rho v_{\max}^2 \quad (7\text{-}53)$$

式中，Δp 为流体横掠管束时的阻力，Pa；N 为流动方向的管排数；v_{max} 为窄截面处流速，m/s；C_f 为正系数；见表 7.4。

表 7.4 修正系数 C_f 值

排列方式									
		正方形顺排				正方形叉排			
Re	S_L/d_0 、 S_L/d_0	1.25	1.5	2.0	3.0	1.25	1.5	2.0	3.0
8000	1.25	1.68	1.74	2.04	2.28	1.98	2.10	2.16	2.28
	1.5	0.83	0.96	1.20	1.56	1.44	1.60	1.56	1.56
	2.0	0.35	0.48	0.63	1.02	1.09	1.16	1.14	1.13
	3.0	0.20	0.28	0.47	0.60	1.08	1.04	0.96	0.90
20000	1.25	1.44	1.56	1.74	2.04	1.56	1.74	1.92	2.16
	1.5	0.84	0.96	1.13	1.46	1.10	1.16	1.32	1.44
	2.0	0.38	0.49	0.66	0.88	0.96	0.96	0.96	0.96
	3.0	0.22	0.30	0.42	0.55	0.86	0.84	0.78	0.74
40000	1.25	1.20	1.32	1.56	1.80	1.26	1.50	1.68	1.98
	1.5	0.74	0.85	1.02	0.27	0.88	0.96	1.08	1.20
	2.0	0.41	0.48	0.62	0.77	0.77	0.79	0.82	0.84
	3.0	0.25	0.30	0.38	0.46	0.68	0.68	0.65	0.60

（2）流体横掠翅片管束 对于三角形叉排环翅，Robinson 及 Briggs 等人的试验公式为

$$\Delta p = fN\rho v_{max}^2 \tag{7-54}$$

式中，N 为流动方向的管排数；ρ 为流体密度；v_{max} 窄截面处流速；f 为摩擦系数。

$$f = 18.93 Re^{0.316}\left(\frac{S_T}{d_0}\right)^{0.927}\left(\frac{S_T}{S_C}\right)^{0.515} \tag{7-55}$$

其中，S_T 为横向管间距；S_C 为三角形排列的斜边长；$Re = \frac{d_0 v_{max}}{v}$。

思 考 题

1. 根据烟气净化领域的实践，简述常用换热器的类型及其功能。
2. 简述选用换热管换热器热力计算的主要内容及任务。
3. 简述引起热管腐蚀和堵塞原因及预防措施。
4. 已知烟气流量 $M_1 = 6.1$kg/s，入口温度 $t_1' = 350℃$，出口温度 $t_1'' = 290℃$；冷流体-空气流量 $M_2 = 5.3$kg/s，入口温度 $t_2' = 20℃$。考虑散热损失率 2%。选用钢-水重力式热管，参数为：$d_0 = 25$mm，$d_1 = 20$mm，$d_f = 50$mm，$h = 12.5$mm，$\delta_f = 1$mm，$h_1 = 9$mm，$h_2 = 3$mm；采用正三角形叉排，横向间距 $S_T = 65$mm，纵向间距 $S_L = 56.3$mm。试对换热器进行热力和结构尺寸设计计算。

第三篇

污水处理工程设计

8 污水的物理处理

污水的物理处理是利用污染物与水的物理性质差异，通过相应的物理作用，将污染物与水分离。一般说来，采用物理法分离的对象是污水中呈悬浮状态的污染物。常用的物理处理法有筛滤法、重力法等。

8.1 格栅

8.1.1 格栅的种类

格栅由一组（或多组）平行的金属栅条与框架组成。倾斜（或垂直）安装在进水渠道或进水泵站集水井的进口处，用来去除可能堵塞水泵机组及管道阀门的较粗粒悬浮物及杂质，以保证后续处理设施的正常运行。

大型的污水处理厂一般设粗、细两道格栅，栅条间距一般采用 $16 \sim 25mm$，最大不超过 40mm。所截留的污染物数量与地区情况、污水收集系统、污水流量以及栅条间距等有关。对于城市污水，栅条间距为 $16 \sim 25mm$ 时，栅渣截留量为 $0.05 \sim 0.10m^3/10^3 m^3$ 污水。栅条间距为 40mm 左右时，栅渣截留量为 $0.01 \sim 0.03m^3/10^3 m^3$ 污水。栅渣的含水率约为 80%。

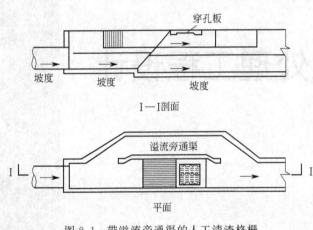

图 8.1 带溢流旁通渠的人工清渣格栅

格栅的清渣方法有人工清渣和机械清渣两种。

（1）人工清渣 中小型城市的生活污水处理厂或所需截留的悬浮物量较小时，可采用人工清渣的格栅。这类格栅用直钢条制成，一般与水平成 $45° \sim 60°$ 倾角安放，倾角小时，清渣比较省力，但占地面积较大。图 8.1 为人工清渣的格栅示意图。

人工清渣的格栅，其设计面积应采用较大的安全系数，一般不小于进水管渠有效面积的 2 倍，以免清渣过于频繁。格栅间应设有操作平台，并保证空气流通，以免有害气体累积对操作人员造成危害。

表 8.1 我国常用的机械格栅及其使用范围

类 型	适用范围	优 点	缺 点
链条式机械格栅	深度不大的中小型格栅。主要清除长纤维、袋状物	构造简单，制造方便；占地面积小	杂物进入链条和链轮之间时，容易卡住；套筒棍子链造价高，耐腐蚀差
移动式伸缩臂机械格栅	中等深度的宽大格栅。现有类型耙斗适用于污水除污	不清污时，设备全部在水面上，维检方便，可不停水检修；钢丝绳在水面上运行，使用寿命长	需三套电动机、减速器，构造复杂；移动时，耙齿与栅条间隙的对位较困难
四周回转式机械格栅	深度较浅的中小型格栅	构造简单，制造方便，运行可靠，容易检修	制造困难，占地面积较大
钢丝绳牵引式机械格栅	固定式为中小型格栅，深度范围较大，移动式为宽大格栅	适用范围广；无水下固定部件，检修维护方便	钢丝绳干湿交替，易腐蚀，宜用不锈钢丝绳；有水下固定部件，检修时需停水

（2）机械格栅　当污水厂每天栅渣量大于 0.2m³ 时，一般采用机械格栅。机械格栅的安装倾角一般为 60°～70°，有时为 90°。机械格栅不宜少于 2 台。机械清渣格栅的过水面积一般不应小于进水管渠有效面积的 1.2 倍。表 8.1 为目前我国常用的几种机械格栅，示意图见图 8.2、图 8.3、图 8.4。

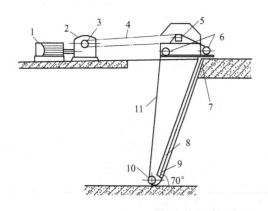

图 8.2　链条式格栅

1—电动机；2—减速器；3—主动链轮；

4—传动链条；5—从动链轮；6—张紧轮；

7,10—导向轮；8—格栅；9—齿耙；11—除污链条

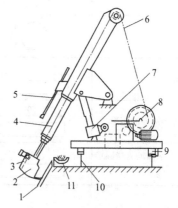

图 8.3　移动式伸缩臂格栅

1—格栅；2—耙斗；3—卸污板；4—伸缩臂；

5—卸污调整杆；6—钢丝绳；7—臂角调整机构；8—卷扬

机构；9—行走轮；10—轨道；11—皮带运输机

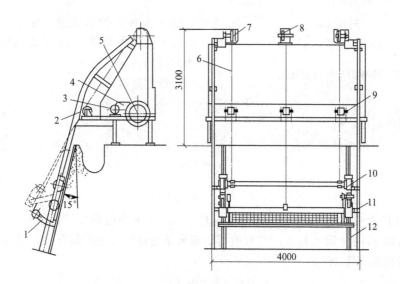

图 8.4　钢丝绳牵引式格栅

1—除污耙；2—上导轨；3—电动机；4—齿轮减速箱；5—钢丝绳卷筒；6—钢丝绳；7—两侧转向滑轮；

8—中间转向滑轮；9—导向轮；10—滚轮；11—侧轮；12—扁钢轨道

格栅栅条的断面形状有圆形、矩形或方形，圆形的水力条件较方形好，但刚度较差。栅条的断面形状可按表 8.2 选用。目前多采用断面形状为矩形的栅条。

格栅渠道的宽度要适当，使水流速度合理。一方面泥砂不至于沉积在格栅渠道底部，另一方面截留的污染物又不至于因水流速度太大而冲过格栅。栅渠内的水流速度一般采用 0.4～0.9m/s。污水通过格栅间距的流速一般采用 0.6～1.0m/s，最大流量时可达 1.2～1.4m/s。

为防止格栅前渠道内出现阻流回水现象，一般应在设置格栅的渠道与栅前渠道的连接部有

一个渐扩部位，展开角一般取 20°（见图 8.5）。

表 8.2　栅条断面形状、尺寸及阻力系数 ξ 的计算公式

栅条断面形状	一般采用尺寸	阻力系数计算公式	说　明
正方形	20	$\xi=\left(\dfrac{b+S}{\varepsilon b}-1\right)^2$	ε 为收缩系数，一般采用 0.64
圆形	20		形状系数 $\beta=1.79$
锐边矩形	50 / 10	$\xi=\beta\left(\dfrac{S}{b}\right)^{4/3}$	$\beta=2.42$
迎水面为半圆形的矩形	50 / 10		$\beta=1.83$
迎水面、背水面均为半圆形的矩形	50 / 10		$\beta=1.67$

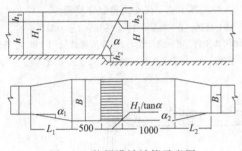

图 8.5　格栅设计计算示意图

8.1.2　格栅的设计计算

格栅的设计计算示意图见图 8.5。

（1）格栅间隙数 n

$$n=\frac{Q_{\max}\sqrt{\sin\alpha}}{bhv} \tag{8-1}$$

式中，$Q_{\max}$ 为最大设计流量，m^3/s；α 为格栅倾角，（°）；b 为栅条间隙，m；h 为栅前水深，m；v 为污水的过栅流速，m/s。

（2）栅槽宽度 B

$$B=S(n-1)+bn \tag{8-2}$$

式中，S 为栅条宽度，m。

（3）通过格栅的水头损失 h_2

$$h_2=kh_0$$
$$h_0=\xi\frac{v^2}{2g}\sin\alpha \tag{8-3}$$

式中，h_0 为计算水头损失，m；g 为重力加速度，m/s^2；k 为格栅受污物堵塞使水头损失增大的倍数，一般取 3；ξ 为阻力系数，其数值与格栅栅条的断面几何形状有关，见表 8.2。

（4）栅后槽总高度 H

$$H=h+h_1+h_2 \tag{8-4}$$

式中，h_1 为栅前渠超高，一般取 0.3m。

（5）栅槽总长度 L

$$L=L_1+L_2+1.0+0.5+\frac{H_1}{\tan\alpha} \tag{8-5}$$

其中：$L_1=\dfrac{B-B_1}{2\tan\alpha_1}$；$L_2=L_1/2$；$H_1=h+h_1$

式中，L_1 为进水渠渐宽部分的长度，m；L_2 为栅槽与出水渠连接处渐窄部分长度，m；B_1 为进水渠宽，m；α_1 为进水渐宽部分的展开角，一般取 20°。

（6）每日栅渣量 W

$$W = \frac{86400 Q_{\max} W_1}{1000 K_Z} \qquad (8\text{-}6)$$

式中，W_1 为栅渣量，$m^3/10^3\,m^3$ 污水，当栅条间距为 $16 \sim 25mm$ 时，$W_1 = 0.05 \sim 0.1$，当栅条间距为 $30 \sim 50mm$ 时，$W_1 = 0.01 \sim 0.03$；K_Z 为污水总变化系数。

8.2 沉砂池

污水中一般都含有砂粒、石屑和其他矿物质颗粒。这些颗粒易在污水处理厂的水池与管道中沉积，引起水池、管道附件的阻塞，也会磨损水泵等机械设备。沉砂池的作用就是从污水中分离出这些无机颗粒，同时要防止沉降的砂粒中混入过量的有机颗粒。沉砂池一般设于泵站和沉淀池之前，以保护机件和管道，保证后续作业的正常运行。

在工程设计中，沉砂池的设计应遵循下述原则。

(1) 城市污水处理厂沉砂池的分格数应不小于2，并按并联运行设计。

(2) 当污水自流进入沉砂池时，应按最大流量设计；当污水为提升进入时，应按工作水泵的最大组合流量设计；在合流制处理系统中，应按降雨时的设计流量计算。

(3) 贮砂斗的容积按2日沉砂量计算，贮砂斗壁的倾角不应小于55°。排砂管直径不应小于200mm。

(4) 沉砂池的超高不宜小于0.3m。

(5) 除砂一般采用机械方法，并设置贮砂池或晒砂场。

按水流形式分，沉砂池分为平流式、竖流式、旋流式（曝气沉砂池）和涡流式4种。

8.2.1 平流式沉砂池

平流式沉砂池是一种常用的形式，它的构造简单，工作稳定，处理效果也比较好。普通平流式沉砂池的主要缺点是沉砂中含有15%的有机物，增加了沉砂的后续处理难度。平流式沉砂池的示意图见图8.6。

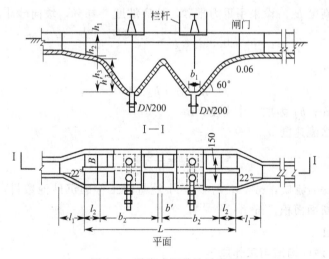

图 8.6　平流式沉砂池示意图

8.2.1.1　平流式沉砂池的设计参数

(1) 污水在池内的最大流速为 0.3m/s，最小流速为 0.15m/s。

(2) 最大流量时，污水在池内的停留时间不小于30s，一般为 30~60s。

(3) 有效水深应不大于 1.2m，一般采用 0.25~1.0，池宽不小于 0.6m。

（4）池底坡度一般为 0.01～0.02，当设置除砂设备时，可根据除砂设备的要求设计。

8.2.1.2　平流式沉砂池的设计计算

（1）池长 L

$$L = vt \tag{8-7}$$

式中，v 为最大设计流量时的水平流速，m/s；t 为最大设计流量时的停留时间，s。

（2）水流断面面积 A

$$A = \frac{Q_{max}}{v} \tag{8-8}$$

式中，Q_{max} 为最大设计流量，m³/s。

（3）池总宽度 B

$$B = \frac{A}{h_2} \tag{8-9}$$

式中，h_2 为设计有效水深，m。

（4）贮砂斗所需容积 V

$$V = \frac{86400 Q_{max} XT}{K_Z \cdot 10^6} \tag{8-10}$$

式中，X 为污水的沉砂量，对城市污水一般采用 30m³/10⁶m³ 污水；T 为排砂时间间隔，d。

（5）贮砂斗各部分尺寸　设贮砂斗底宽 $b_1 = 0.5$m，斗壁与水平面的倾角为 60°，则贮砂斗的上口宽 b_2 为：

$$b_2 = \frac{2h_3'}{\tan 60°} + b_1 \tag{8-11}$$

贮砂斗的容积 V_1 为：

$$V_1 = \frac{1}{3} h_3' (S_1 + S_2 + \sqrt{S_1 S_2}) \tag{8-12}$$

式中，h_3' 为贮砂斗高度，m；S_1、S_2 分别为贮砂斗上口和下口面积，m²。

（6）贮砂室的高度 h_3　设采用重力排砂，池底坡度 $i = 6\%$，坡向砂斗，则

$$h_3 = h_3' + 0.06 l_2 = h_3' + \frac{0.06(L - 2b_2 - b')}{2} \tag{8-13}$$

（7）池子总高度 h

$$h = h_1 + h_2 + h_3 \tag{8-14}$$

式中，h_1 为超高，m；h_3 为贮砂斗高度，m。

（8）校核最小水流速度 v_{min}

$$v_{min} = \frac{Q_{min}}{n_1 A_{min}} \tag{8-15}$$

式中，Q_{min} 为设计最小流量，m³/s；n_1 为最小流量时工作的沉砂池数目，个；A_{min} 为最小流量时沉砂池中水流断面面积，m²。

8.2.2　曝气沉砂池

8.2.2.1　曝气沉砂池的构造与工作原理

曝气沉砂池是一个长形渠道，沿渠道壁一侧的整个长度上，距池底约 0.6～0.9m 处设置曝气装置，一般用穿孔管曝气。在池底设置沉砂斗，池底有 $i = 0.1～0.5$ 的坡度，以保证砂粒滑入沉砂槽。通常在曝气管的一侧设挡板，使曝气起到池内回流的作用。曝气沉砂池的构造如图 8.7 所示。

污水在曝气沉砂池中存在两种运动形式，一种是水平流动，另一种是由于曝气作用在池内

横断面上产生的旋转运动，整个池内水流产生螺旋状前进的运动形式。由于曝气及水流的螺旋旋转作用，污水中悬浮颗粒相互碰撞、摩擦并受到气泡上升时的冲刷作用，使附着在砂粒上的有机污染物得以去除，使沉砂中的有机物含量很小（低于 5%），砂粒较为干净，长期搁置也不会腐化。

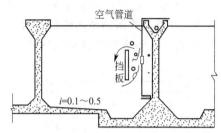

图 8.7　曝气沉砂池的构造

8.2.2.2　曝气沉砂池的设计参数

（1）水平流速一般取 0.08~0.12m/s，旋转流速应保持 0.25~0.3m/s。

（2）污水在池内的停留时间为 4~6min，最大流量时为 1~3min，如作为预曝气，停留时间为 10~30min。

（3）池的有效水深为 2~3m，宽深比为 1~1.5，长宽比可达 5，当池长比池宽大得多时，应设横向挡板。

（4）空气扩散装置设在池子的一侧（图 8.7），曝气沉砂池多采用穿孔管曝气，孔径为 2.5~6.0mm，距池底 0.6~0.9m，并应设调节阀，以便根据水量水质调节曝气量。

（5）每立方米污水供气量为 0.1~0.2m³。

（6）池子的进口和出口布置，应防止发生短路，进水方向应与池中旋流方向一致，出水方向应与进水方向垂直，最好设置挡板。

（7）池内应设消泡装置。

8.2.2.3　曝气沉砂池的设计计算

（1）池子总有效容积 V

$$V = 60Q_{max}t \tag{8-16}$$

式中，Q_{max} 为最大设计流量，m³/s；t 为最大设计流量时的停留时间，min。

（2）水流断面积 A

$$A = \frac{Q_{max}}{v} \tag{8-17}$$

式中，v 为最大设计流量时的水平流速，m/s。

（3）池子总宽度 B

$$B = \frac{A}{h_2} \tag{8-18}$$

式中，h_2 为设计有效水深，m。

（4）池长 L

$$L = \frac{V}{A} \tag{8-19}$$

（5）每小时所需空气量 q

$$q = 3600dQ_{max} \tag{8-20}$$

式中，d 为每立方米污水所需空气量，m³。

8.2.3　竖流式沉砂池

竖流式沉砂池中污水在池内自下而上流动，无机物颗粒借助重力沉于池底，处理效果一般较差。

8.2.3.1　竖流式沉砂池的设计参数

① 污水在池内的最大流速为 0.1m/s，最小流速为 0.02m/s。

② 最大流量时，污水在池内的停留时间不小于 20s，一般为 30~60s。

③ 进水中心管最大流速为 0.3m/s。

8.2.3.2 竖流式沉砂池的设计计算

竖流式沉砂池的计算草图见图 8.8。

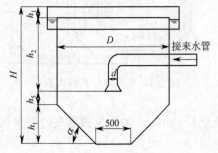

图 8.8 竖流式沉砂池计算图

（1）中心管直径 d

$$d = \sqrt{\frac{4Q_{max}}{\pi v_1}} \qquad (8\text{-}21)$$

式中，Q_{max} 为最大设计流量，m^3/s；v_1 为污水在中心管内流速，m/s。

（2）池子直径 D

$$D = \sqrt{\frac{4Q_{max}(v_1 + v_2)}{\pi v_1 v_2}} \qquad (8\text{-}22)$$

式中，v_2 为池内水流上升流速，m/s。

（3）水流部分高度 h_2

$$h_2 = v_2 t \qquad (8\text{-}23)$$

式中，t 为最大流量时的停留时间，s。

（4）沉砂部分所需容积 V

$$V = \frac{86400 Q_{max} X T}{K_Z 10^6} \qquad (8\text{-}24)$$

式中，X 为污水的沉砂量，对城市污水一般采用 $30 m^3/10^6 m^3$ 污水；T 为排砂时间间隔，d；K_Z 为生活污水流量总变化系数。

（5）沉砂部分高度 h_4

$$h_4 = (R - r)\tan\alpha \qquad (8\text{-}25)$$

式中，R 为池子半径，m；r 为圆截锥部分下底半径，m；α 为截锥部分倾角，$(°)$。

（6）圆截锥部分实际容积 V_1

$$V_1 = \frac{\pi h_4}{3}(R^2 + Rr + r^2) \qquad (8\text{-}26)$$

（7）池子总高度 H

$$H = h_1 + h_2 + h_3 + h_4 \qquad (8\text{-}27)$$

式中，h_1 为超高，m；h_3 为缓冲层高度，一般取 $0.25m$。

8.2.4 涡流式沉砂池

8.2.4.1 涡流式沉砂池的工作原理

涡流式沉砂利用水力涡流使泥砂和污水分开，从而达到除砂目的。污水从切线方向进入圆形沉砂池，进水渠道末端设一跌水槛，使可能沉积在渠道底部的砂子向下滑入沉砂池；还设有一个挡板，使水流及砂子进入沉砂池时向池底流动，并加强附壁效应。在沉砂池中间设有可调速的桨板，使池内的水流保持环流。在桨板、挡板和进水水流的共同作用下，沉砂池内会产生螺旋状环流（见图 8.9），在重力作用下，砂子下沉并向中心移动，由于越靠近中心水流断面越小，水流速度逐渐加快，最后将沉砂落入砂斗。而较轻的有机物则在沉砂池中间部分与砂子分离。池内的环流在池壁处向下，到池中间则向上，加上桨板的作用，有机物在池子中心部位向上升起，并随着出水水

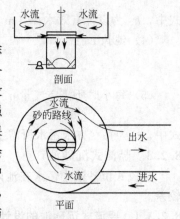

图 8.9 涡流式沉砂池
的水砂流线图

流进入后续构筑物。

涡流式沉砂池有平底型和斜底型两种类型，排砂方式主要有用泵排砂及汽提排砂两种。

8.2.4.2　涡流式沉砂池的设计参数

(1) 沉砂池表面水力负荷约 $200m^3/(m^2 \cdot h)$，水力停留时间约为 $20 \sim 30s$。

(2) 进水渠道直段长度应为渠宽的 7 倍，并且不小于 4.5 m，以创造平稳的进水条件。

(3) 进水渠道流速，在最大流量的 $40\% \sim 80\%$ 情况下为 $0.6 \sim 0.9m/s$，在最小流量时大于 $0.15m/s$，但最大流量时不大于 $1.2m/s$。

(4) 出水渠道与进水渠道的夹角大于 $270°$，以最大限度地延长水流在沉砂池内的停留时间，达到有效除砂的目的。渠道应设在沉砂池上部以防扰动砂子。

(5) 出水渠道宽度为进水渠道的 2 倍，出水渠道的直线长度要相当于出水渠的宽度。

(6) 沉砂池前应设格栅，下游应设堰板或巴氏流量槽，以保持沉砂池内所需的水位。

根据设计水量的不同，涡流式沉砂池可按表 8.3 选择。

表 8.3　涡流式沉砂池的规格

设计流量/$(10^4 m^3/d)$	0.38	0.95	1.50	2.65	4.5	7.6	11.4	18.9	26.5
沉砂池直径/m	1.83	2.13	2.44	3.05	3.66	4.88	5.49	6.10	7.32
沉淀池深度/m	1.12	1.12	1.22	1.45	1.52	1.68	1.98	2.13	2.13
砂斗直径/m	0.91	0.91	0.91	1.52	1.52	1.52	1.52	1.52	1.83
砂斗深度/m	1.52	1.52	1.52	1.68	2.03	2.08	2.13	2.44	2.44
驱动机构/W	0.56	0.86	0.86	0.75	0.75	1.5	1.5	1.5	1.5
桨板转速/(N/min)	20	20	20	14	14	13	13	13	13

8.3　沉淀池

沉淀池是分离悬浮物的一种常用构筑物。按在污水处理流程中所处的位置，可分为初次沉淀池和二次沉淀池。沉淀池按水流方向可分为平流式、竖流式和辐流式三种。各种形式沉淀池的特点及适用条件见表 8.4 所示。

表 8.4　各种沉淀池的特点及适用条件

池　型	优　点	缺　点	适用条件
平流式	对冲击负荷和温度变化的适应能力较强；施工简单，造价低	采用多斗排泥时，每个泥斗需单独设排泥管各自排泥，操作工作量大，采用机械排泥时，机械设备和驱动件均浸于水中，易锈蚀	适用于地下水位较高及地质较差的地区；适用于大、中、小型污水处理厂
竖流式	排泥方便、占地面积小	池子深度大，施工困难；对冲击负荷及温度变化的适应能力较差；造价高；池径不宜太大	适用于水量不大的小型污水处理厂
辐流式	采用机械排泥，运行较好，管理简单；排泥设备已有定型产品	池内水流速度不稳定；机械排泥设备复杂；对施工质量要求较高	适用于地下水位较高的地区；适用于大中型污水处理厂

沉淀池的运行方式有间歇式和连续式两种。

在间歇运行的沉淀池中，其工作过程大致分为进水、静置和排水三步。污水中可沉淀的悬浮物在静置时完成沉淀过程，污水由设置在沉淀池壁上不同高度的排水管排出。

在连续运行的沉淀池中，污水是连续不断地流入和排出的。污水中悬浮物的沉淀是在污水流过水池时完成的，这时可沉降颗粒受到由重力所造成的沉降速度和水流流动速度的双重作用，水流流动的速度对颗粒的沉降有重要的影响。

8.3.1 沉淀池的一般设计原则

（1）设计流量 沉淀池的设计流量和沉砂池的设计流量相同。当废水是自流进入沉淀池时，应按最大流量作为设计流量；当用水泵提升时，应按水泵的最大组合流量作为设计流量。在合流制的污水处理系统中应按降雨时的设计流量校核，沉淀时间应不小于30min。

（2）沉淀池的座数 对城市污水处理厂，沉淀池的座数应不小于2座。

（3）沉淀池的经验设计参数 对城市污水处理厂，如无污水沉淀性能的实测资料时，可参照表8.5的经验参数设计。

（4）沉淀池的有效水深、沉淀时间与表面水力负荷的相互关系见表8.6。

表 8.5 城市污水处理厂沉淀池设计参数

沉淀池类型	沉淀池位置	沉淀时间 t/h	表面负荷 q/[m³/(m²·h)]	污泥量/[g/(d·人)]	污泥含水率/%	堰口负荷/[L/(s·m)]
初次沉淀池	单独沉淀法	1.5~2.0	1.5~2.5	15~27	95~97	≤2.9
	二级处理前	1.0~2.0	1.5~3.0	14~25	95~97	≤2.9
二次沉淀池	活性污泥法后	1.5~2.5	1.0~1.5	10~21	99.2~99.6	1.5~2.9
	生物膜法后	1.5~2.5	1.0~2.0	7~19	96~98	1.5~2.9

表 8.6 有效水深 H、沉淀时间 t 与 q 的关系

表面水力负荷 q/[m³/(m²·h)]	沉淀时间 t/h				
	$H=2.0$m	$H=2.5$m	$H=3.0$m	$H=3.5$m	$H=4.0$m
3.0			1.0	1.17	1.33
2.5		1.0	1.2	1.4	1.6
2.0	1.0	1.25	1.5	1.75	2.0
1.5	1.33	1.67	2.0	2.33	2.67
1.0	2.0	2.5	3.0	3.5	4.0

（5）沉淀池的几何尺寸 沉淀池的超高不应少于0.3m，缓冲层高采用0.3~0.5m；贮泥斗壁的倾角，方斗不宜小于60°，圆斗不宜小于55°；排泥管直径不小于200mm。

（6）沉淀池出水部分 沉淀池出水一般采用堰流，出水堰的负荷为：初次沉淀池应不大于2.9L/(s·m)，二次沉淀池一般取1.5~2.9L/(s·m)。

（7）贮泥斗的容积 初次沉淀池贮泥时间按不大于2d计算，二次沉淀池贮泥时间按不超过2h计算。

（8）排泥部分 沉淀池一般采用静水压力排泥，排泥管直径应不小于200mm。静水压力数值：初次沉淀池应不小于1.5m；活性污泥法的二次沉淀池应不小于0.9m；生物膜法的二次沉淀池应不小于1.2m。

8.3.2 平流式沉淀池

8.3.2.1 平流式沉淀池的设计参数

（1）池子的长宽比一般采用3~5为宜，大型沉淀池可考虑设置导流墙。采用机械排泥时，宽度需根据排泥设备确定。

（2）池子的长深比一般采用8~12。

（3）池子纵向坡度 采用机械刮泥时，不小于0.005，一般采用0.01~0.02。

（4）一般按表面负荷设计，按水平流速校核。最大水平流速：初次沉淀池为7mm/s，二次沉淀池为57mm/s。

（5）刮泥机的行进速度不大于 1.2m/min，一般采用 0.6～0.9 m/min。

（6）入口的整流措施，可采用溢流式入流装置，并设置有整流穿孔墙 ［图 8.10(a)］；底孔式入流装置，底部设有挡流板 ［图 8.10(b)］；淹没孔与挡流板的组合 ［图 8.10(c)］；淹没孔与有整流墙的组合 ［图 8.10(d)］。有孔整流墙上的开孔总面积为过水断面的 6%～20%。

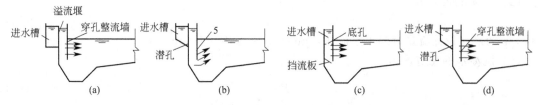

图 8.10 平流式沉淀池入口的整流措施

（7）出口的整流措施可采用溢流式集水槽。集水槽的形式见图 8.11。溢流式出水堰的形式见图 8.12，其中锯齿三角堰应用最普遍，水面宜位于齿高的 1/2 处。为适应水流的变化或构筑物的不均匀沉降，在堰口需设置使堰板能上下移动的调整装置。

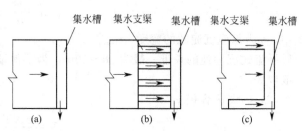

图 8.11 平流式沉淀池的集水槽形式

（8）进出口需设置挡板，一般高出水面 0.1～0.15m。进口挡板的浸没深度应不少于 0.25m，一般用 0.5～1.0m，挡板距进水口 0.5～1.0m；出口挡板的浸没深度一般为 0.3～0.4m，距出水口 0.25～0.5m。

（9）平流式沉淀池的出水堰应保证单位长度溢流量相等。

（10）平流式沉淀池通常设机械刮泥设备，但多斗式沉淀池可以不设，每个贮泥斗单独设排泥管，各自独立排泥。

（11）出水堰前应设收集和排除浮渣的设施，当采用机械排泥时可一并结合考虑。

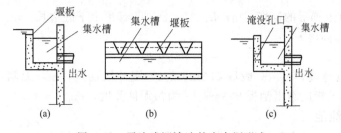

图 8.12 平流式沉淀池的出水堰形式

8.3.2.2 平流式沉淀池的设计计算

（1）沉淀池的表面积 A

$$A = \frac{3600Q_{\max}}{q} \tag{8-28}$$

式中，$Q_{\max}$ 为设计最大流量，m^3/s；q 为表面水力负荷，$m^3/(m^2 \cdot h)$，初次沉淀池一般取 $1.5 \sim 3 m^3/(m^2 \cdot h)$，二次沉淀池一般取 $1 \sim 2 m^3/(m^2 \cdot h)$。

（2）沉淀区有效水深 h_2

$$h_2 = qt \tag{8-29}$$

式中，t 为沉淀时间，h，初次沉淀池一般取 $1 \sim 2h$，二次沉淀池一般取 $1.5 \sim 2.5h$，沉淀区有效水深一般取 2~3m。

（3）沉淀区有效容积 V'

$$V' = Ah_2 \tag{8-30}$$

或

$$V' = 3600Q_{max}t \tag{8-31}$$

（4）沉淀池长度 L

$$L = 3.6vt \tag{8-32}$$

式中，v 为最大设计流量时的水平流速，mm/s；一般不大于 5mm/s。

（5）沉淀池的总宽度 B

$$B = \frac{A}{L} \tag{8-33}$$

（6）沉淀池的座数 n

$$n = \frac{B}{b} \tag{8-34}$$

式中，b 为每座沉淀池的宽度，m。

平流式沉淀池的长度一般为 30~50m，为了保证污水在池内的均匀分布，池长与池宽之比一般取 3~5。

（7）污泥区容积 V

$$V = \frac{SNT}{1000} \tag{8-35}$$

式中，S 为每人每日的污泥量，L/d；N 为设计人口数，人；T 为污泥贮存时间，d。

（8）污泥斗容积 V_1

$$V_1 = \frac{1}{3}h_4'(S_1 + S_2 + \sqrt{S_1 S_2}) \tag{8-36}$$

式中，h_4' 为泥斗高度，m；S_1 为泥斗的上口面积，m^2；S_2 为泥斗的下口面积，m^2。

（9）污泥斗以上梯形部分污泥容积 V_2

$$V_2 = \left(\frac{L_1 + L_2}{2}\right)h_4''B \tag{8-37}$$

式中，h_4'' 为泥斗以上梯形的高度，m；L_1、L_2 分别为梯形上下底边长，m。

（10）沉淀池总高度 h

$$h = h_1 + h_2 + h_3 + h_4 \tag{8-38}$$

式中，h_1 为沉淀池超高，m，一般取 0.3m；h_3 为缓冲层高度，m，无刮泥设备时为 0.5m；有刮泥设备时，其上缘应高出刮板 0.3m；h_4 为污泥区高度，m。

8.3.3 辐流式沉淀池

辐流式沉淀池是一种大型沉淀池，池径可达 100m，池边水深为 1.5~3.0m。分周边进水与中心进水两种形式，如图 8.13 所示。辐流式沉淀池一般采用机械刮泥，刮泥机由刮泥板和

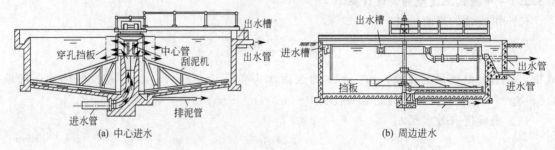

(a) 中心进水　　　　　　　　　　(b) 周边进水

图 8.13　辐流式沉淀池

桁架组成，刮泥板固定在桁架底部，桁架绕池中心缓慢转动，将沉淀在池底的污泥刮到池中心的泥斗中，泥斗中的污泥可以靠重力排出，也可以用污泥泵吸出。刮泥机的传动方式有周边传动和中心传动两种。当池径小于 20m 时也可采用多斗排泥，而不设刮泥机。

8.3.3.1　辐流式沉淀池的设计参数

（1）池子直径一般不小于 16m。

（2）池子直径（或正方形边长）与水深之比一般采用 6～12。

（3）池底坡度一般采用 0.05～0.10；

（4）一般均采用机械刮泥，也可附有空气提升或静水头排泥设施，刮泥机转速一般取 1～3r/h，外围刮泥板线速度不超过 3m/min，一般取 1.5m/min。

（5）池径小于 20m 时，一般采用中心传动的刮泥机，池径大于 20m 时，一般采用周边传动刮泥机。

（6）当池径（或正方形边长）较小（小于 20 m）时，也可采用多斗排泥（见图 8.14）。

（7）进水口周围应设整流板，整流板周围开口面积应为池断面积的 10%～20%。

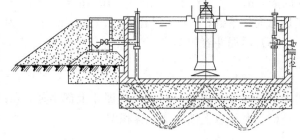

图 8.14　多斗排泥的辐流式沉淀池

（8）出水堰前应设浮渣挡板，浮渣用刮板收集并排出池外。

8.3.3.2　辐流式沉淀池的设计计算

辐流式沉淀池的计算草图见图 8.15。

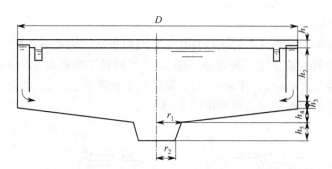

图 8.15　辐流式沉淀池计算示意图

（1）沉淀部分水面面积 A

$$A=\frac{Q_{\max}}{nq} \tag{8-39}$$

式中，$Q_{\max}$ 为设计最大流量，m^3/s；q 为表面水力负荷，$m^3/(m^2 \cdot h)$，取 2～3；n 为池数，个。

（2）池子直径 D

$$D=\sqrt{\frac{4A}{\pi}} \tag{8-40}$$

（3）沉淀部分有效水深 h_2

$$h_2=qt \tag{8-41}$$

式中，t 为沉淀时间，h，取 1～2。

（4）沉淀部分有效容积 V'

$$V' = \frac{Q_{max}}{n}t \tag{8-42}$$

或

$$V' = Ah_2 \tag{8-43}$$

（5）污泥部分所需容积 V

$$V = \frac{SNT}{1000n} \tag{8-44}$$

或

$$V = \frac{24 \times 100 \cdot Q_{max}(C_1 - C_2)T}{K_Z r(100 - \rho_0)n} \tag{8-45}$$

式中，S 为每人每日污泥量，L/(人·d)，取 0.3~0.8；N 为设计人口，人；T 为两次排泥时间间隔，d；C_1 为进水 SS 浓度，$10^3 kg/m^3$；C_2 为出水 SS 浓度，$10^3 kg/m^3$；K_Z 为生活污水流量总变化系数；r 为污泥容重，$10^3 kg/m^3$；ρ_0 为污泥含水率，%。

（6）污泥斗容积 V_1

$$V_1 = \frac{\pi h_5}{3}(r_1^2 + r_1 r_2 + r_2^2) \tag{8-46}$$

式中，h_5 为泥斗高度，m；r_1 为泥斗上部半径，m；r_2 为泥斗下部半径，m。

（7）泥斗以上圆锥部分容积 V_2

$$V_2 = \frac{\pi \cdot h_4}{3}(R^2 + Rr_1 + r_1^2) \tag{8-47}$$

式中，h_4 为圆锥体高度，m；R 为池子半径，m。

（8）沉淀池总高度 H

$$H = h_1 + h_2 + h_3 + h_4 + h_5 \tag{8-48}$$

式中，h_1 为超高，m；h_3 为缓冲层高度，m。

8.3.4 竖流式沉淀池

在竖流式沉淀池中，污水从下向上以流速 v 作竖向运动，污水中的悬浮颗粒根据其沉降速度与上升水流速度间的关系分为三种运动状态：① 当颗粒沉降速度 $u > v$ 时，颗粒将以 $u - v$ 的速度下沉，颗粒得以去除；② 当 $u = v$ 时，颗粒处于悬浮状态；③ 当 $u < v$ 时，颗粒将被上升水流冲走。竖流式沉淀池的示意图如图 8.16 所示。

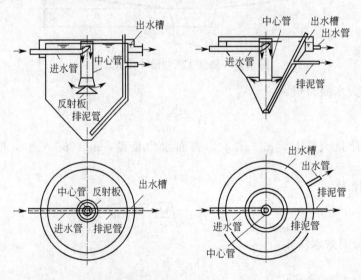

图 8.16 竖流式沉淀池

8.3.4.1 竖流式沉淀池的设计参数

（1）池的直径或池的边长一般不大于 8m，通常为 4～7m。

（2）池径与有效水深之比不大于 3。

（3）中心管内流速不大于 30mm/s。

（4）中心管下端应设有喇叭口和反射板，反射板距泥面不小于 0.3m；喇叭口直径及高度为中心管直径的 1.35 倍，反射板直径为喇叭口直径的 1.3 倍，反射板表面与水平面的倾角为 17°（见图 8.17）。

（5）中心管下端至反射板表面之间的缝隙高在 0.25～0.50m 范围内时，缝隙中污水流速，在初次沉淀池中不大于 30mm/s，在二次沉淀池中不大于 20mm/s。

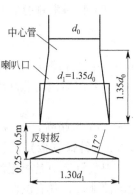

图 8.17 中心管尺寸构造

（6）池径小于 7m 时，溢流沿周边流出，池径大于 7m 时，应增设辐射式集水支渠。

（7）排泥管下端距池底不大于 0.2m，上端超出水面不小于 0.4m。

（8）浮渣挡板距集水槽 0.25～0.5m，高出水面 0.1～0.15m，淹没深度 0.3～0.4m。

8.3.4.2 竖流式沉淀池的设计计算

（1）中心管面积 f

$$f = \frac{Q_{\max}}{n v_0} \tag{8-49}$$

式中，$Q_{\max}$ 为最大设计流量，m^3/s；v_0 为中心管内流速，m/s；n 为沉淀池座数，个。

（2）中心管直径 d_0

$$d_0 = \sqrt{\frac{4f}{\pi}} \tag{8-50}$$

（3）中心管喇叭口与反射板之间缝隙高度 h_3

$$h_3 = \frac{Q_{\max}}{n v_1 \pi d_1} \tag{8-51}$$

式中，d_1 为喇叭口直径，m；v_1 为污水由中心管喇叭口与反射板之间缝隙流出的流速，m/s。

（4）沉淀部分有效断面积 F

$$F = \frac{Q_{\max}}{v} \tag{8-52}$$

式中，$Q_{\max}$ 为最大设计流量，m^3/s；v 为污水在沉淀池内的流速，m/s。

（5）沉淀池直径 D

$$D = \sqrt{\frac{4(F+f)}{\pi}} \tag{8-53}$$

（6）沉淀部分有效水深 h_2

$$h_2 = 3600 v \cdot t \tag{8-54}$$

式中，t 为沉淀时间，s。

（7）污泥部分所需总容积 V

$$V = \frac{SNT}{1000} \tag{8-55}$$

或

$$V = \frac{2400 \cdot Q_{\max}(C_1 - C_2)T}{K_Z r (100 - \rho_0) n} \tag{8-56}$$

式中，S 为每人每日污泥量，$L/(人 \cdot d)$，取 0.3～0.8；N 为设计人口，人；T 为两次排泥时间间隔，d；C_1 为进水 SS 浓度，$10^3 kg/m^3$；C_2 为出水 SS 浓度，$10^3 kg/m^3$；K_Z 为生活污水流量总变化系数；r 为污泥容重，$10^3 kg/m^3$；ρ_0 为污泥含水率，%。

（8）圆锥截部分容积 V_2

$$V_2 = \frac{\pi \cdot h_5}{3}(R^2 + Rr_1 + r_1^2) \tag{8-57}$$

式中，h_5 为污泥斗圆锥体高度，m；R 为圆锥截上部半径，m；r_1 为圆锥截下部半径，m。

（9）沉淀池的总高度 H

$$H = h_1 + h_2 + h_3 + h_4 + h_5 \tag{8-58}$$

式中，h_1 为超高，m；h_4 为缓冲层高度，m。

8.3.5　斜管（板）沉淀池

斜板沉淀池是根据浅层沉降理论，在沉淀池的沉淀区加斜板或斜管，以提高沉淀效率的一种沉淀池。它具有沉淀效率高、停留时间短、占地面积少等优点，在废水处理、微细物料浆体的浓缩、含油废水的隔油等方面取得了广泛的应用。斜板（管）沉淀池由斜板（管）沉淀区、进水区、出水区、缓冲区和污泥区组成，如图 8.18 所示。

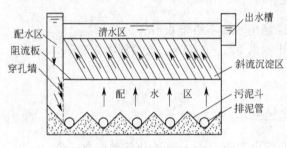

图 8.18　斜板沉淀池的构造

按斜板或斜管间水流与污泥的相对运动方向来区分，斜管沉淀池分为同向流和异向流两种。在污水处理中广泛适用的是升流式异向斜板沉淀池。

8.3.5.1　斜板（管）沉淀池的设计参数

（1）升流式异向斜板（管）沉淀池的表面负荷，一般可比普通沉淀池的设计表面负荷提高一倍左右。对于二次沉淀池，应以固体负荷核算。

（2）斜板沉淀池的斜板（管）与水平呈 60°角，长度一般为 1.0m 左右，斜板间的净间距（或斜管管径）一般为 80～100mm。

（3）斜板（管）上部清水区水深为 0.5～1.0m，底部缓冲区高度为 0.5～1.0m。

（4）在池壁与斜板的间隙处应设阻流板，以防止水流短路。斜板上缘宜向池子进水端倾斜安装。

（5）进水方式一般采用穿孔墙整流布水，出水方式一般采用多槽出水，在池面上增设几条平行的出水堰和集水槽，以改善出水水质，加大出水速度。

（6）斜板沉淀池一般采用重力排泥，每日排泥次数至少 1～2 次，或连续排泥。

（7）停留时间。初次沉淀池不超过 30min，二次沉淀池不超过 60min。

8.3.5.2　斜板（管）沉淀池的设计计算

（1）池子水面面积 A

$$A = \frac{Q_{max}}{nq \times 0.91} \tag{8-59}$$

式中，Q_{max} 为设计最大流量，m^3/h；q 为表面水力负荷，$m^3/(m^2 \cdot h)$；n 为池数，个。

（2）池子平面尺寸

圆形池直径：

$$D = \sqrt{\frac{4A}{\pi}} \tag{8-60}$$

方形池边长：

$$a = \sqrt{A}$$

（3）池内停留时间 t

$$t = \frac{(h_2 + h_3)60}{q} \tag{8-61}$$

式中，h_2 为斜板（管）上部水深，m；h_3 为斜板（管）高度，m。

（4）污泥部分所需容积 V

$$V=\frac{SNT}{1000n} \tag{8-62}$$

或

$$V=\frac{2400 \cdot Q_{\max}(C_1-C_2)T}{K_Z r(100-\rho_0)n} \tag{8-63}$$

式中，S 为每人每日污泥量，L/(人·d)，取 $0.3\sim0.8$；N 为设计人口，人；T 为两次排泥时间间隔，d；C_1 为进水 SS 浓度，$10^3\,kg/m^3$；C_2 为出水 SS 浓度，$10^3\,kg/m^3$；K_Z 为生活污水量总变化系数；r 为污泥容重，$10^3\,kg/m^3$；ρ_0 为污泥含水率，%。

（5）污泥斗容积 V_1

圆锥体：

$$V_1=\frac{\pi h_5}{3}(r_1^2+r_1 r_2+r_2^2) \tag{8-64}$$

方锥体：

$$V_1=\frac{h_5}{3}(a^2+aa_1+a_1^2) \tag{8-65}$$

式中，h_5 为污泥斗高度，m；r_1 为污泥斗上部半径，m；r_2 为泥斗下部半径，m；a_1 为污泥斗下部边长，m。

（6）沉淀池总高度 H

$$H=h_1+h_2+h_3+h_4+h_5 \tag{8-66}$$

式中，h_1 为超高，m；h_4 为斜板（管）区底部缓冲层高度，m。

8.4　气浮

当悬浮颗粒的密度接近或小于水的密度时，气浮是泥水分离的有效方法之一。气浮法是将空气以微泡的形式进入污水中，利用表面化学的原理，疏水性颗粒就会黏附在气泡上，随气泡一起上浮，从而实现与水的分离。

与沉淀法相比，气浮法具有下述一些特点：①占地面积小，基建投资少；②浮渣含水率低，一般在 96％以下，比沉淀污泥体积少 $2\sim10$ 倍，而且表面刮渣也比池底排泥方便；③气浮法所需药剂费用比沉淀法少。但是，气浮法电耗较大，处理每吨废水比沉淀法多耗电 $0.02\sim0.04\,kW\cdot h$。

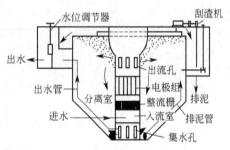

图 8.19　电解浮上法装置

气浮法在实际应用中有电解浮上法（图 8.19）、分散空气浮上法（图 8.20）、溶解空气浮

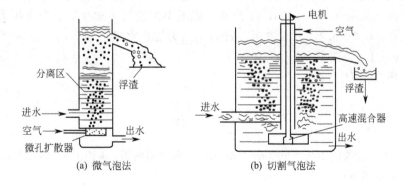

(a) 微气泡法　　　　(b) 切割气泡法

图 8.20　分散空气浮上法示意图

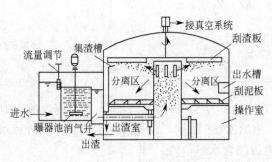

图 8.21 真空浮上法示意图

上法（图 8.21、图 8.22、图 8.23）等多种形式。下面仅以加压溶气浮上法为例介绍气浮法的设计计算。

（1）气浮所需空气量 q_{Vg}　当有实验资料时，可用下述公式计算。

$$q_{Vg}=q_V R' a_c \varphi \qquad (8\text{-}67)$$

式中，q_V 为气浮池的最大设计水量，m^3/h；R' 为实验条件下的回流比，％；a_c 为实验条件下的释气量，L/m^3；φ 为水文校正系数，取 $1.1\sim1.3$。

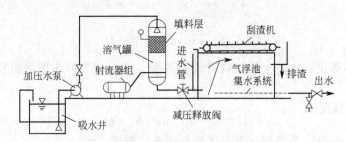

图 8.22 水泵-空压机溶气系统

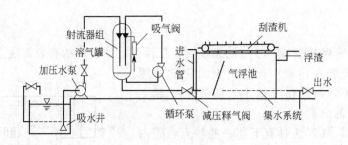

图 8.23 水泵-射流器溶气系统

当无实验资料时，可根据气固比进行计算。

$$\frac{A}{S}=\frac{1.3c_a(fp+14.7f-14.7)q_{VR}}{14.7q_V\rho_{st}} \qquad (8\text{-}68)$$

式中，A/S 为气固比，一般为 $0.005\sim0.006$，当悬浮固体浓度较高时取上限，如剩余污泥气浮浓缩时，气固比采用 $0.03\sim0.06$；c_a 为某一温度下的空气溶解度；f 为在压力为 p 时水中的空气溶解系数，$0.5\sim0.8$；p 为表压，kPa；q_{VR} 为加压水回流量，m^3/h；ρ_{st} 为污水中的悬浮固体浓度，mg/L。

（2）溶气罐直径 D_d

$$D_d=\sqrt{\frac{4q_V}{\pi I}} \qquad (8\text{-}69)$$

对于空罐，I 一般选用 $1000\sim2000m^3/(m^2\cdot d)$，对于填料罐，$I$ 选用 $2500\sim5000m^3/(m^2\cdot d)$。

（3）溶气罐高度 h

$$h=2h_1+h_2+h_3+h_4 \qquad (8\text{-}70)$$

式中，h_1 为罐顶、底封头高度（根据罐直径而定），m；h_2 为布水区高度，一般取 $0.2\sim$ 0.3m；h_3 为贮水区高度，一般取 1.0m；h_4 为填料层高度，当采用阶梯环时可取 $1.0\sim1.3$m。

（4）气浮池 选定接触室中水流的上升速度 v_c 后，接触室的表面积 A_c 可按下式计算：

$$A_c=\frac{q_V+q_{VR}}{v_c} \tag{8-71}$$

接触室的容积一般应按停留时间大于 60s 进行校核。

选定分离室内向下的平均水流速度（分离速度）v_s 后，分离室的表面积 A_s 按下式计算：

$$A_s=\frac{q_V+q_{VR}}{v_s} \tag{8-72}$$

对于矩形池子分离室的长宽比一般取 $(1:1)\sim(2:1)$。

选定气浮池的平均水深 H 后，气浮池的净容积按下式计算：

$$V=(A_c+A_s)H \tag{8-73}$$

同时，应以污水在池内的停留时间（t）进行校核，一般要求 t 为 $10\sim20$min。

思 考 题

1. 格栅主要有哪些类型？各自适合于什么应用场合？

2. 已知某城市污水处理厂的设计流量是 20×10^4m³/d，总变化系数 $K_Z=1.35$，试计算格栅各部分尺寸。

3. 设置沉砂池的目的和作用是什么？沉砂池有哪些主要类型？各自有哪些特点？

4. 已知某城市污水处理厂的设计流量为 15×10^4m³/d，总变化系数 $K_Z=1.50$，分别就使用不同沉砂池计算各部分尺寸。

5. 沉淀池有哪些主要类型？各自有哪些特点？

6. 已知某城市污水处理厂的设计流量是 8×10^4m³/d，总变化系数 $K_Z=1.45$，停留时间取 1.5h，分别就使用不同沉淀池计算各部分尺寸。

7. 在废水处理中，浮上法和沉淀法相比哪些优缺点？

9 污水的化学处理

污水的化学处理就是根据污染物的化学活性，通过添加化学试剂进行化学反应来分离、回收污水中的污染物或使其转化为无毒、无害的物质，其处理对象主要是无机物质和少数难以降解的有机物质。常用化学处理法有混凝法、中和法、化学沉淀法以及氧化还原法等。

9.1 化学混凝

化学混凝法主要的去除对象是水中胶体状或微细颗粒状污染物。水中的胶体颗粒通常表面都带有电荷，带有同种电荷的胶体颗粒之间相互排斥，使它们稳定地悬浮于水中，如果向水中投加带有相反电荷的混凝剂，可使污水中的胶体颗粒表面电性改变，呈现电中性或接近中性，从而失稳，在分子范德华力等引力的作用下，凝聚成大颗粒而沉降下来。

9.1.1 混凝剂

混凝剂按照混凝机理的不同，可分为凝聚剂和絮凝剂两大类。凝聚剂主要为无机盐电解质。无机盐电解质的金属离子应和悬浮颗粒所荷的电性相反，且离子的价态越高，所起的凝聚作用越强，与絮凝剂相比，无机电解质价廉，且对微细固体颗粒的作用较为有效，但凝聚体的粒度不大，故常与絮凝剂联合使用。

工业上常用的凝聚剂多为阳离子型，可分为以下几类。

无机盐：如硫酸铝 $[Al_2(SO_4)\cdot18H_2O]$ 和硫酸铝钾，俗称明矾 $[KAl(SO_4)_2\cdot12H_2O]$、硫酸铁和硫酸亚铁（绿矾 $FeSO_4\cdot7H_2O$）、碳酸镁（$MgCO_3$）、铝酸钠（$NaAlO_2$）、氯化铁（$FeCl_3$）和氯化铝（$AlCl_3$）、氯化锌（$ZnCl_2$）等。

金属氢氧化物：如氢氧化铝 $[Al(OH)_3]$、氢氧化铁 $[Fe(OH)_3]$、氢氧化钙 $[Ca(OH)_2]$ 或石灰等。

聚合无机盐：是一类高效凝聚剂，主要是聚合铝、聚合铁。可细分为：聚合氯化铝（PAC）、聚合氯化铁（PFC）、聚合硫酸铁（PFS）、聚合磷酸铝（PAP）、聚合磷酸铁（PFP）、聚合氯化铝铁（PAFC）、聚合硫酸铝铁（PAFS）、聚合磷酸铝铁（PAFP）、活化硅酸（AS）、聚合硅酸铝（PASi）、聚合硅酸铁（PFSi）、聚合硅酸铝铁（PAFSi）等。

聚合氯化铁和聚合氯化铝的絮凝机理差不多，与其无机盐相比具有更好的混凝效果，用量也仅为其无机盐的 $1/2\sim1/3$。

需要特别指出的是，铝盐和铁盐的凝聚机理是非常复杂的，其凝聚作用并非只是源自 Al^{3+} 或 Fe^{3+}，而主要是聚合离子的作用。由于这些凝聚剂都是强酸弱碱盐，在不同 pH 值的废水中，凝聚剂的电解产物往往不同，因此，使用时调整废水的 pH 值往往显得非常重要。

絮凝剂为有一定线形长度的高分子有机聚合物。絮凝剂的种类很多，按其来源分为天然的和合成的两大类，按官能团分类主要有：阴离子、阳离子和非离子 3 大类型。

天然高分子絮凝剂主要有淀粉、单宁、纤维素、藻蛋白酸钠、瓜尔胶、动物胶和白明胶等。天然高分子可以经过各种化学改性以适应不同的需要，如淀粉可改性为糊精、苛化淀粉、含膦酸盐和含氨基的淀粉等。一般来说天然高分子絮凝剂价格便宜，但分子量较低且不稳定，使用时用量较高，效果不佳，所以在水处理领域应用的不是很多。

人工合成的絮凝剂中，用的最为广泛的要属聚丙烯酰胺及其衍生物。聚丙烯酰胺的聚合度可达 $2×10^4 \sim 2×10^5$，相应的相对分子质量高达 $150 \sim 1500$ 万。聚丙烯酰胺分阴离子型、非离子型和阳离子型三类。由于有机高分子絮凝剂的分子链节与废水中的微细颗粒（或胶粒）具有很强的吸附作用，因此，絮凝效果很好。

9.1.2 混凝系统的设计

化学混凝系统包括混凝剂的配制和投加设备、混合设备及反应设备。

9.1.2.1 混凝剂的配制和投加设备

混凝剂的投加可以用干法和湿法。干法就是将固体药剂粉末定量地投加到要处理的污水中，这种方法应用的场合较少。目前较常见的是湿法投加，即先将药剂配成一定浓度的溶液，然后再定量投加。

（1）混凝剂的溶解和配制　混凝剂的溶解是在溶解池中进行的，溶解池应设搅拌装置，搅拌的目的是加速药剂的溶解。搅拌的常用方法有机械搅拌、压缩空气搅拌和水泵搅拌等。无机盐类混凝剂的溶解池、搅拌装置和管配件等都应考虑防腐。

无机混凝剂一般配成 10%～20% 的浓度使用，而有机高分子絮凝剂的使用浓度一般为0.1%～0.5%。

一般设两个溶解池，交替使用。溶解池的体积可按下式计算（假设药液的密度和水一致）：

$$V = \frac{AQ}{834cn} \tag{9-1}$$

式中，V 为溶解池容积，m^3；Q 为处理水量，m^3/h；A 为混凝剂的最大用量，mg/L；c 为混凝剂的使用浓度，%；n 为每天每个溶解池的配药次数。

（2）混凝剂溶液的投加　混凝剂投入污水中必须有定量和计量设备，并能随时调节流量。根据污水处理厂高程布置，混凝剂溶液池的位置较高时，可用重力投加，否则可用投药泵或水射器压力投加。

采用计量泵投加混凝剂时，因可直接计量，无需另加计量设备。采用计量泵时絮凝剂溶液应澄清，不得含有可能引起投药泵堵塞的杂质。

投药量较大时，可用耐酸水泵加电磁流量计或转子流量计投加。转子流量计应垂直安装，并经常清洗。当重力投药时，流量计应低于恒位箱的液位。

中小型污水处理厂溶液计量可采用孔口计量，常用的有苗嘴和孔板，如图 9.1 所示。投药量改变时，可换上较大或较小的苗嘴。但由于混凝剂溶液引起的结垢和腐蚀，必须定期校核苗嘴的流量。

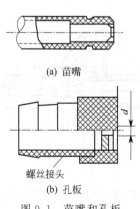

(a) 苗嘴

螺丝接头

(b) 孔板

图 9.1　苗嘴和孔板

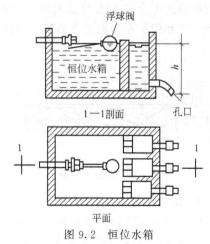

浮球阀

恒位水箱

1—1剖面　　孔口

平面

图 9.2　恒位水箱

为保持孔口上的液位恒定，需要设恒位水箱，如图 9.2 所示。一般尺寸为 0.65m×
0.4m×0.4m，分成 2 格或多格，可供几只苗嘴同时投药。

9.1.2.2 混合设备

药剂与污水的常用混合方式主要有机械混合、隔板混合、水泵混合及管道混合等 4 种。

（1）机械混合　机械混合就是利用电机带动桨板或螺旋桨旋转搅拌，从而达到混合的目的，如图 9.3 所示。桨板外缘的线速度一般采用 2m/s 左右，混合时间为 10～30s。机械搅拌的强度可以通过桨板的转速进行调节，适应性强，搅拌效果好，不足之处是使用了机械传动设备，增加了动力消耗和维修工作量。

（2）隔板混合　隔板混合是通过在混合池内设置数块挡板，利用污水在混合池内的折回流动以及水流通过隔板孔道时产生的紊流，使药剂和污水混合。隔板间距一般为池宽的 2 倍，流过通道口的流速不应小于 1m/s，池内平均流速不小于 0.6m/s，混合时间 10～30s。适用于处理水量相对稳定的场合。隔板混合池的结构如图 9.4 所示。

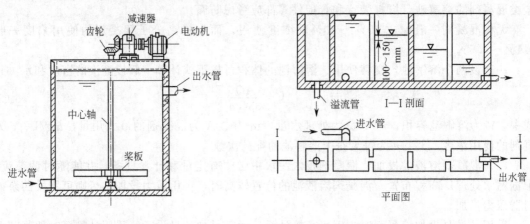

图 9.3　机械混合池　　　　　　　　　　图 9.4　隔板混合池

（3）水泵混合　水泵混合就是利用水泵叶轮的高速转动使药剂与污水强烈快速混合。药剂一般在吸水管上或吸水口加入。水泵混合的效果较好，而且不需另建混合设备。但过早形成的絮凝体容易在管道输送过程中打碎，影响絮凝效果。另外一些混凝剂对泵的叶轮具有较强的腐蚀作用，因此，对于有腐蚀性的混凝剂，最好不用水泵混合。

（4）管道混合　对于中小型污水处理工程，管道混合也是一种比较理想的混合形式。管道混合包括静态混合器和水射器两种。管道混合器的制作简单，不占地，易于安装，混合效果好。图 9.5 和图 9.6 静态混合器和水射器的原理图。

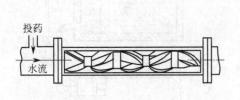

图 9.5　静态混合器

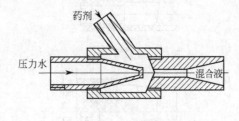

图 9.6　水射器

9.1.2.3 反应设备

反应设备分水力搅拌和机械搅拌两大类。常用的有隔板反应池和机械搅拌反应池。

（1）隔板反应池　常见的隔板反应池如图 9.7 所示。它是利用水流断面上流速分布不均匀所造成的速度梯度，促进颗粒相互碰撞实现絮凝的。为避免絮体被打碎，隔板中的流速应逐渐减小。隔板反应池结构简单，管理方便，效果较好，但反应时间较长，所需容积和占地面积较大。

隔板反应池的主要设计参数可采用：①反应池中板间的流速，起端部分为 0.5~0.6m/s，末端部分为 0.15~0.2m/s。隔板间距从进口到出口，逐渐放宽，以保证反应池中的流速逐渐减小。②反应时间为 20~30min。

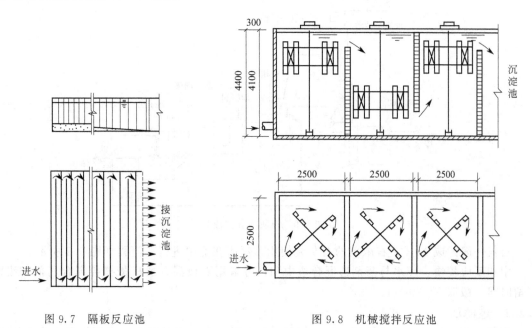

图 9.7　隔板反应池　　　　　　　　图 9.8　机械搅拌反应池

（2）机械搅拌反应池　机械搅拌反应池如图 9.8 所示。

机械搅拌反应池的主要设计参数可采用：①每台搅拌设备上浆板总面积为水流截面积的 10%~20%，不超过 25%，浆板长度不大于叶轮直径的 75%，宽度为 10~30cm；②叶轮半径中心点的旋转速度在第一格用 0.5~0.6m/s，以后逐渐减小，最后一格采用 0.1~0.2m/s，不得大于 0.3m/s；③反应时间为 15~20min。

9.2　中和法

中和法是根据酸性物质与碱性物质反应生成盐的基本原理，去除水中过量的酸和碱，使其 pH 值达到中性或接近中性的方法。酸性废水和碱性废水来源于使用酸和碱为工业原料的工厂。如果同一工厂或相邻工厂同时有酸性废水和碱性废水，可以先让两种废水相互中合，然后再加中和剂中和剩余的酸或碱，从而达到以废治废，降低处理成本的目的。

中和剂能制成溶液或料浆时，可用投加法；中和剂为块料时，可用过滤法。用烟道气中和碱性废水时，可在塔式反应器中接触中和。常用的碱性中和剂有石灰、电石渣、石灰石和白云石等。常用的酸性中和剂有废酸、粗制酸和烟道气等。

9.2.1　投加法

投药中和法常用的药剂是石灰、电石渣、石灰石、苛性钠和碳酸钠等。中和药剂的投加量，最好是通过实验确定，也可按化学反应式进行估算。例如碱性药剂的用量可按下式计算：

$$G=\frac{k}{P}(Q\rho_1 a_1 + Q\rho_2 a_2)$$

(9-2)

式中，Q 为设计水量，m^3/s；ρ_1 为废水含酸量，kg/m^3；ρ_2 为废水中酸性盐的含量，kg/m^3；a_1 为中和 1kg 酸所需的碱性药剂，kg；a_2 为中和 1kg 酸性盐所需的碱性药剂，kg；k 为考虑部分药剂不能完全参加反应的放大系数，用石灰湿投时取 1.05～1.10；P 为药剂有效成分含量，一般生石灰含 CaO60%～80%，熟石灰含 Ca(OH)$_2$ 65%～75%，电石渣含 CaO 60%～70%。

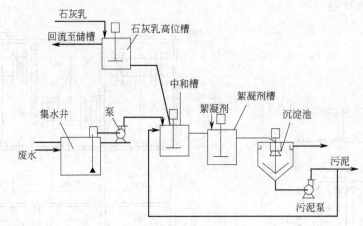

图 9.9　石灰中和法流程

石灰一般配成 10% 左右浓度的石灰乳使用，反应在池中进行。流程如图 9.9 所示。

中和反应较快，废水与药剂边混合边中和，可采用隔板混合或机械搅拌混合药剂和废水。停留时间一般取 5～20min。

9.2.2　过滤法

石灰石和白云石一般呈粗颗粒状，用作中和剂时，常采用过滤法。常用的升流式膨胀中和滤池如图 9.10 所示。当滤料的粒径较细（<3mm），废水上升滤速较高（50～70m/h）时，滤床膨胀，滤料相互碰撞摩擦，有助于防止结壳。滤池常采用大阻力配水系统，直径一般不大于 1.5～2.0m。

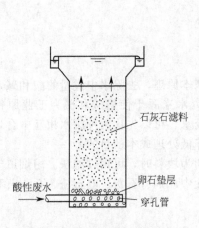

图 9.10　升流式膨胀中和滤池

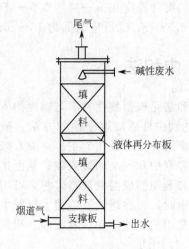

图 9.11　喷淋塔

用烟道气中和碱性废水时，常以滤床作为反应器，如图 9.11 所示。烟道气含有 CO$_2$ 和少量的 SO$_2$、H$_2$S，可以中和碱性废水。碱性废水从塔顶用布水器喷出，流向填料床，烟道气则从塔底进入，升入填料床。水、气在填料床接触过程中，废水中的碱得到了中和，烟气得到了净化，但废水还需进一步处理。

9.3　化学沉淀法

化学沉淀法就是用易溶的化学药剂，使废水中的某种离子以其难溶盐或氢氧化物的形式析出，从而使废水达到净化的方法。废水处理中，常用化学沉淀法除去的离子有：Hg^{2+}、Cd^{2+}、Pb^{2+}、Cu^{2+}、Zn^{2+}、Cr^{6+}、SO_4^{2-}、PO_4^{3-} 等。

9.4　氧化还原法

氧化还原法是向废水中投加氧化剂或还原剂后，废水中呈溶解态的有机或无机污染物，由于电子的得失迁移而发生氧化还原反应，使污染物转化成无害的物质。氧化还原法在废水处理中不很常见，只有在处理特殊废水时采用。电镀废水处理中除去铬酸根和氰根可用氧化还原法。含汞废水也可用氧化还原法回收汞。有色废水也可用氧化法脱色。

按照污染物的净化原理，氧化还原处理法包括药剂法、电解法和光化学法3大类。在选择处理药剂和方法时，应遵循下述原则：

① 处理效果好，反应产物无毒无害，最好不需进行二次处理。

② 处理费用合理，所需药剂与材料来源广、价格廉。

③ 操作方便，在常温和较宽的pH范围内具有较快的反应速率。

9.4.1　化学氧化法

9.4.1.1　空气氧化

空气氧化法就是把空气鼓入废水中，利用空气中的氧气氧化废水中的污染物。空气氧化法目前已经成功应用于地下水除铁、除锰以及工业废水的除硫。

在缺氧的地下水中，常常出现二价铁和锰。通过曝气，可以将它们分别氧化为 $Fe(OH)_3$ 和 MnO_2 沉淀物除去。

地下水除铁、锰通常采用曝气过滤流程。曝气方式可采用喷淋水、水射器曝气、跌水曝气、空气压缩机充气、曝气塔等。过滤器可采用重力式或压力式，滤料粒径一般用0.6～2mm，滤料层厚度0.7～1.0m，滤速10～20m/h。

图9.12为适用于 $Fe^{2+}<10mg/L$，$Mn^{2+}<1.5mg/L$，$pH>6$ 的地下水除铁锰流程。当原水含铁锰较高时，可采用多级曝气和多级过滤组合流程处理。

空气氧化脱硫一般在密闭的塔器（空塔、板式塔、填料塔）中进行。图9.13为某厂含硫废水的处理流程。含硫废水经隔油沉渣后与压缩空气及水蒸气混合，升温至80～90℃后进入氧化塔，塔径一般不大于2.5m，分四段，每段高3m。每段进口处设喷嘴，雾化进料。塔内气水体积比不小于15，增大气水比有利于加快氧化速度。废水在塔内停留时间1.5～2.5h。

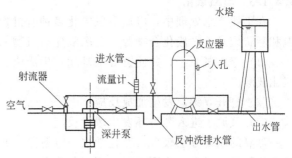

图9.12　地下水除铁、锰工艺流程

9.4.1.2　湿式氧化

湿式氧化是在较高的温度和压力下，用空气中的氧来氧化废水中溶解和悬浮的有机物或还原性无机物的一种方法。因氧化过程在液相中进行，故称湿式氧化。与一般方法相比，湿式氧化法具有适用范围广、处理效率高、二次污染低、氧化速度快、装置小、可回收能量和有用物料等优点。图 9.14 为湿式氧化法的基本流程。

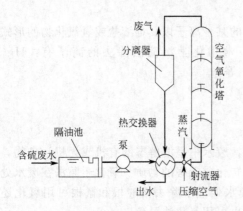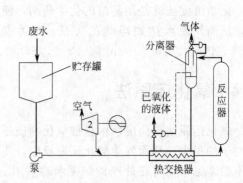

图 9.13　空气氧化法处理含硫废水的工艺流程　　　图 9.14　湿式氧化法的基本流程

许多工业排放大量的含硫废水，硫化物一般以钠盐或铵盐形式存在于废水中。当含硫量不大，无回收价值时，可考虑采用空气氧化法脱硫。

废水和空气分别由高压泵和空气压缩机打入热交换器，与已氧化液体换热，使温度上升到接近反应温度。进入反应器后，废水中的有机物与空气中的氧气发生反应，反应热使温度升高，并维持在较高的温度下反应。反应后，液相和气相经分离器分离，液相经热交换器预热废水，废气排放。在反应器中维持液相是该工艺的特征，因此需要控制合适的操作压力。在装置初开车或需要附加热量的情况下，直接用蒸汽或燃油作热源。由基本流程出发，可以得到多种改进流程。

湿式氧化系统的主体设备是反应器，除了要求耐压、防腐、保温和安全可靠外，还要求设备内部气液接触充分，并有较高的反应速率，通常采用不锈钢鼓泡塔。反应器的尺寸及材质主要取决于废水性质、流量、反应温度、压力和时间。湿式反应器的操作压力一般不低于 5.0～12.0MPa，供气通常过量 10%。

湿式氧化系统的处理效果取决于废水性质和操作条件，如反应温度、氧的分压、反应时间、催化剂等，其中反应温度是最主要的因素。

9.4.1.3　臭氧氧化

在工业废水处理中，可用臭氧氧化多种有机物和无机物，如酚、氰化物、有机硫化物、不饱和脂肪族及芳香族化合物等。臭氧氧化有机物的机理大致包括三类。

（1）夺去氢原子，并使链烃羟基化，生成醛、酮、醇或酸；芳香族化合物先氧化成酚，再氧化成酸。

（2）打开双键，发生加成反应。

（3）氧原子进入芳香环发生取代反应。

臭氧的制备方法较多，有化学法、电解法、紫外光法、无声放电法等。工业上一般用无声放电法制取。以空气为原料时，制得的臭氧浓度一般控制在 1%～2%，以氧气为原料时，制得的臭氧浓度一般控制在 1.7%～4%。

水的臭氧处理在接触反应器内进行。常用的反应器有鼓泡塔、螺旋混合器、蜗轮注入器、射流器等。选择何种反应器取决于反应类型。当过程受传质速度控制时，如无机物氧化、消毒等，应选择传质效率高的螺旋反应器、蜗轮注入器、射流器等；当过程受反应速率控制时，如

有机物和 NH_4^+-N 的去除，应选用鼓泡塔，以保持较大的液相容积和反应时间。

水中污染物种类和浓度、臭氧的浓度与投量、投加位置、接触方式和时间、气泡大小、水温与水压等因素对反应器性能和氧化效果都有影响。

某炼油厂利用臭氧处理重油裂解废水，废水含酚 $4\sim5mg/L$，CN^- $4\sim6mg/L$，S^{2-} $4\sim5mg/L$，油 $15\sim30mg/L$，COD$400\sim500mg/L$，pH 值 11，水温 45℃。投加臭氧 280mg/L，接触 12min，处理出水含酚 0.005mg/L，CN^- $0.1\sim0.2mg/L$，S^{2-} $0.3\sim0.4mg/L$，油 $2\sim3mg/L$，COD$90\sim100mg/L$。

臭氧氧化法存在的缺点是电耗大，成本高。

9.4.1.4　氯氧化

氯是普遍采用的氧化剂，既用于给水消毒，又用于废水氧化。常用的氯药剂有液氯、漂白粉、次氯酸钠、二氧化氯等。各药剂的氧化能力用液氯含量表示。氧化价大于 -1 的那部分氯具有氧化能力，称之为有效氯。

氯氧化法广泛用于废水处理中，如医院污水处理，无机物与有机物氧化，废水脱色、除臭、杀藻等。在氧化过程中 pH 值的影响与在消毒过程中有所不同。加氯量应由试验确定。

(1) 含氰废水处理　氧化反应分为两个阶段进行。第一阶段，$CN^-\rightarrow CNO^-$，在 pH$=10\sim11$ 时，此反应只需 5min，通常控制在 $10\sim15min$。当用 Cl_2 作氧化剂时，要不断加碱，以维持必要的碱度；若采用 NaOCl，由于水解呈碱性，只要反应开始时调整好 pH 值，以后可不再加碱。虽然 CNO^- 的毒性只有 CN^- 的千分之一左右，但从保证水体安全出发，应进行第二阶段处理，即将 CNO^- 氧化为 NH_3（酸性条件）或 N_2（pH$8\sim8.5$），反应可在 1h 之内完成。

废水中的含氰量与完成以上两个阶段反应所需的总氯以及 NaOH 的用量之比，理论值为 $CN^-:Cl_2:NaOH=1:6.8:6.2$，实际上，为使 CN^- 完全氧化，常控制 $CN^-:Cl_2=1:8$ 左右。

处理设备主要是反应池及沉淀池。反应池常采用压缩空气搅拌或用水泵循环搅拌。小水量时，可采用间歇操作，设 2 个池子，反应与沉淀交替进行。

(2) 含酚废水的处理　采用氯氧化除酚，理论投氯量与酚量之比为 6:1 时，即可将酚完全氧化，但由于废水中存在其他化合物也与氯作用，实际投氯量必须过量数倍，一般要超出 10 倍左右。如果投氯量不够，酚氧化不充分，而且会生成具有强烈臭味的氯酚。当氯化过程在碱性条件下进行时，也会产生氯酚。

(3) 废水脱色　氯有较好的脱色效果，可用于印染废水、TNT 废水等的脱色。脱色效果与 pH 值以及投氯方式有关。在碱性条件下效果更好。若辅加紫外线照射，可大大提高氯氧化效果，从而降低氯用量。

氯气是一种有毒的刺激性气体。为确保安全，氯的运输、贮存及使用应特别谨慎小心。加氯设备的安装位置应尽量地靠近加氯点。加氯设备应结构坚固，防冻保温，通风良好，并备有检修及抢救设备。

氯气一般加压成液氯，用钢瓶装运，干燥的氯气或液氯对铁、钢、铅、铜都没有腐蚀性，但氯溶液对一般金属腐蚀性很大，因此，使用液氯瓶时，要严防水通过加氯设备进入液氯瓶。当液氯瓶出现泄漏不能制止时，应迅速将氯瓶投入到水或碱液中。

由液氯蒸发产生的氯气，可通过扩散器直接投加（压力投加法）或真空投加。在真空下投加，可以减少泄氯危险。国产的加氯机种类很多，使用前应仔细阅读说明书。

对漂白粉等固体药剂需先制成 $1\%\sim2\%$ 溶液再投加。投加方法与混凝剂的投加相同。

采用 ZJ 型转子加氯机的处理工艺如图 9.15 所示。

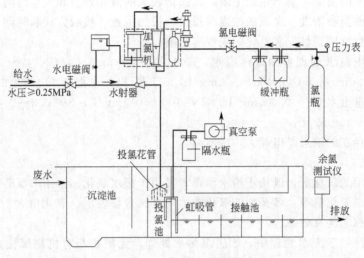

图 9.15　氯氧化系统

该工艺过程如下：随着污水不断流入，投氯池水位不断升高。当水位上升到预定高度时，真空泵开始工作，抽去虹吸管中的空气，也可用水力抽气，产生虹吸作用。污水由投氯池流入接触池，氧化一定时间之后，达到了预定的处理效果，即可排放；当投氯池水位降低到预定位置、空气进入虹吸管，真空泵停，虹吸作用破坏，此时水电磁阀和氯电磁阀自动开启，加氯机开始工作。当加氯到预定时间时，时间继电器自动指示，先后关闭氯、水电磁阀。如此往复工作，可以实现按污水流量成比例加氯。每次加氯量可以由加氯机调节，也可以通过时间继电器改变电磁阀的开启时间来调节。加氯量是否适当，可由处理效果和余氯量指标评定。

9.4.2　化学还原法

废水中的某些金属离子在高价态时毒性很大，可用化学还原法将其还原为低价态后再分离除去。常用的还原剂有下列几类。

① 某些电极电位较低的金属，如铁屑、锌粉等。

② 某些带负电的离子，如 SO_3^{2-}。

③ 某些带正电的离子，如 Fe^{2+}。

此外，利用废气中的 H_2S、SO_2 和废水中的氰化物等进行还原处理，也是有效且经济的。

9.4.2.1　还原除铬

电镀、冶炼、制革、化工等工业废水中常含有剧毒的六价铬，以 CrO_4^{2-} 或 $Cr_2O_7^{2-}$ 形式存在。在酸性条件（pH<4.2）下，只以 $Cr_2O_7^{2-}$ 形式存在，在碱性条件（pH>7.6）下，只以 CrO_4^{2-} 形式存在。

利用还原剂把 Cr^{6+} 还原成毒性较低的 Cr^{3+}，是最早采用的一种治理方法。采用的还原剂有 SO_2、H_2SO_3、$NaHSO_3$、Na_2SO_3、$FeSO_4$ 等。

还原除铬通常包括两步。首先，废水中的 $Cr_2O_7^{2-}$ 在酸性条件下（pH<4 为宜）与上述原剂反应生成 $Cr_2(SO_4)_3$，再加碱（通常为石灰）生成 $Cr(OH)_3$ 沉淀。

还原剂的用量与 pH 值有关。采用亚硫酸-石灰法，在 pH=3~4 时，反应进行完全，药剂用量省，Cr^{6+} : S=1 : 1.3~1.5，在 pH=6 时，反应不完全，药剂消耗较多，Cr^{6+} : S=1 : 2~3，当 pH>7 时，反应不能进行。

采用硫酸亚铁-石灰流程除铬适用于含铬浓度变化大的场合，且处理效果好，费用较低。当 $FeSO_4$ 投量较高时，可不加硫酸，因 $FeSO_4$ 水解呈酸性，能降低溶液的 pH 值，也可降低第二步反应的加碱量。但泥渣量大，出水色度较高。采用此法处理，理论药剂用量为 Cr^{6+} : $FeSO_4 \cdot 7H_2O = 1 : 6$。当废水中 Cr^{6+} 浓度大于 100mg/L 时，可按理论值投药；小与 100mg/L 时，投药量要增加。石灰投量可按 pH=7.5～8.5 计算。

还原除铬反应器一般采用耐酸陶瓷或塑料制造，当用 SO_2 还原时，要求设备具有很好的密封性。

工业上也采用铁屑（或锌屑）过滤除铬。含铬的酸性废水（控制进水 pH4～5）进入充填铁屑的滤柱，铁放出电子，产生 Fe^{2+}，将 Cr^{6+} 还原为 Cr^{3+}，随着反应的不断进行，水中消耗了大量的 H^+，使 OH^- 浓度增高，当其达到一定浓度时，与 Cr^{3+} 反应生成 $Cr(OH)_3$，少量 Fe^{3+} 生成 $Fe(OH)_3$，后者具有凝聚作用，将 $Cr(OH)_3$ 吸附凝聚在一起，并截留在铁屑孔隙中。通常滤柱内装铁屑高 1.5m，采用滤速 3m/h。

9.4.2.2 还原除汞

氯碱、炸药、制药、仪表等工业废水中常含有剧毒的 Hg^{2+}。处理方法是将 Hg^{2+} 还原为 Hg，并加以分离和回收。采用的还原剂为比汞活泼的金属（铁屑、锌粒、铝粉、钢屑等）、硼氢化钠和醛类等。废水中的有机汞先氧化为无机汞，再进行还原。

采用金属还原除汞，通常也在滤柱内进行。反应速率与接触面积、温度、pH 值、金属纯净度等因素有关。通常将金属破碎成 2～4mm 的碎屑，并去掉表面污物。反应温度控制在 20～80℃。温度过高时，虽反应速率快，但会有汞蒸气逸出，造成污染。

采用铁屑过滤时，pH=6～9 较好，耗铁量最省；若 pH<6，则铁因溶解而耗量增大；若 pH<5，有 H_2 析出，吸附于铁屑表面，阻碍反应进行。据国内某厂试验，用工业铁粉去除酸性废水中的 Hg^{2+}，在 50～60℃，混合 1～1.5h，经过滤分离，废水除汞 90% 以上。

采用锌粒还原时，pH 值最好在 9～11。虽然锌能在较弱的碱液中还原汞，但损失量大增。反应后将游离出的汞与锌结合成锌汞齐，通过干馏，可回收汞蒸气。

用铜屑还原时，pH 值在 1～10 均可，此法一般应用在废水含酸浓度较大的场合。如蒽醌磺化法制蒽醌双磺酸，用 $HgSO_4$ 作催化剂，废酸浓度达 30%，含汞 600～700mg/L。采用铜屑过滤法除汞，接触时间不低于 40min，出水含汞量小于 10mg/L。

据国外资料，用 $NaBH_4$ 可将 Hg^{2+} 还原为 Hg。此反应要求 pH=9～11，含量 12% $NaBH_4$ 溶液投加入碱性废水中，与废水在固定螺旋混合器中混合反应，生成的汞粒（粒径约 $10\mu m$）送水力旋流器分离，含汞渣再真空蒸馏，能回收 80%～90% 的汞，残留于溢流水中的汞，用孔径为 $5\mu m$ 的过滤器过滤，出于残留汞低于 0.01mg/L。排气中的汞蒸气用稀硝酸洗涤，返回原废水进行二次回收。据报道，1kgNaBH₄ 可回收 2kgHg。

9.4.3 电解法

9.4.3.1 基本原理

电解是利用直流电进行溶液氧化还原反应的过程。废水中的污染物在阳极被氧化，在阴极被还原，或者与电极反应产物作用，转化为无害成分被分离除去。目前对电解还没有统一的分类方法，一般按照污染物的净化机理可分为电解氧化法、电解还原法、电解凝聚法和电解浮上法；也可以分为直接电解法和间接电解法；按照阳极材料的溶解特性可分为不溶性阳极电解法和可溶性阳极电解法。

利用电解可处理：①各种离子状态的污染物，如 CN^-、AsO_2^-、Cr^{6+}、Cd^{2+}、Pb^{2+}、Hg^{2+} 等；②各种无机和有机的耗氧物质，如硫化物、氨、酚、油和有色物质等；③致病微生物。

电解法能够一次去除多种污染物，例如，氰化镀铜废水经过电解处理，CN^- 在阳极氧化的同时，Cu^{2+} 在阴极被还原沉积。电解装置结构紧凑，占地面积小，一次投资少，易于实现自动化,而且药剂用量和产生的废液量少。通过调节槽电压和电流,可以适应较大幅度的水量与水质变化冲击。但电耗和可溶性阳极材料消耗较大,副反应多,电极易钝化。

9.4.3.2 电解氧化还原

电解氧化是指废水污染物在电解槽的阳极失去电子,发生氧化分解,或者发生二次反应,即电极反应产物与溶液中某些成分相互作用,而转变为无害成分。前者是直接氧化,后者则为间接氧化。利用电解氧化可处理阴离子污染物,如 CN^-、$[Fe(CN)_6]^{3-}$、$[Cd(CN)_4]^{2-}$ 和有机物如酚、微生物等。

电解还原主要用于处理阳离子污染物,如 Cr^{6+}、Hg^{2+} 等。目前在生产应用中,都是以铁板为电极,由于铁板溶解,金属离子在阴极还原沉积而回收除去。

9.4.3.3 电解凝聚与电解浮上法

采用铁、铝阳极电解时,在外电流和溶液作用下,阳极溶解出 Fe^{3+}、Fe^{2+} 或 Al^{3+}。它们分别与溶液中的 OH^- 结合成不溶于水的 $Fe(OH)_3$、$Fe(OH)_2$、$Al(OH)_3$。这些微粒对水中胶体粒子的凝聚和吸附活性很强。利用这种凝聚作用处理废水中的有机或无机胶体的过程叫电解凝聚。当电解槽的电压超过水的分解电压时,在阳极和阴极将产生 O_2 和 H_2,这些微气泡表面积很大,在其上升过程中易黏附携带废水中的胶体微粒、乳化油等共同上浮。这种过程叫电解浮上。在采用可溶性阳极的电解槽中,凝聚和浮上作用是同时存在的。

利用电解凝聚和浮上,可以处理多种含有机物、重金属的废水。表 9.1 列出了四种废水处理的工艺参数,制革废水和毛皮废水的处理效果见表 9.2。

表 9.1 电解凝聚法对各类废水处理的参数

污水来源	pH 值	电量消耗 /(A·h/L)	电流密度 /(A·min/dm²)	电能消耗 /(kW·h/m³)	电解电压 /V	电极金属消耗/(g/m³)	电极材料	极距 /mm	电解时间 /min
制革厂	8~10	0.3~0.8	0.5~1	1.5~3	3~5	250~700	钢板	20	20~25
毛皮厂	8~10	0.1~0.3	1~2	0.6~1.0	3~5	150~200	钢板	20	20
肉联厂	8~9	0.08~0.12	1.5~2.0	1~1.5	8~12	70~110	钢板	20	40
电镀厂	9~10.5	003~0.15	0.3~0.5	0.4~2.5	9~12	45~150	钢板	10	20~30

表 9.2 电解凝聚法净化废水的某些质量指标（mg/L,透明度除外）

水 质 指 标	制革厂		毛皮厂	
	处理前	处理后	处理前	处理后
悬浮物	800~2500	100~200	300~1500	100~200
化学需氧量	600~1500	350~800	700~2600	500~1500
透明度	0~2	10~15	1~5	8~10
硫化物	50~100	3~5	0.4~0.7	
表面活性剂	40~85	5~20	10~40	4~11
Cr^{6+}	0.5~10	无	0.5~10	0.2~2.0
Cr^{3+}	30~60	0.5~1.0		

肉类加工厂的废水含油脂、悬浮物、COD 分别平均为 800mg/L、1100mg/L 和 960mg/L,经电解凝聚处理后,上述水质指标分别降低 90%~95%、70% 和 70%。电镀废水经过氧化、还原和中和处理后,再用电解凝聚作补充处理,可使各项指标均达到排放与回收标准。

9.4.3.4 电解槽的设计

一般处理工业废水的连续电解槽多为矩形。按槽内的水流方式可分为回流式与翻腾式两种。按电极与电源母线连接方式可分为单极式与双极式。图 9.16 为单电极回流式电解槽。槽中多组阴、阳电极交替排列，构成许多折流式水流通道。电极板与总水流方向垂直，水流沿着极板间做折流运动，因此水流的流线长，接触时间长，死角少，离子扩散与对流性好，阳极钝化速度也较为缓慢。但这种电解槽的施工、检修以及更换极板都比较困难。

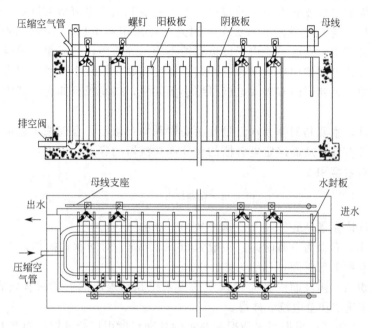

图 9.16　单电极回流式电解槽

图 9.17 为翻腾式电解槽，槽中水流方向与极板平行，水流在这种极板间作上下翻腾流动。这种电解槽的电极利用率较高，施工、检修、更换极板都很方便。极板分组悬挂于槽中，极板（主要是阳极板）在电解消耗过程中不会引起变形，可避免极板与极板、极板与槽壁间的互相接触，从而减少了漏电现象。实际生产中多采用这种电解槽。

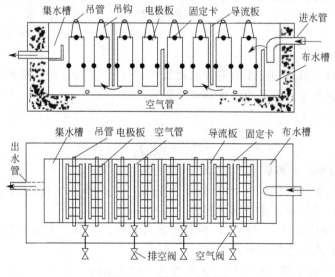

图 9.17　翻腾式电解槽

电解槽电源的整流设备应根据电解所需的总电流和总电压进行选择。电解所需的电压和电流，既取决于电解反应，也取决于电极与电源的连接方式。

对单极式电解槽，当电极串联后，也可用高电压、小电流的电源设备，若电极并联，则要用低电压，大电流的电源设备。采用双极式电解槽时，仅两端的极板为单电板，与电源相联。中间的极板都是感应双电极，即极板的一面为阳极，另一面为阴极。双极式电解槽的槽电压取决于相邻两单电极的电位差和电极对的数目。电流强度取决于电流密度以及一个单电极（阴极或阳极）的表面积，与双电极的数目无关。因此，可采用高电压，小电流的电源设备，投资少。在单极式电解槽中，还有可能由于极板腐蚀不均匀等原因，造成相邻两极板接触，引起短路事故。而在双极式电解槽中极板腐蚀较均匀，即使相邻极板发生接触，变为一个双电极，也不会发生短路现象。因此采用双极式电极可缩小板间距，提高极板的有效利用率，降低造价和运行费用。

电解槽的设计，主要是根据废水流量及污染物种类和浓度，合理选定板水比、极距、电流密度、电解时间等参数，从而确定电解槽的尺寸和整流器的容量。

(1) 电解槽有效容积 V

$$V = \frac{QT}{60} \tag{9-3}$$

式中，Q 为废水设计流量，m^3/h；T 为操作时间，min。

对连续式操作，T 即为电解时间，一般为 $20\sim30min$。对间歇式操作，T 为轮换周期，包括注水、沉淀排空和电解时间，一般为 $2\sim4h$。

(2) 阳极面积 A　阳极面积 A 可由选定的板水比和已求出的电解槽有效容积 V 推得，也可由选定的电流密度 i 和总电流 I 推得。

(3) 电流 I　电流 I 应根据废水情况和要求的处理程度由试验确定。对含 Cr^{6+} 废水，可按下式计算：

$$T = \frac{KQc}{S} \tag{9-4}$$

式中，K 为每克 Cr^{6+} 还原成 Cr^{3+} 所需的电量，$A \cdot h/gCr$，一般为 $4.5A \cdot h/gCr$ 左右；c 为废水含 Cr^{6+} 浓度，mg/L；S 为电极串联数，在数值上等于串联极板数减1。

(4) 电压 V　电解槽的槽电压等于极间电压和导线上的电压降之和，即

$$V = SV_1 + V_2 \tag{9-5}$$

式中，V_1 为极间电压，一般为 $3\sim7.5V$，应根据试验确定；V_2 为导线上的电压降，一般为 $1\sim2V$。

选择整流设备时，电流和电压值应分别比按式(9-4)、式(9-5)计算的值放大 30% 用以补偿极板的钝化和腐蚀等原因引起的整流器效率降低。

(5) 电能消耗 N

$$N = \frac{IV}{1000Q\eta} \tag{9-6}$$

式中，η 为整流器效率，一般取 0.8 左右，其余符号意义同上。

最后应对设计的电解槽作校核，使 $A_{实际} > A_{计算}$，$i_{实际} > i_{选定}$，$t_{实际} > t_{选定}$

除此之外，设计时还应考虑下列问题。

① 电解槽的长宽比取 $(5\sim6):1$，深宽比取 $(1\sim1.5):1$。电解槽进出水端要有配水和稳流措施，以均匀布水并维持良好流态。

② 冰冻地区的电解槽应设在室内，其他地区可设在棚内。

③ 空气搅拌可减少浓差极化，防止槽内积泥，但会增加 Fe^{2+} 的氧化，降低电解效率。因此空气量要适当，一般每吨废水用空气量 $0.1\sim0.3m^3/min$。空气入池前要除油。

④ 阳极在氧化剂和电流的作用下，会形成一层致密的不活泼而又不溶解的钝化膜，使电阻和电耗增加。可以通过投加适量 NaCl、增加水流速度、采用机械去膜或电极定期换向等方法防止钝化。

⑤ 耗铁量除主要与电解时间、pH 值、盐浓度和阳极电位有关外，还与实际操作条件有关。如 i 太高，t 太短，均会使耗铁量增加。电解槽停用时，要放清水浸泡，否则会使极板氧化加剧，耗铁量增加。

思 考 题

1. 常用的混凝剂主要有哪些？使用时应注意哪些问题？

2. 已知某工厂废水流量为 100000m³/d，试根据下述条件设计隔板反应池。已知：第一廊道的水流速度为 0.5m/s，后续廊道的速度依次减小 0.05m/s，停留时间为 20min，池内平均水深 2.0m，超高 0.4m，池数取 2 个。

3. 利用化学沉淀法处理废水时，如何选择沉淀剂？要注意哪些问题？

4. 化学沉淀法和化学混凝法在原理上有什么不同？

10 污水的好氧生化处理——活性污泥法

活性污泥法是污水生物处理中使用最广泛的一种方法，用于处理城市污水和各种工业废水。它是一种好氧生物处理法，其净化污水的原理包括以下两个过程：①微生物的代谢反应。污水中的有机物被微生物所代谢，其中一部分合成新的生物细胞，另一部分转化为稳定的无机物。②活性污泥的物理化学作用。有机物被活性污泥所吸附，经凝聚沉淀后去除。

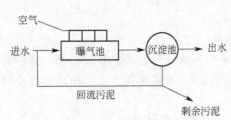

图 10.1　活性污泥法的基本流程

活性污泥法是由曝气池、沉淀池、污泥回流和剩余污泥处理系统所组成的，其基本流程见图 10.1。

活性污泥法经过不断的发展和演变，现在已有多种运行方式，见表 10.1。

10.1　曝气池的设计计算

曝气池的设计计算主要是根据进水的水质、水量情况和出水水质要求，选择曝气池的类型、确定曝气池的体积、所需的供氧量以及需排出的剩余污泥量等。

10.1.1　曝气池的设计参数

不同活性污泥法运行方式的基本参数见表 10.1 所示。

表 10.1　几种活性污泥法运行方式的基本参数

运行方式	污泥龄 /d	污泥负荷 /[kgBOD₅/(kgMLSS·d)]	容积负荷 /[kgBOD₅/(m³·d)]	MLSS /(mg/L)	停留时间 /h	回流比 /%
传统法	3~5	0.2~0.4	0.3~0.6	1500~3000	4~8	25~40
渐减曝气	3~5	0.2~0.4	0.3~0.6	1500~3000	4~8	25~50
完全混合	3~5	0.2~0.6	0.8~2.0	3000~6000	3~5	25~100
分段曝气	3~5	0.2~0.4	0.6~1.0	2000~3500	3~5	25~75
接触稳定	3~5	0.2~0.6	1.0~1.2	1000~3000 4000~10000	0.5~1.0 3~6	25~100
延时曝气	20~30	0.05~0.15	0.1~0.4	3000~6000	18~36	75~150
分段曝气	3~5	0.2~0.4	0.6~1.0	2000~3500	3~5	25~75
AB 法	0.3~1(A 级) 15~20(B 级)	>2 0.1~0.3		2000~3000 2000~5000	0.5 1.2~4	50~80 5~80
SBR 法	5~15			2000~5000		
氧气曝气	8~20	0.25~1.0	1.6~3.3	6000~8000	1~3	25~5

10.1.2　曝气池的设计计算

（1）处理效率（E）

$$E = \frac{L_a - L_t}{L_a} \times 100\% = \frac{L_r}{L_a} \times 100\%$$

(10-1)

式中，L_a 为进水的 BOD 浓度，mg/L；L_t 为出水的 BOD 浓度，mg/L；L_r 为去除的 BOD 浓度，mg/L。

（2）曝气池容积（V）

$$V=\frac{QL_r}{F_w N_w}=\frac{QL_r}{F_r} \tag{10-2}$$

式中，F_w 为污泥负荷，kgBOD$_5$/(kgMLSS·d)；F_r 为容积负荷，kgBOD$_5$/(m^3·d)；N_w 为 MLSS 浓度，mg/L。

（3）名义水力停留时间（t_m）和实际水力停留时间（t_s）

$$t_m=\frac{V}{Q} \tag{10-3}$$

$$t_s=\frac{V}{(1+R)Q} \tag{10-4}$$

式中，R 为污泥回流比。

（4）污泥龄（t_w）

$$t_w=\frac{1}{aF_w-b} \tag{10-5}$$

式中，a 为污泥增殖系数，一般为 0.5～0.7；b 为污泥自身氧化率，一般为 0.04～0.1。

（5）剩余污泥产量（Y）

$$Y=\frac{aQL_r}{1+bt_w} \tag{10-6}$$

（6）曝气池需氧量

$$O=a'QL_r+b'VN'_w \tag{10-7}$$

式中，a' 为氧化每公斤 BOD 所需氧的量（kg），一般为 0.42～0.53；b' 为污泥自身氧化的需氧率，一般为 0.18～0.11；N'_w 为 MLVSS 浓度，kg/m^3。

10.2 曝气系统设计

10.2.1 一般要求

对曝气设施一般有以下要求：

① 在满足曝气池设计流量时生化反应的需氧量以外，还应使混合液含有一定剩余溶解氧，一般按 2mg/L 计。

② 使混合液始终保持悬浮状态，不致产生沉淀，一般应使池中平均水流速度保持在 0.25m/s 左右。

③ 设施的充氧能力应便于调节，有适应需氧变化的灵活性。

④ 充氧装置一般是选用易于购到的可靠产品，附有清水试验的技术资料。

⑤ 在满足需氧要求的前提下，充氧装置的动力效率和氧利用率力求最高，表 10.2 列出了不同曝气设备的性能指标。

⑥ 充氧装置应易于维修，不易堵塞；出现故障时，应易于排除。

⑦ 应考虑天气因素，如冬季溅水结冰等；应考虑环境因素，如噪声、臭气问题等。

表 10.2　各类曝气设备的性能指标

曝气设备		氧转移率 /[mg/(L·h)]	动力效率/[kgO₂/(kW·h)]	
			标准状态	现　场
扩散空气系统	小气泡	40~60	1.2~2.0	0.7~1.4
	中气泡	20~30	1.0~1.6	0.6~1.0
	大气泡	10~20	0.6~1.2	0.3~0.9
射流曝气器		40~120	1.2~2.4	0.7~1.4
低速表面曝气器		10~90	1.2~2.4	0.7~1.3
低速表面曝气器加导管		60~90	1.2~2.4	0.7~1.4
高速浮动曝气机			1.2~2.4	0.7~1.3
转刷式曝气机			1.2~2.4	0.7~1.3

10.2.2　鼓风曝气设施

10.2.2.1　风机的选择

　　鼓风机供应的风量要满足生化反应所需的氧量并保持混合液悬浮中的固体呈悬浮状态，风压则要满足克服管道系统和扩散器的摩阻损耗以及扩散器上部的静水压力。

　　鼓风曝气用鼓风机供应压缩空气，常用罗茨鼓风机和离心式鼓风机。罗茨鼓风机适用于中小型污水厂，但噪声大，必须采取消音、隔音措施；离心式鼓风机噪声小，且效率高，适用于大中型污水厂，但国内产品规格还不多。

10.2.2.2　风管系统计算

　　(1) 风管系统包括由风机出口至扩散器的管道，一般用焊接钢管。

　　(2) 曝气池的风管宜联成环网，以增加灵活性。风管接入曝气池时，管顶应高出水面至少 0.5m，以免回水。

　　(3) 风管中空气流速一般用：干、支管 10~15m/s，竖管、小支管 4~5m/s，流速不宜过高，以免产生噪声。

　　(4) 计算温度采用鼓风机资料提供的排风温度，在寒冷地区空气如需加温时，采用加温后的空气温度计算。

　　(5) 风管直径 DN（mm）、流量 q（m³/h）、流速 v（m/s）之间的关系见图 10.2，风管的总阻力 h 可按下式计算：

$$h = h_1 + h_2 \qquad (10\text{-}8)$$

式中，h_1 为风管的沿程阻力，mmH₂O；h_2 为风管的局部阻力，mmH₂O。

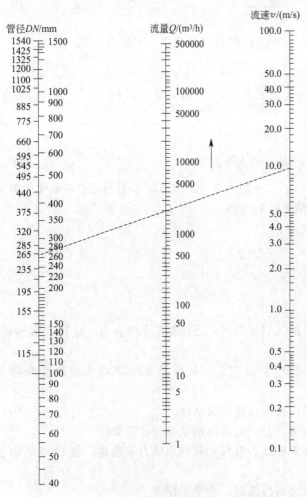

图 10.2　风管的直径、流量及流速间的关系

①风管的沿程阻力可按下式计算：

$$h_1 = iL\alpha_T\alpha_p \qquad (10\text{-}9)$$

式中，i 为单位管长阻力，Pa/m，可由表 10.3 查得；L 为风管长度，m；α_T 为温度为 $T\,℃$ 时空气容重的修正系数，可由表 10.4 查得；α_p 为压力为 p 时的压力修正系数，可由表 10.5 查得。

表 10.3　空气管沿程阻力损失 ［流速 v (m/s)，阻力损失 i (mmH₂O/m)］

Q		DN/mm					
		25		40		50	
m³/h	m³/s	v	i	v	i	v	i
5.76	0.0016	3.26	1.038				
6.48	0.0018	3.67	1.300				
7.20	0.0020	4.08	1.600				
8.10	0.00225	4.59	1.980				
9.00	0.00250	5.10	2.450				
9.90	0.00275	5.61	2.930				
10.80	0.00300	6.12	3.460				
12.60	0.00350	7.14	4.680				
14.40	0.0040	8.16	6.070	3.18	0.5420		
16.20	0.0045	9.18	7.650	3.58	0.7000		
18.00	0.0050	10.20	9.300	3.97	0.8400		
21.60	0.0060	12.24	13.100	4.76	1.1900	3.06	0.3760
25.20	0.0070	14.28	17.800	5.57	1.6000	3.57	0.5080
28.80	0.0080	16.30	22.700	6.38	2.0600	4.08	0.6560
32.40	0.0090	18.35	29.000	7.18	2.7100	4.59	0.8230
36.00	0.0100	20.40	35.300	7.96	3.1700	5.10	1.0070

Q		DN/mm									
		40		50		75		100		150	
m³/h	m³/s	v	i	v	i	v	i	v	i	v	i
43.20	0.0120	9.54	4.4200	6.12	14.260						
50.40	0.0140	11.20	6.3000	7.14	19.250	3.17	0.2400				
57.60	0.0160	12.80	8.130	6.14	2.480	3.62	0.3080				
64.80	0.0180	14.30	10.000	9.18	3.110	4.08	0.3920				
72.00	0.0200	15.96	12.100	10.20	3.810	4.53	0.4770				
81.00	0.0225	17.90	15.300	11.50	4.770	5.09	0.5950				
90.00	0.0250	19.90	18.800	12.75	5.910	5.66	0.7330	3.18	0.1680		
99.00	0.0275			14.04	7.05	6.23	0.875	3.50	0.202		
108.00	0.0300			15.30	8.32	6.80	1.0451	3.82	0.239		
126.00	0.0350			17.85	11.25	7.93	1.405	4.45	0.320		
144.00	0.0400			20.40	14.45	9.05	1.830	5.09	0.414		
162.00	0.0450			22.95	18.10	10.20	2.270	5.72	0.518		
180.00	0.050					11.32	2.790	6.36	0.635		
216.00	0.060					13.60	3.970	7.64	0.905	3.40	0.114
252.00	0.070					15.85	5.270	8.91	1.213	3.96	0.152
288.00	0.080					18.11	6.910	10.18	1.580	4.53	0.197
324.00	0.090					20.35	8.600	11.45	1.955	5.09	0.247

Q (m³/h)	Q (m³/s)	DN/mm 100		150		200		250		300		350		400	
m³/h	m³/s	v	i	v	i	v	i	v	i	v	i	v	i	v	i
360.00	0.100	12.72	2.390	5.66	0.301	3.18	0.0692								
482.00	0.120	15.27	3.440	6.79	0.430	3.82	0.0985								
504.00	0.140	17.81	4.600	7.93	0.577	4.46	0.1320								
576.00	0.160	20.35	5.970	9.06	0.741	5.09	0.1700	3.27	0.0544						
648.00	0.180			10.19	0.930	5.73	0.2150	3.68	0.0683						
720.00	0.200			11.32	1.150	6.36	0.262	4.08	0.084						
810.00	0.225			12.75	1.440	7.16	0.328	4.59	0.104	3.19	0.0410				
900.00	0.250			14.15	1.750	7.96	0.404	5.10	0.129	3.54	0.0502				
990.00	0.275			15.55	2.110	8.78	0.488	5.61	0.154	3.90	0.0608				
1080.0	0.300			16.98	2.495	9.55	0.578	6.12	0.179	4.25	0.0714	3.12	0.0327		
1260.0	0.350			19.80	3.520	11.13	0.768	7.14	0.246	4.96	0.0950	3.64	0.0438		
1440.0	0.400					12.73	0.991	8.16	0.317	5.66	0.1235	4.16	0.0570	3.19	0.0286
1620.0	0.450					14.32	1.252	9.18	0.400	6.36	0.1545	4.68	0.0712	3.59	0.0360
1800.0	0.500					15.91	1.530	10.20	0.487	7.08	0.1900	5.20	0.0870	3.99	0.0440
2160.0	0.600					19.10	2.170	12.24	0.688	8.50	0.2720	6.24	0.1237	4.78	0.0628
2520.0	0.700							14.28	0.940	9.91	0.366	7.28	0.1655	5.58	0.0847
2830.0	0.800							16.30	1.193	11.31	0.471	8.32	0.2155	6.38	0.1084

Q (m³/h)	Q (m³/s)	DN/mm 250		300		350		400		450		500		600	
m³/h	m³/s	v	i	v	i	v	i	v	i	v	i	v	i	v	i
1800.0	0.500									3.15	0.0240				
2160.0	0.600									3.78	0.0335	3.06	0.0916		
2520.0	0.700									4.40	0.0456	3.57	0.0265		
2830.0	0.800									5.03	0.0591	4.08	0.0342		
3240.0	0.900	18.35	1.53	12.75	0.590	9.35	0.270	7.18	0.1365	5.66	0.0742	4.59	0.0428	3.19	0.0170
3600.0	1.000	20.40	1.850	14.15	0.719	10.40	0.332	7.96	0.1670	6.29	0.0910	5.10	0.0524	3.54	0.0209
3960.0	1.100			15.57	0.863	11.42	0.394	8.77	0.2000	6.92	0.0995	5.61	0.0631	3.89	0.0250
4320.0	1.200			17.00	1.022	12.47	0.467	9.56	0.237	7.55	0.1295	6.12	0.0743	4.24	0.0296
5040.0	1.400			19.80	1.445	14.55	0.635	11.17	0.317	8.80	0.1730	7.14	0.1002	4.96	0.0395
5760.0	1.600					16.61	0.810	12.75	0.410	10.06	0.2250	8.16	0.1280	5.66	0.0512
6480.0	1.800					18.70	1.02	14.35	0.515	11.32	0.2820	9.18	0.1630	6.37	0.0643
7200.0	2.000					20.80	1.26	15.95	0.638	12.58	0.3460	10.20	0.1980	7.08	0.0789
8100.0	2.250							17.90	0.795	14.15	0.430	11.50	0.248	7.69	0.0988
9000.0	2.500							19.95	0.980	15.71	0.530	12.75	0.308	8.85	0.1220
9900.0	2.750									17.30	0.638	14.04	0.367	9.75	0.1460
10800	3.000									18.87	0.755	15.30	0.433	10.61	0.1700
12600	3.500											17.85	0.586	12.40	0.2320
14400	4.000											20.40	0.752	14.15	0.298

续表

Q		DN/mm									
		600		700		800		900		1000	
m³/h	m³/s	v	i	v	i	v	i	v	i	v	i
4320.0	1.200			3.12	0.0140						
5040.0	1.400			3.64	0.0180						
5760.0	1.600			4.16	0.0234	3.19	0.01180				
6480.0	1.800			4.68	0.0292	3.58	0.01485				
7200.0	2.000			5.20	0.0357	3.98	0.01825	3.14	0.00985		
8100.0	2.250			5.85	0.0450	4.48	0.0227	3.64	0.0130		
9000.0	2.500			6.50	0.0550	4.98	0.0279	3.93	0.0153	3.18	0.00873
9900.0	2.750			7.15	0.0660	5.47	0.0336	4.32	0.0182	3.50	0.01055
10800	3.000			7.80	0.0780	5.97	0.0395	4.71	0.0213	3.82	0.01240
12600	3.500			9.10	0.1050	6.97	0.0530	5.50	0.0288	4.46	0.01670
14400	4.000			10.40	0.1370	7.97	0.0686	6.28	0.0372	5.09	0.0216
16200	4.500	15.93	0.379	11.70	0.1695	8.96	0.0864	7.07	0.0466	5.73	0.0270
18000	5.000	17.70	0.461	13.00	0.2080	9.95	0.1055	7.85	0.0569	6.37	0.0331
19600	5.500	19.47	0.556	14.30	0.2520	10.45	0.1170	8.64	0.0685	7.00	0.0397
21600	6.000			15.59	0.2970	11.95	0.1510	9.42	0.0811	7.64	0.0472
25200	7.000			18.19	0.397	13.93	0.202	11.00	0.111	8.91	0.0635
28800	8.000			20.78	0.517	15.91	0.263	12.57	0.142	10.20	0.0821
32400	9.000					17.90	0.328	14.13	0.177	11.45	0.1020
36000	10.000					19.90	0.404	15.70	0.216	12.70	0.1250
39600	11.000							17.30	0.262	14.00	0.1510
43200	12.000							18.85	0.310	15.28	0.180
46800	13.000							20.42	0.360	16.53	0.205
50400	14.000									17.81	0.240
54000	15.000									19.06	0.274
57600	16.000									20.35	0.312

表 10.4 温度修正系数 α_T 值

空气温度/℃	α_T	空气温度/℃	α_T	空气温度/℃	α_T
−20	1.13	0	1.07	20	1.00
−15	1.10	5	1.05	30	0.98
−10	1.09	10	1.03	40	0.95
−5	1.08	15	1.02	50	0.92

表 10.5 压力修正系数 α_p 值

p/atm	α_p	p/atm	α_p	p/atm	α_p
1.00	1.00	1.40	1.33	1.80	1.65
1.10	1.035	1.50	1.41	1.90	1.73
1.20	1.17	1.60	1.49	2.00	1.81
1.30	1.25	1.70	1.57		

② 风管的局部阻力 h_2，可按下式计算：

$$h_2 = \xi \frac{v^2}{2g} \gamma \tag{10-10}$$

式中，ξ 为局部阻力系数；v 为风管中平均空气流速，m/s；γ 为空气容重，kg/m³。

当温度为 20℃，标准压力 101kPa 时，空气容重为 1.205kg/m³；在其他情况下，γ 值可按下式计算：

$$\gamma=\frac{1.293\times273\times p}{1.03(273+T)}\qquad(10\text{-}11)$$

式中，p 为空气绝对压力，atm；T 为空气温度，℃。

③ 压缩空气的绝对压力，可以由下式计算：

$$p=\frac{h_1+h_2+h_3+h_4+h_5}{h_5}\qquad(10\text{-}12)$$

式中，h_3 为扩散器以上的曝气池水深，m；h_4 为充氧装置的阻力，mmH_2O，根据实验数据或有关资料；h_5 为当地大气压力，mmH_2O，根据当地标高，由表 10.6 查得。

④ 风机所需压力（相对压力），可按下式计算：

$$H=h_1+h_2+h_3+h_4\qquad(10\text{-}13)$$

此外，根据设备和系统的具体情况，还需留有 $200\sim300mmH_2O$ 的剩余压力。

表 10.6　不同地面标高的大气压力

标高/m	0	100	200	300	400	500	600
大气压/mH_2O	10.3	10.2	10.1	10.0	9.8	9.7	9.6
标高/m	700	800	900	1000	1500	2000	
大气压/mH_2O	9.5	9.4	9.3	9.2	8.8	8.4	

10.2.2.3　鼓风机房

(1) 鼓风机房的设计（建筑、机组布置、起重设备等）应遵守排水规范的有关规定，一般可参照泵房设计，但机组基础间距不应小于 1.5m。

(2) 鼓风机房内外应采取必要的防噪声措施，使之分别符合《工业企业噪声卫生标准》和《城市区域环境噪声标准》的有关规定。

(3) 每台风机均应设单独基础，且不与机房基础连接。风机出口与管道连接处应采用软管减震。

(4) 机房应设双电源，或其他动力源。供电设备的容量，应按全部机组同时开动的负荷设计。

(5) 风管最低点应设有油、水的排泄口。

(6) 鼓风机房一般应包括值班室、配电室、工具室和必要的配套公用设施，值班室应有隔音措施，并设有机房主要设备工况的指示或报警装置。

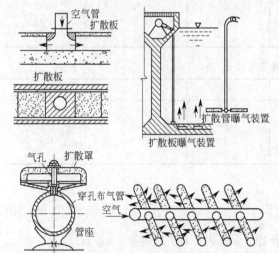

图 10.3　小气泡扩散器

(7) 在同一系统中，鼓风机最好选用同一类型。

(8) 鼓风机的备用台数：工作台数≤3 台时，备用 1 台；工作台数≥4 台时，备用 2 台。备用风机应按最大设计能力配置。

(9) 鼓风机的进风口应有净化装置，进风口应高出地面 2m 左右，可设四面为百叶窗的进风箱。

10.2.2.4　扩散器

扩散器（或称曝气头）是整个鼓风系统的关键部件，其作用是将空气分散成空气泡，增大空气和混合液之间的接触界面，提高氧的传递速率。根据分散气泡的大小，扩散器可分成以下几种类型。

（1）小气泡扩散器　典型的小气泡扩散器是由微孔材料（陶瓷、砂砾、塑料）制成的扩散板或扩散管，见图 10.3。气泡直径可达 1.5mm 以下。

（2）中气泡扩散器　常用穿孔管和莎纶管。穿孔管的孔眼直径为 2～3mm，孔口的气体流速不小于 10m/s，以防堵塞。莎纶管以多孔金属管为骨架，管外缠绕莎纶绳。见图 10.4。

（3）大气泡扩散器　常用曝气竖管，气泡直径为 15mm 左右。见图 10.5。

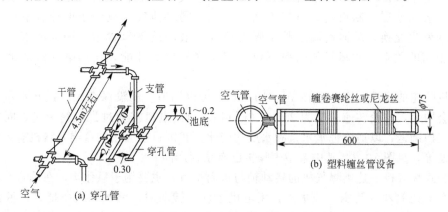

图 10.4　中气泡扩散器

（4）微气泡扩散器　常见的微气泡扩散器是射流曝气器（见图 10.6），它通过混合液的高速射流，将鼓风机引入的空气切割粉碎为微气泡，从而提高了氧传体的传递率。也可设计成负压自吸式射流器，这样可省去鼓风机。微气泡扩散器的气泡直径在 $100\mu m$ 左右。

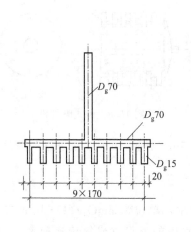

图 10.5　曝气竖管

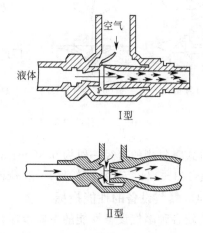

图 10.6　射流曝气器

通常扩散器的气泡愈大，氧的传递率愈低，然而它的优点是堵塞的可能性小，空气的净化要求也低，养护管理比较方便。微小气泡扩散器由于氧的传递速率高，反应时间短，曝气池的容积可以缩小。因而选择何种扩散器要根据实际情况，综合考虑。

扩散器一般布置在曝气池的一侧和池底，以便形成旋流，增加气泡和混合液的接触时间，有利于氧的传递，同时使混合液中的悬浮固体呈悬浮状态。

扩散器的构造形式很多，布置形式多样，但基本原理是一样的。读者可参考产品说明书和设计手册。

10.2.3 机械曝气

鼓风曝气是水下曝气，机械曝气则是表面曝气。机械曝气是用安装在曝气池表面的曝气机来实现的。表面曝气机分竖式和卧式两类。

(1) 竖式曝气机 这类表曝机的转动轴与水面垂直，装有叶轮，当叶轮转动时，使曝气池表面产生水跃，把大量的混合液水滴和膜状水抛向空气中，然后挟带空气形成水气混合物回到曝气池中，由于气水接触界面大，从而使空气中的氧很快溶入水中。随着曝气机的不断转动，表面水层不断更新，氧气不断地溶入，同时池底含氧量小的混合液向上环流和表面充氧区发生交换，从而提高了整个曝气池混合液的溶解氧含量。因为池液的流动状态同池形有密切的关系，故曝气的效率不仅决定于曝气机的性能，还同曝气池的池形有密切关系。

表曝机叶轮的淹没深度一般在 $10\sim100$mm，可以调节。淹没深度大时提升水量大，但所需功率亦会增大，叶轮转速一般为 $20\sim100$r/min，因而电机需通过齿轮箱变速，同时可以进行二挡和三挡调速，以适应进水水量和水质的变化。我国目前应用的这类表曝机有泵型、倒伞型和平板型等，见图 10.7。其中泵型表曝机已有系列产品。

(2) 卧式曝气机 这类曝气机的转动轴与水面平行，主要用于氧化沟。在垂直与转动轴的方向上装有不锈钢丝（转刷）或板条，用电机带动，转动时，钢丝或板条把大量液滴抛向空中，并使液面剧烈波动，促进氧的溶解；同时推动混合液在池内回流，促进溶解氧的扩散，见图 10.8。

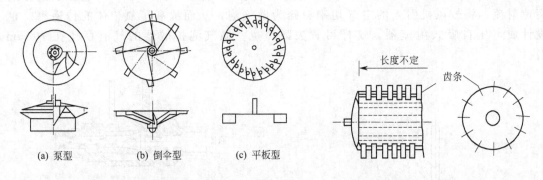

(a) 泵型　　　　(b) 倒伞型　　　　(c) 平板型

图 10.7　几种叶轮曝气机　　　　　　　图 10.8　卧式曝气机

卧式曝气刷的直径一般为 $0.35\sim1$m，长度 $1.5\sim7.5$m，转速 $70\sim120$r/min，淹没深度为直径的 $1/3\sim1/4$，动力效率 $1.7\sim2.4$kgO$_2$/(kW·h)。

10.2.4 曝气设备的性能指标

比较各种曝气设备性能的主要指标有：一是氧转移率，单位为 mgO$_2$/(L·h)；二是充氧能力（或动力效率）即每消耗 1kW·h 动力能传递到水中的氧量（或氧传递速率），单位为 kgO$_2$/(kW·h)；三是氧利用率，通过鼓风曝气系统转移到混合液中的氧量占总供氧的百分比，单位为％。机械曝气无法计量总供氧量，因而不能计算氧利用率。不同曝气设备的性能指标见表 10.2 所示。

10.3　二次沉淀池

二次沉淀池是活性污泥法系统中非常重要的环节。整个污水处理系统运行效果的好坏与二次沉淀池的设计和运行密切相关。由于二次沉淀池的功能及类型与一般沉淀池有所不同，因此，二次沉淀池的设计原理和构造都与一般的沉淀池有所不同。

二次沉淀池的构造和初次沉淀池一样，可以采用平流式、竖流式和辐流式沉淀池。但在构造上要注意以下特点。

（1）二次沉淀池的进水要仔细考虑，应使布水均匀并造成有利于絮凝的条件，使活性污泥形成大的絮团沉淀。

（2）活性污泥絮体密度较小，容易被水流带走，因此出水堰处的流速不宜过大，必要时可在池面布置较多的出水堰槽，使单位长度出水堰的出水量不超过 $2.9L/(s \cdot m)$。

（3）在二次沉淀池内，活性污泥中的溶解氧只有消耗，没有补充，缺氧时间过长可能影响活性污泥中微生物的活力并可能因反硝化而使活性污泥上浮，因此，二次沉淀池的水力停留时间一般不超过 2h。

二次沉淀池容积计算与一般沉淀池一样，只是由于水质和功能差异，设计参数有所不同。计算公式如下：

$$A = \frac{q_{max}}{u} \tag{10-14}$$

$$V = rq_{max}t \tag{10-15}$$

式中，A 为澄清区表面积，m^2；q_{max} 为最大设计时流量，m^3/h；u 为沉淀效率参数，m/h；V 为污泥区容积，m^3；r 为最大污泥回流比；t 为二次沉淀池的水力停留时间，h。

活性污泥法二次沉淀池的沉淀效率参数应等于混合液中活性污泥成层沉淀时的速度。一般采用 $0.3 \sim 0.5mm/s$。当 MLSS 较高时，应采用较低的数值。一般可按沉淀时间计算容积，然后确定沉淀池的水深。二次沉淀池的沉淀时间一般取 $1.5 \sim 2.0h$。

二次沉淀池污泥回流设备最好采用螺旋泵或轴流泵。

采用鼓风曝气时也可采用气力提升，见图 10.9。其原理是利用升液管内外液体的密度差，使污泥提升。

升液管在回流井中最小浸没深度（h）可按下式计算：

$$h = \frac{H}{n-1} \tag{10-16}$$

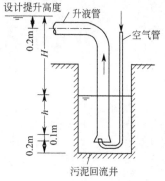

图 10.9 空气提升回流污泥

式中，H 为拟提升高度，m；n 为密度系数，一般用 $2 \sim 2.5$。

空气量（W）按下式计算：

$$W = \frac{KQH}{231g\frac{h+10}{10}n} \tag{10-17}$$

式中，K 为安全系数，一般取 1.2；Q 为每个升液管设计提升流量，m^3/h；n 为效率系数，一般取 $0.35 \sim 0.45$。

空气压力应大于浸没深度至少 0.3m。一般空气管最小直径 25mm，升液管最小管径 75mm。

一座污泥回流井一般只设一条升液管，一座污泥回流井一般只同一个污泥斗（二次沉淀池）相连，以免相互干扰。

思 考 题

1. 利用活性污泥法处理污水时，有哪些常用的运行形式？各有哪些不同特点？

2. 影响活性污泥法运行的因素主要有哪些？各种因素的作用是什么？

3. 什么叫污泥膨胀？实际运行时如何预防？

4. 曝气有哪几种类型？各自有哪些不同特点？

5. 某城市污水处理厂拟采用传统活性污泥工艺，污水平均流量为 120000m³/d，时变化系数为 1.3，BOD$_5$ 浓度 300mg/L，不考虑氮、磷的去除，试设计污水处理系统的参数。

6. 根据上题提供的数据，设计按氧化沟法运行时污水处理系统的参数。

7. 二次沉淀池的设计和初沉池的设计有哪些异同？

11 污水的好氧生化处理——生物膜法

生物膜法是一种通过附着在某种物体上的生物膜来处理废水的好氧生物处理法。生物膜法的主要优点是对水质、水量变化的适应性较强。生物膜法从本质上说与土地处理的过程类似，是污水灌溉和土地处理的人工化和高效化。生物膜法的主要处理设施有生物滤池、生物转盘、生物接触氧化池和生物流化床等。

生物膜法的共同特点是微生物附着在介质滤料表面上，形成生物膜，污水同生物膜接触后，溶解性的有机物被微生物吸收转化为 CO_2、H_2O、NH_3，污水得到净化，同时繁殖更多的微生物，所需的氧气一般直接来自大气。如果污水中含有较多的悬浮物，则应先用沉淀法去除大部分悬浮固体，然后再进入生物膜法处理构筑物，以免引起堵塞，并减轻其有机物负荷。老化的生物膜自行则脱落，随水流进入二次沉淀池沉淀除去。

11.1 生物滤池

11.1.1 概述

生物滤池是一种非浸没式的固定膜生物反应器，使用碎石等作为填料，在其上连续地布洒废水。废水通过生物滤池时，滤料截留了废水中的悬浮物，同时把废水中的胶体和溶解性物质吸附于滤料表面，其中的有机物使微生物很快繁殖起来，这些微生物又进一步吸附了废水中呈悬浮、胶体和溶解状态的物质，形成了生物膜。生物膜成熟后，栖息在生物膜上的微生物即摄取污水中的有机污染物作为营养，对水中的有机物进行吸附氧化，使废水得到了净化。

11.1.2 生物滤池的构造

生物滤池的基本构造由滤床、布水设备和排水系统三部分组成。比较典型的两种生物滤池如图11.1和图11.2所示。

11.1.2.1 滤床

滤床由滤料组成。滤料是微生物生长栖息的场所，理想滤料应具备下述性质：①具有较大的比表面积，供微生物附着生长；②有足够的空隙率，保证通风供氧和脱落微生物能随水流出滤池；③污水能以液膜状态流过滤床；④具有较好的化学稳定性，不被微生物分解，也不会抑制微生物的生长；⑤具有一定的机械强度；⑥价格低廉，来源广泛。

早期一般以天然的碎石、碎钢渣及焦炭等为滤料。20世纪60年代中期开始，塑料滤料取得了广泛的应用。图11.3所示的环状塑料滤料的比表面积在 $98\sim340\text{m}^2/\text{m}^3$ 之间，空隙率为 $93\%\sim95\%$。

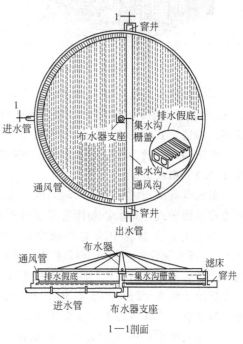

图 11.1 采用回转布水器的普通生物滤池

图 11.4 所示的波纹状塑料滤料的比表面积在 $81\sim195\text{m}^2/\text{m}^3$ 之间，空隙率为 $93\%\sim95\%$。

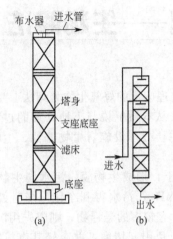

图 11.2　塔式生物滤池

图 11.3　环状塑料滤料

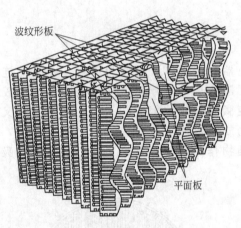

图 11.4　波纹状塑料滤料

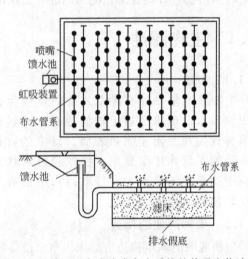

图 11.5　采用固定式喷嘴布水系统的普通生物滤池

滤床的可设高度与滤料的密度有密切的关系。石质拳状滤料组成的滤床高度一般仅在 $1\sim2.5\text{m}$ 之间。而塑料滤料每立方米只有 100kg 左右，空隙率则高达 $93\%\sim95\%$，可以采用双层或多层构造，滤床高度可达 10m 以上。

滤床四周一般设池壁，其作用是围护滤料、减少污水飞溅。常用砖石混凝土块砌筑。

11.1.2.2　布水设备

布水设备的作用是使污水均匀地分布在整个滤床表面。生物滤池的布水设备分为两大类：移动式（回转式）布水器和固定式喷嘴布水系统。

回转式布水器的中央是一根空心的立柱，底端与设在池底下面的进水管相接（见图 11.1）。布水横管的一侧开有喷水孔，孔径一般 $10\sim15\text{mm}$，间距不等，目的是使水在整个滤池表面均匀分布。污水通过中央立柱流入布水横管，由喷水孔分配到滤池表面。布水横管可根据需要设 2 根或 4 跟。污水喷出孔口的水头大于 $0.6\sim1.5\text{m}$ 时，污水喷出时的反作用力可使布水器绕立柱旋转，否则需用电机驱动。

固定式布水器由虹吸装置、馈水池、布水管道和喷嘴组成（见图 11.5），目前已很少应用。这类布水器所需的水头约为 2m。

11.1.2.3 排水系统

池底排水系统的作用是：①收集滤床流出的污水和生物膜；②保证通风；③支撑滤料。池底排水系统由池底、排水假底和集水沟组成，见图 11.6、图 11.7。

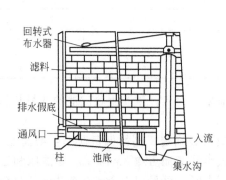

图 11.6 生物滤池池底排水系统示意图

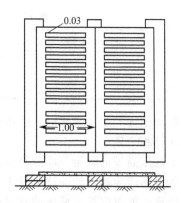

图 11.7 混凝土栅板式排水假底

11.1.3 生物滤池系统的设计计算

生物滤池处理系统包括生物滤池和二次沉淀池，有时还包括初次沉淀池和回流泵。生物滤池系统的设计包括：①滤池类型和流程的选择；②滤池个数和滤床尺寸的确定；③二次沉淀池形式、个数和工艺尺寸的确定；④布水设备计算。

11.1.3.1 滤池类型的选择

低负荷率生物滤池现在已经基本上不用，仅在污水量小、地区比较偏僻、石料不贵的场合尚有可能选用。目前，大多数采用高负荷率生物滤池。高负荷生物滤池主要有两种类型：回流式生物滤池和塔式（多层式）生物滤池。滤池类型的选择，只有通过方案比较，才能得出合理的结论。同时还要考虑占地面积、基建费用和运行费用等因素。

11.1.3.2 流程的选择

在确定流程时，通常要解决的问题是：①是否设初次沉淀池；②采用几级滤池；③是否采用回流，以及回流方式和回流比的确定。

当废水含悬浮物较多，采用拳状滤料时，需要设初次沉淀池，以免生物滤池阻塞。处理城市污水时，一般均设初次沉淀池。

下述三种情况应考虑用二次沉淀池出水回流：①原水有机物浓度较高，可能引起供氧不足时。有人建议生物滤池的入流 BOD_5 应小于 400mg/L；②水量小，无法维持水力负荷率在最小经验值以下时；③污水中某种污染物在高浓度时可能抑制微生物生长的情况下，应考虑回流。

11.1.3.3 滤池个数和滤床尺寸的确定

生物滤池的工艺设计内容是确定滤床的总体积、总面积和高度。可以按负荷率进行设计计算，也可经过试验后用经验公式计算。生物滤池的负荷率有水力负荷率、表面水力负荷率和有机物负荷率三种。对于城市污水常采用有机物负荷率进行计算。

（1）滤床总体积（V）

$$V=\frac{(L_a-L_t)q_V}{N}\times10^{-8} \tag{11-1}$$

式中，L_a 为污水进入滤池前的 BOD_5 平均值，mg/L；L_t 为滤池出水的 BOD_5 平均值，mg/L；q_V 为污水日平均流量，m^3/d，采用回流式生物滤池时，此项应为 $q_V(1+r)$，回流比 r 可根据经验确定；N 为滤料容积负荷率，$kgBOD_5/(m^3 \cdot d)$。

采用生物滤池处理城市污水时，低负荷率生物滤池的负荷率取 0.2kgBOD$_5$/(m³·d) 左右，回流式生物滤池的负荷率取 1.1kgBOD$_5$/(m³·d) 左右。表 11.1 是生物滤池处理城市污水的一些经验数据。

表 11.1 生物滤池处理城市污水的负荷率

生物滤池类型	BOD$_5$ 负荷率/[(kgBOD$_5$/(m³·d)]	水力负荷率/[m³/(m²·d)]	处理效率/%
低负荷率	0.15~0.30	1~3	85~95
回流式	<1.2	<10~30	75~90
塔滤	1.0~3.0	80~200	65~85

生物滤池处理工业废水时，应根据试验确定负荷率，而且，试验生物滤池的滤料和滤床高度应与设计相一致。

（2）滤床高度的确定 滤床高度通常根据经验或试验确定。例如低负荷率生物滤池取 2m 左右，两级回流生物滤池的滤床取 1.0~1.8m，塔式生物滤池可取 8m 以上。在滤床和滤料高度确定以后，就可以算出滤床的总面积。当总面积不大时，可采用 1 个或 2 个滤池。目前生物滤池的最大直径为 60m，通常在 35m 以下。

最后，还需进行滤率校核。回流生物滤池的滤率一般不超过 30m/d，滤率的确定与进水的 BOD$_5$ 有关，见表 11.2。

表 11.2 回流式生物滤池的滤率

进水 BOD$_5$/(mg/L)	120	150	200
滤率/(m/d)	25	20	15

11.1.3.4 回转布水器的设计计算

回转布水器的设计计算包括以下一些内容。

（1）布水管根数与管径 布水管的根数取决于池子和滤率的大小，布水管水量大时用 4 根，一般用 2 根。布水横管的管径（D_1）用下式计算：

$$D_1 = 2000 \sqrt{\frac{q_V'}{\pi v}} \tag{11-2}$$

$$q_V' = \frac{(1+r)q_V}{n} \tag{11-3}$$

式中，q_V' 为每根布水横管的最大设计流量，m³/s；v 为横管进水端流速，m/s；q_V 为每个滤池的设计流量，m³/s；n 为横管数。

（2）孔口数及孔口在布水横管上的位置 假定每个出水孔口喷洒的面积基本相同，孔口数（m）的计算公式如下：

$$m = \frac{1}{1 - \left(1 - \frac{4d}{D_2}\right)^2} \tag{11-4}$$

式中，d 为孔口直径，一般为 10~15mm，孔口流速 2m/s 左右或更大一些；D_2 为回转布水器直径，mm，比滤池内径小 200mm。

第 i 个孔口中心距滤池中心的距离（r_i）为：

$$r_i = \frac{D_2}{2} \sqrt{\frac{i}{m}} \tag{11-5}$$

式中，i 为从滤池中心算起，任一孔口在横管上的排列顺序。

（3）布水器的转速 布水横管的回转速度与滤率、横管根数有关，如表 11.3 所示。也可以近似地用下述经验公式计算：

$$n=\frac{34.78\times10^6}{md^2D_2}q'_V \tag{11-6}$$

表 11.3　回流式滤池的布水器回转速度

滤率/(m/d)	转速/(r/min)(4 根管)	转速/(r/min)(2 根管)
15	1	2
20	2	3
25	2	4

布水横管可以采用钢管或铝管，其管底离滤床表面的距离一般为 150～250mm，以避免风力的影响。布水器所需水压为 0.5～1.0m H$_2$O。

11.2　生物转盘

11.2.1　概述

生物转盘（转盘式生物滤池）也是一种常见的生物膜法处理设备。由于其具有微生物浓度高、适用范围广、污泥产生量少等很多优点，自 1954 年德国建立第一座生物转盘污水处理厂以来，发展迅速。我国已在印染、造纸、皮革及石油化工等行业的工业废水处理中得到了应用，效果较好。

生物转盘去除废水中有机物的原理与生物滤池基本相同，只是构造形式与生物滤池有所不同，见图 11.8 所示。

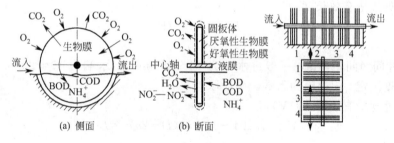

(a) 侧面　　　　　(b) 断面

图 11.8　生物转盘工作原理示意图

11.2.2　生物转盘的构造

生物转盘的主要组成部分有传动轴、转盘、废水处理槽和驱动装置等。生物转盘的核心是垂直固定在水平轴上的一组圆形盘片和一个同它配合的半圆形水槽（如图 11.8 所示）。微生物生长并形成一层生物膜附着在盘片表面，约 40%～50% 的盘面浸没在废水中，上半部分敞露在大气中。工作时，废水流过水槽，电动机带动转盘转动，生物膜和大气与废水轮替接触，浸没时吸附废水中的有机物，敞露时吸收大气中的氧气。转盘的转动，带进空气，并引起水槽内废水紊动，使槽内废水的溶解氧均匀分布。生物膜的厚度与 BOD 负荷和转盘的转速有关，约为 0.5～2.0mm，随着膜的增厚，内层的微生物呈厌氧状态，当其失去活性时则使生物膜自盘面脱落，并随同出水流至二次沉淀池。

盘片的材料要求质轻、耐腐蚀、坚硬和不变形。目前多采用聚乙烯硬质塑料或玻璃钢制作盘片。转盘可以是平板或由平板与波纹板交替组成。盘片直径一般是 2～3m，最大为 5m，轴长通常小于 7.6m，盘片净间距为 20～30mm。当系统要求的盘片总面积较大时，可分组安装，一组称一级，串联运行。转盘分级布置使其运行较灵活，可以提高处理效率。

水槽可以用钢筋混凝土或钢板制作，断面直径一般比转盘大 20～40mm，使转盘既可以在槽内自由转动，脱落的生物膜又不至于在槽内滞留。

驱动装置通常采用附有减速装置的电机。根据情况也可以采用水轮驱动或空气驱动。

为防止转盘设备遭受风吹雨打和日光曝晒，转盘应设置在房屋或雨棚内，或用罩覆盖，罩上应开孔，开孔面积不小于 0.01%。

11.2.3 生物转盘的设计计算

生物转盘工艺设计的主要内容是计算转盘的总面积。表示生物转盘处理能力的指标是水力负荷和有机物负荷。水力负荷可以表示为每单位体积水槽每天处理的水量 [m³ 水/(m³ 槽·d)]，也可以表示为每单位面积转盘每天处理的水量 [m³ 水/(m² 盘片·d)]。有机物负荷的单位是 kgBOD₅/(m³ 槽·d) 或 kgBOD₅/(m² 盘片·d)。生物转盘的负荷率与废水性质、废水浓度、气候条件及构造、运行等多种因素有关，设计时可以通过试验或根据经验值确定。下面以按有机负荷率进行计算为例说明生物转盘的设计计算。

（1）转盘总面积（A）

$$A = \frac{(L_a - L_t)q_V}{N} \tag{11-7}$$

式中，q_V 为处理水量，m³/d；L_a 为进水 BOD₅，mg/L；L_t 为出水 BOD₅，mg/L；N 为生物转盘的 BOD₅ 负荷率，g/(m²·d)。

（2）转盘片数（m）

$$m = \frac{4A}{2\pi D^2} = \frac{0.64A}{D^2} \tag{11-8}$$

式中，D 为转盘直径，m。

（3）废水处理槽有效长度

$$L = m(a+b)K \tag{11-9}$$

式中，a 为盘片间净间距，m，一般进水端为 25～35mm，出水端为 10～20mm；b 为盘片厚度，视材料强度决定，m；K 为系数，一般取 1.2。

（4）废水处理槽有效容积（V）

$$V = (0.294 \sim 0.335)(D+2\delta)^2 \cdot L \tag{11-10}$$

净有效容积：

$$V' = (0.294 \sim 0.335)(D+2\delta)^2 \cdot (L-mb) \tag{11-11}$$

当 $r/D=0.1$ 时，系数取 0.294；$r/D=0.06$ 时，系数取 0.335。

式中，r 为中心轴与槽内水面的距离，m；δ 为盘片边缘与处理槽内壁的间距，m，一般取 $\delta=$ 20～40mm。

（5）转盘的转速（n_0）

$$n_0 = \frac{6.37}{D}\left(0.9 - \frac{V_1}{q_{V1}}\right) \tag{11-12}$$

式中，q_{V1} 为每个处理槽的设计水量，m³/d。

转盘的转动装置最好采用无级变速器，以便运行时根据污水的水质和流量进行调节。

11.3 生物接触氧化法

11.3.1 概述

生物接触氧化法的处理构筑物是浸没曝气式生物滤池，也称生物接触氧化池。生物接触氧化法的基本流程见图 11.9 所示。

生物接触氧化池内设有填料，填料淹没在废水中，填料上长满生物膜，废水与生物膜接触过程中，水中的有机物被微生物吸附、氧化分解并生成新的生物膜。从填料上脱落的生物膜随出水流到二次沉淀池后被除去，废水得到净化。

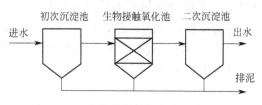
图 11.9 生物接触氧化法的基本流程

生物接触氧化法具有下述特点：

① 由于填料的比表面积大，池内充氧条件良好。生物接触氧化池内单位容积的生物固体量高于活性污泥法曝气池及生物滤池，因此，生物接触氧化法具有较高的容积负荷。

② 生物接触氧化法不需要污泥回流，因此，不存在污泥膨胀问题，运行管理简便。

③ 由于生物固体量多，水流又属于完全混合型，因此生物接触氧化池对水质水量变化的适应能力较强。

④ 生物接触氧化池有机容积负荷较高时，其 F/M 保持在较低水平，污泥产量较低。

11.3.2 生物接触氧化池的构造

生物接触氧化池的主要组成部分有池体、填料和布水布气装置，其构造示意图见图 11.10 所示。

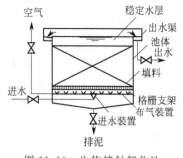
图 11.10 生物接触氧化池的构造示意图

池体用于设置填料、布水布气装置和支撑填料的栅板和格栅。池体可为钢筋结构或钢筋混凝土结构。由于池中水流的速度较低，从填料上脱落的残膜总有一部分沉积在池底，池底可作成多斗式或设置集泥设备，以便排泥。

填料要求比表面积大、空隙率大、阻力小、强度大、化学和生物稳定性好、能经久耐用。目前常用的填料是聚氯乙烯塑料、聚丙乙烯塑料、环氧玻璃钢等做成的蜂窝状和波纹板状填料，见图 11.11。

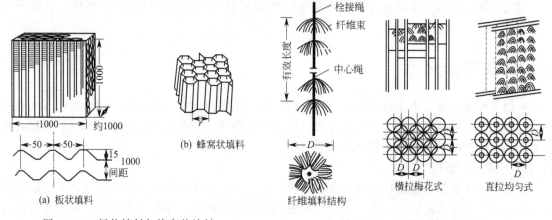

图 11.11 板状填料与蜂窝状填料　　　图 11.12 纤维状填料的结构

近年来国内外都进行纤维状填料的研究，纤维状填料是用尼龙、维纶、腈纶、涤纶等化纤编结成束，呈绳状连接（见图 11.12）。

为安装检修方便，填料常以料筐组装，带筐放入池中。当需要检修时，可逐筐轮换取出，池子无需停止工作。

布气管可布置在池子中心、侧面和全池。

11.3.3　生物接触氧化池的设计计算

生物接触氧化池工艺设计的主要内容是计算池子的有效容积和尺寸，空气量和空气管道系统的计算。目前一般是根据有机负荷率计算池子容积。

（1）生物接触氧化池的有效容积（V）

$$V = \frac{q_V(L_a - L_t)}{N} \tag{11-13}$$

式中，q_V 为平均日设计污水量，m^3/d；L_a、L_t 分别为进水与出水的 BOD_5，mg/L；N 为有机容积负荷率，$kgBOD_5/(m^3 \cdot d)$，城市污水可用 1.0～1.8。

（2）生物接触氧化池的总面积（A）和座数（n）

$$A = \frac{V}{h_0} \tag{11-14}$$

$$n = \frac{A}{A_1} \tag{11-15}$$

式中，h_0 为填料高度，一般采用 3.0m；A_1 为每座池子的面积，m^2，一般 $\leqslant 25m^2$。

（3）池深（h）

$$h = h_0 + h_1 + h_2 + h_3 \tag{11-16}$$

式中，h_1 为超高，0.5～0.6m；h_2 为填料层上水深，0.4～0.5m；h_3 为填料至池底的高度，0.5～1.5m。

（4）有效停留时间（t）

$$t = \frac{V}{q_V} \tag{11-17}$$

（5）空气量（D）和空气管道系统计算

$$D = D_0 q_V \tag{11-18}$$

式中，D_0 为 $1m^3$ 污水所需的空气量，一般为 15～20m^3 气/m^3 污水。

空气管道系统的计算方法与活性污泥法曝气池的空气管道系统计算方法相同，这里不再赘述。

11.4　生物流化床

生物流化床处理技术是借助流体（液体或气体）使表面生长着微生物的固体颗粒（生物颗粒）呈流态化，同时进行去除和降解有机污染物的生物膜法处理技术。它是 20 世纪 70 年代开始应于污水处理的一种高效生物处理工艺。

11.4.1　流态化原理

如图 11.13 所示，在圆柱形流化床的底部，装置一块多孔液体分布板，在分布板上堆放颗粒载体，液体从床底的进口流入，经过分布板均匀地向上流动，并通过固体床层由顶部出口管流出，流化床上装有压差计，用以测量液体流经床层的压力降。当液体流过床层时，随着液体流速的不同，床层会出现固定床、流化床和液体输送 3 种不同的状态。

11.4.1.1　固定床阶段

当液体以很小的速度流经床层时，固体颗粒处于静止状态，床层的高度基本维持不变，这时的床层称固定床 [见图 11.14(a)]。在这一阶段，液体通过床层的压力降 Δp 随空塔速度 v 的上升而增加，呈幂函数关系，在双对数坐标图纸上呈直线，见图 11.15 中的 ab 段。

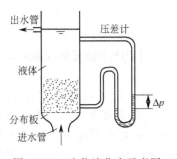
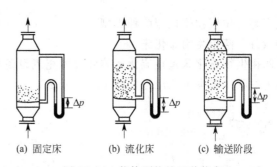

图 11.13　生物流化床示意图　　　　　图 11.14　载体颗粒的三种状态

（a）固定床　　（b）流化床　　（c）输送阶段

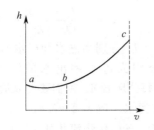
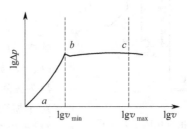

图 11.15　h、Δp、v 的关系

当液体流速增大到压力降 Δp 大致等于单位面积床层重量时（图 11.15 中的 b 点），固体颗粒间的相对位置略有变化，床层开始膨胀，固体颗粒仍保持接触且不流态化。

11.4.1.2　流化床阶段

当液体流速大于 b 点流速后，床层不再维持于固定状态，颗粒被液体托起而呈悬浮状态，且在床层内各个方向流动，在床层上部有一个水平界面，此时颗粒所形成的床层完全处于流态化状态，这类床层称流态化床［见图 11.14(b)］。在这阶段，流化床的高度 h 是随流速上升而增大，床层压力降 Δp 则基本上不随流速改变，如图 11.15 中的 bc 段所示。b 点的流速 $v_{\min}$ 是达到流态化的起始速度，称临界流态化速度。临界速度值与颗粒的大小、密度和液体的物理性质有关。

由于生物流化床中的载体颗粒表面有一层微生物膜，因此其流态化特性与普通的流化床不同。流化床床层的膨胀程度可以用膨胀率 K 或膨胀比 R 表示。

$$K=\left(\frac{V_e}{V}-1\right)\times100\%　　　　　　　　（11-19）$$

$$R=\frac{h_e}{h}　　　　　　　　（11-20）$$

式中，V、V_e 分别为固定床层和流化床层的体积，m^3；h、h_e 分别为固定床层和流化床层的高度，m。

在生物流化床中，相同的速度下，膨胀率随着生物膜厚度的增加而增大。一般膨胀率采用 $50\%\sim200\%$。

11.4.1.3　液体输送阶段

当液体流速提高至超过 c 点后，床层不再保持流态化，床层上部的界面消失，载体随液体从流化床带出，这阶段称液体输送阶段［见图 11.14(c)］。在水处理工艺中，这种床称"流动床"。c 点的流速 $v_{\max}$ 称颗粒带出速度或最大流化速度。流化床的正常操作应控制在 $v_{\min}$ 与 $v_{\max}$ 之间。

11.4.2　生物流化床的类型

根据生物流化床的供氧、脱膜和床体结构等方面的不同，好氧生物流化床主要有两相生物流化床和三相生物流化床两种类型。

11.4.2.1　两相生物流化床

两相生物流化床是在流化床体外设置充氧设备与脱膜装置，用于微生物充氧和脱除载体表面的生物膜。基本工艺流程如图 11.16 所示。

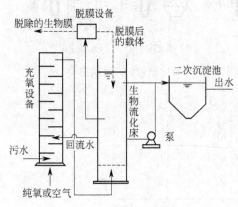

图 11.16　两相流化床工艺流程

以纯氧为氧气源时，充氧后水中溶解氧可达 $30\sim40\text{mg/L}$；以压缩空气为氧源时，水中溶解氧一般低于 9mg/L。当一次充氧不能提供足够的溶解氧时，可采用处理水回流循环。回流比 r 可以根据氧量平衡计算来确定。

$$r=\frac{(L_a-L_t)}{O_i-O_e}D-1 \qquad (11\text{-}21)$$

式中，L_a、L_t 分别为进水和出水 BOD_5 浓度，mg/L；O_i、O_e 分别为进水和出水的溶解氧浓度，mg/L；D 为去除每公斤 BOD_5 所需要的氧量（$\text{kgO}_2/\text{kgBOD}_5$），对于城市污水，取 $1.2\sim1.4$。

11.4.2.2　三相生物流化床

三相生物流化床是气、液、固三相直接在流化床体内进行生化反应，不另设充氧设备和脱膜设备，载体表面的生物膜依靠气体的搅动作用，使颗粒之间激烈摩擦而脱落。其工艺流程如图 11.17 所示。

三相生物流化床的设计应注意防止气泡在床内兼并影响充氧效率。充氧方式有减压释放空气充氧和射流曝气充氧等形式。由于有时可能有少量载体被带出床体，因此在流程中通常有载体（含污泥）回流。三相流化床具有设备简单、操作容易、能耗低等优点。

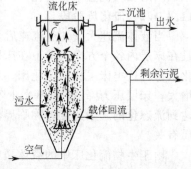

图 11.17　三相生物流化床

生物流化床除用于好氧生物处理外，还可用于生物脱氮和厌氧处理。

11.4.3　生物流化床的特点

11.4.3.1　生物流化床的优点

（1）容积负荷高，抗冲击负荷能力强　由于生物流化床是采用小粒径固体颗粒作为载体，且载体在床内呈流化状态，因此其单位体积表面积比其他生物膜法大很多。单位床体的生物量很高，达 $10\sim14\text{g/L}$，加上传质速度快，废水一进入床内，很快地被混合和稀释，因此生物流化床的抗冲击负荷能力较强，容积负荷也较其他生物处理法高。

（2）微生物活性强　由于生物颗粒在床体内不断相互碰撞和摩擦，其生物膜厚度较薄，一般在 $0.2\mu\text{m}$ 以下，且较均匀。据研究，对于同类废水，在相同处理条件下，生物膜的呼吸率约为活性污泥的 2 倍，可见其反应速率快，微生物活性较强，这也正是生物流化床负荷率较高的原因。

（3）传质效果好　由于载体颗粒在床体内处于剧烈运动状态，气-固-液界面不断更新，因此传质效果好，这有利于微生物对污染物的吸附和降解，加快了生化反应速率。

11.4.3.2　生物流化床的缺点

生物流化床的缺点是设备的磨损较固定床严重，载体颗粒在湍流过程中会被磨损变小。此外，设计时还存在着放大方面的问题，如防堵塞、曝气方法、进水配水系统的选用和生物颗粒的流失等。因此,目前生物流化床在我国废水处理中应用还不多。

思 考 题

1. 污水的生物膜法处理主要有哪几种形式?各自有哪些特点?

2. 某别墅区有人口 1000 人,污水排放量按 150L/(人·d) 计,BOD_5 浓度为 300mg/L,出水 BOD_5 不大于 50mg/L,拟采用生物滤池法处理,试计算生物滤池的设计参数。

3. 按上题条件,计算生物转盘的设计参数。

4. 某工厂污水污水排放量为 3000m³/d,经一级处理后 BOD_5 浓度为 150mg/L,污水可生化性较好,拟采用好氧生物接触法处理,要求出水 BOD_5 浓度小于 20mg/L,试设计生物接触氧化池。

5. 生物流化床污水处理系统中,载体的选择要考虑哪些因素?

12 污水的厌氧生物处理

12.1 概述

厌氧生物处理法目前主要用于高浓度有机废水和温度较高的有机工业废水的处理。厌氧处理和好氧处理相比有以下优点：

① 需要的能量较少，约为好氧处理工艺的 10%～15%。

② 产生的污泥量少，约为好氧处理工艺的 10%～15%。

③ 需要的营养物质少。

④ 反应器容积小。

最早的厌氧生物处理构筑物是化粪池，近年开发的有厌氧生物滤池、厌氧接触法、上流式厌氧污泥床反应器、分步消化法等。

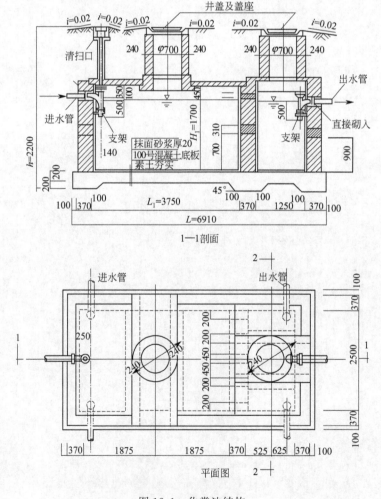

图 12.1 化粪池结构

12.1.1　化粪池

化粪池早期主要用于处理来自厕所的粪便污水。曾广泛用于不设污水厂的合流制排水系统，也可用于郊区的别墅式建筑。

图12.1是化粪池的一种构造方式。污水先进入第一室，池水在该室一般分为三层，上层为浮渣，下层为污泥层，中间为水流。然后，污水进入第二室，阻拦底泥和浮渣流出池子。污水在池内的停留时间一般为12～24h。污泥在池内进行厌氧消化，一般半年左右清除一次。出水不能直接排放水体。常在绿地下设渗水系统，排除化粪池出水。

12.1.2　厌氧生物滤池

厌氧生物滤池是封闭的水池，池内放置填料，如图12.2所示。污水从池底进入，当污水通过滤池填料表面附着的生物膜时，微生物吸附、吸收水中的有机物，把它分解为甲烷和二氧化碳。生物膜不断新陈代谢，脱落的生物膜随水带出。产生的沼气从池顶排出。污水在厌氧生物滤池的平均停留时间可长达100d左右。滤料可采用拳状石质滤料，如碎石、卵石等，粒径在40mm左右，也可使用塑料填料。塑料填料具有较高的空隙率，重量也轻，但价格较贵。

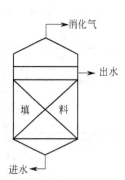

图12.2　厌氧
生物滤池

12.1.3　厌氧接触法

普通消化池用于高浓度有机废水的处理时，存在着容积负荷低及水力停留时间长等问题。1955年，Schroepter认识到在消化池内保持大量污泥的重要性，提出了采用回流污泥，发展了厌氧接触法（anaerobic contact process）。该法能保证在消化池内拥有大量的微生物，大大缩短了水力停留时间，并且使得厌氧消化池的容积负荷有所提高。

厌氧接触法的流程见图12.3所示，废水先进入混合接触池（消化池）与回流的厌氧污泥相混合，然后经真空脱气器而流入沉淀池。接触池中的污泥浓度要求很高，在12000～15000mg/L左右，因此污泥回流量很大，一般是废水流量的2～3倍。

厌氧接触法实质上是厌氧活性污泥法，不需要曝气而需要脱气。厌氧接触法对悬浮物浓度高的有机废水（如肉类加工废水等）效果很好，悬浮颗粒成为微生物的载体，并且很容易在沉淀池中沉淀。在混合接触池中，要进行适当搅拌以使污泥保持悬浮状态。搅拌方式可以是机械搅拌，也可以泵循环搅拌。

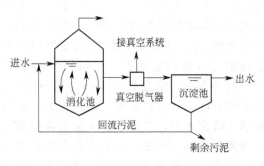

图12.3　厌氧接触法流程

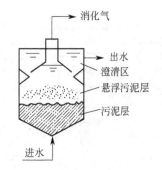

图12.4　上流式厌氧污泥床反应器

12.1.4　上流式厌氧污泥床反应器

上流式厌氧污泥床反应器（upflow anaerobic sludge blanket，简写 UASB）是由荷兰的Lettinga等人于1973～1977年开发的高效污水处理设备。如图12.4所示，废水自下而上地通过厌氧污泥床反应器，在反应器底部有一个高浓度、高活性的污泥层，污水中的大部分有机物

在这里被转化为 CH_4 和 CO_2。由于消化气的搅动和气泡对污泥的吸附作用,在污泥层之上形成一个污泥悬浮层。反应器的上部设有三相分离器,在此完成气、液、固三相的分离。被分离的消化气从上部导出,污泥则自动滑落到悬浮污泥层,出水则从澄清区流出。由于在反应器内保留了大量的厌氧污泥,使反应器的负荷能力很大。对一般的高浓度有机废水,当水温在 30℃ 左右时,负荷率可达 $10\sim20kgCOD/(m^3 \cdot d)$。

上流式厌氧污泥反应器具有有机负荷率和去除率高、不需要搅拌、能适应负荷冲击及温度与 pH 值的变化等优点,是一种很有发展前途的厌氧污水处理设备。

表 12.1 是奥巴亚斯基(Obayaski)提供的几种厌氧处理方法的运行参数。

表 12.1 几种厌氧处理方法的运行数据

方　　法	废水种类	规模	负荷率/[kg/(m³·d)]	水力停留时间/h	温度/℃	去除率/%
厌氧接触法	肉类加工	小试	3.2(BOD₅)	12	30	95
	肉类加工	生产	2.5(BOD₅)	13.3	35	90
	小麦淀粉	中试	2.5(COD)	3.6(d)		
	朗姆酒蒸馏		4.5(COD)	2.0(d)		63.5
厌氧生物滤池	有机合成废水	小试	2.5(COD)	96	35	92
	制药废水	小试	3.5(COD)	48	35	98
	酒精上清液	小试	7.26(COD)	20.8	28	85
	Guar 树胶	生产	7.4(COD)	24	37	60
上流式厌氧污泥床	糖厂	小试	22.5(COD)	6	30	94
	土豆	小试	25~45(COD)	4	35	93
	蘑菇加工	生产	15.0(COD)	6.8	30	91

12.1.5　分段厌氧处理法

根据消化可分水解酸化过程和甲烷化过程 2 个阶段,可将消化过程分开在两个反应器内进行,以使两类微生物都能在各自的最适条件下生长繁殖,这就是二段式厌氧处理法。

在二段式厌氧处理法中,第一段的功能是将固态有机物水解和液化为有机酸,缓冲和稀释负荷冲击与有害物质,并截留难降解的固态物质。第二段的功能是保持严格的厌氧条件和 pH 值,以利于甲烷菌的生长、降解、稳定有机物,产生含甲烷较多的消化气,并截留悬浮固体,以改善出水水质。

二段式厌氧处理法的流程尚无定式,可以采用不同构筑物予以组合。例如对悬浮物高的工业废水,采用厌氧接触法与上流式厌氧污泥床反应器串联的组合已经有成功的经验,其流程如图 12.5 所示。二段式厌氧处理法具有运行稳定可靠,能承受 pH、毒物等的冲击,有机负荷率高,消化气中甲烷含量高等特点;但这种方法也有设备较多,流程和操作复杂等缺陷。研究表明,二段式并不是对各种废水都能提高负荷率。例如,对于固态有机物低的废水,不论用一段法或二段法,负荷率和效果都差不多。

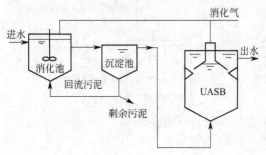

图 12.5　二段式厌氧处理流程

德国汉诺威大学给水排水研究所在中试规模上采用二段厌氧处理法处理小麦淀粉废水。他们采用混合接触法(无污泥回流)和厌氧滤池分别作为酸化池,又采用厌氧接触法和上流式厌氧污泥床反应器分别作为甲烷化阶段反应器进行比较实验。酸化阶段的温度为 30℃,甲烷化阶段的温度为 35℃。接种用的污泥是城市污水厂消化污泥。试验结果见表 12.2。

表 12.2　不同类型反应器两阶段消化处理小麦淀粉废水的中试结果

酸 化 阶 段			甲 烷 化 阶 段				
项　目	混合接触池	厌氧滤池	项　目	厌氧滤池	厌氧滤池（上部填充）	混合接触池	上流式厌氧污泥床反应器
入流有机酸/(mg/L)	570	570	进水 COD/(mg/L)	45000	45000	45000	45000
出流有机酸/(mg/L)	2500	2500	出水 COD/(mg/L)	3000~45000	4000~65000	>10000	>10000
入流乳酸/(mg/L)	4500	4500	去除率/%	88~95	80~90	<70	<70
出流乳酸/(mg/L)	10000	10000					
水力停留时间(d)	0.8~1.5	0.8~1.5	水力停留时间/d	5~7.5	7~10	>12	>12
负荷率/(kgCOD/m³)	25~50	25~50	负荷率/(kgCOD/m³)	5~7	4~6	<3.0	<3.0
产气率/(m³/kgCOD)	0.021	<0.001	产气率/(m³/kgCOD)	0.4~0.5	0.35~0.55	大量产气污泥流失	启动期间破坏
CO_2/%	72	76	CH_4/%	55~65	55~65		
H_2/%	27	22	CO_2/%	35~45	35~45		
H_2S/%	0.03	0.02	H_2S/%	0.15~0.5	0.15~0.5		

采用混合接触或厌氧滤池作为酸化反应器，效果无明显差别，得到最佳酸化产物的条件是：停留时间 0.8~1.5d，此时，pH 值为 3.6~4.0，COD 负荷率为 25~50kgCOD/(m³·d)。酸化出水可不经中和直接进入第二段甲烷化。作为甲烷化反应器的厌氧滤池有两个，一个用塑料填料填充 75%，填料的比表面积为 150m²/m³；另一个仅用塑料填料填充上部 25%。经过四个月的运行，厌氧滤池的运行情况比混合接触池和上流式厌氧污泥床反应器好。后两个反应器，由于产气量过高，大量污泥上浮带出，无法继续运行而停止。

因此，究竟采用什么样的反应器以及如何组合，要根据具体的水质等情况而定。

12.2　厌氧生物处理法的设计

厌氧生物处理系统的设计包括：流程和设备的选择；反应器和构筑物的构造和容积的确定；所需热量的计算和搅拌设备的设计等。

12.2.1　流程和设备的选择

流程和设备的选择包括：处理工艺和设备的选择、消化温度、采用单级或两级消化等。表12.3 列出了不同厌氧处理法的特点，可供设计时参考。

表 12.3　几种厌氧处理法比较

方　法	特　点	优　点	缺　点
传统消化法	在一个消化池内进行酸化,甲烷化和固液分离	设备简单	反应时间长,池子容积大,污泥容易随污水带走
厌氧生物滤池	微生物固着在滤料表面,适于处理悬浮物含量低的废水	设备简单,能承受较高的负荷,出水悬浮固体量少,能耗低	底部易发生堵塞,填料费用较高
厌氧接触法	用沉淀池分离污泥并进行回流,消化池中进行适当搅拌,池内污泥混合完全,可处理高有机物浓度和高悬浮固体浓度的废水	能承受高负荷,有一定抗冲击负荷能力,运行较稳定,不受进水悬浮物浓度的影响,出水悬浮固体量少	负荷高时易造成污泥流失,设备较多,操作要求高
上流式厌氧污泥床反应器	消化和固液分离在一个池内完成,微生物量特高	负荷率高,总体积小,能耗低,不需搅拌	如设计不善,污泥会大量流失,池的构造复杂
两段厌氧处理法	酸化和甲烷化在两个反应器内进行,两个反应器内采用不同反应温度	能承受较高负荷,耐冲击,运行稳定	设备多,运行操作复杂

12.2.2　厌氧反应器的设计

厌氧反应的整个过程大体上可分为酸化和甲烷化两个阶段，甲烷化阶段的反应速率明显低于酸化阶段的反应速率。因此整个厌氧反应的总速率主要取决于甲烷化阶段的速率。总的来说，厌氧反应的速率大大低于好氧反应。

厌氧反应器的设计可以在模拟实验的基础上，按照所得的参数值进行计算，也可按照类似废水的经验值进行设计。

确定反应器容积的常用参数是负荷率 N 和消化时间 t，计算公式为：

$$V = q_v t \tag{12-1}$$

或

$$V = \frac{q_v(L_a - L_t)}{N} \tag{12-2}$$

式中，V 为消化区的体积，m^3；q_v 为废水的设计流量，m^3/d；t 为消化时间，d；L_a、L_t 为进水和出水的有机物浓度，g BOD_5/L 或 g COD/L；N 为设计负荷率，kg BOD_5/($m^3 \cdot d$) 或 kg COD/($m^3 \cdot d$)。

采用中温消化时，对传统消化法，消化时间在 1～5d，负荷率在 1～3kg(COD)/($m^3 \cdot d$)，BOD_5 去除率可达 50%～90%。对于厌氧生物滤池和厌氧接触法，消化时间可缩短至 0.5～3d，负荷率可提高到 3～10kg(COD)/($m^3 \cdot d$)。对于上流式厌氧污泥床反应器，有时甚至可采用更高的负荷率，但上部的三相分离器应缜密设计，避免上升的消化气影响固液分离，造成污泥流失。

消化气的产气量一般可按 0.4～0.5m^3/kg(COD) 进行估算。

12.2.3　消化池的热量计算

厌氧生物处理特别是甲烷化，需要较高的反应温度。一般需要对投加的废水加温和对反应池保温，加温所需的热量可以利用消化过程中产生的消化气。如前所述，消化气的产量可按 0.4～0.5m^3/kg COD 估算，消化气的热值大致为 21000～25000kJ/m^3。如果消化气所能提供的热量还嫌不足，则应由其他能源补充。

消化池所需的热量包括：将废水提高到池温所需的热量和补偿池壁、池盖散失的热量。

提高废水温度所需的热量 Q_1 为：

$$Q_1 = q_v C(t_2 - t_1) \tag{12-3}$$

式中，q_v 为废水投加量，m^3/h；C 为废水的比热容，约为 4200kJ/($m^3 \cdot ℃$)；t_2 为消化池温度，℃；t_1 为废水温度，℃。

消化池温度高于周围环境时，一般采用中温。通过池壁、池盖等散失的热量 Q_2 与池子构造和材料有关，可用下式估算：

$$Q_2 = KA(t_2 - t_1) \tag{12-4}$$

式中，A 为散热面积，m^2；K 为传热系数，kJ/($h \cdot m^2 \cdot ℃$)；t_2 为消化池内壁温度，℃；t_1 为消化池外壁温度，℃。

对于一般的钢筋混凝土池子，外面加设绝缘层，K 值约为 20～25kJ/($h \cdot m^2 \cdot ℃$)。

思　考　题

1. 污水厌氧生物法主要有哪几种？与好氧生物法相比有哪些优缺点？

2. 某药厂生产废水的排放量为 1000m^3/d，COD 浓度为 3500mg/L，拟采用中温（35℃）厌氧接触氧化法处理，混合液浓度取 3600mg/L，试设计厌氧生物接触氧化池。

13 污泥的处理

　　污水处理过程中产生大量的污泥，它的含水率高、体积大。污泥中一般富含有机物、有毒物、病菌等，如不加处理随意堆放，会对周围环境造成二次污染。

　　污泥的处理和处置就是要通过适当的工艺，使污泥稳定化、无害化和减量化，最终回到自然环境中。在环境工程中，一般将改变污泥性质称为处理，而将安排污泥的出路称为处置。而污泥的处置方法与其他固体废物一样，已在第四篇中介绍，这里不再赘述。

13.1　污泥量估算

　　计算城市污水处理厂的污泥量时，可按表 13.1 所列的经验数据估算。

表 13.1　城市污水处理厂的污泥量

污 泥 种 类	污泥量/(L/m³)	含水率/%	密度/(10³kg/m³)
沉砂池沉砂	0.03	60	1.5
初次沉淀池沉淀污泥	14～25	95～97.5	1.015～1.02
二次沉淀池沉淀污泥			
生物膜法	7～9	96～98	1.02
活性污泥法	10～21	99.2～99.6	1.005～1.008

13.1.1　初次沉淀池污泥量

　　可根据污水中悬浮物浓度、去除率、污水流量及污泥含水率，采用下列式子计算：

$$V = \frac{100\rho_0 \eta q_V}{10^3 (100 - P)\rho} \tag{13-1}$$

或

$$V = \frac{SN}{1000} \tag{13-2}$$

式中，V 为初次沉淀池污泥量，m^3/d；q_V 为污水流量，m^3/d；η 为沉淀池中悬浮物的去除率，%；ρ_0 为进水中悬浮物浓度，mg/L；P 为污泥含水率，%；ρ 为污泥密度，以 $1000kg/m^3$ 计；S 为每人每天产生的污泥量，一般采用 $0.3～0.8L/(d \cdot 人)$；N 为当量设计人口，人。

13.1.2　剩余活性污泥量

　　活性污泥法产生的剩余污泥量可采用下列公式计算。

　　(1) 以 VSS 计的剩余活性污泥量

$$P_X = Y q_V (\rho_{S0} - \rho_{Se}) - K_d \rho_X V \tag{13-3}$$

式中，P_X 为剩余活性污泥，$kg\ VSS/d$；Y 为产率系数，$kg\ VSS/kgBOD_5$，一般取 $0.5～0.6$；ρ_{S0} 为曝气池入流的 BOD_5，kg/m^3；ρ_{Se} 为二次沉淀池出流的 BOD_5，kg/m^3；q_V 为曝气池设计流量，m^3/d；K_d 为内源代谢系数，$1/d$，一般取 $0.06～0.1$；ρ_X 为曝气池中的平均 VSS 浓度，kg/m^3；V 为曝气池容积，m^3。

　　(2) 以 SS 计的剩余活性污泥量

$$P_{SS} = \frac{P_X}{f} \tag{13-4}$$

式中，P_{SS} 为剩余活性污泥量，kg SS/d；f 为 VSS 与 SS 的比值，一般取 0.5～0.75。

（3）以体积计的剩余活性污泥量

$$V_{SS} = \frac{100 P_{SS}}{(100-P)\rho} \qquad (13-5)$$

式中，V_{SS} 为以体积计的剩余活性污泥量，m^3/d；P_{SS} 为产生的悬固体，$kgSS/d$；P 为污泥含水率，%；ρ 为污泥密度，以 $1000kg/m^3$ 计。

13.2　污泥浓缩

污泥中含有大量的水分，通过污泥浓缩可以有效地降低污泥含水率、减少污泥体积，对于后续处理过程如消化、脱水、干化和焚烧都是有利的。经浓缩后的污泥近似糊状，仍保持较好的流动性。

污泥浓缩的方法有沉降法、气浮法和离心法。在选择污泥浓缩方法时，除考虑各种浓缩方法的基本特点外，还应考虑污泥的性质、来源、整个污泥处理流程及最终处置方式等。

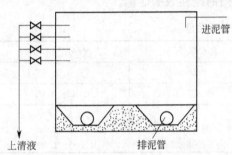

图 13.1　间歇式污泥浓缩池

13.2.1　沉降法

沉降法主要用于浓缩初污泥和剩余污泥的混合污泥。按其运行方式可分为间歇式和连续式两种类型。

13.2.1.1　间歇式污泥浓缩池

间歇式浓缩池可建成圆形或矩形，见图 13.1。间歇式污泥浓缩池一般用于小型污水处理厂或工业企业的污水处理厂。

间歇式污泥浓缩池的主要设计参数为停留时间。如果停留时间太短，浓缩效果就不好，太长则不仅占地面积大，而且可能造成污泥的厌氧发酵，引起污泥膨胀，恶化沉降过程。停留时间的长短最好经过实验确定，在不具备实验条件时，可按同类污泥的运行参数确定，也可按不大于24h设计，一般取9～12h。

间歇式污泥浓缩池是间歇进泥，因此在投入污泥前必须先排出浓缩池已澄清的上清液，腾出池容积，故在浓缩池不同高度上应设多个上清液排出管。排出的上清液应回到初次沉淀池前，重新进入污水处理流程。

13.2.1.2　连续式污泥浓缩池

连续式污泥浓缩池一般采用辐流式圆形结构，主要用于大中型污水处理厂，见图 13.2。

连续式污泥浓缩池的合理设计和运行主要取决于污泥的沉降特性以及污泥的固体浓度、性质和来源。所以，在设计时，最好先通过污泥沉降实验确定设计参数。连续式污泥浓缩池的设计参数包括：浓缩池的固体通量 $[kg/(m^2 \cdot h)]$、水力表面负荷 $[m^3/(m^2 \cdot h)]$、水力停留时间（h）。对于新建的污水处理厂，无法通过实验求得上述设计参数时，可

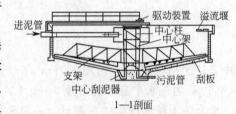

图 13.2　连续式污泥浓缩池

参考经验数据。表 13.2 列出了一些固体通量的常用数据。

按固体通量计算出浓缩池的面积后，应与按水力负荷核算的面积相比较，取其中较大的值。初次沉淀池污泥最大水力负荷可取 $1.2\sim1.6m^3/(m^2\cdot h)$，剩余活性污泥取 $0.2\sim0.4m^3/(m^2\cdot h)$。

浓缩池有效水深一般采用 4m，采用竖流式浓缩池时，其水深按沉淀部分的上升水流不大于 0.1mm/s 计算。浓缩池容积应按污泥在其中停留时间 $10\sim16h$ 进行核算，不宜过长。

表 13.2　重力浓缩池固体通量及浓缩前后的污泥质量分数

污泥类型	浓缩前污泥质量分数 /%	浓缩后污泥质量分数 /%	固体通量 /[kg/(m²·h)]
单一污泥			
初次沉淀池	2～7	5～10	3.92～588
生物滤池	1～4	3～6	1.47～1.96
生物转盘	1～3.5	2～5	1.47～1.96
剩余活性污泥	0.4～0.8	2.5	0.83～1.25
普通法曝	0.5～1.5	2～3	0.49～1.47
纯氧曝气	0.5～1.5	2～3	0.49～1.47
延时曝气	0.2～1.0	2～3	0.98～1.47
消化后的初次沉淀池污泥	8	12	4.9
热处理污泥			
初次沉淀池污泥	3～6	12～15	7.84～10.29
初次沉淀池污泥＋剩余活性污泥	3～6	8～15	5.88～8.82
剩余活性污泥	0.5～1.5	6～10	4.41～5.88
其他污泥			
初次沉淀池污泥＋剩余活性污泥	0.5～1.5	4～6	0.98～2.94
初次沉淀池污泥＋生物滤池污泥	2.5～4.0	4～7	1.47～3.43
	2～6	5～9	2.45～3.92
初次沉淀池污泥＋剩余转盘污泥	2～6	5～8	1.96～3.43
剩余活性污泥＋生物滤池污泥	0.5～2.5	2～4	0.49～1.47
厌氧消化后的初次沉淀池污泥＋剩余活性污泥	4	8	2.94

注：摘自美国环保署，污泥处理处置设计手册。

13.2.2　气浮浓缩法

目前，污泥气浮浓缩最常见的方法是压力溶气气浮法。其原理是在一定温度下，空气在液体中的溶解度与空气受到的压力成正比。当压力恢复到常压后，所溶空气即变成微细气泡从液体中释放出来，吸附在污泥颗粒的周围，可使污泥颗粒相对密度减少而上浮，从而达到浓缩的目的。气浮法对浓缩密度小、疏水性强的污泥尤其适用，对于污泥浓缩时易发生污泥膨胀、易发酵的剩余污泥，效果尤为显著。

13.2.2.1　气浮浓缩系统的组成

气浮浓缩系统主要由压力溶气装置和气浮分离装置两部分组成。图 13.3 所示是气浮浓缩的典型工艺流程。

（1）加压溶气装置　目前较常见的有"水泵-空压机式溶气系统"和"内循环式射流溶气系统"。溶气罐一般按加压水停留 1～3min 设计，

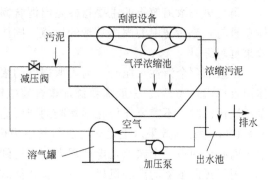

图 13.3　气浮浓缩工艺流程

溶气效率为 $50\%\sim90\%$，绝对压力采用 $2.5\times10^5\sim5\times10^5Pa$。

（2）气浮浓缩池 气浮浓缩池常见的有矩形平流式和圆形上升式两种。污泥在气浮浓缩池中的停留时间不小于 20min。

13.2.2.2 气浮浓缩法的主要设计参数

设计气浮浓缩池的主要参数有污泥负荷、气固比、水力负荷、回流比等。

气固比是指溶气水经减压释放出的空气量与需浓缩的固体量的质量比，常用 A_s 表示。回流比是加压溶气水量与需要浓缩的污泥量的体积比，通常用 R 表示。

在有条件时，设计前应进行必要的试验，针对污泥及溶气水的特性，求得在不同压力下，不同污泥负荷、水力负荷时的污泥浓缩效果以及出水的悬浮固体浓度、回流比、气固比等，从而确定最佳设计参数。

在缺乏试验条件时，气固比（A_s）一般取 $0.01\sim0.04$，水力负荷取 $40\sim80m^3/(m^2\cdot d)$，回流比（R）一般为 $25\%\sim35\%$，亦可按所需空气量计算。污泥负荷可参考表 13.3 取值。

表 13.3 气浮池污泥负荷

污泥种类	污泥负荷 /[kg/(m²·d)]	污泥种类	污泥负荷 /[kg/(m²·d)]
空气曝气的活性污泥	$25\sim75$	50%初次沉淀池污泥＋50%活性污泥经沉淀后	$100\sim200$
空气曝气的活性污泥经沉淀后	$50\sim100$		
纯氧曝气的活性污泥经沉淀后	$60\sim150$	初次沉淀池污泥	$\leqslant260$

回流比可按下式根据所需空气量计算：

$$A_s=\frac{A_a}{S}=\frac{S_aR(fP-1)}{\rho_0} \tag{13-6}$$

式中，A_s 为气固比；A_a 为所需空气量，g/h；S 为进入气浮池的固体总量（不计回流水中的固体量），g/h；S_a 为一定温度下，101325Pa 时空气的饱和溶解度，mg/L；R 为回流比；P 为绝对大气压，Pa；f 为溶解效率，当溶气罐内加填料及溶气时间为 $2\sim3min$ 时，$f=0.9$，不加填料时，$f=0.5$；ρ_0 为入流污泥浓度，g/m³。

13.2.3 离心浓缩法

离心浓缩法的原理是利用污泥中固、液相的密度不同，在高速旋转的离心机中受到不同的离心力而使两者分离，达到浓缩之目的。被分离的污泥和水分别由不同的通道导出机外。

离心浓缩机呈全封闭式，可连续工作。一般用于浓缩剩余污泥等难脱水的污泥。污泥在机内停留时间只有 3min 左右，出泥含固率可达 4% 以上。由于工作效率高，占地面积小，卫生条件好的特点，离心法在国外利用较多。在国内也日益受到重视。

衡量离心浓缩效果的主要指标是出泥含固率和固体回收率。固体回收率即浓缩后污泥的固体总量与入流污泥中的固体总量的比值。固体回收率越高，分离液中的固体浓度就越低，浓缩效果也越好。

在浓缩剩余活性污泥时，为了取得好的浓缩效果，得到较高的出泥含固率（>4%）和固体回收率（>90%），一般需要添加聚合硫酸铁、聚丙烯酰胺等絮凝剂。而使用气浮法浓缩剩余活性污泥时，不需要任何化学絮凝剂即可达到出泥含固率大于 4%、出水（分离液）的含固率≤100mg/L 的效果。这是离心法与气浮法相比的缺点之一。

离心法的另一个缺点是电耗很大，在达到相同的浓缩效果时，其电耗约为气浮法的 10 倍。

用于污泥浓缩的离心机机型主要有转筒式、盘式、篮式等。表 13.4 列举出一些转筒式离心机的运行参数，可供参考。

表 13.4 转筒式离心机用于污泥浓缩的运行参数

污 泥 种 类	入流污泥含固率 /%	浓缩后污泥含固率 /%	高分子聚合物用量 /(g/kg 污泥干固体)	固体物质回收率 /%
剩余活性污泥	0.5～1.5	8～10	0	85～90
			0.5～1.5	90～95
厌氧消化污泥	1～3	8～10	0	80～90
			0.5～1.5	90～95
普通生物滤池污泥	2～3	8～9	0	90～95
		9～11	0.75～1.5	95～97

13.3 污泥的稳定

稳定污泥的常用方法包括厌氧消化法、好氧消化法、氯气氧化法、石灰稳定法和热处理等。通过这些污泥的稳定方法可以减少各种病原体；减少污泥体积；改善污泥的脱水性以及产生可利用的气体（如甲烷等）。

（1）厌氧消化法 厌氧消化法是对有机污泥进行稳定处理的最常用的方法。一般认为，当污泥中的挥发性固体的量降低 40% 左右即可认为已达到污泥的稳定。

在污泥中，有机物主要以固体状态存在，它们在无氧条件下被兼性及专性厌氧菌分解，产生以甲烷为主的沼气，整个过程包括：水解、酸化、产乙酸、产甲烷等过程。有机废水的厌氧处理，也包括以上几个过程。一般认为，产甲烷过程是控制整个废水厌氧处理的主要过程；而在污泥的厌氧消化中则认为固态物的水解、液化是主要的控制过程。

厌氧消化产生的甲烷能抵消污水厂所需要的一部分能量，并使污泥固体总量减少（通常厌氧消化使 25%～50% 的污泥固体被分解），减少了后续污泥处理的费用。消化污泥是一种很好的土壤调节剂，它含有一定量的灰分和有机物，能提高土壤的肥力和改善土壤的结构。消化过程尤其是高温消化过程（在 50～60℃ 条件下），能杀死致病菌。

厌氧消化的缺点是投资大，运行易受环境条件的影响，消化污泥不易沉淀（污泥颗粒周围有甲烷及其他气体的气泡），消化反应时间长，构筑物容积大，占地面积大等。

（2）好氧消化法 好氧消化法类似于污水处理的活性污泥法，在曝气池中进行，曝气时间长达 10～20d 左右，依靠有机物的好氧代谢和微生物的内源代谢稳定污泥中的有机组分。

（3）氯气氧化法 氯气氧化法是在密闭容器中完成，向污泥中投加大剂量氯气，接触时间不长，实质上主要是消毒，杀灭微生物以稳定污泥。

（4）石灰稳定法 石灰稳定法是向污泥中投加足量石灰，使污泥的 pH 值高于 12，抑制微生物的生长。

（5）热处理法 热处理法既可杀死微生物借以稳定污泥，还能破坏污泥颗粒间的胶状性能，改善污泥的脱水性能。

13.3.1 污泥厌氧消化法的分类

根据操作温度，污泥厌氧消化分为中温消化（mesophilic digestion）和高温消化（thermophilic digestion）等。高温消化运行的能耗大大高于中温消化，只有当条件非常有利于高温消化或要求特殊时才会采用。

根据负荷率的不同，污泥厌氧消化可分为低负荷率和高负荷率两种。

低负荷率消化池是一个不设加热和搅拌设备的密闭池子，消化池内污泥呈分层状态，见

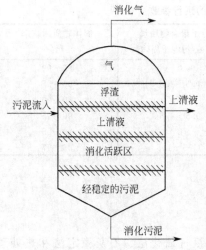

图 13.4   低负荷率厌氧消化池

图 13.4。它的负荷率低，一般为 0.5～1.6kgVSS/(m³·d)，消化速度慢，消化周期长，停留时间一般为 30～60d。污泥间歇进入，在池内经历了产酸、产气、浓缩和上清液分离等所有过程。产生的沼气（消化气）气泡的上升有一定的搅拌作用。池内形成三个区分别为上部浮渣区、中间上清液、下部污泥区。顶部汇集消化产生的沼气并导出。经消化的污泥在池底浓缩并定期排出。上清液回流到处理厂前端重新处理。

高负荷率消化池的负荷率达 1.6～6.4kgVSS/(m³·d) 或更高，与低负荷率消化池的区别在于连续运行，设有加热、搅拌设备；连续进料和出料；最少停留 10～15d；整个池液处于混合状态，不分层；浓度比入流污泥低。高负荷率消化池常设两级，第二级不设搅拌设备，主要起污泥浓缩脱水的作用，见图 13.5。

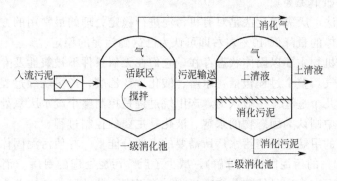

图 13.5   两级高负荷率厌氧消化系统

随着工艺的发展，又出现了两相消化工艺。它根据厌氧分解的两阶段理论，把产酸和产沼气阶段分开、使之分别在两个池子内完成，见图 13.6。该工艺的关键是如何使两阶段分开，方法有投加相应的菌种抑制剂、调节和控制停留时间、回流比等。

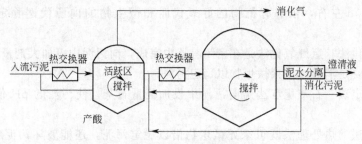

图 13.6   两相厌氧消化系统

13.3.2   污泥消化的控制因素

13.3.2.1   pH 值和碱度

厌氧消化首先在酸化菌的作用下产生有机酸，使污泥的 pH 值下降，随着甲烷菌分解有机酸时产生的碳酸盐不断增加，使消化液的 pH 值得以保持在一个较为稳定的范围内。

由于酸化菌对 pH 值的适应范围较宽，而甲烷菌对 pH 值非常敏感，微小的变化都会使其受到抑制，甚至停止生长。消化池的运行经验表明，最佳的 pH 值为 7.0～7.3。为了保证厌氧消化的稳定运行，提高系统的缓冲能力和 pH 值的稳定性，通常要求消化液的碱度保持在 2000mg/L 以上（以 CaCO₃ 计）。

13.3.2.2　温度

污泥的厌氧消化过程受温度的影响很大，一般有两个最优温度区段：在 33～35℃ 叫中温消化，在 50～55℃ 叫高温消化。温度不同，占优势的细菌种属不同，反应速率和产气率也不同。高温消化的反应速率快，产气率高，杀灭病原微生物的效果好，但由于能耗较大，还难以推广应用。在这两个最优温度区以外，污泥消化的速率显著降低，参见图 13.7。

13.3.2.3　负荷率

厌氧消化池的容积取决于厌氧消化的负荷率。负荷率的表达方式有两种：容积负荷（以投配率为参数）、有机物负荷（以有机负荷率为参数）。

所谓投配率是指日进入的污泥量与池子容积之比，在一定程度上反映了污泥在消化池中的停留时间（投配率的倒数就是生污泥在消化池中的平均停留时间）。以水力停留时间为参数，对生物处理构筑物是不十分科学的。投配率相同，而含水率不同时，则有机物量与微生物量的相对关系可相差几倍，所以现在一般不以投配率作为设计依据。

有机物负荷率是指每日进入的干泥量与池子容积之比。它可以较好地反映有机物量与微生物量之间的相对关系。同时要注意，容积负荷较低时，微生物的反应速率与底物（有机物）的浓度有关。在一定范围内，有机负荷率大，消化速率也高。

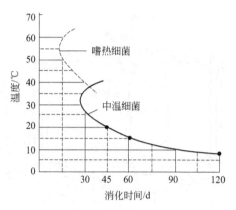

图 13.7　消化池内污泥消化时间
与池内温度的关系

从现在的认识来看，有机物的稳定过程要经过一定的时间，也就是说污泥的消化期（生污泥的平均停留时间）仍然是污泥消化过程的一个不可忽视的因素。因此，用有机物容积负荷计算消化池容积时，还要用消化时间进行校核。

13.3.2.4　消化池的搅拌

在有机物的厌氧发酵过程中，消化池中污泥的搅拌混合可以加快反应器中的物质传递和消化速度。实践证明，通过搅拌，可使有机物充分分解，增加产气量（搅拌比不搅拌可提高产气量 20%～30%）。此外，搅拌还可打碎消化池内液面上的浮渣。

在不进行搅拌的厌氧反应器或污泥消化池中，污泥呈层状分布，从池面到池底，越往下面，污泥浓度越高，污泥含水率越低，到了池底，则是在污泥颗粒周围只含有少量水。在这些水中饱含了有机物厌氧分解过程中的代谢产物，以及难以降解的惰性物质。微生物被这种含有大量代谢产物、惰性物质的高浓度水包围着，影响了微生物对养料的摄取和正常的生活，以致降低了微生物的活性。如果通过搅拌，则可使池内污泥浓度分布均匀，调整污泥固体颗粒与周围水分之间的比例关系，同时亦使得代谢产物和难降解物不在池底过多积累，而是在整个反应器内分布均匀。这样就有利于微生物的生长繁殖，提高它的活性。

由于不进行搅拌，反应器底部的水压较高，气体的溶解度比上部的要大。如果通过搅拌，使底部的污泥（包括水分）翻动到上部，这样，由于压力降低，原有大多数有害的溶解气体可被释放逸出；其次，由于搅拌时产生的振动也可使得污泥颗粒周围原先附着的小气泡分离脱出。此外，微生物对温度和 pH 值的变化也非常敏感，通过搅拌还能使这些环境因素在反应器内保持均匀。

根据甲烷菌的生长特点，搅拌亦不需要连续运行，过多的搅拌或连续搅拌，甲烷菌的生长并不有利。目前一般在污泥消化池的实际运行中，采用每隔 2h 搅拌一次，约搅拌 25min 左右，每天搅拌 12 次，共搅拌 5h 左右。

13.3.2.5 有毒有害物质

污泥中往往存在着对微生物具有抑制和杀害作用的化学物质，这类物质称为有毒物质。其毒害作用表现在细胞的正常结构遭到破坏以及菌体内的酶变质，并失去活性。如重金属离子能与细胞内的蛋白质结合，使它发生变质，致使酶失去活性。

13.3.3 消化池的构造

厌氧消化系统的主要设备是消化池及其附属设备。消化池一般是一个锥底或平底的圆池，

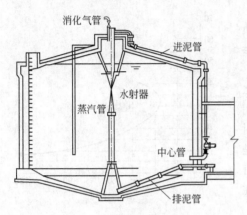

图 13.8 消化池的构造

四周为垂直墙体。平底或池底坡度较小时需要设置刮泥装置。大型消化池由现浇钢筋混凝土制成，体积较小的消化池一般用预制构件或钢板制成。整个池子由集气罩、池盖、池体与下锥体四部分组成，见图 13.8。圆形消化池的直径一般在 6～30m，柱体的高约为直径的一半，而总高接近直径。由于消化产生的污泥气中主要含有甲烷，如与空气混合具有强烈爆炸性，必须采取非常谨慎的措施严防空气进入消化池系统。消化池的密封顶盖有两种形式：①浮动式顶盖（见图 13.9）可以随着污泥体积和气体体积的变化而上下浮动，为了防止空气进入消化池，池顶也可作为浮动式储气罐使用；②固定式顶

盖（见图 13.10）带有池外压力储气罐，当排除污泥或上清液时，可以把气体压回消化池，否则，污泥或上清液排除时形成的真空可能损坏消化池。

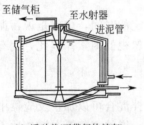

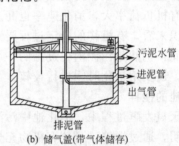

(a) 浮动盖(不带气体储存)   (b) 储气盖(带气体储存)

图 13.9 浮动盖式消化池

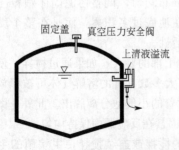

图 13.10 固定盖式消化池

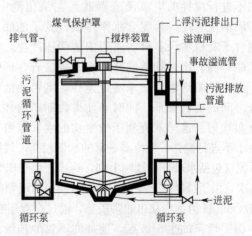

图 13.11 螺旋桨搅拌的消化池

消化池的附属设备有加料、排料、加热、搅拌、破渣、集气、排液、溢流及其他监测防护装置。

新污泥一般由泵提升,经池顶进泥管送入池内。如果污泥含固率太高(例如超过 4%~5%),泵送可能会有困难,如果污泥的含水率高,不含粗粒的固体,传统的离心式污水泵就可很好地运行。如果污泥中含有粗大的固体(如破布、绳索、木片等)及浓度较高时,一般用螺杆泵提升。排料时,污泥沿池底排泥管排出。进泥、排泥管的直径不应小于 200mm。进泥和排泥可以连续或间歇进行。操作顺序一般是先排泥到计量槽,再将相等数量的新污泥加入池中。进泥过程中要充分混合。

消化池的加热方法分为池外加热和池内加热两种。池外加热法是将污泥水抽出,通过安装在池外的热交换器加热,然后循环回到池内。池内加热法可以将低压蒸汽直接投加到消化池的底部或与生污泥一起进入消化池;也可以在消化池内采用盘管内通以 70℃ 以下的热水,盘管加热法因维修困难和效率低而应用不多。

消化池池的搅拌方法主要有 3 种,螺旋桨搅拌的消化池如图 13.11 所示。用鼓风机或射流器抽吸泥进行搅拌的如图 13.12 和图 13.13 所示。

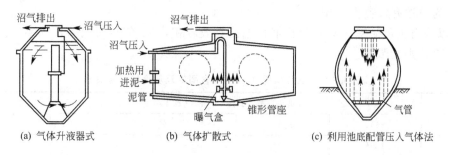

图 13.12　鼓风机搅拌的消化池

消化池表面积累的浮渣应尽量减少,因浮渣占用消化池的有效容积,且妨碍消化气的释放。消化池内的浮渣应不断地打碎,或每天至少一次。破碎浮渣可采用下列的方法:①用自来水或污泥上清液喷淋;②将循环污泥或污泥液送到浮渣层上;③用鼓风机或用射流器抽吸污泥气进行搅拌时,只要抽吸的气体量足够,由于造成池面的搅动较剧烈,也可达到破碎浮渣层效果。

浮动式顶盖消化池的集气容积较大。而固定式顶盖消化池的集气容积较小,在加料和排料时,池内压力波动较大,此时宜设单独的污泥气贮气罐。

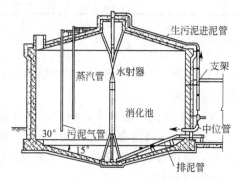

图 13.13　喷射泵式搅拌的消化池

上清液应及时排出,这有利于增加消化池的有效容积并减少热量消耗。上清液污染严重,悬浮固体、BOD_5 和氨氮的浓度都很高,不能直接排放,应回流到污水生物处理设备中。

消化池的监测防护装置包括安全阀、温度计等。

13.3.4　消化池的设计计算

以固定盖式消化池为例,进行设计计算。图 13.14 为消化池的计算用草图。

消化池的设计内容包括:池体设计、加热保温系统设计和搅拌设备的设计。这里主要介绍池体设计。

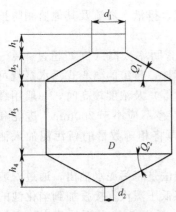

图 13.14   消化池计算草图

消化池池体设计包括池体选型、确定池的数目和单池容积，确定池体各部尺寸和布置消化池的各种管道。

目前国内一般按污泥投配率确定消化池有效容积，可按每天处理污泥量及污泥投配率进行计算。

$$V = \frac{V'}{p} \times 100 \qquad (13\text{-}7)$$

式中，V 为消化池有效容积，m^3；V' 为每天要处理的污泥量，m^3/d；p 为污泥投配率，城市污水厂高负荷率消化池，当消化温度为 30～35℃时，p 可取 6%～18%。

考虑到可能的事故或必要的检修，消化池座数不得少于 2 座，每座消化池的容积，可根据运行的灵活性，结构和地基基础情况考虑决定。小型消化池的容积为 2500m^3 以下；中型消化池为 5000m^3 左右；大型消化池可达 10000m^3 以上。消化池的座数 n 为：

$$n = \frac{V}{V_0} \qquad (13\text{-}8)$$

式中，V_0 为单池有效容积，m^3。

也可以按有机负荷率（N_s）计算消化池的有效容积，N_s 值与污泥的含固率、温度有关。可参考表 13.5 所列数据。

表 13.5   有机负荷率（N_s）与含固率及温度的对应关系

污泥含固率 /%	有机负荷率/[kgVSS/($m^3 \cdot$ d)]				备　注
	24℃	29℃	33℃	35℃	
4	1.53	2.04	2.55	3.06	
5	1.91	2.55	3.19	3.83	VSS/SS=0.75
6	2.30	3.06	3.83	4.59	
7	2.68	3.57	4.46	5.36	

$$V = \frac{G_s}{N_s} \qquad (13\text{-}9)$$

式中，G_s 为每日要处理的污泥干固体量，kgVSS/d；N_s 为单位容积消化池污泥（VSS）负荷率，kgVSS/($m^3 \cdot$ d)。

确定消化池单池有效容积后，就可以计算消化池的构造尺寸。圆柱形池体的直径一般为 6～35m，柱体高与直径之比为 1:2，池总高与直径之比约为 0.8～1.0。池底坡度一般为 0.080，池顶部突出的圆柱体，其高度和其直径相同，常采用 2.0m。池顶至少设两个直径为 0.7m 的检修口。

消化池必须附设各种管道，包括：污泥管（进泥管、出泥管和循环搅拌管）、上清液排放管、溢流管、沼气管和取样管等。

13.3.5   消化气的收集和利用

污泥和高浓度有机废水的厌氧消化均会产生大量沼气。沼气的热值很高，是一种可利用的生物能源，具有一定的经济价值。设计消化池时，必须同时考虑相应的沼气收集、贮存和安全等配套设施，以及利用沼气加热入流污泥和池液的设备。

污泥消化所产生的以甲烷为主的消化气量，主要取决于被消化的挥发固体量。可以根据挥发性固体的分解率和单位质量挥发固体被分解所产生的气量进行估算。估计每千克挥发固体全部消化后可产生 0.75～1.1m^3 消化气，而污泥挥发固体的消化率一般为 40%～60%。

13.4 污泥脱水

污泥脱水的作用是去除污泥中的毛细水和表面附着水，从而缩小污泥体积。经过脱水处理，污泥含水率可从96%左右降到60%～80%，体积减为原来的1/10～1/5，有利于运输及后续处理。污泥的脱水有自然干化和机械脱水两大类方法。

13.4.1 污泥的自然干化

污泥的自然干化是一种简便经济的脱水方法，曾经广泛采用，有污泥干化床和污泥塘两种类型。它们都是利用自然力量而将污泥脱水的，适用于气候比较干燥、用地不紧张以及环境卫生条件允许的地区。目前，污泥塘的使用较少。

污泥干化床是一片平坦的场地，污泥在干化床上由于水分的自然蒸发和渗透逐渐变干，体积逐渐减小，流动性逐渐消失。污泥的含水率可降低到65%。尽管这种方法需要大量的场地和劳动力，但仍有不少中小规模的污水处理厂采用。一般认为该法用于服务50000以下人口的城镇还是比较合适的。

13.4.1.1 污泥干化床的构造

干化床（见图13.15）由以下部分组成。

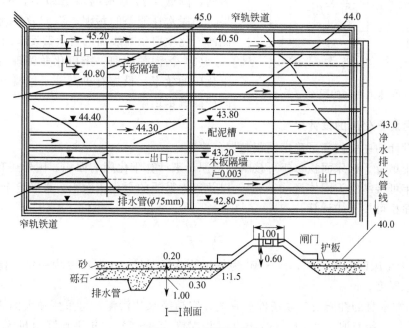

图 13.15 污泥干化床

（1）围堤和隔墙 干化床的周围及中间筑有围堤，一般用土筑成，两边坡度取 1：1.5，用围堤或木板将干化床分隔成若干块，一般每块宽度不大于 10m。

（2）输泥槽 输泥槽常设在围堤之上，其坡度取 0.01～0.03，输泥槽上每隔一定距离设一放泥口，输泥槽及放泥口可用木板或钢筋混凝土制成。

（3）滤水层 上层是厚为 10～20cm、粒径为 0.5～1.5mm 的砂层，并做成 1/100～1/200 的坡度，以利于污泥流动；下层是厚为 10～20cm、粒径为 15～25mm 的矿渣、砾石或碎砖层。

（4）排水系统 在滤水层下面敷设直径为 75～100mm 的未上釉的陶土管系，接口不密封，每两管中间距离为 4～8m，管坡为 0.0025～0.0030，埋设深度为 1.0～1.2m，排水总管直径为 125～150mm，坡度不小于 0.008。

（5）不透水底层   不透水底层采用黏土做成时，其厚度取 0.3～0.5m；采用混凝土做成时，其厚度取 0.10～0.15m，并应有 0.01～0.02 的坡度。

（6）如果是有盖式的，还需有支柱和透明顶盖。

（7）有些干化床上敷设有轻便铁轨，以运输污泥。

13.4.1.2   污泥干化床脱水效果的影响因素

影响污泥干化床脱水效果的因素主要是气候条件和污泥性质。

（1）气候条件   由于污泥中的大部分水分是靠自然蒸发而干化的，因此气候条件如降雨量、蒸发量、相对湿度、风速和年冰冻期等对干化床的效果影响很大。研究结果表明，水分从污泥中蒸发的数量为从清水中蒸发量的 75% 左右，降雨量的 57% 左右会被污泥所吸收。在计算干化床蒸发量时，应予以考虑。在多雨潮湿地区不宜采用露天干化床。

（2）污泥性质   污泥的性质同样影响着干化床的自然蒸发和渗滤效果。见图 13.16。

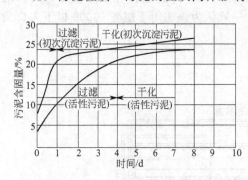

图 13.16   干化床上污泥的脱水与干燥过程

消化污泥干化时，污泥中所含的气体起着重要作用。从消化池底部排出的污泥中，在消化池内的水压作用下，气体处于压缩和溶解状态，污泥排到干化床后，所释放出的气泡把污泥颗粒挟带到泥层表面，降低了污泥水的渗透阻力，提高了渗滤效果。而脱水性能差的污泥，渗滤效果就差，这种污泥的干化主要依靠表面的自然蒸发作用。

（3）污泥预处理   采用化学调理可以提高污泥干化床的效率，投加有机高分子絮凝剂可以显著提高渗滤脱水速率。

13.4.1.3   污泥干化床的设计

干化床设计的主要内容是确定面积与划分块数。

我国采用单位干化床面积每年可接纳的污泥量来计算干化床的面积。国外还有采用单位干化床面积每年可接纳的干固体量（千克），以及每人需要的干化床面积，来确定干化床总面积。

干化床面积可按下式计算：

$$S_1 = \frac{W}{\delta} \tag{13-10}$$

式中，S_1 为干化床的有效面积，m^2；W 为每年的总污泥量，m^3/a；δ 为一年内排放在干化床上的污泥层总厚度，m。

δ 值与污泥本身的性质及气候条件等有关。容易脱水的污泥，可采用较大的 δ 值；较难脱水的污泥，δ 值一般只取 1.0～1.5m。在年平均温度为 3～7℃，年平均降雨量为 500mm 的地区，干化床上年污泥厚度可按表 13.6 列举的数值选用。在其他条件下需乘以地区系数进行矫正。

表 13.6   干化床上的年污泥层厚度

污 泥 种 类	年污泥层厚度/m
初次沉淀池和生物滤池后二次沉淀池污泥	1.5
初次沉淀池污泥与活性污泥混合污泥	1.5
消化污泥	5.0

我国地区系数：东北 0.7～1.0；华北 1.2～1.5；西北 1.5～1.8；西南、中南 1.3～1.5；

华东、华南 1.0～1.3。

13.4.2 污泥的机械脱水

污泥的脱水机械主要有真空过滤机、带式压滤机、离心机和板框压滤机。近年来，离心机和带式压滤机由于其优点显著发展迅速，在很多国家普遍采用。

由于我国的污水处理刚刚起步，对污泥脱水技术的研究和实践还不多，但已日益受到重视。越来越多的污水处理厂采用机械进行污泥脱水，其中以带式压滤机发展最快，其次为转筒离心机和自动板框压滤机。

13.4.2.1 真空过滤机

真空过滤主要用于初沉淀池污泥和消化污泥的脱水。它的特点是可以连续生产，处理能力大，运行稳定，可以自动控制，但附属设备多，工序复杂，运行费用高，滤饼水分大。

真空过滤机有折带式、盘式和圆筒式 3 种。污泥在真空过滤之前，一般先对污泥进行混凝、淘洗等预处理。

（1）设计参数

① 进入真空过滤机的污泥，含水率不应大于 98%。过滤后的滤饼水分，对活性污泥为 80%～85%，对其他污泥可达 75%～80%。

② 真空过滤机的滤饼产率最好通过实验确定，没有实验条件的可参照表 13.7。

表 13.7 真空过滤机的滤饼产率

污 泥 种 类		滤饼产率/[kg/(m² · h)]
生污泥	初次沉淀池污泥	30～40
	初次沉淀池污泥和生物滤池污泥的混合污泥	30～40
	初次沉淀池污泥和活性污泥的混合污泥	15～25
	活性污泥	7～12
消化污泥（中温）	初次沉淀池污泥	25～35
	初次沉淀池污泥和生物滤池污泥的混合污泥	20～35
	初次沉淀池污泥和活性污泥的混合污泥	15～25

③ 滤布一般采用合成纤维（如锦纶、涤纶和尼龙等），脱水机房的设计应考虑冲洗滤布的设施，冲洗水量为 1.3L/(m² · s)，压力为 0.3～0.5MPa。

④ 真空过滤机的真空度应保持在 26.7～66.7kPa 范围内。

⑤ 真空过滤机配用的真空泵，其抽气量按 0.5～1.0m³/(m² · min) 计算，最大真空度为 80kPa，选用台数不应少于 2 台。

⑥ 真空过滤机的卸饼一般采用刮刀和气体反吹联合方式，所需的压缩空气量为 0.1m³/(m² · min)，选用台数不应少于 2 台。

⑦ 滤液罐按空气停留时间 3min 左右设计。

⑧ 滤饼产量较大时，应考虑设置皮带运输机。

（2）设计计算

① 过滤机产率

$$E = 1600.6 \frac{100 - P_c}{P_0 - P_c} \left[\frac{mP_0(100 - P_0)P}{0.1\mu T\alpha_m} \right]^{\frac{1}{2}} \tag{13-11}$$

式中，E 为过滤机产率，kg/(m² · h)；P_0 为污泥原始含水率，%；P_c 为滤饼含水率，%；μ 为滤液黏度，Pa · s；α_m 为滤饼比阻，m/kg；P 为过滤压差，Pa；m 为浸液比，%；T 为过滤周期，s。

② 所需过滤面积

$$A = \frac{W'af}{L} \tag{13-12}$$

$$W' = \frac{(1-P_0)Q \times 10^3}{24} \tag{13-13}$$

式中，A 为过滤面积，m^2；W' 为污泥干重，kg/h；Q 为污泥量，m^3/d；a 为安全系数，$a=1.15$；f 为投加药剂污泥干重增加系数，$f=1.15$。

13.4.2.2 带式压滤机

由于带式压滤机具有能连续运行、操作管理简单、附属设备较少、机器制造容易等特点，从而使投资、劳动力、能源消耗和维护费用都较低，在国内外的污泥脱水中得到了广泛应用，在国内的发展尤其迅速，我国新建城市污水处理厂的脱水设备几乎都采用带式压滤机。但由于带式压滤机工作时必须使用高分子絮凝剂，所以运行费用较高。

(1) 带式压滤机的构造 带式压滤机的种类很多，但其基本构造相同。主机由许多零部件组成，有导向辊轴、压榨辊轴和上、下滤带，以及滤带的张紧、调速、冲洗、纠偏和驱动装置等。

压榨辊轴的布置方式一般有两大类：P 形布置和 S 形布置。如图 13.17、图 13.18 所示。P 形布置有两对辊轴，辊径相同，滤带平直，污泥与滤带的接触面较小，压榨时间短，污泥所受到的压力大而强烈。这种布置的带式压滤机一般适用于疏水的无机污泥；S 形布置的一组辊轴相互错开，辊径有大有小，滤带呈 S 形，辊轴与滤带接触面大，压榨时间长，污泥所受到的压力小而缓和。城市污水处理厂污泥和亲水的有机污泥的脱水，一般适宜采用这种结构的带式压滤机。

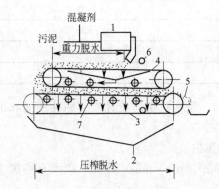

图 13.17 P 形带式压滤机

1—混合槽；2—滤液及冲洗水排出；3—滤布；
4—金属丝网；5—刮刀；6—清洗水管；7—滚压辊轴

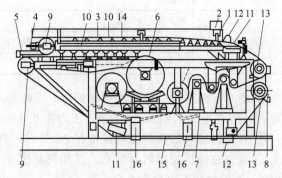

图 13.18 S 形带式压滤机

1—污泥进料区；2—污泥投料装置；3—重力脱水区；
4—污泥翻转；5—楔形区；6—低压区；7—高压区；
8—卸饼装置；9—滤带张紧滚轴；10—滤带张紧装置；
11—滤带纠偏装置；12—滤带清洗装置；
13—驱动装置；14—顶带；15—底带；16—滤液管

在压榨辊轴 S 形布置的滤机上，污泥在每个辊轴上所受到的压力与滤带张力和辊轴直径有关。当滤带张力一定时，污泥在大辊轴上受到的压力小，在小辊轴上受到的压力大。一般污泥在脱水时，为了防止从滤带两侧跑料，滤带所受的压力从小到大逐步增加，污泥中的水分则逐步脱去，含固率逐渐提高。因此，辊轴直径应该大的在前、小的在后并逐步减小。经处理后的污泥，其含水率可以从 96% 左右降到 75% 左右。

带式压滤机的滤带是以高黏度聚酯切片生产的高强度低弹性单丝原料，经过编织、热定型、接头加工而成的，它具有抗拉强度大、耐折性好、耐酸碱、耐高温，透水阻力小，质量轻等优点。其型号规格的选用应根据试验确定。

利用带式压滤机脱水的污泥必须在进入压滤机之前进行絮凝，常用的絮凝剂是聚丙烯酰胺。

（2）带式压滤机的选用　通常根据带式压滤机生产能力、污泥量来确定所需压滤机宽度和台数（一般不少于 2 台），并需绘制脱水车间设备布置图。

带式压滤机的生产能力以每米带宽每小时分离出的干物质质量数计，也有采用每米带宽每小时处理的污泥体积立方米数计的。目前最大带宽为 3m。应根据不同的污泥性质和不同的压滤机构造进行模拟试验，以确定生产能力及其他运行参数。也可参考同类污水厂（最好是同型号的带机）的生产能力数据。表 13.8 列出了带式压滤机处理不同污泥的生产能力。

表 13.8　带式压滤机的生产能力

污 泥 种 类		进泥含水率/%	絮凝剂用量/（以干污泥计，%）	生产能力/[kg 干泥/(m²·h)]	滤饼含水率/%
生污泥	初次污泥	90～95	0.09～0.2	250～400	65～75
	混合污泥	92～96.5	0.15～0.5	150～300	70～80
消化污泥	初次污泥	91～96	0.1～0.3	250～500	65～75
	混合污泥	93～97	0.2～0.5	120～350	70～80

采用带式压滤机脱水处理每立方米含水率为 96% 的城市污水处理厂混合污泥时，药剂费约占 92%～94%，耗电约 0.7kW·h。所需药剂费用较高。

13.4.2.3　离心机

污泥离心脱水的原理是利用高速转动使污泥中的固体和液体分离。颗粒在离心机械内的离心分离速度可以达到在沉淀池中沉速的 1000 倍以上，可在很短的时间内，使污泥中很细小的颗粒与水分离。此外，离心脱水技术与其他脱水技术相比，还具有固体回收率高、处理量大、基建费用少、占地少、工作环境卫生、操作简单、自动化程度高等优点，特别重要的是可以不投加或少投加化学絮凝剂。其动力费虽然较高，但总运行费用较低，是目前国外在污泥处理中较多采用的方法。

（1）转筒式离心机的构造和脱水过程　离心机种类很多，污泥处理主要使用卧式螺旋卸料转筒式离心机。适于相对密度有一定差别的固液相分离，尤其适用于含油污泥、剩余活性污泥等难脱水污泥的脱水。转筒离心机主要由转筒、螺旋卸料器、空心转轴（进料管）、变速箱、驱动轮、机罩和机架等部件组成。

转筒式离心机的类型常按离心机的分离因素（离心加速度和重力加速度之比）分类。分离因素大于 3000 的称高速离心机，分离因素介于 1500～3000 的称中速离心机，分离因素小于1500 的称低速离心机。也可按用途分为浓缩离心机和脱水离心机等，前者转筒的圆锥较短，而后者则较长。按照液体和固体的流动方向，离心机可分为顺流式和逆流式两种类型。

高速离心机常采用逆流中心进料方式。即污泥中液体和固体逆向流动，进料在转筒的圆筒和锥筒交接处附近。颗粒的停留时间和沉淀过程较短，但进料和螺旋卸料器较快的转速有可能把已分离的污泥颗粒重新扰起，见图 13.19。

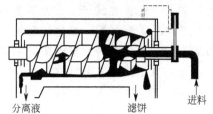

分离液　　滤饼　　进料

图 13.19　高速逆流转筒离心机

低速离心机则采用顺流圆筒始端进料方式，见图13.20，即污泥中液体和固体都向同一方向前进，因而可避免逆流设计中常常出现的涡流。进料口位于转筒圆筒的始端，在离心机全长上都起到了净化作用。与逆流设计相比，顺流设计加长了沉淀长度和时间，使微细的颗粒亦能沉淀下来，泥饼含水率低、密度高，滤液浊度降低。同时由于沉淀没有干扰，可有效地减少絮凝剂的使用量。另一方面，顺流设计使液体的流动状态得到了很大改善，且可通过加大转筒直径来提高离心力，因此离心机的转速可显著降低（分离因素一般为500～1000），电耗省、噪声低、机器寿命长。适用于亲水性的、胶体性的污泥脱水。

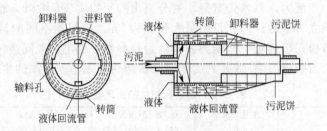

图 13.20   顺流式转筒离心机的构造

（2）转筒离心机的选择   转筒离心机的选择是根据其处理能力，即每台机每小时处理湿污泥立方米数，或每台机每小时处理干污泥千克数来决定的。一般按每天工作8～15h，选择不少于2台。

转筒离心机的处理能力常根据设备制造厂提供的参数和生产运行经验确定。

13.4.2.4   板框压滤机

板框压滤机是最先应用于化工脱水的机械。虽然板框压滤机一般为间歇操作、基建设备投资较大、过滤能力也较低，但由于其滤饼的含固率高、滤液清澈、固体物质回收率高、调理药剂消耗量少等优点，对需要运输、进一步干燥或焚烧以及卫生填埋的污泥，可以降低运输费用、减少燃料消耗、降低填埋场用地。所以，在一些国家被广泛使用。

板框压滤机的选用与带式压滤机一样，主要根据污泥量、过滤机的过滤能力来确定所需过滤面积和压滤机台数及设备布置。

确定过滤能力后，将每小时产生的污泥干重除以过滤能力即可求得所需过滤面积，再根据压滤机产品规格至少选用2～3台。并绘制全套设备及脱水车间布置图。

思 考 题

1. 污泥浓缩的主要目的是什么？污泥浓缩有哪些方法？各有哪些优缺点？

2. 污泥稳定的主要目的是什么？污泥稳定的方法有哪些？

3. 影响污泥厌氧消化的主要因素有哪些？

4. 已知某城市污水处理厂的初沉池污泥量为320m³/d，剩余活性污泥量为180m³/d，混合污泥经浓缩后的含水率为96.5%，拟采用二级中温厌氧消化处理。消化池的停留时间为28天，其中一级消化20天，二级消化8天；计算温度选34℃；新鲜污泥的平均温度为18℃，最低日平均温度为13℃；该地区全年平均气温为11.4℃，冬季室外计算温度取−9℃；全年土壤温度为12.4℃，冬季计算温度取4.3℃，试设计消化池的各部分尺寸。

5. 污泥脱水的主要目的是什么？污泥脱水的方法主要有哪些？

第四篇

固体废物处理处置工程设计

14 固体废物的收集、运输和贮存

固体废物的收集是一项困难而复杂的工作，特别是城市垃圾的收集更加复杂，由于产生垃圾的地点分散在不同的街道、不同的小区和不同的家庭，而且垃圾的产生不仅具有固定源，而且还有移动源，因此，给垃圾的收集、运输和贮存工作带来诸多困难。

14.1　工业固体废物的收集与运输

在我国，工业固体废物的处理原则是"谁污染，谁治理"。一般来说，产生废物较多的企业在厂内外都建有自己的堆场，普通固体废物的收集、运输工作由工厂负责。零星、分散固体废物（企业下脚废料及居民废弃的日常生活用品）则由商业部所属废旧物资系统负责收集。此外，有关部门还组织居民、农村基层供销合作社收购站代收废旧物资。对大型企业，回收公司到厂内回收，中型企业则定人定期回收，小型企业划片包干巡回回收。对有毒有害废物专门分类收集，分类管理。

14.2　城市垃圾的收集与运输

城市垃圾包括生活垃圾、商业垃圾、建筑垃圾、粪便以及污水处理厂的污泥等。它们的收集工作是分别进行的。商业垃圾及建筑垃圾原则上由单位自行清除。粪便的收集根据住宅有无卫生设施分成两种情况：具有卫生设施的住宅，居民粪便的小部分进入污水处理厂处理，大部分直接排入化粪池。化粪池的粪便，达到初级处理后，定期清运。没有卫生设施的使用公共厕所或倒粪站进行收集，再由环卫专业队伍用真空吸粪车清除运输。一般每天收集一次，当天运出市区。

14.2.1　生活垃圾的收集方式及收集容器

生活垃圾的收集可分成五个阶段。

第一阶段是垃圾发生源到垃圾桶的过程，这个阶段的收集分为混合收集与分类收集。为了资源的回收利用，混合收集的垃圾要经过分选，而在垃圾发生源进行分类是最理想，成本最低的方法。我国目前没有强制性的采取分类收集办法，而是采取收购的方式鼓励分类收集。目前分类收集的废物主要有纸、塑料、橡胶、金属、玻璃、破布等。拾荒者常将垃圾桶内的垃圾进行分类收集，卖给回收公司。

第二阶段是垃圾的清除，我国统一由环卫工人将垃圾箱内的垃圾装入垃圾车内，垃圾车一般有 0.5t、2t 和 4t 的，根据收集容器设置点、道路及周边条件、人口密度选用不同的垃圾车。对固定砌筑的水泥垃圾箱，由环卫工人从垃圾箱中清除垃圾并装上垃圾车。垃圾台站可从下部或侧面设置的门直接排放进垃圾车。垃圾桶内的垃圾则由 2t 密封垃圾车的液压提升器将桶内的垃圾倒入车内。移动式长方体形垃圾桶则由叉车提升，将垃圾装入 2～4t 的垃圾车。关于垃圾的收集频率，按照我国的管理规定应当做到日收日清。

第三阶段是垃圾车按收集路线将垃圾桶中的垃圾进行收集，这将在后面的章节中详细讨论。

第四阶段是垃圾车装满后运输至垃圾堆场或转运站，一般由垃圾车完成。

第五阶段是垃圾由转运站送至最终处置场或填埋场。因为最终处置或填埋场一般远离城市，运输距离较远，所以一般需要较大吨位的运输工具，以降低运输成本。为此，通常会在合适的位置设置垃圾转运站。

14.2.2　城市垃圾收运线路设计

14.2.2.1　收集系统分析

收集系统分析是根据不同收集系统和收集方法，研究确定所需的车辆、人力和时间。分析的方法是将收集活动分解成几个单元操作，根据以往的经验与数据，并估计收集活动有关的可变因素，研究每个单元操作完成的时间。

收集系统有两种，一种是拖曳容器系统，一种是固定容器系统。拖曳容器系统是从收集点将装满垃圾的垃圾箱用牵引车拖到处置场（或转运站）倒空后再送回原收集点，车子再开到第二个垃圾箱放置点，如此重复。拖曳容器系统的简便模式如图 14.1(a) 所示。也可以用交换模式 [见图 14.1(b)] 来完成上述工作。

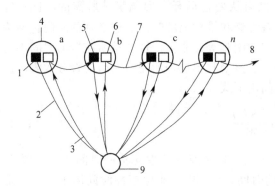

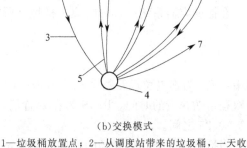

（a）简便模式　　　　　　　　　　　　（b)交换模式

1—牵引车从调度站出发到收集线路开始一天的工作；
2—拖曳装满垃圾的垃圾桶；3—空垃圾桶返回原
放置点；4—垃圾桶放置点；5—提起装了垃圾的
垃圾桶；6—放回空垃圾桶；7—开车至下一个垃
圾桶放置点；8—牵引车回调度站；
9—垃圾处置场或转运站

1—垃圾桶放置点；2—从调度站带来的垃圾桶，一天收
集线路的开始；3—从第一个垃圾桶放置点拖到处置场；
4—处置场；5—出空垃圾桶送到第二垃圾桶放置点；
6—放下空垃圾桶再提起装了垃圾的垃圾桶；
7—牵引车带着空垃圾桶回调度站

图 14.1　拖曳容器系统

固定容器系统中垃圾箱放在固定收集点，垃圾车从调度站出来将垃圾箱中的垃圾装车，垃圾箱留在原处，车子开到第二个收集点重复操作，直至垃圾车装满，将垃圾运至处置场（或转运站），直至工作日结束，垃圾车开回调度站。图 14.2 是固定容器系统示意图。

上述两种收集系统又可分解成四个单元过程来计算收集所需的时间。

（1）"拾取"时间　"拾取"所需的时间与收集类型有关。在拖曳系统简便模式中，"拾取"所需的时间包括三个部分：牵引车从放置点开车到下一个放置点所需的时间，提起装满垃圾的垃圾箱的时间和放下空垃圾箱的时间。在拖曳系统的交换模式中"拾取"所需的时间包括提起装满垃圾的垃圾箱的时间和在另一个放置点放下空垃圾箱的时间；在固定容器系统中，"拾取"时间是指从收集线路上所有装了垃圾的垃圾箱中将垃圾装至垃圾车上所需的时间。

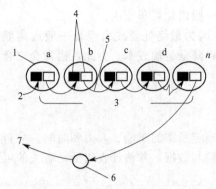

图 14.2　固定容器系统

—垃圾桶放置点；2—垃圾车从调度站来开始收集垃圾；3—收集线路；4—放置点中垃圾桶出空到垃圾车上；5—垃圾车驶往下一个收集点；6—处置场或转运站；7—垃圾车回调度站

（2）运输时间　运输时间也与收集系统的类型有关。拖曳容器系统的运输时间是指牵引车将装满垃圾的垃圾箱从放置点拖到处置场和将空垃圾箱从处置场拖回垃圾箱放置点所需的时间。在固定容器系统中，运输时间是指垃圾车装满后或从收集线路的最后一个放置点开车到处置场和卸下垃圾后再回到下一个收集点的时间。运输时间不包括在处置场的滞留时间。

（3）在处置场所花费的时间　包括垃圾运输车辆在处置场等待卸车的时间和卸车所需的时间。

（4）非生产性时间　非生产性时间是指相对收集操作过程来说的，包括必须的和非必须的。所谓必须的非生产性时间是指：①每天早晨的报到、登记、分配工作等花费的时间；每天结束的检查工作和统计应扣除的工时等所用的时间；②每天早晨从调度站开车去第一个放置点和每天结束从处置场开车回调度站所需的时间；③由于交通拥挤不可避免的时间损失；④花费在设备维修和维护上的时间。非必须的时间包括为午餐所花的时间和未经许可的工作休息以及与朋友的闲聊等。非生产性活动所花费的时间不论是必须还是非必须都一起考虑在整个收集过程中，以整个收集过程所花费时间的百分数表示。

在拖曳容器系统中，每收集一桶垃圾所需时间用下式表示：

$$T_{hcs} = \frac{P_{hcs} + S + h}{1 - W} \tag{14-1}$$

式中，T_{hcs} 为拖曳垃圾箱每个双程所需时间，h；P_{hcs} 为每个双程拾取花费的时间，h；h 为每个双程运输花费的时间，h；S 为在处置场花费的时间，h；W 为非生产性时间因子，一般取 0.1~0.25 之间。

当拾取时间与在处置场的时间相对稳定时，运输时间取决于车辆速度和运输距离。从不同的收集车辆得到的数据，可用下式计算运输时间：

$$h = a + bx \tag{14-2}$$

式中，a 为与运输车辆有关的常数，h，见表 14.1；b 为与运输车辆有关的常数，h/km，见表 14.1；x 为每个双程的运输距离，km。

表 14.1　车辆常数 a、b 数值

速度极限/(km/h)	a/h	b/(h/km)	速度极限/(km/h)	a/h	b/(h/km)
88	0.016	0.0112	40	0.050	0.025
72	0.022	0.014	24	0.060	0.042
56	0.034	0.018			

将式(14-2)代入式(14-1)，可得到每个双程的时间：

$$T_{hcs} = \frac{P_{hcs} + S + a + bx}{1 - W} \tag{14-3}$$

在拖曳容器系统中，每个双程的拾取时间按定义为：

$$P_{hcs} = p_c + u_c + d \tag{14-4}$$

式中，p_c 为提起垃圾箱需要的时间，h；u_c 为放下空垃圾箱所需的时间，h；d 为牵引车行驶于垃圾箱放置点之间需要的时间，h。

在计算每个双程拾取时间时，如果牵引车行驶于垃圾箱之间的平均时间不知道，可用式(14-2)估算，式中垃圾箱之间的距离代替双程运输距离。

拖曳容器系统每天每辆车的运输旅程次数可由式(14-5) 确定。

$$N_d = \frac{(1-w)H}{P_{hcs} + S + a + bx} \tag{14-5}$$

式中，N_d 为每日每辆车的双程运输次数；H 为一个工作日的时间，h/d。

如果已知每周需要出空的垃圾箱数目，可利用式(14-6) 计算每辆车每周工作日：

$$D_w = \frac{t_w(P_{hcs} + S + a + bx)}{(1-w)H} \tag{14-6}$$

式中，D_w 为每周需要工作日，d；t_w 为每周双程运输次数。

固定容器系统包括机械装卸和人工装卸两种，计算过程如下：

(1) 机械装卸垃圾的垃圾车　机械装卸垃圾的垃圾车一般用压缩机进行自动装卸垃圾，每个双程运输所需的时间为：

$$T_{scs} = \frac{P_{scs} + S + a + bx}{1-W} \tag{14-7}$$

式中，T_{scs} 为每个双程所需时间，h；P_{scs} 为每个双程拾取花费的时间，h；S 为在处置场花费的时间，h；x 为每个双程的运输距离，km。

对于固定容器系统，拾取时间由下式计算：

$$P_{scs} = C_t u_c + (n_p - 1)d \tag{14-8}$$

式中，C_t 为每个双程运输出空垃圾箱的数量；u_c 为每个垃圾箱出空垃圾所需的时间，h；n_p 为每个双程运输垃圾箱放置点的数目。

每个双程运输出空垃圾箱的数目与车辆的容积和能达到的压缩比有关。可利用下式计算：

$$C_t = \frac{Vr}{Cf} \tag{14-9}$$

式中，V 为垃圾车的容积，m³；r 为压缩比；C 为垃圾箱的容积，m³；f 为垃圾箱的平均利用系数。

每周需要双程运输次数由每周需要收集的垃圾量决定。

$$N_w = \frac{V_w}{Vr} \tag{14-10}$$

式中，N_w 为每周双程运输次数；V_w 为每周垃圾产量，m³。

每周需要工作的时间可用下式计算：

$$D_w = \frac{N_w P_{scs} + t_w(S + a + bx)}{(1-w)H} \tag{14-11}$$

(2) 人工装卸垃圾的垃圾车　人工装卸垃圾的车辆一般用于住宅区的服务。其分析原理同前，只是计算方式有所不同。

如每日工作 H 小时，每日完成的运输次数已知，可利用下式计算拾取时间：

$$P_{scs} = \frac{(1-w)H}{N_d - (S + a + bx)} \tag{14-12}$$

14.2.2.2　收集线路设计

劳动量和收集车辆确定后，收集路线设计的目的是使劳动力和设备有效地发挥作用。收集路线的设计没有固定的规则，一般用尝试误差法进行。

　　线路设计的主要问题是收集车辆如何通过一系列的单行线路或双行线路，以使整个行驶距离最小，或者说空载行程最短。

　　线路设计大体上分成四步：第一步，在商业、工业或住宅区的大型地图上标出每一个垃圾箱的放置点、垃圾箱的数量和收集频率。如果是固定容器系统还应标出每个放置点的垃圾产量。根据面积的大小和放置点的数目，将地区划分成长方形或正方形的小面积，使之与工作所涉及的面积相符合。第二步，根据这个面积图，将每周收集频率相同的收集点的数目和每天需要出空的垃圾箱数目列出，形成工作运筹表（见表 14.2）。第三步，从调度站或垃圾车停车场开始设计每天的收集路线图。

表 14.2　垃圾收集工作运筹表

收集频率 (1)	收集点数目 (2)	每周运输次数 (1)×(2)=(3)	每日出空垃圾箱数目(相同收集频率)				
			周一	周二	周三	周四	周五
1	10	10	2	2	2	2	2
2	3	6	0	3	0	3	0
3	3	9	3	0	3	0	3
4	0	0	0	0	0	0	0
5	4	20	4	4	4	4	4
合计	45	9	9	9	9	9	9

　　在设计路线时应考虑下列因素：①收集点和收集频率应符合国家法律、法规的要求；②收集人员的多少和车辆类型应与现实条件相协调；③线路的开始与结束应临近主要道路，尽可能地利用地形和自然疆界作为线路的疆界；④在陡峭地区，线路开始应在道路倾斜的顶端，下坡时收集，便于车辆滑行；⑤线路上最后收集的垃圾箱应距离运输目的地最近；⑥交通拥挤地区的垃圾应尽可能安排在一天的开始收集；⑦垃圾量大的产生地应安排在一天的开始时收集；⑧如果可能，收集频率相同而垃圾量最小的收集点应在同一天收集或同一个行程中收集。

　　第四步，当各种初步线路设计完成后，应对垃圾箱之间的平均距离进行计算，应使每条线路所经过的距离基本相等或相近，如果相差太大应重新设计。如果不止一辆收集车辆，应使驾驶员的劳动强度基本平衡。

　　目前，比较先进的设计方法是利用系统工程采取模拟方法设计最佳收集线路。

14.3　城市垃圾的转运及转运站设计

14.3.1　转运的必要性

　　由于城市垃圾填埋场在选址方面有一些苛刻的要求，因此垃圾运输的距离一般都比较远，常常有二三十公里甚至更远。而在分散的垃圾收集点装运垃圾，又无法使用大吨位的载重汽车。若采用小吨位、长距离的运输方式，其结果必然大大增加运输成本。如果在垃圾运输线上的某一适宜位置设置转运站，对垃圾进行压缩加工后，再用大吨位的汽车送至填埋场，就可大幅度降低垃圾的运输成本。而且，由于松散的垃圾经过压缩处理，也会间接地延长填埋场的使用寿命。我国某城市垃圾填埋场的转运站的可行性研究结果表明，如果全程（30km）用 8t 汽车运送垃圾，每吨垃圾的运输成本为 38 元左右；若在离填埋场 20km 处设置转运站，经压实后的垃圾换用 24t 的汽车运送，则运输成本降低为 23 元/t。同时，由于垃圾的密度由 375kg/m³ 增加到 700～800kg/m³，垃圾填埋场的寿命也可大大延长。

转运站的规模有大、中、小型之分，大型转运站的垃圾转运量在 450t/d 以上，中型为 150～450t/d，小型为 150t/d 以下。当垃圾的转运的距离大于 20km 时，需要设置大中型转运站。

垃圾转运站的设计由站址选择、工艺流程的选择和计算、设备的选择和计算、工程投资概算等几个部分组成。

转运站站址的选择是在可行性研究阶段完成的。需要注意的是，除了和垃圾填埋场选址一样，要重点考虑垃圾压缩加工过程中产生的高浓度废水和有毒有害气体对周围环境（尤其是地下水）的污染外，还要考虑所选择的位置能否最大限度地降低运输成本。

14.3.2　工艺方案的确定

垃圾的压缩、转运工艺在国内外都已有比较成熟的技术。国内外常用的类型可分为压装式、预压块装式、预压打包式、传送带式、开顶直接装载式、抓斗直装式、机碎式和分类分拣式等。

（1）压装式垃圾转运站　不同类型的垃圾收运车将垃圾卸至压装机的地坑内，由地坑内的推板将垃圾均匀地推入下一楼层的垃圾压装机内，再由压装机的推杆压入专用的垃圾集装箱。装满后，由牵引车拉到垃圾填埋场。

（2）预压块装式转运站　收运车将垃圾卸入垃圾地坑内，经漏斗进入压缩机中，压缩成块后，整块推入集装箱。最后由牵引车拉至填埋场。

以上两种类型属集装箱式垃圾压缩机。

（3）预压打包式转运站　垃圾在站内压实打包，以铁丝捆扎、码垛，最后由车运往填埋场。这种类型的转运站只适合含水量较低的垃圾，一般用于处理袋装垃圾。

（4）传送带式转运站　垃圾车进站后，至坑道型地坑边卸垃圾于坑底的传送带上，再由传送带输送到集装箱内运走。这种类型转运站的最大缺陷在于运行费用高，易出故障，转运站环境卫生条件差。

（5）开顶直接装载式转运站　这种类型转运站的工作方式是在集装箱顶部开口，垃圾收运车直接在车顶卸料。此类转运站一次性投资低，运行简单。但其最大缺陷在于垃圾几乎没有压实，作业效率低下；无法几辆车同时卸料；装载过程不密封，环境污染严重。

（6）抓斗直装式转运站　垃圾收运车从车间的三层向二层卸下垃圾，推土机将垃圾推至转向抓斗附近，由抓斗抓垃圾入集装箱内。这种类型转运站的最大问题在于二层空间环境恶劣，且运行效率不高。

（7）机碎式垃圾转运站　垃圾在转运站内由机械搅碎，再运至填埋场。这种转运站投资昂贵，垃圾的处理速度较慢，目前应用较少。

设计人员在确定垃圾转运站的类型时，可比较上述各种类型转运站的利弊，再根据实际情况慎重选择。

有关转运站设计的相关标准可参考《城市垃圾转运站设计规范》。

14.3.3　设备的选择和计算

14.3.3.1　设备的类型

由于垃圾的压缩和转运工艺的类型很多，因此用于该作业的设备的规格和类型也多种多样。根据我国的实际情况，采用较多的是预压块式工艺方案。该工艺方案所用的主要设备有：① 压缩机及与其匹配的地坑推板；② 运输车辆。

（1）压缩机和地坑推板　该机组的工作方式是：垃圾从运载车辆上卸入地坑（料槽）内，由设置在地坑一端的推板将其推入地坑另一端的落料口内，落料口下接垃圾压装机的受料槽。进入压装机的垃圾，被压缩机的压头向前推移、压实后，压头退回，再推压新倒入的垃圾，直至被压缩的垃圾达到预设的质量（密度）后，压装系统可自动将压装机与转运车的集装箱连接锁定，再开启压缩机的前端闸门，由压装机的推移装置将已压缩合格的垃圾推入运输车辆的集装箱内。随后车、机解锁脱钩，由牵引车将集装箱送往填埋场。表14.3为我国某公司研制的垃圾压缩机和地坑推板的技术参数。

表 14.3　ACP-18 型垃圾压缩机和 TPP-11700 型地坑推板的技术性能

ACP-18 型垃圾压缩机		TPP-11700 型地坑推板	
设备型号	ACP-18 型	设备型号	TPP-11700
额定垃圾处理量	$400m^3/h$	额定处理量	$117m^3/次$
每压缩周期处理量	$80m^3$	满行程往返周期	2min
每压缩周期时间	13min	满行程回退速度	0.44m/s
压缩比	1:2～1:3	落料口尺寸	3.05m×1.85m
总功率	160kW	卸料泊位	4 个
集装箱换箱时间	3min	泵站电机功率	37kW
压头最大压力	180t	油缸形式	5 级双作用油缸
压缩机受料口尺寸	1.85m×3.05m	油缸行程	10.13m
推头推压横断面	2.03m×2.03m	液压控制方式	比例控制
压头总行程	15.8m	外形尺寸($L×B×H$)	15.4m×83.2m×3.3m
外形尺寸($L×B×H$)	25.6m×2.6m×6.4m	质量	26t
压缩机质量	自重73t	占用面积	$50m^2$

（2）转运车辆　转运车辆的运行方式有两种：① 牵引车与集装箱分体独立运行；② 牵引车与集装箱一体式运行。前者可以采用较少的牵引车和相对较多的集装箱，在较大的程度上节省了投资。但是，由于增加了挂车这个环节，车辆的运行周期增大了。第二种运行方式机动性强，但牵引车的配置数要有一定程度的增加，一次性投资和司机的数量都要加大。所以在选择运行方式时，要综合考虑上述几种因素。

14.3.3.2　设备的选择和计算

（1）垃圾压装机和地坑推板的选择计算　选择压装机和地坑推板时要考虑以下几个因素。

① 设备性能的先进性。包括压装机和集装箱连接时的定位、自锁性能，地坑的落料口自动消除蓬堵性能，其他的自动控制性能。

② 设备的技术经济指标，如单位时间的处理能力、压缩机的最大压力和压缩比、地坑推板的最大行程和设备的工作周期等。

③ 设备的价格。

④ 地坑推板的卸车泊位。

⑤ 设备的占地面积等。

设备数量计算要考虑的因素包括：① 垃圾的日处理量；② 设备的工作制度（日工作时间和高峰期的工作时间）；③ 设备的处理能力和运行周期；④ 压装机的压缩比；⑤ 垃圾的松散密度等。

压装机和地坑推板的数量（n）可用下式计算：

$$n = \frac{q}{Q_0} \tag{14-13}$$

式中，q 为垃圾运输高峰期单位时间内所需处理的垃圾量，t/h；Q_0 为单机单位时间的处理能力，t/h。其中：

$$q = \frac{Q_a}{T_0} \tag{14-14}$$

$$Q_0 = 60\,\frac{V_0\delta}{1000(T_a + T_b)\eta} \tag{14-15}$$

式中，Q_a 为高峰期处理的垃圾量，t；T_0 为高峰期的小时数，h；V_0 为压缩机每小时处理的垃圾体积，m^3；δ 为压缩前垃圾的密度，kg/m^3；T_a 为压缩机一个周期的工作时间，min；T_b 为压缩机一个周期的换箱时间，min；η 为压缩机的作业率，%。

（2）牵引车和集装箱数量的计算　计算所需的牵引车和集装箱的数量时，需要考虑以下的因素：运输距离、日垃圾处理量及高峰期垃圾处理量、垃圾的松散密度和压实密度、单个集装箱的有效容积、环卫系统的汽车备车率和牵引车的工作周期等。

① 牵引车数量的计算　牵引车的数量（N_q）可用下式计算：

$$N_q = \frac{Q}{Q_q}S \tag{14-16}$$

式中，Q 为填埋场作业高峰期的处理垃圾量，t/h；S 为环卫车辆的备车率，通常 S 取 1.3；Q_q 为单车的小时运输垃圾量 t/h，台。其中：

$$Q_q = Q_c n \tag{14-17}$$

$$Q_c = V_j\,\frac{R}{1000} \tag{14-18}$$

式中，n 为牵引车的日往返次数（要考虑在填埋场和转运站的停留时间）；V_j 为集装箱的有效容积，m^3；R 为垃圾的压实密度，kg/m^3。

② 集装箱数量的计算　集装箱的数量（N_j）可用下式计算：

$$N_j = \frac{Q_w}{Q_c} + N_q \tag{14-19}$$

式中，Q_w 为高峰期来不及运走的垃圾量，t。其中，

$$Q_w = Q_a - N_q V_j N_0 \tag{14-20}$$

式中，N_0 为高峰期每辆牵引车的往返次数；Q_a 为填埋场日处理垃圾量，t/d。

14.3.4 垃圾转运站污染控制
14.3.4.1 渗沥液的污染控制

垃圾转运站的渗沥液是在垃圾压缩的过程中产生的，属高浓度有机废水。其特点有二：一是水量变化大，突出表现在受季节的影响（夏季、雨季远高于冬季的渗沥液的产生量）；二是废水中的污染物的成分复杂、变化大、有机污染物浓度高。因此，其污水处理的难度相当大。根据我国的实践经验，已有以下几种处理方法。

① 并入城市的污水处理系统　由于污水量相对较少（根据沈阳地区资料，每处理 1000t 垃圾可能产生的渗沥液最大量为 80t 左右），所以尽管废水中有机物浓度很高（有时 COD 含量可达几万），但在有条件的情况下还是可以将其排入城市污水处理系统。

② 如果转运站不在城市污水管网附近，可将产生的渗沥液导入城市环卫系统的化粪池处理。

③ 可以将产生的废水运送到填埋场用于回喷。

④ 建设废水处理厂进行处理。

14.3.4.2 大气污染治理

转运站产生的大气污染物主要是垃圾倾倒时产生的大量扬尘、垃圾，特别是压缩机和地坑推板机组中残留垃圾分解时产生的有毒有害气体（恶臭）。由于垃圾的组成变化大，因此产生

的有毒有害气体的种类和成分也非常复杂。这类气体的处理方法有以下几种：

① 各类除尘方法。

② 在大门处设置气幕，防止污染气体向车间周围的环境扩散。

③ 增加排气烟囱的高度。

④ 在车间放置吸附剂，以降低有毒有害气体的浓度。

14.4　危险废物的收集、贮存及运输

由于危险废物固有的属性，包括化学反应性、毒性、易燃性、腐蚀性、易爆性、传染性或其他特性，可导致对人类健康或环境产生危害，因此，在其收集、贮存及转运期间必须注意进行不同于一般废物的特殊管理。

14.4.1　危险废物的产生与收集贮存

14.4.1.1　危险废物的产生

危险废物的产生部门、单位或个人，都必须备有安全存放所排放废物的装置，一旦它们产生出来，迅即将其妥善地放进此装置内，并加以保管，直至运出产地作进一步贮存、处理或处置。

盛装危险废物的容器装置可以是钢圆筒、钢罐或塑料制品。所有装满废物待运走的容器或贮罐都应清楚地标明内盛物的类别与危害说明，以及数量和装进日期。危险废物的包装应足够安全，并经过周密检查，严防在装载、搬移或运输途中出现渗漏、溢出、抛洒或挥发等情况。

14.4.1.2　危险废物的收集与贮存

典型的收集站由砌筑的防火墙及铺设有混凝土地面的若干库房式构筑物所组成，贮存废物的库房室内应保证空气流通，以防具有毒性和爆炸性的气体聚集产生危险。收进的废物应详细登记其类型和数量，并应按性质不同分别妥善存放。

14.4.2　危险废物运输

危险废物的运输车辆必须经过主管单位检查并持有有关单位签发的许可证，负责运输的司机应通过培训，持有证明文件。

承载危险废物的车辆必须有明显的标志或适当的危险符号，以引起关注和注意。

载有危险废物的车辆在公路上行驶时，需持有运输许可证，其上应注明废物来源、性质和运往地点。此外，在必要时须有专门人员负责押运。

危险废物运输单位需事先做出周密的运输计划并确定行驶路线，其中包括废物泄漏情况下的有效应急措施。

采用文件跟踪系统（五联单制度），由废物产生者填写一份记录废物产地、类型、数量等情况，其中第一联由废物产生者送交环保局，第二联由废物产生者保存，第三联由废物处理场工作人员送交环保局，第四联由处置场工作人员保存，第五联由废物运输者保存。

思　考　题

1. 某住宅小区共有 1000 户居民，由 2 个工人负责清运该小区垃圾。按固定式清运方式，计算清运时间及清运车辆容积。已知条件如下：每一集装点平均服务人口为 3.5 人；垃圾单位产量 1.2kg/(d·人)；容器内垃圾的容重 120kg/m³；每个集装点设 0.12m³ 容器 2 个；收集频率每周一次；收集车压缩比为 2；来回运距 24km；每天工作 8h；每次行程 2 次；卸车时间 0.10h/次；运输时间 0.29h/次；每个集装点需要的人工集装时间为 1.76min/(点·人)；非生产时间占 15%。

2. 某住宅小区生活垃圾产生量约 280m³/周，拟用一垃圾车负责清运工作，实行移动式清运。已知该车每次集装容积为 8m³/次，容积利用系数为 0.67，垃圾车采用 8h 工作制。试求为及时清运该住宅小区垃圾，每周需要出动清运多少次？累计工作多少小时？经调查已知：平均运输时间为 0.512h/次，容器装车时间为 0.033h/次，容器放回原处时间 0.033h/次，卸车时间 0.022h/次，非生产时间占全部工时的 25%。

3. 为什么要设置垃圾转运站？如何确定垃圾转运站的工艺方案？

4. 如何控制垃圾转运站的环境污染？

5. 危险废物的收集、运输、贮存与一般固体废物相比有哪些不同？

15 固体废物填埋场设计

15.1 填埋场的选址

填埋场的选址是在设计任务书下达之前的可行性研究阶段完成的。主要考虑防止地下水污染、运输距离及社会环境等因素。根据《城市生活垃圾卫生填埋技术规范》的规定，填埋场的场址选择应符合下列基本要求。

（1）应符合当地城市建设总体规划要求；符合当地城市区域环境总体规划要求；符合当地城市卫生事业发展规划要求。

（2）应与当地的大气保护、水资源保护、自然保护及生态平衡要求相一致。

（3）填埋场对周围环境不应产生污染或对周围环境污染不超过国家有关法律、法令和现行标准允许的范围。

（4）填埋场应具备相应的库容，其使用年限宜超过8年。

（5）填埋场宜选在地下水资源贫乏地区，而不应设在地下水集中供水水源补给区。

（6）填埋场应设在居民居住区或人畜供水点500m以外的地区，而不应设在洪泛区、淤泥区、活动的坍塌地带、地下蕴矿区、灰坑区、溶岩洞区；珍贵动物保护区和国家大自然保护区；公园、风景游览区、文物古迹区；军事要地和国家保密地区。

填埋场选址前必须进行下列基础资料的收集。

（1）城市用地规划、区域环境规划、场址周围人群活动分布与区域环境的关系。

（2）城市环境卫生规划及垃圾处理规划。

（3）地形、地貌及相关地形图。

（4）地层结构、岩石及地质构造等工程地质条件。

（5）地下水水位、流向等水文地质资料和地下水利用情况；周围水系流向及用水情况。

（6）夏季主导风向及风速。

（7）降水量、蒸发量、气温及最大冻土层厚度；洪泛周期年等气象背景资料。

（8）垃圾类型、性质和组成；待处理垃圾总量和日填埋量。

（9）土石料条件。包括获取土石料的难易程度、距离远近、土石料存储总量。

（10）交通运输及供水、供电条件。

场址选择应由建设、规划、环保、设计、国土管理、地质勘察等有关人员参加。填埋场选址应遵循下列程序。

（1）初选 根据城市总体规划、区域地形、地质资料在图纸上取得三个以上候选场址。

（2）候选场址的现场踏勘 选址人员对候选场址进行实地考察，并通过对场地的地形、地貌、植被、水文、气象、交通运输和人口分布等的对比分析，确定预选场址。

（3）预选场址方案比较 选址人员对2个或2个以上的预选方案进行比较，并对预选场址进行地形测量、初步勘探和初步工艺方案设计，完成选址报告，并通过审查，最终确定场址。

15.2 填埋场容量的计算

确定填埋场容量时，要先界定填埋场的境界，再根据所设计的填埋标高及平整基底时的土方量，即可计算出填埋场的容量。

15.2.1 填埋场的境界和填埋标高

确定填埋场的境界时，要综合考虑填埋场的整体布局规划（如进出场地的道路、维修间、地磅房、化验室、办公室、生产生活辅助设施等），并在进行详细的地貌调查后，充分利用填埋区附近的自然条件，以达到用较少的工程量获得较大的填埋容量的目的。

设计填埋标高时同样要根据填埋区的地形、地貌特征，对同一填埋区而言，增大设计标高，填埋容量扩大，但基建投入也相应增加。因此，要综合考虑填埋场容量和基建投资两大因素，进行方案比较。

15.2.2 填埋场容量的计算

填埋场容量除与填埋区面积和填埋标高有关外，还受固体废物的可压缩性、日覆盖土厚度、废物分解特性等因素的影响。计算填埋场容量最常用的是分层计算法和整体计算法。

分层计算法 先确定每一填埋层的面积，其值与填埋层高度的乘积即为该填埋层的体积，所有填埋层体积之和就是填埋场的理论容量。通常，每一层的厚度为 2.5～3m，而覆土与填埋物的厚度比为 1/4～1/10。

整体计算法 该法采用平均高差水平截面法计算原始库容和清场挖方量，两者之和即为填埋场的理论容量。计算时把填埋区划分成若干个计算单元（每个单元可确定为 50m×50m 或 25m×25m），把每一计算单元内的地面高差（最终填埋标高与填埋场的原始基底标高之差）的平均值作为单元计算高差，则两者的乘积为该单元的原始库容。基底整理时的挖方量则等于基底整理前后基底标高的差值与单元面积的乘积。

（1）原始库容的计算

$$V_1 = \sum_{i=1}^{n} S_i (H_{i0} - \overline{H}_i) = \sum_{i=1}^{n} S_i \left(H_0 - \frac{\sum_{j}^{m} H_{ij}}{m} \right) \tag{15-1}$$

式中，V_1 为填埋场的原始库容，m^3；S_i 为第 i 个计算单元的水平截面面积，m^2；H_{i0} 为第 i 个计算单元的封场高程，m；$\overline{H}_i$ 为第 i 个计算单元的平均地面高程，m；n 为计算单元的数量；H_{ij} 为第 i 个计算单元第 j 个计算高程，m；m 为第 i 个计算单元计算高程的数量。

（2）基底整理时挖方量的计算

$$V_2 = \sum_{i=1}^{n} s_i \overline{h}_i = \sum_{i=1}^{n} \left(s_i \sum_{j=1}^{m} \frac{h_{ij}}{m} \right) \tag{15-2}$$

式中，V_2 为计算单元的基底整理挖方量，m^3；s_i 为计算单元的水平截面面积，m^2；$\overline{h}_i$ 为计算单元基底整理的平均高差，m；h_{ij} 为第 i 个计算单元的第 j 个基底整理高差，m；m 为计算单元的挖方计算高差的数量。

（3）填埋常容量计算 填埋场容量等于原始库容与基底整理时挖方量之和，即

$$V = V_1 + V_2 \tag{15-3}$$

（4）填埋场服务年限的确定 填埋场建成后，影响垃圾填埋场的服务年限的因素包括：设计规模、覆土比及压实后垃圾的密度。设计规模是由填埋场的服务区域范围内的日产垃圾数量决定的，而压实后垃圾的密度则取决于垃圾的性质和压实机械的性能，通常为 700～900kg/m³。

覆土比是由填埋场的工作制度决定的。通常，每 3m 厚的垃圾层需覆土 50cm，但对腐败物含量超过 40% 的垃圾，每 50cm 的填埋物需覆土 50cm。对于垃圾填埋而言，加上封场覆土，总覆土量为填埋量的 1/3 左右。

填埋场的服务年限 N 可由下式计算：

$$N = \frac{V}{\dfrac{365P(1+K)}{\rho}}$$

(15-4)

式中，P 为日产垃圾量，t/d；K 为覆盖比；ρ 为压实后的垃圾密度，kg/m³。

15.3 填埋场的防渗系统设计

防渗系统是垃圾填埋场最为重要的设施，包括防渗设施和渗沥液的收集、导出系统。渗沥液的收集和导出系统的结构类型和几何尺度与填埋物的种类、性质及填埋场的地质结构有关，其中几何尺度主要由渗沥液的产生量决定。

15.3.1 防渗层的类型及选择

防渗层分天然防渗层和人工防渗层两大类。根据生活垃圾填埋的技术规范，采用天然防渗层时，天然黏土类衬里的渗透系数不大于 1.0×10^{-7} cm/s（安全填埋时，天然黏土类衬里的渗透系数不得大于 1.0×10^{-8} cm/s），场底及四壁的衬里厚度不得小于 2m。实际施工时，应根据填埋区的详勘资料，对于无黏土或黏土层厚度不够 2m 的地方补足 2m 并压实。

不具备天然防渗条件的填埋场必须设置天然和人工相结合的防渗技术设施，即采用单复合衬里或双复合衬里防渗结构（安全填埋时宜采用双复合衬里）。常见的防渗层结构有单层衬层系统、单复衬层系统、双层衬层系统和多层衬层系统，分别见图 15.1、图 15.2、图 15.3、图 15.4 所示。

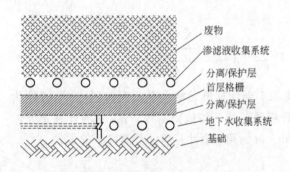

图 15.1 单层衬层系统示意图

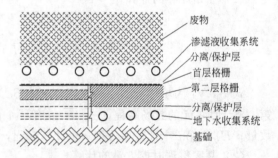

图 15.2 单复衬层系统示意图

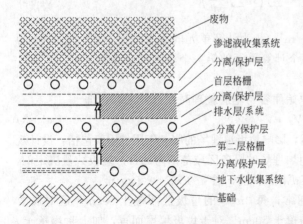

图 15.3 双层衬层系统示意图

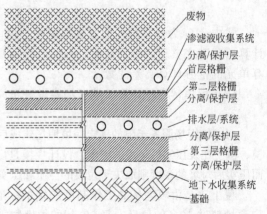

图 15.4 多层衬层系统示意图

表 15.1　人工防渗层的材料性能

物性	施工材料									
	EPDM	HR	CSM	CPE	HDPE	PVC	EVA	PU	沥青布	改性沥青喷涂
密度/(g/cm³)	1.1~1.2	1.2	1.5~1.7	1.3~1.4	0.94~0.96	1.3~1.5	0.92~0.95	1.12~1.13	1.05	1.0
拉伸强度/(kg/cm)	75~150	60~80	60~140	80~150	170~330	200~300	80~100	400~600	40~70	3.5(40)
切断时延伸率/%	450~600	500~700	500~600	400~600	200~600	100~300	600~750	600~750	80~100	300(170)
拉裂强度/(kg/cm)	25~45	20~40	40~50	40~80	50~150	30~100	50~70	80~110	50~70	3(24)
肖氏硬度/度	65~75	55~65	55~75	65~75	85~100	75~90	70~80	85~89	50~70	40
耐热性/℃	100	105~120	120	120	50~100	60~80	80	50~100	80	150
耐寒性/-℃	40~60	40~60	40	40	60	20	75	70	25	50
热导率/[kcal/(m·℃)]	0.11~0.20	0.20~0.26	0.25~0.30	—	0.27~0.30	0.13~0.15	—	0.19~0.24	0.12~0.15	0.13
热膨胀率/[10^{-6}cm/(m·℃)]	13~120	20~130	50~250	—	110~130	75~200	180~220	10~25	30~60	60~70
水蒸气透过率/[g/(m²·d)]	0.1~0.3	0.04	1.0~2.4	—	—	1.5~2.5	0.2~0.4	9~14	0.04以下	
吸水性/(%·d)	0.2~0.4	0.2~0.8	2.6	—	0.3~1.0	0.5~1.5	0.5~0.8	1.0~2.0	0.03	0.5~1.0
耐氧化性	优	劣	优	优	良	良	良	优	良	良
耐碱性,pH10以上	优	优	优	优	优	优	优	优	优	优
耐酸性,pH4以下	良	良	良	良	良	良	尚可	良	优	优
耐油性	劣	劣	优	优	优	良	劣	良	劣	劣

在地形、地貌和水文地质条件特殊的地段，当仅用水平防渗措施达不到防渗要求时，可采用帷幕灌浆等垂直防渗措施。

15.3.2　人工防渗层所用材料的种类及性能

可用以建造人工防渗层的材料很多，常用的人工防渗材料如图15.5所示，其性能见表15.1所示。

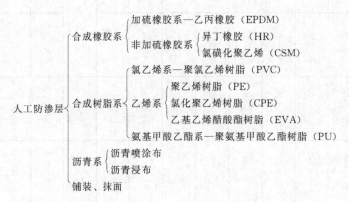

图15.5　人工防渗层所用的材料

我国的填埋场通常采用高密度聚乙烯（HDPE）或PVC膜，薄膜厚度不应小于1.5mm，且须焊接牢固，常见的焊接方法见图15.6。

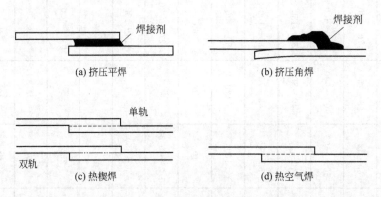

图15.6　HDPE膜的常见焊接方法

15.3.3　黏土衬层的设计

黏土衬层的设计要满足下列要求。

（1）黏土衬层的厚度　黏土衬层可以采用单层衬层系统，也可以和其他材料形成复合的双层或多层衬层系统。其推荐的厚度如表15.2所示。

表15.2　压实黏土衬层渗透系数与设计厚度推荐值

衬层结构	单层衬层	复合（土/膜）	复合（土/复合土）	双层衬层
渗透系数/(cm/s)	10^{-7}	$10^{-6} \sim 10^{-7}$	10^{-7}	10^{-7}
黏土层厚,/m	$1.0 \sim 3.0$	$0.6 \sim 1.0$	1.0	$0.6 \sim 1.0$

（2）渗透性　表征黏土衬层渗透性的主要指标是渗透系数，决定渗透系数大小的关键因素是黏土衬层中的孔隙大小及其分布。而孔隙大小及其分布与土壤颗粒的大小及其分布、压实程度关系密切，同时，渗透性还与渗沥液的黏度有关。由于渗沥液的黏度同时与其性质和温度有

关，因此，渗沥液在黏土中的渗透系数要通过实验测定。

（3）含水率和密实度　黏土层要有一定的含水率和密实度，以达到低的渗透性和高的强度。实验研究表明，当黏土层的含水率略高于其最佳值时，可获得最佳的渗透性。在具体的设计时，要进行黏土的密度、湿度和渗透性的实验，建立三者的关系曲线，以求得最佳值。

（4）土块大小与级配　通常，土块越小，其中的水分分布越均匀，其压实效果就越好。尤其是土块的含水率小于拟定的压实最佳含水率时，土块的大小就更重要。设计中推荐的土块的最大尺寸为 2cm。此外，土壤的级配也影响黏土衬层的透水性。适当的级配有利于减小透水率。

（5）塑性　作为衬层的黏土要具有一定的塑性，但过高塑性的土壤易收缩和干化断裂。通常，要求黏土层的塑性指数为 10%～15%。

（6）强度　黏土材料要具有足够的强度，使其不致在施工和填埋物负荷作用下发生变形。

（7）与填埋物的化学相容性　不同渗沥液与黏土之间会发生多种反应，从而影响黏土的渗透率。因此，在使用黏土做防渗材料时，必须进行废物与黏土的化学相容实验。对于不能相容而又必须填埋的废物，要采取进一步的防渗措施或者对废物进行预先的固化处理。

（8）黏土衬层的坡度设计和排水层设计　推荐的设计坡度为 2%～4%；推荐的衬层系统中的排水层厚度为 30～120cm；集水管的最小直径为 15cm；集水管的间距为 15～30m。

15.3.4　人工改性防渗材料的设计

人工改性黏土衬层的设计可以参照天然黏土衬层进行。

使用膨润土作为添加剂时，其可置换的阳离子种类是一个重要的控制参数，直接影响到混合土的渗透性。通常，膨胀性越好的膨润土，添加后混合土的渗透性越小。但是，具有高膨胀性能的膨润土往往更易受化学物质的影响。例如，钠基膨润土在含高钙盐的溶液中容易进行离子交换，它很容易转变为钙型土，从而严重降低膨润土的膨胀性，使混合土的渗透性增大。

膨润土的添加比要根据土壤的条件而变化，一般在原土中加入 3%～8% 时，就可将大部分土壤材料的渗透系数降低到设计标准。混合土衬层设计时，应通过试验确定：①原土和膨润土的最佳混合比；②密度-含水率-渗透系数三者关系；③干燥膨润土的颗粒尺寸及其分布。

15.3.5　高密聚乙烯衬层的设计

在衬层设计中，高密聚乙烯（HDPE）防渗膜通常用于复合衬层系统、双层衬层系统和多层衬层系统。其性能见表 15.1。

（1）HDPE 的性能要求

① 密度　用于安全填埋场的 HDPE 防渗膜的密度要求为 $0.932\sim0.940\text{g/cm}^3$，最佳值为 0.95g/cm^3；我国自行生产的（如齐鲁石化公司）HDPE 膜的密度可以达到这一标准。

② 熔流指数❶　熔流指数（MFI，Melt flow index）反映材料的流变特性。其值越低，材料越脆，弹性越低，但刚性越强。通常，其最佳值为 0.22g/10min，一般熔流指数在 0.05～0.3g/10min 便可达到要求。

③ 炭黑含量　炭黑含量反映了材料抗紫外线辐射的性能。一般炭黑添加量为 2%～3%。不含炭黑的 HDPE 不能在露天的填埋场中应用。

④ 膜厚度　由于 HDPE 的抗渗能力是完全有保证的（如穿透 0.5mm 的 HDPE 膜需要 80年），所以确定膜厚度时不以其抗渗能力为依据。应该考虑的因素有：a. 抗紫外线辐射性能（不暴露时其最小厚度为 0.75mm，若外露时间超过 30d，则最小厚度为 1.0mm）；b. 抗机械

---

❶　熔流指数：塑料粒在一定时间、一定温度及压力（各种材料标准不同）下，融化成塑料流体，上墙由活塞施加某一定重量向下压挤，在 10min 内从一直径为 2.095mm，管长为 8mm 细管挤出的塑料流体克数。单位为 g/10min。

穿透能力（用 FTMS 101-101 C 的方法测试，膜厚度为 1.0mm 时不得低于 200N）；c. 抗均匀沉降能力。从我国的实际情况看，膜厚度的推荐值为 0.5～2.5mm。

⑤ 膜的抗拉强度 HDPE 膜的抗拉强度是设计时需要考虑的重要参数之一，不同厚度的膜对其抗拉强度有不同的要求。一般 1.0mm 厚度的膜的抗拉强度不得小于 20MPa。

⑥ 渗透系数 渗透系数应该小于 10^{-12} cm/s。

（2）HDPE 复合衬层的下垫层设计 HDPE 防渗膜必须铺设在平整、稳定的下垫层上。其设计要点是：

① 地下水位与基底间的距离 地下水位与基底间的距离推荐值已列于表 15.3。但在水网密布地区，其值允许小于 2m。

表 15.3 基础层底标高距地下水水位距离推荐值

基础渗透性/(cm/s)	距地下水水位距离/m
黏土，$\leqslant 10^{-7}$	>2.0
黏土，$10^{-7} < k \leqslant 10^{-6}$	>2.5
黏土，$< 10^{-5}$	>3.0

② 下垫黏土层厚度 当需要外运黏土铺设时，其值会影响工程造价，不宜过高。一般为 0.6～1.0m。

③ 基础承重的设计要求 为使基础能够均匀承重，下垫层的压实相对密度不得低于 90%。

④ 对下垫层的特殊要求 下垫层不能有 5mm 以上的颗粒物，黏土层不能出现脱水、开裂；要均匀施放化学除草剂，使垫层不致生长植物；如要预设管、渠、孔洞等，要严格按照黏土衬层的要求施工，并使 HDPE 与下垫层衔接好。

（3）HDPE 复合衬层的结构设计

① 边坡压实黏土层厚度 边坡防渗的难度比底层更大，因为边坡的施工和压实很困难，且边坡的下垫层与其上的 HDPE 膜易产生滑动而使膜损坏。所以建议边坡土层的厚度应大于底层厚度 10%左右。

② 底层压实黏土层厚度 底层压实黏土层厚度一般为 0.6～1.0m。

③ 排水层厚度 排水层厚度与排水层的材料有关，砂和砾石排水层的厚度一般要大于 30cm。

④ 排水层的渗透系数 推荐使用清洁的砾石，因为其渗透系数大，且毛细上升高度小。

⑤ 边坡坡度 边坡坡度的确定应该考虑地形条件、土层条件、填埋场容量、施工难易程度和工程造价等因素。其推荐值为 1∶3。

⑥ 底部坡度 底部坡度既要考虑集、排水的需要，又要考虑场地条件和施工的难易程度。通常 2%的集、排水坡度即可满足要求，特殊情况下也可采用 3%～4%的坡度。

（4）HDPE 膜的锚固设计 HDPE 膜要与下垫层构成一个整体，其外缘要拉出，在护道处加以锚固。其目的一是要防止膜被拉出，二是要防止膜被撕裂破坏。

锚固时先要在护道上开挖锚固槽，后将膜置于槽中，填土并盖以覆土。常常用的锚固方法有水平覆土锚固、V 形槽覆土锚固、矩形槽覆土锚固和混凝土锚固等（见图 15.7）水平锚固是将膜拉到护道上覆土即可，这种方法通常不够牢固；V 形槽锚固则要求空间较大；混凝土锚固比较麻烦，目前使用较少；矩形槽锚固方法比较安全，应用较多。为了保证安全，应该通过膜的最大允许拉力计算，确定槽深、槽宽、水平覆盖距离和覆土厚度等。

（5）穿管和竖井的防渗设计 填埋场 HDPE 膜的防渗系统内，常常会有管穿过，因此管和膜的接口处必须作防渗处理。在设计中要注意：

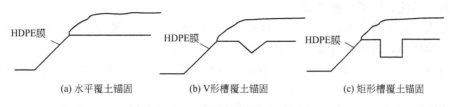

图 15.7　HDPE 膜的常用锚固方法

① 穿管与废物接触时，管外要用 HDPE 膜包裹，便于与防渗层接口处的密封连接，同时也可降低管与垃圾的摩擦力，以减少穿管时的阻力。

② 穿管与边界的刚性连接采用混凝土锚固块作为连接基础座，但混凝土锚固块应建在连接管后，管及膜固定在混凝土中。

③ 穿管与防渗膜的边界的弹性连接，不能直接将管焊在 HDPE 膜上，以防膜的损坏。填埋场中有些竖井需要穿过排水层坐落在 HDPE 防渗膜上，为了防止膜的破坏，在井底与膜之间必须设计衬垫层，该衬垫通常是一个用 HDPE 膜包裹的钢板。

15.3.6　聚合物水泥混凝土防渗层设计

（1）材料与性质　聚合物水泥混凝土（PCC）防渗材料使用的有聚合物外加剂、水泥、砂等。其中聚合物外加剂对改善材料的性质，尤其是防渗性能至关重要。掺入 PCC 的外加剂应符合《混凝土外加剂标准》。配制 PCC 可选用硅酸盐水泥和普通硅酸盐水泥，从抗渗的角度看，不宜使用粉煤灰水泥和矿渣水泥，建议使用 525 号普通硅酸盐水泥。骨料不应含有有害盐分、灰尘、土、有机不纯物等。PCC 在搅拌时会产生较大量的微气泡，因此需要加入消泡剂，如甲基硅油水乳液型消泡剂。

（2）PCC 防渗材料的性能要求　抗压强度，大于 15MPa；渗透系数小于 10^{-8} cm/s。

（3）PCC 防渗材料的配合比设计　该设计首先要选定 PCC 的种类及质量，选择材料并确定配合比条件，再计算试件配合比。然后通过实验修正配合比，最终决定配合比。建议使用如下 PCC 配合比：水灰比，30%～60%，具体比值要根据砂浆标准稠度用水量而定；聚灰比，4%，8%，12%；灰砂比，1/3；消泡剂，为聚合物用量的 1%。

（4）PCC 防渗层厚度　根据达西定律，防渗层厚度 D 为：

$$D = \frac{R_d}{KH}\eta t \tag{15-5}$$

式中，t 为穿透时间，可取填埋场运行期间和封场后管理期时间的和；K 为防渗层的渗透系数，可取 10^{-9} cm/s；H 为渗沥液集水深度。由于填埋场设有集、排水系统，所以在场底的斜坡面上，H 取 3～5cm 就可以满足防渗要求；R_d 为污染物滞留因子，$R_d \geqslant 1$；η 为防渗层的孔隙率，可取 0.08。

（5）防渗墙设计　PCC 防渗材料可以作为周边材料使用。为了降低材料消耗和工程造价，应尽量避免挡土墙式的荷载出现。如果防渗墙两侧均有回填，则不易造成墙的破坏。此时，其厚度取防渗底板的厚度即可。

15.3.7　填埋场的垂直防渗系统

填埋场的垂直防渗系统主要解决填埋场个别地段的侧向岩土防渗性能差的问题。主要方法是，在填埋场基础下方的不透水层或弱透水层上构筑垂直密封设施，以便把填埋气体和渗沥液封闭于填埋场内，同时阻止周围地下水渗入填埋场。

垂直防渗系统多用于山谷型填埋场，有时在老填埋场的污染治理中，筑构周边垂直防渗系统可以在不清除填埋废物的条件下实现密封防渗。

垂直密封系统有以下几种类型：

（1）打入法施工的密封墙 此法是利用打夯或液压动力将预制的密封墙体打入土体。通常有板桩墙、窄壁墙、挤压密封墙。

① 板桩墙 常用的板桩是铁皮包覆着的木板桩，要有耐腐蚀性，由 2～3 层板合并成为一个连续的墙体，板厚为 4～12mm，长度视具体情况而定。板桩墙适用于软性的土层中。

② 窄壁墙 该施工方法是首先向土体夯进或振动，将土层向周围土体挤压形成密封墙的中央空间，再把密封板置入其间，然后注浆充填形成密封墙体。各个墙片相互联结起来就形成了膜片类型的垂直密封墙体。

③ 挤压和换层密封墙 利用挤压或换层法施工密封墙可获得密封性足够好的墙体。施工方法有水泥构件成型墙和换层密封墙。此法是使用板桩作为夯入件，用液压锤将其击至所要求的深度。夯入件在土体中挤出一个封闭的空间槽。施工时，一般 5～6 个夯入件同时使用，当打入 3、4 个夯入件后，起出前两个，向槽内注浆充填，依次向前推进施工。密封墙体的材料应具有流动性，能用泵吸；所形成的密封墙体的渗透系数应能达到 10^{-7}cm/s，并具有抗腐蚀性。充填材料的配比可取：水泥 70～100kg，石灰粉 200～230kg，膨润土 55kg，骨料 1080 kg。

（2）工程开挖法制成的密封墙 该法是通过土方工程将土层挖出，然后在挖好的沟槽中建设密封墙。此种工艺是传统的截槽墙施工技术：先在地表开出构成槽，灌入浆液以支撑槽壁土的压力。槽成形后浆液仍保留其中，待施工密封墙时由注浆材料将其挤出。截槽墙应按一定长度分段施工，墙的宽度要按铲斗宽度和墙体的厚度来确定（正常土质情况下专用铲斗挖掘机可开挖的沟槽深度达 50m，宽度达 5～6m。墙的净厚度为 0.4～1.0m）。所用的浆液为膨润土的悬浮液，通过对浆体的浓度和液位的调整，可避免浆液对土层深部的浸入和流失，但应控制浆液使之浸入到适当的深度，以保证对土体起到稳定的支撑作用。

充填材料可采用以下配方：塑性材料（膨润土、黏土）、骨料（砂、岩粉等）和水泥。如果这样不能达到防渗的要求，需要使用进一步的密封措施，如 HDPE 膜和黏土组成复合垂直密封系统。

（3）土层改性方法 该法是利用充填、压实等方法，使原土渗透性降低而形成密封墙。其类型有：原状土混合密封墙、注浆墙、喷射墙、密封墙和冻结墙。其中前三者应用比较普遍。

① 原状土就地混合密封墙 使用 1.5～3m 宽的截槽铲斗机开挖，以膨润土浆液护壁，挖出的土和水泥或其他充填材料混合后重新回填到截槽中。此法适用于较小的截槽深度。

② 注浆墙 注浆就是将密封材料的浆液压注入土层。用膨润土作为密封材料时，应在注入过程中保持尽可能小的黏度和凝固强度，使其在被密封的土层中得到最充分的扩展。通常，密封材料通过钻孔压入，孔距 1.0～1.5m。当孔距为 2.0m 时，可设双排孔，呈梅花形分布。注浆应分段进行，每段 2～3m，可自上而下亦可自下而上分管段拔管注浆。但无论如何，均须在注浆前下花管，并清洗干净后方可注浆。浆液可为水泥，添加剂为黏土（或膨润土）和化学凝固剂或液化剂，或者是以水玻璃为主的化学溶剂（但水玻璃的耐久性差，通常用于临时性防渗）。

③ 喷射墙 高压旋、摆喷射注浆是通过高压发生装置使液流（膨润土、水泥、添加剂和水混合而成）获得巨大能量，经过注浆管道从一定形状和孔径的喷嘴中以很高的速度（可达 100～200m/s）喷射出来，直接冲击土体，并使浆液和土体搅拌混合，在土中形成一个具有特殊结构的有一定固结强度（可达到 10～20MPa）的渗透性很低的（$K = 10^{-8}$cm/s）固结体。布孔的制度同注浆墙相同，形成的墙片的固结体可相互渗透 10～25cm。

15.4 渗沥液的收集、导出系统设计

渗沥液的收集、导出系统应保证在填埋场预设寿命期限内能正常工作。渗沥液在填埋场内的蓄积会使场内的水位升高，从而导致更强烈的浸出，使渗沥液中的污染物浓度增加；此外，还使底部衬层之上的静水压力增加，使渗沥液渗出的危险增大；因此，有效地收集和导出渗沥液可以避免渗沥液在填埋层底部蓄积，有助于增强整个系统的防渗效果。渗沥液的收集、导出系统由盲沟、集液池和泵房组成。

渗沥液的收集和导出系统的结构类型和几何尺度的与填埋物的种类、性质及填埋场的地质结构有关，其中，几何尺度主要由渗沥液的产生量决定。

15.4.1 渗沥液的产生量

15.4.1.1 渗沥液产生量的影响因素

填埋场渗沥液产生量的影响因素包括获水能力、场地的地表条件、填埋物的性质、填埋场构造、填埋作业的操作条件等，这些因素之间通常是相互关联的。

（1）填埋场构造 通常，对于一个设计完好、可以避免地下水和地表径流侵入的填埋场，渗沥液的主要来源为大气降水、地表灌溉、固体废物含水和填埋物的分解水。其中，大气降水为主要来源。因此，为了减少填埋场渗沥液的产生量，需要精心设计填埋场的防渗系统和完善的导、排水系统。

（2）降雨特性 在降雨量、降雨强度、降雨频率和降雨周期4个降雨特征中，降雨量通常表示在某一给定地区、在某一时段（如月或年）内降到地表的雨水总量，此数可以是一次或多次降雨的结果。估算渗沥液产生量常常以月平均降雨量（从气象部门得到）为基础，但还应考虑降雨强度、频率和降水周期的影响。

（3）地表径流 地表径流包括入流和出流。入流为来自场地表面上坡方向的径流水，其量取决于场地周围的地形、覆土材料的种类和渗透性能、场地的植被和排水设施的条件等。出流指在填埋场场地范围内形成并从填埋场流出的地表水，称为填埋场地表径流。其量主要受地形、填埋场覆盖层材料、植被、土壤渗透性、表层土壤的初始含水率和排水条件的影响。

地表径流一般采用下述的经验公式来确定：

$$R_1 = CPA \tag{15-6}$$

式中，R_1 为地表最大径流量，m^3/a；P 为平均降雨强度，$m^3/(m^2 \cdot a)$；A 为填埋场的面积，m^2；C 为地表径流系数，它表示流出该区域的地表流动的水量占总降水量的比例。估算填埋场渗沥液产生量时所使用的地表径流系数见表 15.4。

表 15.4　估算填埋场渗沥液使用的地表径流系数

地表条件	坡度/%	地表径流系数		
		亚砂土	亚黏土	黏土
草地（表面有植被覆盖）	平坦	0.10	0.30	0.40
	起伏	0.16	0.36	0.55
	陡坡	0.22	0.42	0.60
裸露土层（表面无植被覆盖）	平坦	0.30	0.50	0.60
	起伏	0.40	0.60	0.70
	陡坡	0.52	0.72	0.82

（4）贮水量　渗入土层中的水分，会有一部分滞留在土层内，假如降水的入渗量足以使固体废物上面的覆盖土层饱和，则超过土层的最大田间持水量（即土壤的饱和含水率）的部分将迅速下排成为填埋场的渗沥液量。此后由于蒸发蒸腾作用，含水率再逐渐降低。如果土层内有植物根系，土壤含水率还会下降到凋萎系数（土壤在植物不能再吸收水分条件下的含水量），然后基本上保持不变。因此，填埋场植物根部区土壤的贮水容量 S 可以表示为：

$$S = A(\theta_r - \theta_t)H_S \tag{15-7}$$

式中，θ_r 和 θ_t 分别为土壤的田间持水量和凋萎系数，%；A 为植物根部区域土壤的面积，m^2；H_S 为植物根部区域土壤的厚度，m。

对于无植被覆盖层，则用下式表示。

$$S = A(\theta_r - \theta)H_r \tag{15-8}$$

式中，H_r 为覆盖土层的厚度，m；A 为无植被覆盖区域土壤的面积，m^2；θ 为土壤的实际含水率，%。

具有代表性的土壤的田间持水率和凋萎系数列于表 15.5 中。

表 15.5　多种土壤的田间持水率和凋萎百分比

土壤类型	田间持水率/%		凋萎系数/%	
	范围	典型值	范围	典型值
砂	6～12	6	2～4	4
细砂	8～16	8	3～6	5
砂质肥土	10～18	14	4～8	6
细砂质肥土	14～22	18	6～10	8
肥土	18～26	22	8～12	10
粉细肥土	19～28	24	9～14	10
轻黏质肥土	20～30	26	10～15	11
黏质肥土	23～31	27	11～15	12
粉质肥土	27～35	31	12～17	15
重黏质肥土	29～36	32	14～18	16
黏土	31～39	35	15～19	17

城市垃圾的组成、颗粒大小及压实密度是影响其田间持水量的主要因素。未经处理的城市垃圾的真正田间持水量在 20%～35%（体积含水率），原始含水率为 10%～20%。因此，城市垃圾的表观田间持水量的范围可能在 10%～15%。在许多填埋场，废物的密度为 700～800kg/m³，相对应的原始持水率为 10%～20%。如果密度大于 1000kg/m³ 时，持水量只有 2%～3%。

（5）腾发量　由于地表蒸发和植物蒸腾作用很难严格分开，所以通常将两者统称为腾发。而单位时间、单位面积的地表腾发散失的水分称为腾发量。用于确定腾发量的公式很多，一般可用下述经验公式确定：

$$E_i = 1.6 k_i \left(\frac{10 \overline{T}_i}{I_i} \right)^A \tag{15-9}$$

式中，E_i 是潜在的月腾发量，cm；$\overline{T}_i$ 是第 i 个月的平均气温，℃；I_i 为第 i 个月的月热指数，定义为：

$$I_i = \left(\frac{T_i}{5} \right)^{1.514} \tag{15-10}$$

A 为经验常数，由下式确定：

$$A=6.75\times10^{-7}I_i^3-7.71\times10^{-5}I_i^2+1.792\times10^{-2}I_i+0.49239 \tag{15-11}$$

k_i 为第 i 月的实际天数 D_i 和该月平均日照时数 $\overline{N_i}$ 的修正系数：

$$k_i=\frac{\overline{N_i}}{12}\times\frac{D_i}{30} \tag{15-12}$$

（6）其他影响因素

① 形成填埋场气体所消耗的水分　填埋物中的有机物质要消耗水分和产生气体，根据相关换算，产生 $1m^3$ 气体所消耗的水量为 0.190kg。

② 形成水蒸气所消耗的水分　填埋场中的水蒸气通常是饱和态的，可用理想气体方程进行计算：

$$P_VV=nRT \tag{15-13}$$

式中，P_V 为水的蒸汽压，Pa；V 为气体体积，m^3；n 为物质的量（摩尔），R 为气体常数，取 $8.314Pa\cdot m^3/(mol\cdot k)$；$T$ 为热力学温度，K。

15.4.1.2　渗沥液产生量的估算方法

（1）水平衡计算法　填埋场水量的平衡因子包括以下几方面。

① 进水量　进水量包括有效降雨量（降雨量减去径流和蒸发）、地表水和地下水渗入量，还有要处置的液态废物量。

② 场地的地表面积。

③ 废物性质。

④ 场地的地质情况。

对于运行中的填埋场，用于计算渗沥液的年产生量的水平衡式为：

$$L_0=L-E+aW \tag{15-14}$$

式中，L_0 为渗沥液的年产生量，m^3/a；L 为进入场内总水量（降雨量＋地表水流入量＋地下水流入量），m^3/a；E 为腾发损失总量（蒸发量＋蒸腾量），m^3/a；a 为单位质量填埋物压实后产生的滤沥水量，m^3/t；W 为填埋物量，t/a。

填埋场封场后，场内地表径流应及时导出，并认为填埋物贮水能力不变，则：

$$L_1=L-R_1-E \tag{15-15}$$

式中，L_1 为封场后填埋场渗沥液的产生量。若采用渗沥液回喷技术，回喷水量不应计入进水量，因为这部分水量已在水平衡计算中考虑进去了。

（2）经验公式法

① 年平均日降水量法

$$Q=\frac{CIA}{1000} \tag{15-16}$$

式中，Q 为渗沥液的日平均产生量，m^3/d；I 为年平均日降水量，mm/d；A 为填埋场的面积，m^2；C 为渗出系数，即填埋场内降雨量中成为渗沥液的分数，其值与覆盖土性质和坡度有关，一般为 $0.2\sim0.8$，封顶的填埋场多为 $0.3\sim0.4$。

② n 年概率降水量法

$$Q=\frac{10I_n\left[(W_{sr}\lambda A_s+A_a)K_r(1-\lambda)\dfrac{A_s}{D}\right]}{N} \tag{15-17}$$

式中，I_n 是 n 年概率的年日平均降水量，mm/d；W_{sr} 为流入填埋场场地的地表径流流入率；λ为由填埋场流出的地表径流流出率，一般为 0.2～0.8；A_s 为场地周围汇水面积，$10^4 m^2$；$\frac{1}{N}$ 为降水概率；D 为水从积水区中心到集水管的平均运移时间，d；K_r 为流出系数，由式 (15-18) 计算：

$$K_r = 0.01(0.002I_n^2 + 0.16I_n + 21) \tag{15-18}$$

15.4.2　渗沥液收集、导出系统的构造

渗沥液收集系统的主要部分是一个位于底部防渗层上面的排水层，由砂和砾石构成。在排水层内铺设有多孔网管，为防止阻塞管孔，须用无纺布铺在排水层表面，在多孔网管外也要裹以无纺布。在大多数情况下，渗沥液的输送系统由调节池、泵和输送管道组成，有条件时可以利用地形使渗沥液自流到处理设施。典型的渗沥液收集和导出系统由以下几个部分组成：

（1）排水层　排水层设计时应尽量选用水平渗透系数大的粒状介质，通常由 5～10mm 的粗砂砾铺设而成，其厚度不小于 30cm，水平渗透系数应大于 $10^{-2} cm/s$，坡度不小于 2%。排水层和填埋物之间应该设置天然或人工过滤层，以避免小粒土壤和其他物质堵塞排水层。

（2）管道系统　管道一般在填埋场内平行铺设，位于衬层的最低处，其间距要合理，纵向坡度通常在千分之几。

（3）防渗层　由黏土或人工合成材料构筑，具有一定厚度，能阻碍渗沥液的下渗，并具有一定坡度（2%～5%），以利渗沥液流向排水管道。

（4）调节池、泵、检测及控制设施　用于接纳、贮存排水管道所排出的渗沥液，测量并记录调节池中的渗沥液量。

15.4.3　渗沥液收集、导排系统的类型

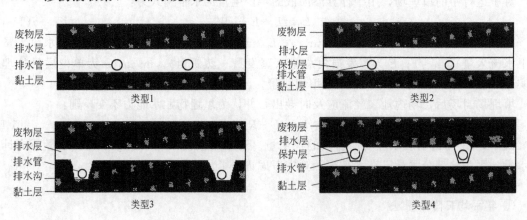

图 15.8　渗沥液收集、导排系统的常见类型

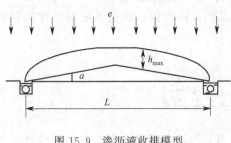

图 15.9　渗沥液收排模型

渗沥液的收集、导排系统有四种基本类型（图 15.8）。在类型 1 和类型 2 中，衬层做成屋顶型（具有一定坡度），管道铺在衬层的最低点。在类型 1 中，排水层直接铺在黏土衬层上；在类型 2 中，衬层上加设一层细颗粒物质（或废物）组成的保护层，以防止大块废物刺破人工合成衬层。类型 3 是把排水管铺设在排水沟中，考虑到衬层厚度尽可能小的要求，这种类型只在特定条件下才使用。类型 4 把保护层和排水层合二为一，排水管周围包上一层高渗透性的材料。渗沥液收排模型如图 15.9

所示。

15.4.4　渗沥液收集、导排的若干参数

（1）衬层、排水层上的最大积水深度　最大积水深度为：

$$h_{max} = L\sqrt{C}\left(\frac{\tan^2\alpha}{C} + 1 - \frac{\tan\alpha}{C}\sqrt{\tan^2\alpha + C}\right) \tag{15-19}$$

式中，$C = \frac{e}{k_s}$；e 为进入填埋场废物层的水通量，cm/s；k_s 是横向排水层（砂砾石层）的水平方向的渗透系数，cm/s。故 h_{max} 是 $\frac{e}{k_s}$ 的函数。

（2）渗沥液通过底部衬层的运移速度和穿透时间

渗水通量：

$$q = K_s\frac{d+h}{d} \tag{15-20}$$

渗沥液的泄漏量：

$$Q = qA = Ak_s\frac{d+h}{d} \tag{15-21}$$

运移速度：

$$v = \frac{q}{\eta} = k_s\frac{d+h}{d\eta} \tag{15-22}$$

穿透时间：

$$t = \frac{d}{v} = d^2\frac{\eta}{k_s(d+h)} \tag{15-23}$$

式中，h 为衬层上部的积水深度，cm；d 为衬层的厚度，cm；k_s 为衬层的渗透系数，cm/s；A 为填埋场底部衬层的面积，cm^2；η 为衬层的有效空隙率。由以上公式可以看出，为降低衬层的渗透速率，提高渗沥液的收集、导排的效率，要增大排水层的横向饱和导水系数；降低衬层的饱和导水系数；适当增大衬层坡度；减小衬层水平排水距离；适当增大衬层的厚度。

15.4.5　系统布置

系统布置主要取决于废物的类型、场地的地形条件、填埋场大小、气候条件、技术法规和设计者的偏好等。但最重要的是能够清洗整个管道系统和落水井。

表 15.6　渗沥液排水管种类及性能

管的种类		标准管径/cm	底部集水管		坡面集排水管	纵向集排水管	特　点
			干线	支线			
钢筋混凝土管		15～300	⊙			⊙	因为刚性高，不适宜可能发生管道变形的场合
有机合成树脂管	强化塑料管	50～150	⊙			⊙	高强度、耐腐蚀，适宜于填埋层厚的场合
	硬质聚乙烯管	10～40	⊙	⊙	⊙		可挠性大，耐腐蚀性也高，适宜于小径管
	硬质氯乙烯管	10～80	⊙	⊙	⊙	⊙	强度高而耐热性差
混凝土透水管		10～70		⊙			可挠性小，要注意堵塞
高分子透水管		10～60		⊙	⊙		可挠性大，要注意堵塞

（1）渗沥液收集系统　渗沥液收集系统的结构应设计成能加速渗沥液在衬层上流动和通过系统流出。应能提供渗沥液通过不同路线流至落水井，并设有检查和维修排水层的装置。

集、排水管道选用时要考虑填埋物的性质、填埋层的厚度和地形等。管道一般采用表15.6 所示的有孔钢筋混凝土管、有孔合成树脂管。填埋场底部的集水管分直线型、鱼骨型和梯子型（表 15.7）。通常，大多采用后两种类型。在一般的情况下，支管的间距为 20m；在处

置焚烧垃圾残渣的时候多为10m。至于管径的选择，应该考虑空气的流通截面和产生的渗沥液量，由于现在还不能对空气流通的机理作定量的掌握，故往往要根据填埋前雨水的排水量进行计算，并考虑由于生垢对管径的影响。

表15.7　底部排水管的配置类型

方　法	简　图	特　征
直线型		用于规模小、底部坡度大、填埋结构为改良型的卫生填埋场 特征:工程费用低,空气流通面小,底部好气范围不大,集水效率低
鱼骨型		广泛被采用,适宜于纵断面坡度较充分的场合 特征:能确保较充分的通气面集水效率好
梯子型		适宜于平地填埋,横断面坡度不大的场合 特征:空气流通,集水效率同鱼骨型 在一个系统中干线是复数,即使在意想不到的情况下也能迅速排水

有时即使填埋场面积较小，但考虑到空气流通、结垢等因素，支线管径应在200mm以上，干线管径应大于400mm。

（2）可供选择的渗沥液流动路线　渗沥液应能够按不同的路线进入集、排水管道（见图15.10），并保证渗沥液水位小于30cm。收集管道之间的间距为6m时，即使排水层的渗透系数减少两个数量级，或者有一根管道发生堵塞，也可以保证渗沥液的水位小于30cm。但是，如果收集管道的间距设计成24m，即使排水层渗透系数只是降低一个数量级，渗沥液的水位也会超过30cm。

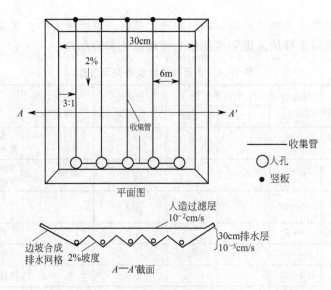

图15.10　有关渗沥液流动路线的可供选择的收集系统布置

15.4.6　渗沥液的收集泵和提升站

渗沥液经收集、导排系统最终进入渗沥液调节池。实践经验表明，在渗沥液产生的高峰期，渗沥液调节池应可以容留1～3天的渗沥液。

提升站使用的泵通常为自动潜水泵。井内必须设有导轨，以便维修时移动泵体。由于渗沥液的产生量是变化的，因此需要考虑泵的间歇工作问题。但启动和关闭开关的定位应该使泵能够运转一定的时间，频繁地开、停会影响泵的寿命。经验表明，满意的循环周期应为 12min。调节池的容积可根据半个循环周期的渗沥液收集量来计算。计算储存容量和泵的扬量时，应该使用一天内预计的最大的渗沥液收集量。调节池中最高渗沥液收集水位（泵的开启水位）应该低于入水管口 15cm；而最低渗沥液收集水位（泵的关闭水位）应该离井底 60～90cm。较大的填埋场还应该有备用泵。地表操作阀应该装在渗沥液收集管上，以便泵的定期维护。如果提升站建在填埋场外，则必须用黏土或合成膜封闭其周围，以减少渗沥收集液泄漏到地下的可能性。同时，提升站的内部必须采用防渗措施。此外，提升站是否有下沉问题，需要经常进行检查。在进行下沉量的计算时，要考虑提升站的自重、泵和导轨的重量。特别需要强调的是，渗沥液收集管的入口联结应该采用柔性的。

15.5 填埋场气体的收集与控制系统设计

15.5.1 填埋气体的特征参数估算

15.5.1.1 填埋气体的产生量估算

填埋气体的产生因素十分复杂，故精确估计其产生量非常困难。常用的估算方法有：

(1) 经验计算法 这种方法需要填埋场的尺寸、填埋平均深度、废物组成、垃圾填埋量等数据。经验表明，典型的垃圾填埋场的近似产气率为 $0.06m^3/kg$；如果是在干旱或半干旱条件下，又没有加水，其值为 $0.03～0.045m^3/kg$。相反，如果填埋后湿度条件适宜，产气量则可达到 $0.15m^3/kg$ 或更高。

(2) 化学计算法 此法是根据填埋物中的有机成分在微生物作用下发生降解的化学反应式来计算的。假如 $C_aH_bO_cN_d$ 表示除废塑料外的所有有机组分，并假设可生化降解的有机物完全转化为 CO_2 和 CH_4，则可用下式来计算填埋场气体产生量：

$$C_aH_bO_cN_d+\frac{4a-b-2c-3d}{4}H_2O=\frac{4a-b-2c-3d}{8}CH_4+\frac{4a-b+2c+3d}{8}CO_2+dNH_3 \qquad (15\text{-}24)$$

15.5.1.2 填埋气体产生速率估算

通常的条件下，填埋气体在封场后前两年达到产气高峰，后缓慢下降，在多数情况下可持续 25 年或更长时间。确定填埋气体产生速率的方法有三种。

(1) 实验井抽气测量 在有代表性的位置设置实验井，测定填埋气体的流量和质量。通常此法最为可行，但对于压实不好的填埋场，由于存在填埋气体的迁移问题，可持续回收的填埋气体的数量一般是实验井测定产气速率的一半。

(2) 粗估 利用已运行的填埋场所观测到的废物量和填埋气体产生速率的关系，来估计填埋气体的产量。其最简单的方法是假设每吨废物每年产生 $6m^3$ 的气体，维持 5～15 年。依此关系便可估计出填埋气体的产气速率。

(3) Scholl Canyon 模型 实验井法只能提供在特定时间和特定地点填埋气体产生速率的真实数据。要准确估计填埋场的产气速率是很难的。典型的城市垃圾在填埋后 0.7～1.5 年达到产气速率的最大值。实际数据显示，填埋废物在填埋 160 年后有机物降解率达到 99.1%。由此可见，达到产气速率最大值所用时间一般小于整个填埋场产气时间的 1%，因此，从填埋开始到达到产气率最大这段时间在整个产气阶段是可以忽略的。与此相一致，Scholl Canyon 模型假定从计算起点产气速率就已经达到最高点，因而产气速率随填埋物中有机成分（用产甲烷潜能 L 表示）的减少而下降：

$$\frac{-\mathrm{d}L}{\mathrm{d}t}=kL \qquad (15\text{-}25)$$

式中，k 为产气速率常数，$1/a$；t 为垃圾填埋后的时间，a。

对于同一时间填埋的垃圾，若假设其潜在的产气总量为 L_0，从填埋到 t 时刻的产气量为 L，则剩余的产气量为：

$$G = L_0 - L = L_0[1 - \exp(-kt)] \tag{15-26}$$

由此得到填埋场的产气速率 Q 为：

$$Q = \frac{\mathrm{d}G}{\mathrm{d}t} = kL = kL_0 \mathrm{e}^{-kt} \tag{15-27}$$

对于填埋垃圾运行期为 n 年的城市垃圾填埋场，产气速率为：

$$Q = \sum_{i=1}^{n} R_i k_i L_{0i} \exp(-k_i t_i) \tag{15-28}$$

式中，Q 为填埋场产生气体的速率，m^3/a；R_i 为第 i 年填埋的废物量，t；t_i 为第 i 年填埋的废物从填埋到计算时的时间，a；L_{0i} 为第 i 年填埋的废物的潜在产气量，m^3；k_i 为第 i 年填埋废物的产气速率常数，$1/a$。

假如每年填埋的垃圾的数量和成分相同，则上式可简化为：

$$Q = 2L_0 R[\exp(-kt) - \exp(-kc)] \tag{15-29}$$

式中，L_0 为垃圾的潜在甲烷产生量，m^3/t；R 为运行期接受垃圾的年平均速率，t/a；k 为甲烷产生速率常数，$1/a$；c 为填埋场封场后的时间，a；t 为废物进入填埋场后的时间，a。

在实用中，该模型能为项目的经济评价、气体收集的工艺设计和设备的选用提供支持。

应用 Scholl Canyon 模型时，需要确定参数 k（填埋垃圾的降解速率常数）和 L_0（潜在的总产气量）。目前确定此参数的方法有二：

① 现场实测数据法　根据现场某一时刻或几个时刻产气速率计算出一个或多个 k 值（对一批或 n 批废物）；在有现场资料的情况下，将某一时刻测得的产气速率代入公式，即可求得 k 值。如果废物分 n 批填埋，则需测出 n 个时刻对应的产气速率，将其代入公式，求出各批废物的产气速率常数 k_i。

② 经验数据法　此法利用半产期（$t_{1/2}$）（填埋物中可降解组分降解一半所需要的时间）来确定 k 值。

$$k = \frac{\ln 2}{t_{1/2}} \tag{15-30}$$

半产期 $t_{1/2}$ 与填埋物降解的难易程度有关。显然，易降解的物质的 $t_{1/2}$ 较短。

易降解物质包括食品垃圾、秸秆、草、粪便等。根据韩国垃圾填埋场的经验，对于混合垃圾，$t_{1/2}$ 为 $1.5\sim3$ 年；食品垃圾（易降解物）为 $1\sim2$ 年；对于各项条件适合微生物生长的填埋场，$t_{1/2}$ 可取较小值。韩国厨房垃圾填埋产气实验表明，13.09kg 干物质在 345 天内产气 $0.609m^3$。

可降解物质包括纸、木、织物等。它们比前一类物质难降解得多，$t_{1/2}$ 可取 $20\sim35$ 年。

难降解的物质包括塑料、橡胶，它们几乎是不降解的。但由于塑料制品中的增塑剂易降解，因此这类物质的 $t_{1/2}$ 应大于 50 年。美国专家推荐的 L_0 和 k 值列于表 15.8。

表 15.8　一级降解模型参数的建议值

变　量	范　围	参数建议数值		
		潮湿气候	中湿度气候	干旱气候
$L_0/(m^3/kg)$	$0\sim0.312$	$0.14\sim0.18$	$0.14\sim0.18$	$0.14\sim0.18$
$k/(1/a)$	$0.003\sim0.4$	$0.10\sim0.35$	$0.05\sim0.15$	$0.02\sim0.10$

15.5.2 填埋场气体控制系统的设计

填埋场气体控制系统的作用是减少气体向大气的排放量和在地下的横向迁移，并回收利用甲烷气体。控制有主动和被动之分，对于主动控制系统，须采用抽真空措施来控制气体的运动；而被动控制则是在气体大量产生时，为其提供渗透性的通道，使气体沿设计方向运动。

在选择控制系统的种类时，要考虑以下问题：

(1) 气体从自然衰减型填埋场逸出的机会比封闭型填埋场大。

(2) 气体通过沙土比通过黏土更容易。

(3) 填埋气体可以迁移 150m 以上，任何距填埋场 300m 以内的有用封闭空间（如居室、仓库等），都应检测甲烷气体的浓度。

(4) 填埋场将来利用的可能性。

(5) 城市垃圾产生的气体要比危险废物产气体的量要多得多。当主要气体的产生量变小时，被动控制系统就不再有效。此外，控制挥发性有机物时需要同时采用主动控制设施和被动控制设施。

15.5.2.1 填埋气体收集器

气体收集器有三种类型：垂直井、水平沟和地表收集器。

(1) 垂直抽气井　垂直抽气井是填埋场最普遍采用的填埋气体收集器。其典型构造如图 15.11 所示。通常用于已经封场的填埋场或已完工的部分，也可用于仍在运行的垃圾场。抽气井的结构尺寸要考虑以下若干因素。

① 井深　井孔不能穿透，否则容易引起地下水污染，故深井一般不能超过填埋场深度的 90%，具体井深应根据现场条件确定。

② 井间距及影响半径　井间距应根据使井的影响半径（R）相互重叠的原则来设计，即其间隔要使其影响区域相互交叠。如采用等边三角形（最常用）布局，井间距为：

$$Z = 2R\cos30° \qquad (15\text{-}31)$$

抽气井的影响半径与填埋废物类型、压实程度、填埋深度和覆盖层类型等因素有关，须通过现场实验确定。在缺少实验数据的情况下，影响半径可以采用 45m；对于深度大且有人工薄膜的混合覆盖层填埋场，常用的井间距为 45～60m；对于使用黏土和天然土壤覆盖的填埋场，可以使用稍小的间距（如 30m），以防止把大气中的空气抽入气体回收系统。

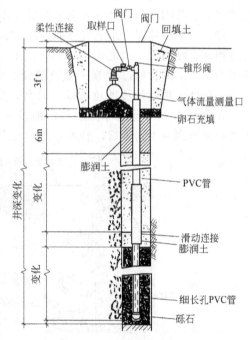

图 15.11　填埋场气体抽排井

③ 井槽　正常情况下，开槽的位置在井筒下部的 1/3～2/3。18m 左右深的井建议从井下部的 1/3～1/2 处开槽；如果井深 12m 左右，则在下部的 1/3 处开槽。通常，井筒上应开相当宽的垂直槽（如 6mm 宽，15～36cm 长）。垂直槽一般开凿成圆孔（如 12mm 圆孔），由于它们不易被岩石组成的井头过滤装置所遮盖，开槽长度和宽度由井筒的名义直径和设计特点确定。

④ 井头　井头通常安装在井筒的顶部，并用它测量和控制填埋气体从抽气井中的产出率，井头装有流量控制阀（用以监控真空度和流量）、填埋气体组成的观测口及收集填埋气体的样品室。

⑤ 井头流量控制　无流量控制阀的主动收集系统，不能有效控制填埋气体的流动和表面逸散，且沿表面不同点处常常会有局部的地表空气渗入填埋场，造成干扰。井头控制的内容包括：井头真空控制、填埋气体组成控制和体积流量比控制。

井头真空压力与抽气速率直接相关，维持井头真空压力恒定可以控制抽气速率短期变化，但不能很好调整抽气率。最大抽气速率可以通过测定气井出口的甲烷和氮气的浓度来确定；抽出的气体中的甲烷和氮气的浓度可作为衡量抽气是否过量的标准。如果抽气过量，地表空气会渗入填埋场，使填埋气体中的氮气增加；每口井的产气量和总产气量通常使用流量计实测并采用适宜的流量方程模拟核定。

⑥ 井的过滤装置　在安装井筒之前，应在井孔底部铺1～2层水洗砾石，如果井槽总不能延伸到井筒底部，井筒底部应密封，并在其底部布设排水孔。井筒安装后，要用2.5～4cm的水洗砾石回填，作为井的过滤装置。

⑦ 井孔密封　井孔密封可改善抽气井的性能，其方法有两种：孔下密封和表面附近密封。前者应用较为普遍，可用硅氧树脂或它和膨润土的混合物密封；表面附近密封是在填埋场表面或附近增加一密封层，以保证抽气井的性能，防止逃逸的气体沿井孔和覆盖层的交界面扩散。

⑧ 井筒延伸连接　双筒式井的滑动式连接能够承受来自不同程度沉降、侧壁负荷和填埋场内环境温度升高等因素产生的巨大压力。在安装部位，地下连接有助于补偿沉降。对于延伸至填埋场底部附近的井筒，特别需要延伸连接。

（2）水平收集器　水平气体抽排沟（管）如图15.12所示。一般由带孔管道或不同直径的管道相互连接而成，沟宽0.6～0.9m，深1.2m，名义直径为10cm和15cm或15cm和20cm，长度为1.2m和1.8m。沟壁一般要铺设无纺布，有时无纺布只铺在沟顶。这种水平收集器常常用于仍处于填埋阶段的垃圾场。通常，先在填埋场下部铺设一填埋气体收集管道系统。然后，在铺设2～3个废物单元层后再铺设一水平抽排沟（管）井，即在垃圾上开挖水平管沟，用砾石回填到一半高度后，放入穿孔开放式连接管道，再回填砾石并用垃圾填满。

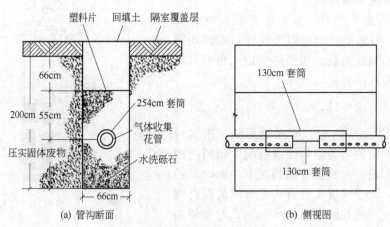

图15.12　水平气体抽排沟详图

水平井的水平和垂直方向的间距随着填埋场的设计、地形、覆盖层以及现场其他具体因素而变。水平间距的范围是30～120m，垂直间距的范围是2.4～18m或每1～2层垃圾的高度。

15.5.2.2 填埋气体的被动控制系统

填埋气体的被动控制系统用于释放填埋场内的压力以及阻断填埋气体的地表迁移，适合于废物填埋量不大，产气量较小的城市垃圾填埋场和非城市垃圾填埋场采用。在我国，大多城市垃圾填埋场采用被动控制方式。这种方式的设施包括被动排放井和管道、水泥墙和截流管道等。被动控制系统包括以下设施：

（1）压力释放孔及燃烧器　在填埋场最终覆盖层上安装进入到垃圾体中的排气孔（图15.13），有时这些相互隔离的通气口是用一根埋在底层中的穿孔管联结起来的（图15.14）。系统有一系列隔离通气口组成，每7500m² 设一个通气口即可。

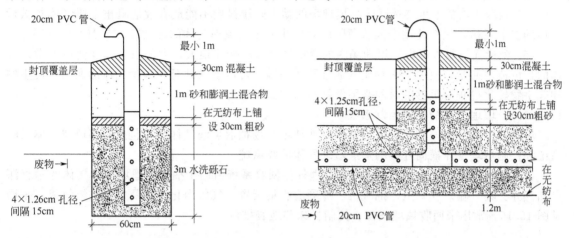

图 15.13　隔离气体排气口典型图　　　　　　图 15.14　有穿孔管连接的被动排气系统

（2）周边拦截沟渠　由砾石充填的沟渠（沟渠外侧要设防渗层）和埋在渠中的穿孔塑料管组成的周边拦截沟渠[图15.15(a)]，可有效拦截横向运动的填埋气体，并通过与穿孔管连接的横向管道收集起来排到大气中。

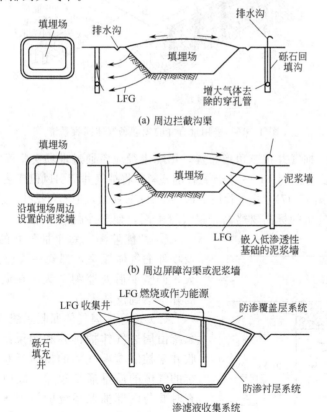

(a) 周边拦截沟渠

(b) 周边屏障沟渠或泥浆墙

(c) 填埋场内的不可渗透屏障

图 15.15　填埋气体被动排气控制设施

（3）周边屏障沟渠和泥浆墙　充填有渗透性相对较差的膨润土或黏土阻截沟渠[图 15.15 (b)]是填埋气体的物理阻截屏障，有利于在屏障的内侧用气体抽排井或砾石沟渠将气体排出。但常用于阻截地下水的这种泥浆屏障在变干时容易开裂，故阻气效果还不确定。

（4）填埋场内的不可渗透屏障　填埋场的黏土防渗衬层不能最有效地阻止主要气体和微量气体的扩散迁移，只有使用带人造薄膜的衬层才能限制填埋气体的移动[图 15.15(c)]。

（5）微量气体吸收屏障　填埋场内的微量气体浓度变化很大，大的浓度梯度会增大微量气体的扩散流动通量。使用吸附物质（如堆肥产品等）可以有效地延迟微量气体的逸出，使生物和非生物转化过程有足够的时间来降解被吸附的微量组分。

15.5.2.3　填埋气体的主动控制系统

填埋气体的主动控制系统可以有控制地从填埋场抽取填埋气体，它包括内部填埋气体回收系统和控制填埋气体横向迁移的边缘填埋气体回收系统。

（1）内部填埋气体回收系统　内部填埋气体回收系统由用于抽排填埋场场内气体的垂直深层抽气井、集（输）气管道、抽气机、冷凝液收集装置、气体净化装置及发电机组组成，布局见图 15.16。常用来回收填埋气体、控制臭味和地表排放。

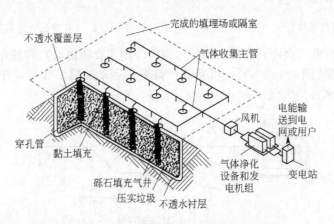

图 15.16　采用垂直井的填埋场气体回收系统

① 抽气井布置　抽气井按三角形布置，影响半径应该通过现场实验确定。

② 集、输气管道　通常用 15～20cm 直径的塑料管将抽气井与引风机连接起来。这些管道埋在填有砂子的管沟中（图 15.17）。集气管用 PVC 或 HDPE 制成，但不可钻孔（避免压头损失）。

③ 抽气机　抽气机的标高要略高于集气管末端，便于冷凝液下移。

④ 性能监测　每个抽气井的压力和气体成分以及场外的气体探头，都要一天监测 2 次，监测 2～3 天，调整期后要监测 7 天。在调整期内，要使最远的井中达到设计压力。

（2）边缘填埋气体回收系统　边缘填埋气体回收系统由周边气体抽排井和沟渠组成，其功能是用回收井来控制填埋气体的横向迁移。由于边缘抽取系统的气体的质量通常很差，故由之抽取的填埋气体有时要与内部抽取系统的填埋气体进行混合。如果填埋气体的数量和质量不足以维持燃烧，须适量补充燃料。

① 周边抽气井　周边抽气井[图 15-18 (a)]通常

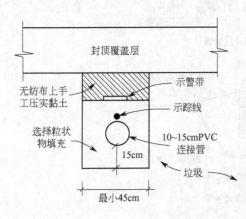

图 15.17　集、输气管和地沟

用于废物填埋深度至少大于 8m、与周边开发区相对较近的填埋场。其方法是在填埋场内沿周边打一系列的直立井，并通过一个公用的集、输气管将各抽、排井连接到一个电力驱动的中心抽排站，中心抽排站用抽真空的方法在公用集、输气管和每口井中形成负压。

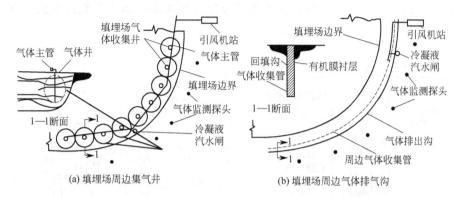

图 15.18　填埋场边缘气体主动收排设施

典型的抽排气井是将 10~15cm 的套管置于 45~90cm 的钻孔中，套管的下部 1/3 或 1/2 的管段有孔，并用砾石回填。套管的其余部分不打孔，用天然土壤或城市垃圾回填。井的间距要使井的影响半径相互重叠。为了防止土壤中的空气被抽到井中，每个抽气井的抽气量必须严格控制。为此，抽排井要安装取样口和流量控制阀门。抽排井的间距与填埋场的深度和其他因素有关，通常取 8~15m。

对于用周边井来控制气味从周边逸出的填埋场，填埋场的表面要保持微度的真空。

② 周边气体抽排沟渠　如果填埋场周边为天然土壤，则可采用周边气体抽排沟渠[图 15.18(b)]。此沟渠通常用于浅埋填埋场（深度一般小于 8m）。沟中通常使用砾石回填，中间放置打了孔的塑料管，横向连接到集、输气管和抽气机上。沟可以挖到垃圾中，也可以一直挖到地下水面，但通常要封衬。

③ 周边注气井　周边注气井由一系列直立井组成，安装在填埋场外与需要防止填埋气体入侵的设施之间的土壤中。通过形成空气屏障来阻止填埋气体的入侵。该系统通常适用于深度大于 6m 的填埋场，同时又有设施需要防护的地方。

15.5.2.4　填埋气体集、输气系统设计需要考虑的问题

填埋气体集、输气系统设计时要考虑抽气井的布置、管道分布和路径、冷凝液收集和处理、材料选择和管道规格等。由于冷凝液容易引起管道振动，量大时还会限制填埋气的流动，增大压力差，阻碍系统的改进、运行和控制，故冷凝液的收集、排放是填埋气体输送系统设计时要考虑的重点问题。最佳的设计应该能使填埋气体收集管道中始终能自由排放并消除各种液体物质。

(1) 收集管路系统的布置　为使系统达到稳定运行状态，管道布置通常采用干路和支路联合配制的形式。干路互相联系或形成一个"闭合回路"，并和支路间相互联系。使系统的真空分布均匀，运行更加容易、灵活。

管道网络布局需要重点考虑的问题有：确定冷凝水去除装置的数量、位置、收集点间距、每个点收集的冷凝水量、管道坡度以及管道设计和布局。管道坡度最小值为 3%，对于短的管道系统，宜采用 6%~12% 的坡度。

(2) 管道中冷凝液的收集、排放和处理　填埋场内部的填埋气体的温度通常为 16~52℃，而收集管道中的气体温度则接近周边环境温度，因此管道中气体因受冷而产生含有多种有机、无机化学物质、且有腐蚀性的填埋气体冷凝液。为避免冷凝液积聚在填埋气体输送管道的最低

处，除使用稍粗一些的管径外，应该将冷凝液收集、排放装置安置在填埋气体收集管道的最低处。

① 填埋气体冷凝液收集系统　收集系统包括分离器、冷凝管、泵站和贮存罐。典型的冷凝液收集装置见图 15.19(a)。通常，冷凝液应该返回填埋场；如果不允许返回，则可将冷凝液排入渗沥液收集池中[图 15.19(b)]，后送处理厂。

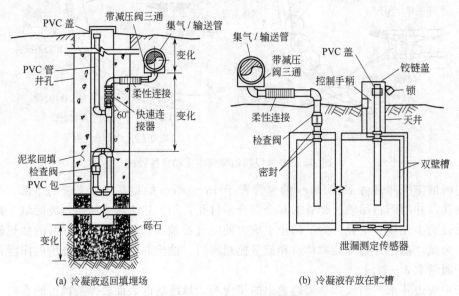

(a) 冷凝液返回填埋场　　　　　　　　　(b) 冷凝液存放在贮槽

图 15.19　典型的填埋气体冷凝液收集、排出系统

② 填埋气体冷凝液产生量估算　测定某点在某段时间内收集到的冷凝液的总量并采用网络分析可确定一段时间内填埋气体收集系统将会收集到的冷凝液量。由于其量与温度有关，应该对夏季和冬季分别进行计算，确定填埋气体冷凝液产生量的极端不良值和平均值。

(3) 管道规格和压差计算　先估算单井的最高流量，以确定干管和支管的设计流量，用当量管道长度法计算阀门阻力，用标准公式计算管道压差。根据每个干路和支路的需要重复上述计算过程。

(4) 填埋气体抽气系统的管道材料　最常用的材料是 PE 和 PVC。PE 柔软，能承受沉降，使用寿命长，是填埋气体抽气系统最为理想的首选材料。但安装费用约为 PVC 的 3～5 倍，扩延系数是 PVC 的 4 倍；如果用作地上管道会因太阳辐射和填埋气体输送过程中温度升高而产生热涨现象，设计中应引起注意。PVC 的初始投资费用、维护费用和热胀冷缩率都较低，在气候温暖地区工作性能良好，而在寒冷地区和露天使用时则效果不佳。

15.5.2.5　填埋气体处理系统

如果难以利用收集到的填埋气体，则必须将其焚烧。典型的填埋气体焚烧系统如图 15.20所示。主要设备包括：进气除雾器、流量计、风机、燃烧器、点火装置、冷凝液收集、贮存罐、冷凝液处理设备、管道和阀等。

15.5.2.6　填埋气体利用技术和系统设计

填埋气体中甲烷的利用方式与当地或周围地区对能源的需求和使用条件有关。通常，填埋气体常被转换成电能，对于小的装机容量（到 5MW），常使用内燃发电机或气轮机，对大的装机容量则常使用蒸汽涡轮机。

填埋气体还可以输送到邻近的使用地就地使用，但输送前必须干燥和过滤，除去冷凝液和粉尘。同时甲烷的含量要达到 35%～50%。如无当地用户时，可将填埋气体泵入到输送管道，

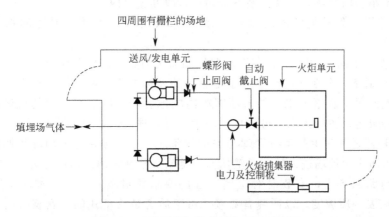

图 15.20 填埋场气体的焚烧系统示意图

输送前需要对气体进行干燥和除去杂质。中等质量的填埋气体中的甲烷含量为 50% 左右，这种气体已具有明显的能源价值。

15.6 固体废物的填埋工艺

15.6.1 城市垃圾的填埋工艺

城市垃圾土地处置采用的方式是卫生填埋。通常，进入填埋场的垃圾须按照填埋工艺设定的程序倾倒在指定的区域，铺散成 40～75cm 的薄层，并压实以减少废物的体积。每天收工前还须在垃圾层上覆以 15～30cm 的土壤，压实后就形成一个由废物层和土壤覆盖层共同构成的填筑单元。具有同样高度的一系列相互衔接的填筑单元就形成一个升层。完成的卫生填埋场一般由多个升层组成。当土地填埋达到最终的设计高度后，要在填埋层之上覆盖一层 90～120cm 的土壤，并覆以植被，此谓之封场。这样就得到一个完整的卫生土地填埋场。其剖面图示于图 15.21。

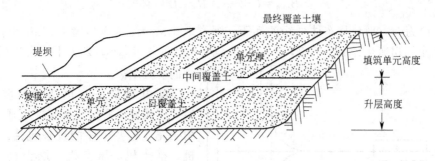

图 15.21 卫生土地填埋场剖面图

填埋后的垃圾在厌氧（或兼氧，或好氧）的条件下实现生物降解，产生的渗沥液和填埋气体将按照前述的方法收集和处理。

15.6.1.1 填埋场的设施和填埋作业的设备

（1）填埋场的基础设施

① 填埋场入口　填埋场入口的设计通常与车辆的数量、种类以及周围的交通状况有关。如果填埋场没有专用的入场道路，则要求入口远离高速公路，且本身呈喇叭形。

② 运行控制室　所有进入填埋场的车辆都必须实行控制和登记。因此，控制室要设置计

算机管理。对于小型填埋场,可将控制室合建在行政办公楼内。

③ 库房   除了一般性能的库房以外,对于有毒、有害、易燃、易爆的物品要设置专用库房。

④ 车库和设备车间   车库和设备车间要按照通用的建筑标准设计。

⑤ 清洗间   通常,要在场内修建一条足够长的高标准道路,以便车辆在驶离填埋场前能将黏附在车身上的泥土震落下来;如果填埋场内场地有限,应采用专门的机械设备清洗、除泥。清洗车辆和载运设备的污水,可送场内的污水厂处理或送填埋场回喷。

⑥ 地磅   地磅是强化生产运行管理的关键设备之一,垃圾在进入填埋场倾倒之前,要经过地磅检查。为防止填埋场进口处的车辆堵塞,地磅要建在远离进口的地方。常用的两种平板式地磅,一种与路面齐平,安装时对土建工程的要求相对较高;另一种高出路面(约高出350cm),因此需要一段坡度,以便两者对接。由于后者是移动式的,安装时所需要的经费较少。通常要对计量作业进行自动控制和计算机管理。

⑦ 场内道路建设   道路要有一定的长度和宽度,其路线的设计要考虑运行效率和交通安全。

⑧ 消防设施   按照国家公安部门的消防规定,城市垃圾填埋场的火险部位属于丙级消防单位。应严格按照消防等级配备消防装备。此外,要在填埋场四周外扩8m设置防火带。

⑨ 围墙及绿化   除非填埋场四周有天然屏障,一般都要设置围墙,以防出现非正常通道;通常,填埋场的绿化率应达到15%~20%。当地政府另有规定的,应执行地方政府的相关规定。

(2)填埋作业的生产设施、设备

① 作业平台   作业平台是供工作车辆卸载和倒车的工作平面,其宽度是维持操作正常进行的关键参数。工作平台的设计应根据卸料方式、运输和碾压设备的技术及安全需求进行。其最小宽度应满足卸载车折返调车的要求(图15.22)。工作平台的长度与车体的结构尺寸和该平台设计的最大承载能力有关。

工作平台的最小宽度 $B_{\min}$(m)为

$$B_{\min}=C+\frac{K_a}{2}+R_a+L_a+Z \tag{15-32}$$

式中,C 为上一平台与车体外缘的间距,通常取 1m;K_a 为车体宽度,m;R_a 为道路最小半径,为车辆拐弯半径的 1.2 倍,m;L_a 为汽车车体的长度,m;Z 为下一台阶里缘至车首轮的安全距离。

② 机械设备   填埋的垃圾卸料到位后,要摊开、撒匀、压实并完成土壤覆盖。用于完成这些工序的设备包括:履带拖拉机、推土机、压实机、挖土机、破碎机、吊车及抓土机等。其中推土机用途最广,几乎可完成填埋场的所有作业。压实是填埋作业中最重要的一环,可采用多种压实方式和多种类型的压实机(如载重汽车压实后的垃圾密度可达到 $500\sim600\,kg/m^3$),专门的压实机的压实密度可以提高 $10\%\sim30\%$,适当喷水可进一步提高压实密度。按照移动式压实机的工作原理,这类设备

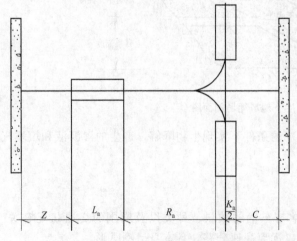

图 15.22   工作平台宽度的计算图解

可分为碾（滚）压实机、夯实压实机、振动压实机三大类。固体废物的压实处理主要采用碾压方式。填埋场常用的压实机有：胶轮式压土机、履带式压土机和钢轮式压土机。20 世纪 70 年代以来，开发和制造出不少钢轮布料挤压机，具有布料和压实双重功能，对地面的压力可达到 10MPa 左右，压实的垃圾密度可达到 $800\sim1000\mathrm{kg/m^3}$，其效果要比胶带式和履带式压土机好。

15.6.1.2　填埋方式设计

（1）卫生填埋的方法　卫生填埋的方法主要有 3 种。

① 沟槽法　沟槽法是将垃圾铺撒在预先挖掘的沟槽内，压实后再用挖出的土覆盖其上并压实，即构成基础的填筑单元结构。沟槽的大小要根据场地的地形、地貌及水文地质条件来确定。通常其长度为 $30\sim40\mathrm{m}$，宽 $4.5\sim7.5\mathrm{m}$，深 $0.9\sim1.8\mathrm{m}$，见图 15.23。

图 15.23　沟槽法示意图

② 地面法　地面法可在坡度平缓的天然土地表面上采用，但要先建筑一个人工土坝，作为初始填筑单元的屏障，其后就可以把垃圾铺撒在地面上，经压实再覆以薄土，然后再压实。地面法最好采用废弃的采石场和露天矿、峡谷、盆地和其他类型的洼地。如图 15.24 所示。

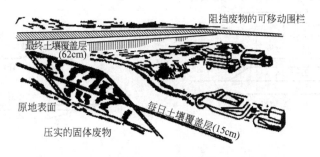

图 15.24　地面法示意图

③ 斜坡法　斜坡法是将垃圾直接铺撒在斜坡上，压实后从工作面前面取土覆盖。此法实质上是沟槽法和地面法的结合，其优点在于挖方量少，且不需要从场外运进覆盖材料，由于废物堆积在初始的表面下，因而比地面法更能有效地利用处置场地，见图 15.25。

卫生土地填埋的灵活性很大，具体采用哪种方法可根据垃圾的数量以及处置场地的自然特征来确定。

（2）填埋操作方式　填埋作业的方式可根据场地的地形特点来确定。对于平坦的地形，既可以由上而下垂直填埋，也可以从一端向另一端实施水平填埋。后者也叫阶梯式填埋，其优点在于填埋向高度发展，在较短的时间内就可以达到最终填埋高度，这样既可以减少垃圾的暴露时间，又有助于减少渗沥液的数量，因此被广泛采用。见图 15.26。在实际的操作中，这种填埋方式可实行分区填埋，即把整个场区划分成为若干个分区，各分区依次填埋到某一相同的高度后，在其上覆上一中间层（由 60cm 黏土和 15cm 表土组成）。此时，在中间层上部又可以进

图 15.25 斜坡法示意图

行新的填埋作业，一直填埋到封顶标高。沈阳的老虎冲生活垃圾填埋场就采用了这种填埋方式。

在分区填埋中，要明确填埋的方向，以防混乱。在已封顶的区域不能设置道路。永久性的道路应与分区平行，铺设在填埋场之外，并设支路通向填埋坑底部。

对于斜坡和峡谷地区的土地填埋，可以从上到下或从下到上进行，一般采用从上到下的填埋方法。因为这样既可以减少浸出液产生量，又不会积蓄地表水。图 15.27 为丘陵、峡谷地区填埋作业方式示意图。

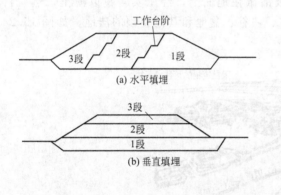

图 15.26 平坦地区的填埋操作

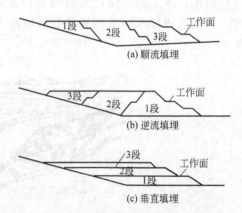

图 15.27 丘陵、峡谷地区的填埋操作

15.6.2 危险废物安全填埋的工艺

与卫生填埋相比，安全填埋更注重防止填埋过程产生的二次污染，特别是渗沥液对水体的二次污染。除了如前面章节所叙述的各项应对措施以外，在具体的填埋作业方面，还需采用若干强化措施。

15.6.2.1 填埋坑的设计

（1）填埋坑的容积 确定填埋坑容积之前，要对填埋场服务区内有害废物的产生量进行精确的调查，据此确定填埋坑容积的大小以及填埋场的服务年限。此外，废物的填埋方式、废物填埋前需要固化的比例和不同废物固化时需要添加的固化材料的种类和数量、各种废物和相应的固化材料的堆密度和压实密度都是设计填埋坑容积的依据。几类废物和固化材料的堆密度和压实密度如表 15.9 所示。

填埋坑的基底标高应根据填埋区地下水的水文条件来确定，一般应在地下水水位以上 2m 左右。

表 15.9 几种废物和固化材料的堆密度和压实密度

名称	堆密度/(t/m³)	压实密度/(t/m³)	名称	堆密度/(t/m³)	压实密度/(t/m³)
含金属废物	1.56	1.70	粉煤灰	0.91	1.05
碱性废物	1.06	1.52	电石渣	0.83	1.00
酸性废物	0.91	1.11	水泥	1.20	1.40
有机、一般废物	0.87	0.92	黏土		1.60

（2）填埋坑的防渗处理　填埋坑的防渗是危险废物安全填埋场设计中至关重要的内容。需要根据填埋的废物种类、废物中污染物的种类和含量以及填埋区的水文、地质条件来确定。

下面以国内某危险废物安全填埋场为例说明填埋坑基底的防渗处理。

该防渗系统采用的是双层复合衬层，在衬层之间和衬层之上有渗沥液收集系统。双层复合衬层由下至上的结构为：压实的基础（砂砾层）、1.0m 厚的压实黏土层（渗透系数 $k<1\times 10^{-8}$ cm/s）、1.0mm 高密度聚乙烯膜、无纺布（400g/m²）、30cm 厚的砂石排水层、无纺布（400g/m²）、压实黏土（厚 50cm，渗透系数 $k<1\times 10^{-7}$ cm/s）、高密度聚乙烯膜（厚 1.0mm）、无纺布（400 g/m²）、砂石排水层（厚 60cm）、无纺布（400g/m²）。

在进行边坡（边坡角为 1:3）防渗设计时，考虑到很难在 30cm 厚的砂石上将 50cm 厚的黏土压实且使其渗透系数小于 1×10^{-7} cm/s，所以采用了美国 EE 公司推荐的方案，在边坡上以两层 5cm 的 HDPE 排水网格取代 30cm 厚砂石排水层。

如果填埋坑内就地将原有黏土压实后达不到要求（渗透系数小于 1×10^{-7} cm/s），可在黏土中掺入适量比例的生石灰、水泥、膨润土等再压实。但添加物料的配比不仅要经过实验室实验，而且在施工图设计之前还要进行现场的碾压实验。

此外，填埋坑的设计还要考虑气候的影响，如高寒地区冬季气温有时在 -30℃ 左右，最大冻深可达 1m 以上，而黏土层的最佳含水率为 18%～20%，所以需要考虑垫层的抗冻问题。

防止填埋场周围的汇水进入填埋场，是填埋场防渗的另一措施。因此要在填埋场周围设置排水沟。排水沟的位置和结构尺寸，要根据填埋场周围的地形、地貌和当地的气象条件来确定。

（3）渗沥液的收集系统　填埋坑的渗沥液的收集系统由收集管道、泵与集水井组成。它分为初级渗沥液收集系统和次级渗沥液收集系统。前者设在上层防渗膜之上，后者设在下层防渗膜之上。初级渗沥液收集系统的主管和支管均应为 HDPE 带孔管，其管径应根据渗沥液的产生量来计算。如果渗沥液的性质有很大差异而需要分别处理时，则必须分别设置渗沥液收集系统，性质相近可以合并处理的渗沥液进入同一个收集系统中。为使渗沥液及时导排出去，填埋坑的底部要有一定的坡度。通常沿支管的方向坡度为 3% 左右，管间距要根据管径和渗沥液的产生量来确定，一般为 20～30m。沿主管方向的坡度为 1% 左右。

为了预防渗沥液收集系统的管道及管道附近的砾石层沉淀与堵塞，主管与支管的首端要沿坡面铺设到坑顶部，并高出坑顶 0.5～1.0m，作为管道的冲洗口。冲洗作业一般每半年进行一次。

次级渗沥液收集系统与初级系统相同。

渗沥液集水井的数量要与集水管道系统相匹配；每眼集水井对应一个集水管道系统。集水井为钢筋混凝土结构，其容积由渗沥液的产生量来决定。为防止集水井的渗漏，井的内壁要衬一层 HDPE 膜，厚 1.0mm；膜的外层再抹一层耐腐蚀的水泥砂浆，厚 10mm。井的深度取决于排渗管的进口标高，进口管距井底不得小于 1m。

为了减轻填埋坑防渗层的压力，要及时排出填埋坑中聚集的降水径流量。设置的临时雨水排水泵的选择，要以当地最大降雨产生的全部径流水量（不扣除渗透的水量）来计算。经验表明，利用最大小时降雨量来选择泵的型号，会因排水泵较大，耗能多，移动也很困难；如果以日最大降雨量来设计，则各方面都比较合理。

15.6.2.2 填埋方式

根据危险废物的特点，其填埋的方式为分区填埋和分层填埋相结合。

（1）分区填埋 考虑到有害废物的不相容性，应采用分区填埋方式：在填埋坑内设置若干个分格，采用黏土作为分格的隔墙，隔墙的顶宽为 1.0m，边坡为 1:1；墙高为 1.0m。随着填埋废物量的增加，要在已经填埋完毕的填埋层上再筑构新的隔墙，此后的隔墙的坡度为 1:2。

（2）格内分层填埋 每个格内的废物采用分层、分单元填埋。每层由若干个单元组成，每天填埋的废物为一个单元，当填满一层后，再在其上进行下一层的填埋。为防止风吹起尘，要在当天填埋的单元上压一层黏土，黏土压实的程度，要使黏土层的渗透系数达到 $1\times10^{-2}\sim1\times10^{-5}$ cm/s。黏土层的厚度通常为废物层厚度的 10%。

确定填埋层的高度时，可以将一年中要填埋的废物作为一层来计算填埋层的高度。这种方法的好处在于，在填埋的第一年就可以在填埋坑内形成一个布满坑底的、平坦的填埋层，既有利于坑内基底层的保温、防冻；也可使大部分雨水以径流形式沿着头一年形成的黏土覆盖层流至低处，由临时排水泵排出，有效地减少了渗沥液的产生量。另一种方法是确定填埋层的厚度为 2～3m，由于大大地提高了单层的厚度，黏土覆盖层所占的相对容积减少，从而增加了填埋场的服务年限。但是这种方法的缺陷是，由于填埋层厚度增加，填满一层需要 2～3 年的时间，不利于填埋坑基底的保温、防冻；同时，由于雨水可以透过裸露的基底而成为渗沥液，因而增加了水处理间的负担。显然，可以兼收两种层高设计方法的长处，即首年按第一种方法确定层高，而其后年份的填埋层高度按后一种方法确定。

15.6.2.3 排气方案设计

填埋的有害废物中，不少废物能产生有毒有害的挥发性气体，废物中的有机成分也会因生物降解而产生有气体，因此需要考虑填埋气体的排放问题。产生气体的种类会因为填埋物的不同而有很大的差别。通常，油漆可以挥发出苯和二甲苯；印染的油污泥可产生氨、甲烷和汞等挥发性气体。至于产生气体的数量，目前还没有准确的计算方法。

考虑到大部分填埋物都经过固化处理，气体的产生量相对较少，可以不设排气井，只安装上部排气装置。上部排气构造可以按如下方式设计：在封盖顶层的 30cm 的排砂层中，埋设侧面带孔的水平收集管，与之相连的竖管的顶端呈倒"U"形，以此作为排气口。排气口须高出封顶面 400mm。各个填埋分格排气装置的数量要根据预计的产气量来确定。

15.7 填埋场的封场

填埋场的封场又称为表面密封，是指废物填埋作业完成之后，在它的顶部铺设覆盖层的作业。表面密封系统也叫最终覆盖层系统，该系统的功能可以概括为：①减少天然降水进入填埋场；②控制填埋气体，使其从填埋场上部的覆盖层实现有序导排；③抑制病原菌的繁殖；④避免危险废物的扩散，防止地表径流水的污染；⑤避免危险废物与人和动物的直接接触；⑥提供一个可以进行景观美化的表面；⑦便于填埋土地的再利用。

15.7.1 封场用的防渗材料

封场用的防渗材料与衬层的防渗材料相同，包括天然无机防渗材料（如黏土）、天然和有机复合防渗材料、柔性膜（如 HDPE 膜）等。

15.7.2 表面密封系统的结构设计

15.7.2.1 基本结构

现代化的填埋场的表面密封系统由上下两部分构成：上部为表层，即土地恢复层；下部为密封工程系统，由保护层、排水层（可不设）、防渗层（包括底土层）和排气层（可不设）组成。如图 15.28 所示。是否设置排水层和排气层，应根据具体情况来确定。前者只有当通过保护层入渗的水量较多或对防渗层的渗透压力较大时才是必要的；而后者只有当形成较大量的填埋气体时才须设置。

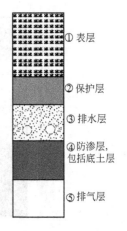

① 表层

② 保护层

③ 排水层

④ 防渗层，包括底土层

⑤ 排气层

图 15.28　封顶覆盖层系统结构示意图

15.7.2.2　表面密封系统的结构设计

表层的设计要考虑封场后的土地利用规划。通常要能满足植物生长的需要，因此要采用腐殖土和其他土壤，其厚度要保证植物的根系不致破坏下部的密封工程系统，一般不应小于 50cm，在高寒地区，土壤的厚度要保证防渗层位于冻土带以下。表层土壤层的坡度一般为 3%～5%。在表层之上可能还要有地表排水设施等。

在干旱地区可以考虑使用鹅卵石代替植被层，鹅卵石的厚度为 10～30cm。

由于覆盖层系统具有土地恢复功能，因此覆盖层的设计应与建筑和土地规划的专家共同协商，以保证地形规划和填埋场的需要不发生矛盾，如须使填埋场的分期规划和已有的或规划中的土地使用模式一致；要有合适的用于土地恢复的土壤堆放场；管道系统和监测系统的布置要充分考虑封场土地的使用问题。

（1）密封工程系统的结构设计

① 保护层　一般使用天然土壤或砾石等材料作为保护层，它和表层有时可以合并使用同一种材料，这取决于封场后土地的用途。

② 排水层　现代化的填埋场一般都有排水层，其最小的透水率应为 1×10^{-2} cm/s，倾斜度一般 $\geqslant 3\%$。

③ 防渗层　国外填埋场的工程实践表明，单独使用黏土作为防渗层会出现一些问题，如黏土在软的基础上不易压实；压实的黏土在干燥后容易干裂；抗冻裂、抗不均匀沉降的性能不高；对填埋气体的防护能力较差；黏土层被破坏后不易修复等。所以建议使用复合防渗层，复合防渗层的柔性膜（如 HDPE）与其下的黏土层（一般规定为 60cm）要分层铺设，但须紧密结合成一个综合密封整体，坡度要 $\geqslant 3\%$。人工改性黏土（如膨润土改性黏土）也可以作为防渗层的材料使用。

④ 底土层　底土层的功能是为其上的防渗层提供一个稳定平稳的支撑。复合的防渗系统的黏土层和下部的排气层也可以起到底土层的作用。在有些情况下，需要专门设置底土层。

⑤ 排气层　如果填埋场已经安装了填埋气体的收集系统，或填埋气体的产生量不大，则无需设置排气层。

表层密封系统中某些单层之间（如保护层和排水层之间；排水层和防渗层之间；底土层和排气层之间；表面密封系统和固体废物之间），要求有隔层来保证这些单层长期具有完好的功能。隔层通常使用土工布。

图 15.29 是美国国家环保局建议的危险废物安全填埋场的表面密封系统结构，图中给出的各层的材料和厚度，可以供设计时参考。

（2）表面密封系统的稳定性　填埋场由于压实和生物降解的原因通常都会产生沉降问题，总的沉降量与填埋废物的种类、载荷量和填埋技术有关，通常是废物填埋高度的 10%～20%。其中的不均匀沉降会在废物的相变边界、填埋单元边缘和填埋场边界处产生盖层断裂，设计者要预先确定可能发生不均匀沉降的位置，提出相应的防范措施。如适当增加覆盖层的厚度；如果沉降的情况与预计有出入，则可以去高补低；或者在容易出现不均匀沉降的位置采用不同的

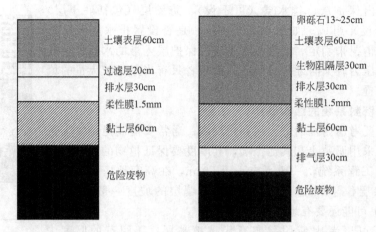

图 15.29 危险废物安全填埋场表面密封系统结构示意图

覆盖层设计坡度来弥补不均匀沉降所产生的高度损失。

思 考 题

1. 生活垃圾填埋场选址需要考虑哪些问题?

2. 如何确定垃圾填埋场的填埋容量?

3. 垃圾填埋场防渗层有哪些类型? 如何确定垃圾填埋场的防渗层类型?

4. 人工防渗层所用材料有哪些?

5. 什么情况下要对垃圾填埋场进行垂直防渗? 如何实现?

6. 影响渗沥液产生量的主要因素有哪些?

7. 如何估算垃圾填埋场填埋气体的产生量?

8. 填埋气体集、输气系统设计需要考虑哪些问题?

9. 固体废物填埋的方法主要有哪些? 分别在什么情况下采用?

10. 危险废物填埋和一般固体废物填埋有哪些不同?

11. 为什么要对垃圾填埋场进行封场?

12. 计算一个接纳填埋 5 万城市居民所排生活垃圾的卫生填埋场的面积和容量,假设每人每天的垃圾排放量为 1.5kg,覆土与垃圾的比为 1:4,垃圾填埋密度 650kg/m³,填埋高度 10m,填埋年限 15 年。

16 固体废物焚烧处理设计

焚烧法是一种高温热处理技术，即以一定量的过剩空气与被处理的有机废物在焚烧炉内进行氧化燃烧反应，废物中的有毒有害物质在高温下氧化、热解而破坏，是一种可同时实现废物无害化、减量化、资源化的技术。处理固体废物的焚烧厂可分为城市垃圾焚烧厂、一般工业废物焚烧厂和危险废物焚烧厂。

16.1 焚烧炉分类

固体废物焚烧炉主要有炉排型焚烧炉、炉床型焚烧炉和沸腾流化床焚烧炉三种。但每种类型的焚烧炉根据结构的差异又有不同的形式。下面介绍几种常见的焚烧炉。

16.1.1 炉排式焚烧炉

将固体废物置于炉排上进行焚烧的炉子称为炉排型焚烧炉。

(1) 固定炉排焚烧炉　固定炉排焚烧炉分水平固定炉排焚烧炉和倾斜固定炉排焚烧炉两种，只能手工操作、间歇运行，劳动条件差、效率低，拨料不充分时焚烧不彻底。废物从炉子上部投入后经人工扒平，使物料均匀铺在炉排上，炉排下部的灰坑兼做通风室，由出灰门靠自然通风送入燃烧空气，也可采用风机强制通风。为保证废物燃烧充分，燃烧过程中需对料层进行不定期翻动，燃尽的灰渣落在炉排下面的灰坑，人工扒出。这种焚烧炉适用于焚烧少量易燃性废物，如废纸屑、木屑及纤维素等。

(2) 机械炉排焚烧炉　机械炉排焚烧炉采用活动式炉排，可使焚烧操作自动化、连续化，

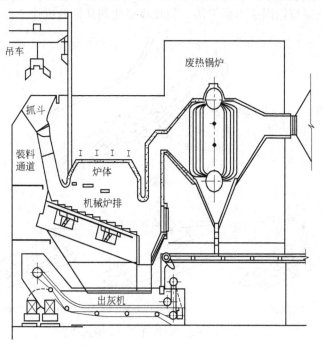

图 16.1　机械炉排焚烧炉

广泛应用于城市垃圾的焚烧，其典型结构如图 16.1 所示。按炉排构造不同可分为链条式、阶梯往复式、多段滚动式焚烧炉等。

链条炉排结构简单（见图 16.2），对垃圾没有搅拌和翻动作用，垃圾只有落到下一炉排时有所扰动，容易出现局部垃圾未燃尽的现象。此外，链条式炉排不适宜焚烧含有大量粒状废物及废塑料等的废物。因此，链条炉在垃圾焚烧厂已很少采用。

阶梯往复式炉排分固定和活动两种（见图 16.3），固定和活动炉排交替放置。活动炉排的往复运动由液压油缸或机械方式推动，往复的频率根据生产能力可以在较大范围内调节，操作控制方便。阶梯往复式炉排的往复运动能将料层翻动扒松，使燃烧空气与之充分接触。阶梯往复式炉排焚烧炉对处理废物的适应性较强，可用于含水量较高的垃圾和以表面燃烧、分解燃烧形态为主的固体废物的焚烧，但不适宜处理微细粒状物和塑料等低熔点废物。

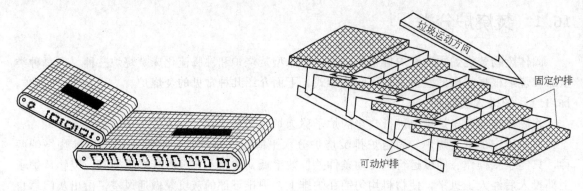

图 16.2 链条式炉排　　　　　　　　图 16.3 阶梯往复式炉排

逆摺动式炉排的构造如图 16.4 所示。这种炉排的长度固定，宽度可根据炉床所需面积调整，可由数个炉床横向组合而成，每个炉床包含数个固定及可动炉条，固定炉条和可动炉条采用横向交错配置。可动炉条由连杆及横梁组成，由液压传动装置驱动，其移动速度可调整，可动炉条逆向移动，使得垃圾因重力而滑落，使垃圾层达到良好的搅拌。

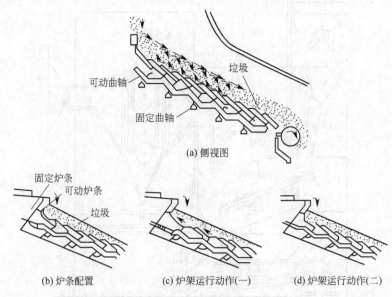

(a) 侧视图

(b) 炉条配置　　　　(c) 炉架运行动作(一)　　　　(d) 炉架运行动作(二)

图 16.4 逆摺动式炉排可动炉条的运动状况

阶段反复摇动式炉排的构造如图 16.5 所示。每个炉排上有固定炉条及可动炉条以纵向交错配置，可动炉条由连杆及棘齿组成，在可动炉条支架上水平方向作反复运动，将剪切力作用于垃圾层的前后及左右各方向，使得垃圾层能松动，均匀混合。

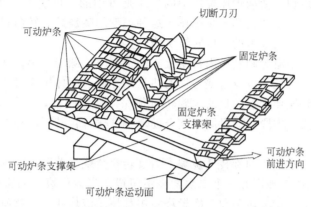

图 16.5　阶段反复摇动式炉排

逆动翻转式炉排的构造如图 16.6 所示。炉排包含固定炉条及可动炉条，每个固定炉条及可动炉条横向交错配置，炉排呈水平设置，无倾角及阶段落差。可动炉条由连杆曲柄机构组成，由液压传动装置驱动，在固定炉条两侧的可动炉条以相反方向作反复运动，使得垃圾在前进及旋转中达到搅拌的作用。因为此形式的炉排为水平配置，故焚烧炉所需的高度可相对降低。

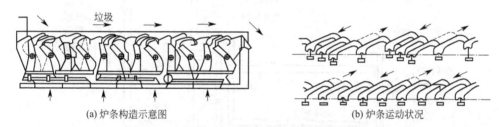

(a)炉条构造示意图　　　　　　　　　　　(b)炉条运动状况

图 16.6　逆动翻转式炉排

16.1.2　炉床式焚烧炉

炉床式焚烧炉采用炉床盛料，燃烧在炉床上面物料的表面进行，适宜处理颗粒小或粉状固体废物，分固定炉床和活动炉床两种。

（1）固定炉床焚烧炉　固定炉床焚烧炉分水平固定炉床焚烧炉和倾斜固定炉床焚烧炉两种，其炉床与焚烧室一体。废物的加料、搅拌及出灰均为手工操作，劳动条件差，且为间歇式操作。固定炉床焚烧炉适用于蒸发燃烧形态的固体废物，如塑料、油脂残渣等。

图 16.7 是常见的模组式固定床焚烧炉。焚烧炉包括两个圆筒状、内敷耐火砖的燃烧室。主燃烧室内成阶梯形，每个阶梯间装有输送杆，每隔 7～8min 往前推进一次，便于废物及灰渣的移动，每个燃烧室至少装置一个辅助燃烧器，以维持炉内温度。为避免不完全燃烧气体外泄，炉内压力略低于炉外，主燃烧室底部装有空气导管，以吸取炉外空气。为了降低排气中的粉尘含量，主燃烧室的过剩空气量维持在 20%～30%，二次燃烧室内过剩空气量维持在 100%～140%，以确保气体完全燃烧。主燃烧室内的温

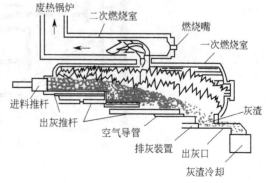

图 16.7　模组式固定床焚烧炉

度控制于760～980℃之间，二次燃烧室的温度900～1100℃之间。出灰可采用连续出灰系统，以水封阻隔燃烧室与集灰坑。目前处理能力单炉在200t/d以下。

（2）活动炉床焚烧炉　活动炉床焚烧炉的炉床是可动的，可使废物在炉床上松散和移动，以改善焚烧条件，进行自动加料和出灰操作。这种类型的焚烧炉有转盘式炉床、隧道回转式炉床和回转式炉床三种，应用最多的是旋转窑焚烧炉。

旋转窑焚烧炉是一个略为倾斜而内衬耐火砖的钢制空心圆筒，窑体通常很长。大多数废物物料是由燃烧过程产生的气体以及窑壁传输的热量加热的。固体废物可从前端送入窑中进行焚烧，以定速旋转来达到搅拌废物的目的。旋转时须保持适当倾斜，以利固体废物下滑。此外，废液及废气可以从前段、中段、后段同时配合助燃空气送入，甚至整桶装的废物（如污泥）也可送入旋转炉中燃烧。

旋转窑焚烧炉有基本形式的旋转焚烧炉和后旋转窑焚烧炉两种。基本形式旋转窑焚烧炉如图16.8所示。该系统由旋转窑和一个二次燃烧室组成。当固体废物向窑的下方移动时，其中的有机物质就被燃烧了。在旋转窑和二次燃烧室中都使用液体或气体物质以及商品燃料作为辅助燃料。后旋转窑焚烧炉如图16.9所示，这种旋转窑可以处理带有液体的大体积固体废物，在干燥区，水分和挥发性有机物被蒸发，然后，蒸发物进入二次燃烧室燃烧。

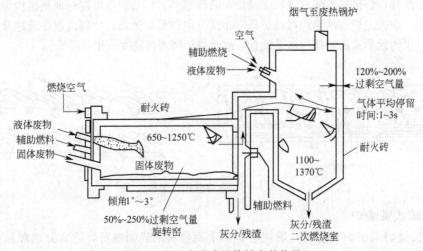

图16.8　基本形式的旋转窑焚烧炉

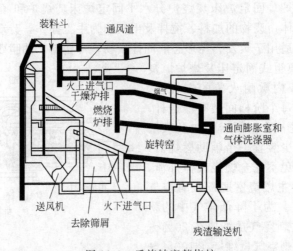

图16.9　后旋转窑焚烧炉

旋转窑根据其窑内灰渣物态及温度范围，可分为灰渣式和熔渣式两种。灰渣式旋转窑焚烧炉一般在650～980℃之间操作，熔渣式旋转窑焚烧炉则在1200～1430℃之间操作，燃烧比较彻底。

16.1.3　流化床焚烧炉

流化床焚烧炉利用炉底分布板吹出的热风将废物悬浮呈沸腾状态燃烧，一般采用中间介质（砂子）进行流化，再将废物加入到流化床中与高温的砂子接触、传热并燃烧。由于介质之间所能提供的孔道狭小，无法接纳较大的颗粒，因此，固体废物必须先进行破碎。助燃空气多由底部送入，炉膛内分格栅区、气泡区、床表区及干舷区。向上的气流流速控制着颗粒流体化程度，气流流速过大时会造成介质被上升气流带入空气污染控制系统，可外装一旋风集尘器将大颗粒的介质捕集再返回炉膛内。空气污染控制系统通常只需安装静电除尘或袋式除尘器除尘即可。在进料口加一些石灰粉或其他碱性物质。酸性气体可在流化床内直接去除。

目前用于固体废物焚烧的流化床焚烧炉主要有气泡床和循环床。气泡床（见图16.10）多用于处理城市垃圾及污泥，循环床（见图16.11）多用于处理有害工业废物。气泡床是将不起反应的惰性介质放入反应槽底部，借着风箱的送风及燃烧器的点火，可以将介质逐渐膨胀加温，由于传热均匀，燃烧温度可以维持在较低的温度，因此氮氧化物产量较低。同时，若在进料时掺入石灰粉末，可以在燃烧过程中直接将酸性气体去除。一般焚烧温度范围多保持在400～900℃，气泡床的表象气体流速在1～3m/s，因此，有些介质颗粒会被吹出干舷区。格栅区、气泡区、床表区提供了干燥及燃烧的环境，有机挥发性物质进入废气后，可在干舷区完成后燃烧，所以，干舷区的作用类似于二次燃烧室。

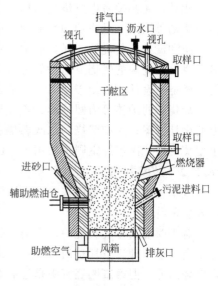

图16.10　气泡流化床焚烧炉

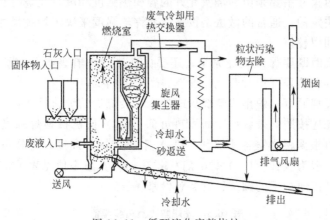

图16.11　循环流化床焚烧炉

16.2　焚烧炉设计的一般原则

废物焚烧炉设计的一般原则是使废物在炉膛内按规定的焚烧温度和足够的停留时间，达到完全燃烧。这就要求选择合适的炉床，合理设计炉膛的形状和尺寸，增加废物和氧气接触的机会，使废物在焚烧过程中水汽易于蒸发、加速燃烧，以及控制空气与燃烧气体的流速及流向，使气体得以均匀混合。

16.2.1   炉型

在选择炉型时，首先应看所选择炉型的燃烧形态（控气式或过氧燃烧式）是否适合所处理的所有废物的性质。一般来说，过氧燃烧式焚烧炉比较适合不易燃性废物或燃烧性比较稳定的废物，如塑料、橡胶与高分子石化废料等；而控气式焚烧炉比较适合焚烧易燃性废物，如木屑、垃圾、纸类等；机械炉排焚烧炉适合于处理城市垃圾；旋转窑焚烧炉适宜处理危险废物。

此外，还必须考虑燃烧室结构及气流模式、送风方式、搅拌性能，是否会产生短流或底灰易被扰动等因素。燃烧炉中气流的走向取决于焚烧炉的类型和废物的特性。多膛式焚烧炉的燃烧方向和流化床焚烧炉一样，通常是垂直向上燃烧的；回转窑焚烧炉通常是向斜下方燃烧的；多燃烧室焚烧炉的燃烧方向一般是水平向的。当燃烧产物中含有盐类时，宜采用垂直向下或下斜向燃烧的设计，以便于从系统中清除盐分。

焚烧炉的炉体可为圆柱形、正方形或长方形的容器。旋风式和螺旋燃烧室焚烧炉采用圆柱形的设计方案；大型焚烧炉二次燃烧室多为直立式圆筒或长方体，顶端装有紧急排放烟囱，中小型焚烧炉二次燃烧室则多采用水平圆筒形。

16.2.2   送风方式

就单燃烧室焚烧炉而言，助燃空气的送风方式可分为炉床上送风和炉床下送风两种，一般加入超量空气 100%～300%。

对于两段式控气焚烧炉，在第一燃烧室内加入 70%～80% 理论空气量，在第二燃烧室内补足空气量至理论空气量的 140%～200%。因第一燃烧室中缺氧燃烧，故增加空气流量会提高燃烧温度；但第二燃烧室中是过氧燃烧，增加空气流量则会降低燃烧温度。二次空气多由两侧喷入，以增加室内空气混合及湍流度。

吸风系统与强制通风系统从燃烧角度并无区别，吸风系统的优点是可以避免焚烧烟气外漏，但由于系统中常含有焚烧产生的酸性气体，必须考虑设备的腐蚀问题。

16.2.3   炉膛尺寸的确定

废物焚烧炉炉膛尺寸主要是由燃烧室允许的容积热强度和废物焚烧时在高温炉膛内所需的停留时间两个因素决定的。通常的做法是按炉膛允许热强度来决定炉膛尺寸，然后按废物焚烧所必须的停留时间加以校核。

考虑到废物焚烧时既要保证燃烧完全，还要保证废物中有害组分在炉膛内一定的停留时间，因此，在选取容积热强度值时要比一般燃料燃烧室稍低。

对于固体废物焚烧而言，炉排式焚烧炉或炉床式焚烧炉的炉膛尺寸，要适应各种炉排及炉床的特殊要求。首先应按照炉排或炉床面积热负荷（Q_R）或机械燃烧强度（Q_f）来决定燃烧室截面尺寸，然后再根据燃烧室容积负荷（Q_V）来决定炉膛高度。燃烧室容积热负荷取决于炉型和废物类型，一般为 $(40～100)×10^4 kJ/(m^3 \cdot h)$，其参考值见表 16.1。当计算所得容积过小时应适当放大，以便炉子的砌筑、安装和检修。

表 16.1   燃烧室热负荷参考值   单位：$10^4 kJ/(m^3 \cdot h)$

废物类型	炉型		废物类型	炉型	
	炉排式	固定炉床式		炉排式	固定炉床式
一般垃圾	33～84	—	木屑	42～84	—
脱水污泥	—	63～189	废塑料	—	250～295
厨房废物	63～168	—	废橡胶	—	42～84
动物尸体	63～105				

16.2.4　炉衬材料和结构

炉衬材料要根据炉膛温度的高低选用能承受焚烧温度的耐火材料及隔热材料，并应考虑被焚烧废物及燃烧产物对炉衬的腐蚀性，同时还要注意炉内不同部位的温度和腐蚀情况，根据不同部位工作条件采用不同等级的材质。如焚烧温度为 900～1000℃，锥部设有废液喷嘴，可选用含 $Al_2O_3>75\%$ 的高铝砖；炉膛上部工作温度为 900℃，但熔融盐碱沿炉衬下流，炉衬腐蚀较重，可选用一等高铝砖；炉膛下部工作条件基本和炉膛中部相同，当燃烧产物中有大量熔融盐碱时，因熔融物料在斜坡上聚集，停留时间长，易渗入耐火材料中，如有 Na_2CO_3 时腐蚀严重，因工作条件比炉膛中部恶劣，应选用空隙率较低的致密材料，如选用电熔耐火材料制品等。要求衬里不腐蚀、不损坏是不可能的。通常在有 Na_2SO_3、$NaOH$ 腐蚀时，采用较好的材质，使用寿命也只有 2～3 年。对于腐蚀性更强的 Na_2CO_3，则寿命仅一年左右。

焚烧炉炉衬结构设计除材料的选用上要考虑承受高温、抵抗腐蚀之外，还要考虑炉衬支托架、锚固件及钢壳钢板材料的耐热性和耐腐蚀性，以及合理的炉衬厚度等问题。应采用整体性、严密性好的耐火材料作炉衬，如采用耐热混凝土、耐火塑料等，以减少砖缝的窜气。另外，炉墙厚度不能过大，炉壁温度应较高，以免酸性气体被冷凝下来腐蚀炉壁。然而炉壁温度也不应设计得过高，过高的温度会引起壳板变形。

16.2.5　废气停留时间与炉温

废气停留时间与炉温应根据废物特性而定。处理危险废物或稳定性较高的含有机性氯化物的一般废物时，废气停留时间需延长，炉温应提高；若为易燃性或城市垃圾，则停留时间与炉温在设计方面可酌量降低。

不过一般而言，若要使 CO 达到充分破坏的理论值，停留时间应在 0.5s 以上，炉温在700℃以上，但任何一座焚烧炉不可能充分扰动扩散，或多或少会有短流现象，而且未燃烧的碳颗粒部分仍会反应成 CO，故在操作时，炉温应维持在 1000℃，而停留时间以 1s 以上为宜。若炉温升高，停留时间可以降低；炉温降低时，停留时间需要延长。

16.2.6　对废物的适应性

虽然焚烧处理的废物通常是多种多样的，并非单一形态，但从其焚烧本质而言都是燃烧问题，有可能安排在同一焚烧炉内进行焚烧。对于区域性危险废物焚烧厂，通常要求焚烧炉对焚烧的废物有较大的适应性。旋转窑焚烧炉和流化床焚烧炉允许投入多种形态的废物，有较好的适应性。但是，并非所有废物都可投入同一焚烧炉内焚烧，必须考虑焚烧处理废物的相容性，通过试验确定对废物加以分类。对于不便放在一个炉内处理的废物，不能勉强凑在一起，以免影响正常操作。

为了便于燃烧产物的后处理或为了设置废热锅炉，常将某种废物的一些组分预先分离出来，然后分别燃烧。在不会引起传热面污染的焚烧炉后再设置废热回收设备。总之焚烧炉对废物的适应性问题是个复杂的问题，要考虑到各种因素，力求技术可靠、经济合理。

16.2.7　进料与排灰系统

焚烧炉进料系统应尽可能保持气密性，焚烧系统大多采用负压操作。若进料系统采用开放投料或密闭式进料中气密性不佳，冷空气渗入炉内会导致炉温下降，破坏燃烧过程的稳定性，使烟气中 CO 与粒状物浓度急剧上升。

排灰系统应设有灰渣室，采用自动排灰设备，否则容易造成燃烧过程中累积炉灰随气流的扰动而上扬，增加烟气中的粒状物浓度。

16.2.8　材料腐蚀

焚烧烟气中的硫氧化物及氯化氢等有害气体均对金属材料有腐蚀性，但在不同的废气温度环境中腐蚀程度不同。废气温度在 320℃以上时，氯化铁及碱式硫酸铁形成及分解称为高温腐蚀区，废气温度在硫酸露点（约 150℃）以下时，为电化学腐蚀，称为低温腐蚀区，其中废气温度在 100℃ 以下时，称为湿蚀区。高温腐蚀是高温气体长时间与金属材料接触所致；低温腐蚀是酸性气体在露点以下时，与烟气中的水分凝缩成浓度较高的硫酸、亚硫酸、盐酸等液滴，与金属材料接触所致。

通常，焚烧烟气的温度在燃烧室内的温度为 800～900℃，流经各辅助设备到烟囱时降为 150～170℃。应考虑焚烧炉金属壁、耐火水泥焚烧炉的固定铆钉、排气管线及烟囱的腐蚀问题。

16.3 焚烧炉的设计

16.3.1 机械炉排焚烧炉的设计

16.3.1.1 炉膛几何形状及气流模式

燃烧室几何形状要与炉排构造相协调，在导流废气的过程中，为垃圾提供一个干燥、完全燃烧的环境，确保废气能在高温环境中有充分的停留时间，以保证毒性物质分解，还需兼顾锅炉布局及热能回收效率。

对于低热值（低位发热量在 2000～4000kJ/kg）、高水分的垃圾，适宜采用逆流式的炉床与燃烧室搭配形态。

对于高热值（低位发热量在 5000kJ/kg 以上）及含水量低的垃圾，适宜采用顺流式炉床与燃烧室搭配形态。

对于中等发热量（低位发热量在 3500～6300kJ/kg）的垃圾，可采用交流式的炉床与燃烧室搭配形态，使垃圾移动方向与燃烧气体流向相交。

对于热值四季变化较大的垃圾，则可采用复流式的搭配形态。燃烧室中间由辐射天井隔开，使燃烧室成为两个烟道，燃烧气体由主烟道进入气体混合室，未燃烧气体及混合不均匀的气体由副烟道进入气体混合室，燃烧气体与未燃气体在气体混合室内可再燃烧，使燃烧作用更完全。

16.3.1.2 燃烧室的构造

垃圾焚烧根据吸热方式不同可分为耐火材料型燃烧室与水冷式燃烧室两种。前者燃烧室仅以耐火材料加以被覆隔热，所有热量均由设于对流区的锅炉传热面吸收，仅用于较早期开发的焚烧炉中。后者的燃烧室与炉床成为一体，空冷砖墙及水墙构造不易烧损及受熔融飞灰等损害，所容许的燃烧室负荷较一般砖墙构造高，水管墙可有效吸收热量，并降低废气温度。

16.3.1.3 燃烧室热负荷

连续燃烧式焚烧炉燃烧室热负荷设计值约为 $(34 \sim 63) \times 10^4 kJ/(m^3 \cdot h)$。若设计不当，对于垃圾焚烧有不良影响。其值过大时，将导致燃烧气体在炉内停留时间太短，造成不完全燃烧，且炉体的热负荷过高，炉壁易形成熔渣，造成炉壁龟裂剥落，影响燃烧室使用寿命，同时也影响锅炉操作的效率及稳定性；其值过小时，将使低热值垃圾无法维持适当的燃烧温度，燃烧状况不稳定。应根据垃圾处理量与低位发热量确定适宜的燃烧室负荷。

一般而言，大型城市垃圾焚烧炉处理量为每座至少 200t/d 以上，才能达到经济效益规模，其最大垃圾处理能力变动量维持在 20% 以下。一般城市垃圾焚烧的自燃界限为 3400～4200kJ/kg，平均低位发热量达 5000kJ/kg 以上则不需辅助燃料助燃即可焚烧处理。垃圾热值随季节变化很大，设计时应按年均值考虑。此外，还应综合考虑城市垃圾中可燃分及低位发热量逐年增加的趋势，选择适宜的设计基准和垃圾热值的变化幅度。

16.3.1.4　助燃空气

通常助燃空气分两次供给，一次空气由炉床下方送入燃烧室，二次空气由炉床上方的燃烧室侧壁送入。一般而言，一次空气占助燃空气总量的60%~70%，预热至150℃左右由鼓风机送入；其余助燃空气当成二次空气。一次空气在炉床干燥段、燃烧段及后燃烧段的分配比例，一般为15%、75%及10%。二次空气进入炉内时，以较高的风压从炉床上吹入燃烧火焰中，扰乱燃烧室内的气流，可使燃烧气体与空气充分接触，增加其混合效果。操作时为配合燃烧室热负荷，防止炉内温度变化剧烈，可调整预热助燃空气温度。二次空气是否需要预热须根据热平衡的条件来决定。

16.3.1.5　燃烧室体积

燃烧室体积（V）大小应兼顾燃烧室容积负荷及燃烧效率，方法是同时考虑垃圾低位发热量与燃烧室容积负荷（Q/Q_v）及燃烧烟气产生率与烟气停留时间的乘积（Gt_r），取两者中的较大值。即：

$$V=\max\left[\frac{Q}{Q_v},Gt_r\right] \tag{16-1}$$

其中：

$$G=\frac{m_gF}{3600\rho} \tag{16-2}$$

式中，V为燃烧室容积，m^3；Q为单位时间内垃圾及辅助燃料所产生的低位发热量，kJ/h；Q_v为燃烧室容许体积热负荷，$kJ/(m^3 \cdot h)$；G为废气体积流量，m^3/s；t_r为气体停留时间，s；m_g为燃烧室废气产生率，kg/kg；ρ为燃烧气体的平均密度，kg/m^3；F为垃圾处理量，kg/h。

16.3.1.6　所需炉排面积

确定所需炉排面积时，应同时考虑垃圾处理量及其热值，以使所选定的炉排面积能满足垃圾完全燃烧要求。设计方法是，综合考虑垃圾单位时间产生的低位发热量与炉排面积热负荷之比，即Q/Q_R，及单位时间内垃圾的处理量与炉排机械燃烧强度之比，即F/Q_f，炉排面积按两者中较大值确定，即：

$$F_b=\max\left[\frac{Q}{Q_R},\frac{F}{Q_f}\right] \tag{16-3}$$

式中，Q为单位时间内垃圾及辅助燃料所产生的低位发热量，kJ/h；F_b为炉排所需面积，m^2；Q_R炉排面积热负荷，$kJ/(m^2 \cdot h)$，视炉排材料及设计方式等因素而定，一般取$(1.25~3.75)\times10^6 kJ/(m^2 \cdot h)$；$F$为垃圾处理量，kg/h，$Q_f$为炉排机械燃烧强度，$kg/(m^2 \cdot h)$。

16.3.2　旋转窑焚烧炉的设计

16.3.2.1　温度

干灰式旋转窑焚烧炉炉内的气体温度通常维持在850~1000℃之间。如果温度过高，炉内固体易于熔融，温度太低，反应速度慢，燃烧不易完全。熔渣式旋转窑焚烧炉的炉内温度则控制在1200℃以上，二次燃烧室气体温度维持在1100℃以上，但不宜超过1400℃，以免过量氮氧化物产生。

16.3.2.2　过剩空气量

旋转窑焚烧炉的废液燃烧喷嘴的过剩空气量控制在10%~20%之间。如果过剩空气量太低，火焰易产生烟雾；太高则火焰易被吹至喷嘴之外，可能导致火焰中断。旋转窑焚烧炉中总过剩空气量通常维持在100%~150%之间，以促进固体可燃物与氧气接触，部分旋转窑焚烧炉甚至注入高浓度氧气。二次燃烧室过剩空气量约为80%。

16.3.2.3　旋转窑焚烧炉炉内气、固体混合

旋转窑焚烧炉转速是决定气、固体混合的主要因素。转速增加时，离心力亦随之增加，同

时固体在窑内搅动及抛掷程度加大，固体和氧气的接触面及机会也随之增加。反之，则下层的固体和氧气的接触机会小，反应速率及效率降低。转速过大固然可加速焚烧，但粉状物、粉尘易被气体带出，废气处理的设备容量必然增加，投资费用也随之增高。

16.3.2.4 停留时间

旋转窑焚烧炉二次燃烧室体积一般是以 2s 的气体停留时间为基础设计的。

固体在旋转窑焚烧炉内的停留时间可以用下列公式估算：

$$\theta = 0.19 \frac{L}{D} \times \frac{1}{NS} \tag{16-4}$$

式中，θ 为固体停留时间，min；L 为旋转窑焚烧炉的长度，m；D 为窑内直径，m；N 为转速，r/min；S 为窑倾斜度，m/m。

旋转窑长度、转速及倾斜度必须相互配合，以达到停留时间的需求。一般来说，废物物料需要在窑内停留的时间越长，所需要的转速就越低，而 $\frac{L}{D}$ 比值就越大。窑的转速通常为 1～5r/min，$\frac{L}{D}$ 比值在 2～10 之间，倾斜度为 1°～2°，停留时间为 30min～2h，焚烧炉容积热负荷为 $(4.2～104.5) \times 10^4 kJ/(m^3 \cdot h)$，容积质量负荷为 35～60kg/$(m^3 \cdot h)$。

16.3.2.5 其他考虑因素

为避免有毒的未完全燃烧气体逸出炉外，旋转窑及二次燃烧室皆在负压（约 $-0.5kPa$）下操作，因此，要求旋转窑焚烧炉有较好的气密程度，以免影响窑内燃烧情况。

如果被焚烧物为液体，则喷嘴的形式、火焰特性、燃烧喷嘴的相互位置、喷嘴的安排及相互干扰情况也必须考虑。

16.4 城市垃圾焚烧处理

一般来说，低位发热量小于 3300kJ/kg 的垃圾属低发热量垃圾，不适宜焚烧处理；低位发热量介于 3300～5000kJ/kg 的垃圾为中发热量垃圾，适宜焚烧处理；低位发热量大于 5000kJ/kg 的垃圾属高发热量垃圾，适宜焚烧处理并回收其热能。

16.4.1 城市垃圾焚烧处理的典型流程

城市垃圾焚烧处理的一般流程及构造示意见图 16.12。其操作为每日 24 小时连续燃烧。垃圾以垃圾车载入厂区，经地磅称量，进入倾卸平台，将垃圾倾入垃圾贮坑，由吊车操作员操作抓斗，将垃圾抓入进料斗，垃圾由滑槽进入炉内，从进料器推入炉床。由于炉排的机械运动，使垃圾在炉床上移动并翻搅，提高燃烧效果。垃圾首先被炉壁的辐射热干燥及气化，再被高温引燃，最后燃烧成灰烬，落入冷却设备，通过输送带经磁选回收废铁后，送入灰烬贮坑，再送往填埋场。燃烧所用空气分为一次及二次空气，一次空气以蒸汽预热，自炉床下贯穿垃圾层助燃；二次空气由炉体颈部送入，以充分氧化废气，并控制炉温不致过高，以免炉体损坏及氮氧化物的产生。炉内温度一般控制在 850℃ 以上，以防未燃尽的气状有机物自烟囱逸出而造成臭味，因此，垃圾低位发热量低时，需喷油助燃。高温废气经锅炉冷却，先用引风机抽入酸性气体去除设备去除酸性气体，然后进入布袋除尘器除尘后从烟囱排出。锅炉产生的蒸汽以汽轮发电机发电后，进入凝结器，凝结水经废气及加入补充水后，送返锅炉；蒸汽产生量如有过剩，则直接经过减压器再送入凝结器。

一座大型垃圾焚烧厂通常包括下述八个系统。

(1) 贮存及进料系统 本系统由垃圾贮坑、抓斗、破碎机、进料斗及故障排除、监视设备组成。

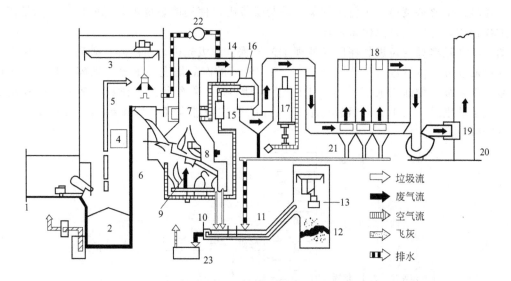

图 16.12　城市垃圾焚烧厂处理工艺流程

1—倾卸平台；2—垃圾贮坑；3—抓斗；4—操作室；5—进料口；6—炉床；7—燃烧炉床；
8—后燃烧炉床；9—燃烧机；10—灰渣；11—出灰输送带；12—灰渣贮坑；13—出灰抓斗；
14—废气冷却室；15—暖房用热交换器；16—空气预热器；17—酸性气体去除设备；18—袋式
除尘器；19—诱引风机；20—烟囱；21—飞灰输送带；22—抽风机；23—废水处理系统

（2）焚烧系统　焚烧系统主要包括炉床及燃烧室。每个炉体仅一个燃烧室。炉床多为机械可移动式炉排构造，可让垃圾在炉床上翻转及燃烧。燃烧室一般在炉床正上方，可提供燃烧废气数秒钟的停留时间，由炉床下方往上喷入的一次空气可与炉床上面的垃圾充分混合，由炉床正上方喷入的二次空气可以提高废气的搅拌时间。

（3）废热回收系统　包括布置在燃烧室四周的锅炉炉管（即蒸发器）、过热器、节热器、炉管吹灰设备、蒸汽导管、安全阀等装置。

（4）发电系统　由锅炉产生的高温高压蒸汽被导入发电机后，在急速冷凝的过程中推动发电机的涡轮叶片，产生电力，并将未凝结的蒸汽导入冷却水塔，冷却后贮存在凝结水贮存槽，经由饲水泵再打入锅炉炉管中，进行下一循环的发电工作。

（5）饲水处理系统　饲水子系统的主要工作为处理外界送入的自来水或地下水，将其处理到纯水或超纯水的品质，再送入锅炉水循环系统，一般包括活性炭吸附、离子交换及逆渗透等单元。

（6）废气处理系统　从炉体产生的废气在排放前必须处理到符合排放标准。通常采用干式或半干式洗涤塔去除酸性气体，然后通过布袋除尘器去除粉尘及重金属。

（7）废水处理系统　由锅炉排放的废水、员工生活废水、实验室废水以及洗车废水等，在排放前需进行处理，废水处理系统一般由物理、化学及生物处理单元组成。

（8）灰渣收集与处理系统　由焚烧炉产生的底灰及废气处理单元产生的飞灰，有的采用合并收集方式收集，有的采用分开收集方式收集，然后进行综合利用或集中处置。

有些垃圾焚烧厂，如城市垃圾衍生燃料焚烧厂、采用流化床焚烧炉的垃圾焚烧厂等，还必须有专门的垃圾前处理系统。

16.4.2　垃圾焚烧厂前处理系统

垃圾衍生燃料焚烧厂的前处理系统包括：破碎、风选、筛分等操作单元，目的是将垃圾中的不燃物及不适于燃烧的成分分离去除，然后将剩余的可燃物制成垃圾衍生燃料（即 RDF）。

因此，垃圾衍生燃料焚烧厂所使用的焚烧炉与燃煤电厂使用的燃烧炉并无两样，可以是传统链条式炉排锅炉，也可以是流化床焚烧炉。

图 16.13 是典型的垃圾焚烧厂前处理工艺流程。垃圾先进行粗破碎，破碎产品经磁选机回收铁性物质成分，然后进入筛分机分选，大于 15cm 的产品需进行细碎，细碎产物经分级精选筛分级，细粒级产物即为 RDF，送到 RDF 贮存槽存放，粗粒级返回细碎；5～15cm 粒级的产物进入人工选别站，人工选出铝罐；小于 5cm 的产物则进入气流分离单元回收轻质组分，以增加 RDF 产率。

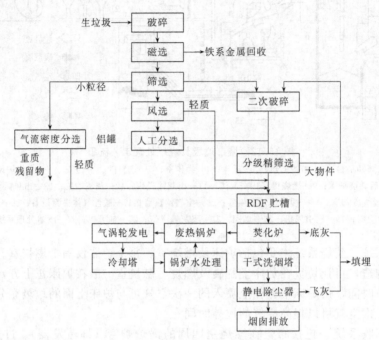

图 16.13 垃圾焚烧厂前处理典型流程

16.4.3 垃圾贮存及进料系统

垃圾焚烧厂的贮存及进料系统由垃圾贮坑、抓斗、破碎机、进料斗及故障排除、监视设备组成。

16.4.3.1 贮存系统

贮存系统包括垃圾倾卸平台、投入门、垃圾贮坑及垃圾吊车与抓斗等四部分。

（1）垃圾倾卸平台 垃圾倾卸平台的作用是接收各种形式的垃圾车，使之能顺畅进行垃圾倾卸作业。对于大型设施，应采用单向行驶为宜。平台的形式宜采用室内型，以防止臭气外溢及雨水流入。倾卸平台的尺寸应依据垃圾车辆的大小及行驶路线而定，一般以进入厂区的最大垃圾车辆作为设计的依据。平台宽度取决于垃圾车的行驶路线及车辆大小，并应以一次掉头即可驶向规定的投入门为原则。一般在倾卸平台投入门的正前方，设置高约 20cm 的挡车矮墙，以防车辆坠入垃圾贮坑内。同时，地面设计应考虑易于将掉落的垃圾扫入垃圾贮坑。为防止污水积存，平台应具有 20% 左右的坡度。垃圾投入门的开与关，由位于每一投入门的控制按钮或由吊车控制室的选控钮来完成。

为避免贮坑过深，增加土方开挖量及施工难度，通常将倾卸平台抬高，再以高架道路相连，高架道路的构造可分为填土式与支撑式两种。填土式必须有边坡或挡土设施。支撑式由于道路下方可加以利用，节省空间，故经常采用。高架道路的坡度一般应在 15% 以下，如有曲线变化，应使中心线半径在 15m 以上。两侧应设置护栏及照明设备，以防止车辆坠落。

（2）垃圾投入门　垃圾投入门应具有气密性高、开关迅速、耐久性佳、强度优异、耐腐蚀性好的特点，防止槽内粉尘与臭气的扩散及鼠类、昆虫的侵入。投入门有两种基本形式：侧壁式和地面式。

投入门开口部分的尺寸，依据收集清运车辆的大小及形式而异，其高度须符合垃圾车车体的最大高度及无碍倾卸作业准则；宽度则以车体宽度加 1.2m 为宜。投入门的设置座数，以高峰时段不致产生堵车，且可充分维持连续投入作业为原则。表 16.2 为设置规模与投入门的座数的参考值。

表 16.2　投入门的设置座数

设施规模/(t/d)	100~150	150~200	200~300	300~400	400~600	600 以上
设置座数	3	4	5	6	8	>10

（3）垃圾贮坑　垃圾贮坑用于暂时贮存运入的垃圾，调整连续式焚烧系统持续运转能力。贮坑的容量依垃圾清运计划、焚烧设施的运转计划、清运量的变化率及垃圾的表观密度等因素而定。确定贮坑容量时，以垃圾单位容积重 0.3t/m³ 及容纳 3~5d 的最大日处理量为计算依据，而贮坑的有效容量即为投入门水平线以下的容量。为增加垃圾仓储效果，有时以中墙间隔或采用单侧堆高方式将垃圾沿投入门对面的壁面堆高成三角状。

垃圾贮坑应为不致发生恶臭逸散的密闭构筑物，其上部配置吊车进行进料作业。贮坑的宽度主要依投入门的数目来决定，长度及深度则应考虑垃圾吊车的操作性能与地下施工的难易度后加以决定。

贮坑的底部通常使用水密性的钢筋混凝土构造，并最好在贮坑内壁增大混凝土厚度及钢筋被覆厚度，以防止垃圾渗沥液的渗透及吊车抓斗冲撞所造成的损害。坑底要保持充分的排水坡度，使渗沥液经拦污栅而排入垃圾贮坑水槽内。

贮坑要有适当的照明，贮坑壁应有可以表示贮坑内垃圾高度的标识，以便吊车操作工能掌握垃圾贮存状况。

大型垃圾焚烧厂常在贮坑内附设破碎机，破碎机一般设于平台的下层，且容易将破碎后的垃圾排至贮坑内的位置。

（4）垃圾吊车及抓斗　吊车由抓斗、卷起装置、行走与横移装置、给电装置、操作装置及投入量的计测装置等机构。一般采用架空行走式吊车，在垃圾贮坑上方横向行走，进行抓投及搅拌等作业。其操作一般由位于贮坑上方、面对进料斗的吊车控制室来进行。

垃圾吊车的容量与台数，应计算其搅拌、翻堆及投入等动作所需的全部时间，以便于操作时段内具备充裕的处理能力。在决定吊车容量前，需先设定吊车的卷起、放下、行走、横移及抓斗开关动作所需的速度，在计算从抓起垃圾至投入进料，然后再回到原来位置所需的时间。吊车的垃圾供给能力可由下式表示：

$$P = \frac{T}{t} \times p \tag{16-5}$$

式中，P 为吊车的垃圾供给能力，t/h；T 为 1h 内总操作时间，h；t 为进行一次投入作业所需时间，h；p 为一次投入垃圾量，t。

若加快吊车的卷起、放下及行走等速度，则进行投入作业所需的时间可缩短。但速度太快，将增加吊车本体的冲击及电动机的负荷，且抓斗的振动亦会扩大，反而需加装速度调控设备，十分不经济。此外，若移动距离短，则所需加速、减速的时间比例增加，定速运转的时间相对减少，亦不理想。故应尽量配合设施规模，选择合适的速度及运行距离。由于吊车负责进料的工作，以 24h 连续运转的焚烧设施而言，原则上应设置备用吊车。如规模在 300~600t/d

之间时，应具备常用及备用吊车各 1 座为宜。吊车的座数也和炉组数有关，超过 600t/d 的大规模焚烧厂，应具备常用吊车 2 座与备用吊车 1 座。

垃圾抓斗有两种基本类型：蚌壳式与剥皮式。开关动力有缆绳式与油压式两种。

抓斗的抓量（体积）必须依据抓斗放下时靠惯性力插入垃圾层的深度决定，而实际所抓量则应以垃圾受抓斗压缩后的密度来计算。当抓斗自贮坑抓起垃圾送往进料口时，垃圾在斗槽中的密度将大为升高，待抓斗移到进料口上方，将垃圾卸入进料口时，垃圾密度又下降，但仍会比在贮坑内时高。

在选用抓斗时，必须考虑操作形态，吊车运行速度一般为 0.8～1.0m/s，抓斗每次入料需 2～2.5min，在每小时操作 50min 的要求下，须入料 20～25 次，抓斗每次张合所需时间为 20s。

16.4.3.2　进料系统

焚烧炉垃圾进料系统包括垃圾进料漏斗和填料装置。垃圾进料漏斗暂时贮存垃圾吊车投入的垃圾，并将其连续送入炉内燃烧。具有连接滑道的喇叭状漏斗与滑道相连，并附有单向开关盖，停机及漏斗未盛满垃圾时可遮断外部侵入的空气，避免炉内火焰的窜出。为防止堵塞，还可附消除堵塞装置。

进料漏斗及滑道的形状取决于垃圾的性质和焚烧炉类型。漏斗一般可分为双边喇叭型和单

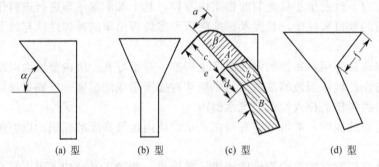

(a) 型　　(b) 型　　(c) 型　　(d) 型

图 16.14　投入垃圾的漏斗形状

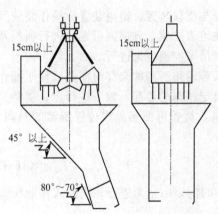

图 16.15　进料漏斗开口部分尺寸

边喇叭型两种，滑道则有垂直型和倾斜型两种形式。漏斗的设计原理图见图 16.14。(a) 型的接受口 α 与 (c) 型的喉部角度 β 均因厂家的不同而异。喉部滑道的长度视垃圾抓斗抓举一次垃圾的容量而定。若一次抓取投入量为 A m³，投在前次投入的 B m³ 垃圾上，而放置在漏斗接受口的底面上时，高度 a 对于下部喉口宽度 b 为 $a \leqslant b$ 的条件下可决定 e 的长度。若采用倾斜型的漏斗则通常采用 $f < e$。α 和 β 比垃圾的摩擦角大即可。垃圾的摩擦角与滑动面的形状、材质及粗糙度有关。

一般进料开口部分的尺寸参见图 16.15。进料口需比吊车抓斗全开时的最大尺寸还大 0.5m 以上，以防止垃圾掉落斗外。喇叭部分应与水平呈 45°以上的倾斜角。纵深在 0.6m 以上。而进料斗的容量，应能贮存 15min 左右的焚烧垃圾量。

至于进料设备，机械炉排焚烧炉多采用推入器式或炉床并用式进料器；流化床焚烧炉则采用螺旋进料器式及旋转进料器式进料装置。见图 16.16。

推入器式进料器是通过水平推入器的往返运动，将漏斗滑道内的垃圾供至炉内。可通过改

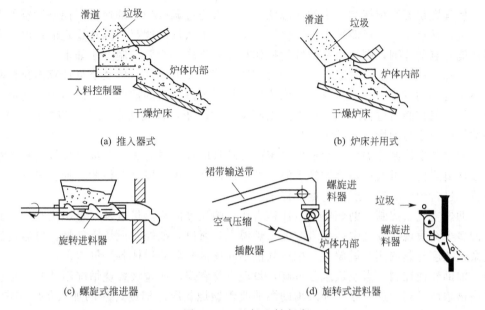

图 16.16　垃圾入料方式

变推入器的冲程、运动速度及时间间隔来调节垃圾供给量，驱动方式通常采用油压式。

　　炉床并用式进料器是将干燥炉床的上部延伸，使进料装置与炉床成为一体，依靠干燥炉床的运动将漏斗通道内的垃圾送入焚烧炉，无法调整进料量。

　　螺旋式进料器可保持较高的气密性，并兼有破袋与破碎的功能，通常以螺旋转速来控制垃圾供给量。

　　旋转式进料器气密性好、排出能力大，供给量可以变换进料输送带的速度来控制，一般设置在进料输送带的尾端。但只能输送破碎过的垃圾，并须在旋转进料器后装设播撒器使垃圾均匀分散进入炉内。

16.4.4　焚烧炉系统的控制

　　传统的燃烧控制系统如图 16.17 所示。根据垃圾的热值及进料量，决定垃圾在炉床上的停

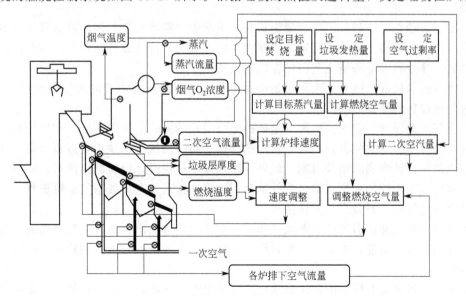

图 16.17　自动燃烧控制系统示意图

留时间，使其燃烧温度维持在一定的高温状态。一般通过调整炉床的速度、控制燃烧的助燃空气量来实现，并借助一些反馈数据加以修正，必要时加入辅助燃料，维持稳定的炉温。若超出控制器所能控制的范围，则须由有经验的操作员介入操作。主要控制方法如下。

（1）计算蒸汽蒸发量　一般控制系统可按照估算的热值以及目标焚烧量计算出目标蒸汽流量，在不断进料的过程中，以所测量蒸汽流量与目标蒸汽流量的偏差，反馈给炉床速度控制器与助燃空气流量控制器进行控制，即由蒸汽蒸发量的改变来代表所欲燃烧垃圾的热值的改变，进而调节炉床速度与助燃空气的进流量。

（2）炉排速度控制　炉排运动速度设定值与垃圾的释热量有关，若欲将垃圾的释热量维持在炉体设计值之内，可通过燃烧炉排上温度的感测以及垃圾层厚度的检测，加上蒸汽蒸发量偏差的计算，进行炉床上炉排运动速度的修正。

（3）助燃空气量控制　助燃空气量往往直接影响垃圾的释热量以及垃圾燃烧程度，而助燃空气量的多少会表现在废气中残余氧浓度与炉温上，所以，欲控制燃烧空气量，可通过计算废气中残余氧浓度与蒸汽蒸发量偏差，把空气依不同比例分配到炉体各进气口。

（4）辅助燃油控制　当垃圾水分过高，垃圾不易燃烧，或垃圾燃烧情况不佳时，会造成废气中污染物浓度过高，这时需要加入辅助燃油改善燃烧状况。辅助燃油的加入量应参考炉温、蒸汽蒸发量、助燃空气量以及炉床上炉排的运动速度确定，或由操作员视情况以人为方式介入控制。

（5）二次空气流量控制　二次空气流量的控制可由废气中污染物浓度以及蒸汽蒸发量的测定来决定。

16.4.5　焚烧灰渣的收集

焚烧后的灰渣及由烟道气中所捕集的飞灰，一般由灰烬漏斗或滑槽收集，设计时既要避免堵塞，又要严防空气漏入。焚烧灰渣由炉床尾部排出时温度可高达 400～500℃左右，一般底灰收集后多采用冷却降温法。而飞灰若与底灰分开收集，则运出前可用回收水充分润湿。底灰的冷却，多在炉床尾端的排出口处进行，冷却水槽除了具有冷却底灰温度外，还具有遮断炉内废气及火焰的功能。灰渣冷却前的输送设备主要包括以下几种。

（1）螺旋式输送带　螺旋式输送带为内含螺旋翼的圆筒构造，此种输送带仅用于 5m 以内的短程输送。

（2）刮板式输送带　刮板式输送带为链条上附刮板的简单构造，使用时必须注意滚轮旋转时，由飞灰造成的磨损。另外，当输送吸湿性高的飞灰时，应注意其密团性，以免由输送带外壳泄空气后，导致温度下降使飞灰固结在输送设备中。

（3）链条式输送带　链条式输送带是借助串联起来的链条及加装的连接物在灰烬中移动，利用飞灰与连接物的摩擦力来排出飞灰。

（4）空气式输送管　空气式输送管是借助空气流动的方式来输送灰渣。空气流动的方式有压缩空气式及真空吸引式两种，均具有自由选择输送路线的优点；缺点是造价太高，且输送吸湿性高的飞灰时，易形成固结及阻塞。此外，输送速度过快时，设备磨损严重，噪声较大。

（5）水流式输送管　水流式输送管就是利用水流来输送飞灰，如空气式输送管一样，具有自由选择路径的优点，但会产生大量污水。

由于焚烧厂烟囱处诱引风机会形成负压，飞灰排出装置的出口常有空气泄入的问题，故应确保飞灰排出口与输送带连接部分的密封性。通常采用旋转阀或双重挡板密封。也可以水封来防止空气的泄入。

一般来说，机械式焚烧炉的炉床末端可连续排出焚烧灰渣，但呈高热状态，必须借助冷却设备，将其浸水以完全灭火。灰渣冷却设备的形式可分为湿式和半湿式，见图 16.18、

图 16.19。

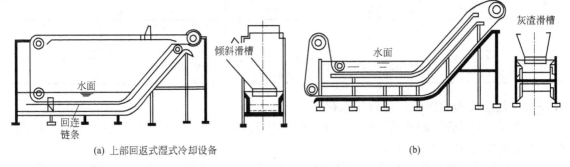

(a) 上部回返式湿式冷却设备 　　　　　　　　(b)

图 16.18　湿式冷却设备

冷却后的灰渣可用推送器或滑槽运送至贮存槽。

对较小型的焚烧厂，灰渣可暂时贮存于贮存槽中，再由下部可自由关闭的排出口直接排入运灰车内。贮存槽的形状，系自投入口以 60°以上的倾角渐渐收缩至排出口，由于收缩角度的限制，故贮存槽的容积约为 $10\sim12m^3$。若容量不足，可考虑设置多座贮存槽。设计贮存槽的总容积时，必须考虑出灰车辆的作业时间，若仅在白天 8h 作业，

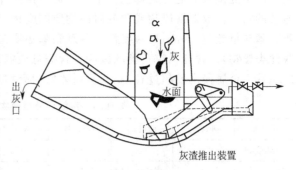

图 16.19　半湿式冷却设备

必须具备 16h 以上的贮存量；若为不连续运转的焚烧炉，可适当减少贮存量。

对大、中型焚烧厂，一般多设置灰渣贮坑，其容量依实际排出情况而异，一般必须具有 2d 以上的贮存容量。由于贮坑通常与吊车配合使用，因此，底部最好设计成便于抓斗作业的形状。贮坑内渗出的污水应集中收集，再排入污水处理厂处理；为方便污水收集，贮坑底部可以成倾斜状，再于贮坑旁设置独立的集水沟，以免灰渣落入影响排水。必要时可加设沉淀池。

16.5　危险废物的焚烧处理

16.5.1　危险废物焚烧炉

危险废物焚烧处理与城市垃圾和一般工业废物的焚烧处理具有许多不同，主要表现在：

① 危险废物焚烧要求比城市垃圾和一般工业废物要高得多，从设计、建设、试运行到正常运行都有一套严格的要求。

② 危险废物种类繁多，形态各异，成分及特性变化很大，焚烧炉的设计必须考虑焚烧对象的特性，以最坏的条件作为设计依据。

③ 焚烧炉的废物进料及残渣排放系统较为复杂，如果设计不当会造成处理量的降低。

④ 焚烧炉的废气排放标准较严，尾气处理系统运行远较一般焚烧炉复杂和昂贵。

⑤ 焚烧炉的建设及运行执照必须经过严格复杂的申请手续，设计上必须特别谨慎。

⑥ 已经建成的危险废物焚烧厂只有经过严格的试运行测试，在满足有关法规要求后，才能投入运行，试运行计划必须经环保主管部门审核与同意。

目前适合用于危险废物焚烧的焚烧炉如表 16.3 所示。

表 16.3   危险废物焚烧炉炉型及标准运转范围

炉型	旋转窑 焚烧炉	液体注射 焚烧炉	流化床 焚烧炉	多层床 焚烧炉	固定床 焚烧炉
温度范围 /℃	820~1600	650~1600	450~980	干燥区:320~540 焚烧区:760~980	480~820
停留时间	液体、气体:1~3s; 固体:0.5~2h	0.1~2s	液体、气体:1~2s; 固体:10min~1h	固体:0.25~1.5h	液体、气体:1~2s;固 体:0.5~2h

16.5.2 危险废物的接收、卸载和贮存

危险废物的接收、卸载和贮存在前面的章节中已经介绍过，这里不再赘述。下面仅介绍焚烧厂不能接收的危险固体废物。

每个焚烧炉的设计规格和处理对象都有一定的范围，必须建立其接收委托的标准和限制。焚烧厂不能接收的危险废物包括不属于运营执照许可范围内的危险废物，高压气瓶或液体容器盛装的物质，放射性废物或含放射性物质的废物，爆炸性或震动敏感性物质，含水银的废物，多氯联苯含量超过 50mg/L 的废物（多氯联苯必须在领取特殊许可的焚烧厂处理，一般焚烧厂拒收此类废物），含有二噁英类的废物，含病毒或病源及感染性废物，空气污染防治设备所收集的飞灰，金属浸出值超过表 16.4 所列数值的废物。

表 16.4   焚烧厂处理废物重金属最高浸出值

重金属	砷(As)	钡(Ba)	镉(Cd)	铬(Cr)	铅(Pb)	汞(Hg)	硒(Se)	银(Ag)
液体废物	250	1000	50	250	250	2	250	50
固体废物	50	200	10	50	50	0.4	50	10

16.5.3 进料系统

危险废物的形态大致可分为液体、浆状态、污泥状和固态四种，为顾及整体输送与燃烧状况，此四种形态的废物各有不同进料设计系统。

（1）液态进料系统　一般液体废物的主要进料方式是以喷雾进料为主，通过雾化喷嘴将液态废弃物化成微细雾滴，增加与空气接触表面积。液体废弃物进料过程涉及液态废物贮存槽、输送管道与喷雾装置。贮存槽应选择与废液能相容的材质，不得发生反应、腐蚀等现象。输送管路必须考虑液体的黏滞性、流动性、固体物含量，避免造成输送管道浸蚀、腐蚀、阻塞。若黏滞性太高，可通过升温降低黏滞性，一般黏滞性在 $10^{-3}m^2/s$ 才能输送。若废液中固体颗粒含量过高，应在喷雾喷射前过滤，以免阻塞喷嘴。

（2）浆状物与污泥进料系统　浆状物与泥状物进料系统的设计应考虑浆状物或泥状物的热值与含水率。若含水率高且热值低，应考虑先脱水（浓缩、干燥等），再进炉内焚烧；若含水率低且热值高，可直接进入炉内焚烧。

含水率在 85% 以下的污泥，可使用输送带输送；含水率在 85% 以上的浆状物，可使用螺旋式输送机、离心泵、级进式腔泵等输送器直接打入干燥或焚烧设施内。

（3）固体废物进料系统　固体废物可分为粉状、大块状、膨松状、小块状，在进入焚烧炉前必须先经过破碎与减容成小块状，若为粉状废弃物可利用螺旋式输送机送入炉内焚烧。已经破碎成小块状的废弃物，可利用二段式进料门的进料推杆，此种装置具有气密性，可避免进料时大量空气进入炉内，造成燃烧不稳定的现象。进料炉门有 2 道，第一道为开启门，第二道为闸门（又称火门）。一般进料时，开启门打开，将废物送入进料槽内，当进料结束时，关上开启门，打开第二道闸门，推杆将废弃物推入炉内，而后闸门关闭，推杆还原，开启门打开，开始进料。

16.6 焚烧厂尾气冷却与余热回收

焚烧炉燃烧室产生的烟气温度高达 850～1000℃，现代化的焚烧厂通常设有焚烧尾气冷却与余热回收系统，其主要功能是：

（1）调节焚烧尾气温度，使之冷却至 220～300℃之间，以便进入尾气净化系统。一般尾气净化设备仅适于在 300℃以内的温度操作，故焚烧炉所排放的高温烟气调节或操作不当，会降低尾气处理设备的效率及寿命，造成焚烧炉处理量的降低，甚至导致焚烧炉被迫停产。

（2）通过各种方式利用预热，降低焚烧处理费用。目前几乎所有大、中型垃圾焚烧厂都设置了汽、电共生系统。

16.6.1 废气冷却方式

尾气的冷却可分为直接式和间接式两种类型。

直接冷却式是利用惰性介质直接与尾气接触以吸收热量，达到冷却及温度调节的目的。水具有较高的蒸发热，可以有效地降低尾气温度，产生的水蒸气不会造成污染，因此，水是最常使用的介质。空气冷却效果很差，引入大量空气，会造成尾气处理系统容量增加，很少单独采用。

间接冷却方式是利用传热介质（水、空气等）经废热锅炉、换热器、空气预热器等热交换设备，以降低尾气温度，同时回收废热，产生水蒸气或加热燃烧所需要的空气。

直接喷水冷却与间接冷却是调节及冷却焚烧尾气常用的两种方式，其优缺点、适用条件和范围如表 16.5 所示。一般而言，采用间接冷却方式可提高热量回收效率，产生水蒸气并用于发电，但投资及维护费用也较高，系统的稳定性较低；直接喷水冷却可降低初期投资，而且系统稳定性好，但造成了水资源的浪费。

表 16.5 间接冷却与喷水冷却方式比较

冷却方式	间接冷却	喷水冷却
垃圾处理量	适用于单炉处理量大于 150t/d 的垃圾处理	适用于单炉处理量小于 150t/d 的垃圾处理
垃圾发热量	适合热值达 7500kJ/kg 以上的垃圾焚烧	适合热值 6300kJ/kg 以下的垃圾焚烧
废气冷却效果	锅炉炉管及水管墙传热面积大,废物冷却较稳定,效果佳	与冷却喷嘴的装置数量、水压、水量、喷射方向有关,废气冷却效果不稳定
废气量及其处理设备	废气中水蒸气含量少,废气处理量较小	废气中水蒸气含量多,废气量增加,导致所需空气污染控制设备、抽风机、烟道、烟囱等所需的容量较大
设备适用年限	废气中含水率较少,不易腐蚀,使用年限较长	废气中含水率较高,易腐蚀,使用年限较短
废热利用	可以汽电共生,废热利用率高	废热利用率较低
建造费用	平均建造成本费用高	平均建造成本费用低
运营管理费用	操作所需的人力及维修保养费用较高	操作所需人力及维修保养费用较低
操作管理	要求高,需专门锅炉技术人员	操作人员无资格限制

中小型焚烧厂多采用批次方式或准连续式的操作方式，产生的热量较小，热量回收利用不易或废热回收的经济效益差，大多采用喷水冷却方式来降低焚烧炉废气温度。如果单台焚烧炉的垃圾处理量达 150t/d，且垃圾热值达 7500kJ/kg 以上时，燃烧废气的冷却方式宜采用废热锅炉进行冷却。大型垃圾焚烧厂具有规模经济的效果，宜采用废热锅炉冷却燃烧废气，产生水蒸气，用于发电。危险废物焚烧厂多采用间接冷却方式。

16.6.2 余热回收利用方式与途径

余热回收方式的选择取决于余热利用途径和特点、工艺设备的需要以及经济因素。焚烧系统通常连续运行，但热能需要具有峰值和谷值，在热能回收利用中需要很好地考虑时间安排问题。

垃圾焚烧厂所产生的余热再利用方式包括水冷却型、半余热回收型及全余热回收型三大类。所产生的低压蒸汽及高压蒸汽利用途径包括：厂内辅助设备自用、厂内发电、供应附近工厂或医院加热或消毒、供附近发电厂作辅助蒸汽、区域性供暖、供休闲福利等。

目前，大型垃圾焚烧厂偏重于采用汽电共生系统回收能源，以产生高温高压蒸汽为主，用于发电。

16.7 焚烧尾气污染控制

危险废物焚烧厂产生的燃烧气体中含有许多污染物，必须加以适当处理，将污染物的含量降至安全标准以下，以免造成二次污染。

焚烧尾气中所含的污染物质的产生及含量与废物的成分、燃烧速率、焚烧炉形式、燃烧条件、废物进料方式有密切关系，主要污染物有下列几种。

（1）不完全燃烧产物 碳氢化合物燃烧后主要的产物为无害的水蒸气及二氧化碳，可以直接排入大气中。不完全燃烧产物是燃烧不良而产生的副产品，包括一氧化碳、炭黑、烃、烯、酮、醇、有机酸及聚合物。

（2）粉尘 包括废物中的惰性金属盐类、金属氧化物或不完全燃烧物质等。

（3）酸性气体 包括氯化物、卤化氢、硫氧化物、氮氧化物以及五氧化磷和磷酸。

（4）重金属污染物 包括铅、汞、铬、镉、砷等的元素态、氧化物及氯化物。

（5）二噁英 至于焚烧尾气污染控制方法，与其他烟气的治理方法类似，详见本书第二篇。

思 考 题

1. 用于固体废物焚烧的焚烧炉主要有哪些类型？各有哪些优缺点？
2. 焚烧炉设计要遵循哪些原则？
3. 如何确定机械炉排焚烧炉的燃烧室体积？
4. 如何确定机械炉排焚烧炉的炉排面积？
5. 如何确定旋转窑焚烧炉的结构参数和工艺参数？
6. 简述城市垃圾焚烧的典型流程。
7. 什么情况下可以考虑垃圾焚烧厂余热量回收利用？利用途径有哪些？
8. 焚烧炉系统的控制包括哪些内容？如何控制？
9. 固体废物焚烧厂污染控制包括哪些内容？
10. 危险固体废物的焚烧与一般固体废物的焚烧有哪些不同？

17 有机固体废物生物处理设计

有机固体废物的生物处理包括堆肥化和厌氧发酵等。有机固体废物的生物处理可以同时实现固体废物的减量化、资源化和无害化，已经引起越来越多的重视。

17.1 有机固体废物的堆肥化设计

17.1.1 堆肥化工艺过程

现代化堆肥厂通常包括预处理、主发酵、后发酵、后处理脱臭及贮存等工艺过程。图17.1是垃圾堆肥厂的典型工艺流程图。

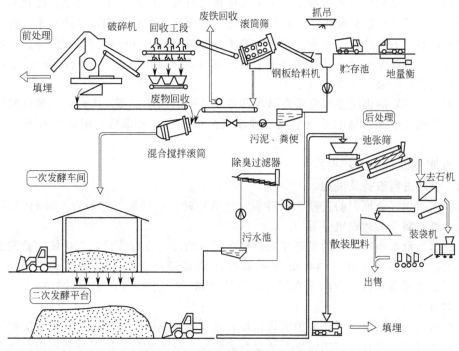

图 17.1 垃圾堆肥厂典型工艺流程

（1）预处理 由于堆肥原料中常常含有粗大垃圾和不可肥化物质，因此，需要通过破碎、分选等预处理方法去除粗大垃圾、降低不可肥化物质含量，并使堆肥物料粒度、含水率和碳氮比达到堆肥要求。堆肥原料的适宜粒度范围为 12~60mm，适宜的含水率范围为 50%~60%，碳氮比的适宜范围为（26:1）~（35:1）。为保证发酵过程的正常进行，有时需要添加菌种和酶制剂。

（2）主发酵 主发酵主要在发酵仓内进行，靠强制通风或翻堆搅拌来供给氧气。在发酵仓内由于原料和土壤中存在的微生物作用而发酵，首先是易分解物质分解，产生二氧化碳和水，同时产生热量使堆温上升。发酵初期物质的分解作用是靠嗜温菌进行的，随着堆温的升高，嗜热菌取代嗜温菌，进行更高效率的分解。堆温上升到一定程度后将进入温度降低阶段。通常将温度升高到开始降低为止的阶段称为主发酵期。对以城市生活垃圾为主要原料的堆肥过程而言，主发酵期一般为 4～12 天。

（3）后发酵　在主发酵工序尚未分解的易分解及较难分解的有机物需要送去后发酵仓继续发酵，使其分解成腐殖酸、氨基酸等比较稳定的有机物，最后得到完全熟化的堆肥成品。后发酵可以在专设发酵仓内进行，但通常把物料堆积到 1～2m 高度，进行敞开式后发酵，此时需要防止雨淋。为提高发酵效率，有时仍需要进行翻堆或通风。

后发酵时间的长短，决定于堆肥的使用情况。例如用于温床（能利用堆肥的分解热）时，可主发酵期后直接利用。对几个月不种作物的土地，大部分可以使用不进行后发酵的堆肥。而对一直在种作物的土地，则有必要使堆肥的分解进行到能不致夺取土壤中氮的稳定化程度。后发酵时间通常在 20～30 天以上。

（4）后处理　经过二次发酵的堆肥中，经常会含有预处理工序中没有去除的塑料、玻璃、陶瓷、金属、小石块等杂物。因此，还需要经过分选去除杂物。通常可以用回转式振动筛、磁选机、风选机、惯性分离机等设备去除上述杂质。

后处理工序除分选外，有时还需要对堆肥进行破碎。另外还包括装袋、压实等。

（5）脱臭　在堆肥化工艺过程中，每个工序都会有臭气产生，主要有氨、硫化氢、甲基硫醇、胺类等，必须进行脱臭处理。去除臭气的方法主要有化学除臭剂除臭法；水、酸、碱水溶液等吸收法；臭氧氧化法；活性炭、沸石、熟堆肥吸附法等。其中经济实用的方法是熟堆肥氧化吸附除臭法。将源于堆肥产品的腐熟堆肥置入除臭器，堆高 0.8～1.2m，将臭气通入系统，氨、硫化氢的去除率可达 98% 以上。

（6）贮存　堆肥的供应多半集中在秋季和春季，中间间隔半年。因此，一般堆肥厂有必要设置至少能容纳 6 个月产量的贮藏空间。堆肥成品可以在室外堆放，但必须有不透雨水的覆盖物。

17.1.2　堆肥化设备及工艺系统

17.1.2.1　供料进料设备及设施

有机固体废物好氧堆肥的进料和供料系统包括地磅、堆料场、卸料台、进料门、贮料仓、装载机械、进料漏斗、运输机械等。

（1）地磅　设置地磅的目的是对垃圾收集车运进的垃圾进行称量，当系统的处理能力达到 20t/h 时就应配备称量装置。地磅必须安装在车辆通道中，其安装位置应高出地表 50～100mm，并在上部盖顶棚，以防雨水侵入。在地磅前后应建 10m 以上的过渡路段，以使车轮平稳驶上称量台。

（2）堆料场　堆肥化处理厂一般需设置堆料场，堆料场的大小要适当，保证能使垃圾收集车自由地从中通过，并有足够的强度来承受垃圾收集车辆的质量，同时堆料场应保证进料高峰期允许暂时存放垃圾，此时堆料场应安装顶棚，防止风雨侵蚀，同时还应配有照明和通风装置。

（3）卸料台　卸料台应有足够的宽度和长度，使垃圾收集车容易将垃圾安全运到指定地点，卸料台应紧靠贮料仓和料斗。卸料台四周与处理设备应隔开，防止收集车的振动影响设备操作。卸料台分两种，一种是室内带顶棚的，另一种是室外无顶棚。为了防止臭气产生以及雨雪侵入，一般采用室内卸料台。

（4）进料门　进料门是指进料仓的门，可将卸料台和料仓隔开，并防止料仓内臭气和粉尘的散发。应根据垃圾收集车的类型来决定进料门的宽度和高度。进料门的数目应保证在进料高峰期间垃圾车顺利工作。进料门的宽度应为垃圾收集车最大宽度加上 1.2m 以上，高度应以卡车满载高度为准。进料门一般是现场操作开启，但卸料车辆较多时，要求安装自动开启系统。

（5）贮料仓　贮料仓用来暂时贮存进入处理系统的垃圾并用来调节处理设备的处理量。贮料仓的容量应根据计划收集进入垃圾堆肥厂的垃圾量、设备操作计划、日收集垃圾的变化量等因素来决定。通常贮料仓的容量应可提供 2 天的最大处理量。

（6）装载机械　垃圾由垃圾堆料场或贮料仓向进料斗、给料机或其他输送皮带上供料的设备和机械类型较多，常用的有起重吊车、回转式装载机、液压式铲车和蟹爪式装载机等。

（7）进料漏斗　进料漏斗具有承受和贮放从贮料仓或垃圾车运来的垃圾的作用，其尺寸一般在 1.5m×2m 以上，应根据处理垃圾的具体情况来确定。

进料漏斗一般安装在送料传送带的板式给料机上，有时也安装在破碎设备上。进料漏斗应能承受从垃圾车或吊车卸入的垃圾重量。通常用钢板焊接而成，漏斗倾斜角至少 40°。

（8）运输机械　垃圾堆肥厂一般采用连续运输机械，以便把散装物料或成件物品沿着给定的工艺路线连续地从装载端运到卸载端。堆肥场常用的运输机械有链板式运输机、皮带式运输机、斗式提升机和螺旋输送机等。

链板式输送机的结构如图 17.2 所示。其特点是结构简单，对输送物料的适应性强，供料均匀，输送倾角可以达到 45°甚至更大，国内大多数堆肥厂均采用链板式输送机作为供料装置。

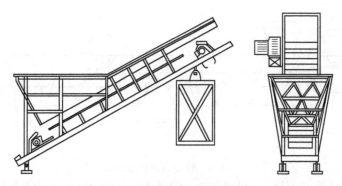

图 17.2　链板式输送机示意图

带式输送机是最常见的连续输送设备，具有输送量大、动力消耗低、运输距离长、使用可靠等优点。带式输送机可以用于水平输送，也可以用于倾斜输送，见图 17.3。倾斜输送固体物料时，倾角通常采用 12°～15°，如果在皮带上加装横向料板，倾角可以增大。垃圾堆肥厂带式输送机的带速通常为 1.2m/s。目前，垃圾堆肥场使用的带式运输机的带宽有 500mm、650mm、800mm、1000mm 和 1400mm 五种规格。

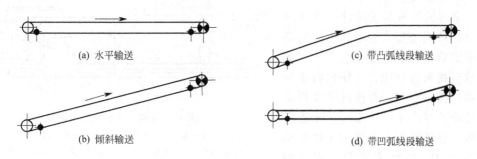

(a) 水平输送　　　　(c) 带凸弧线段输送

(b) 倾斜输送　　　　(d) 带凹弧线段输送

图 17.3　带式输送机的基本布置形式

斗式提升机是在垂直或接近垂直的方向上提升粉状物料的运输机械，适用于经破碎、分选后的垃圾和堆肥成品的输送。斗式提升机的优点是能在垂直方向上运输物料；横断面外形尺寸

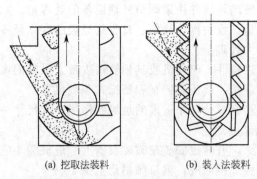

(a) 挖取法装料　　　(b) 装入法装料

图 17.4　斗式提升机示意图

较小；提升高度大；具有良好的密封性。其缺点是过载敏感性大；给料必须保证均匀；料斗及牵引构件易磨损。斗式提升机的物料装入方式有挖取法和装入法两种。如图 17.4 所示。斗式提升机的提升高度可达 30m，输送能力在 300t/h 以内。

螺旋输送机是由带有螺片的转动轴在一密闭的料槽内旋转，使装入料槽的物料由于本身重力（垂直输送时为离心力）及摩擦力的作用而向前移动的。螺旋输送机的优点在于：结构紧凑简单；工作可靠；维修方便；密封性好；不易造成环境污染；能在输送同时完成搅拌、混合及冷却作业。其缺点是：构件磨损严重；输送量较小；能耗较大。螺旋输送机的输送长度一般为 30～40m，最长不超过 70m，物料温度不宜高于 200℃。

螺旋输送机的螺旋直径通常为 80mm、100mm、140mm、200mm、500mm、600mm，最大可达 1250mm。

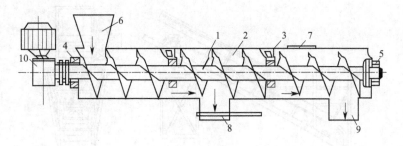

图 17.5　螺旋输送机示意图

1—主轴；2—料槽；3—中间轴承；4—末端轴承；5—首端轴承；6—装载漏斗；

7—中间装载口；8—中间卸载口；9—末端卸载口；10—驱动装置

17.1.2.2　堆肥化设备选型

堆肥发酵的装置种类繁多，除了结构形式的差异外，主要差别在于搅拌发酵物料的翻堆机不同。常见的发酵设备有戽斗式翻堆机发酵池、桨式翻堆机发酵池、卧式刮板发酵池、多段竖炉式发酵塔、筒仓式发酵仓、螺旋搅拌式发酵仓和卧式发酵滚筒等。

（1）戽斗式翻堆机发酵池　戽斗式翻堆机也称移动链板式翻堆机。该发酵池属水平固定类型，通过安装在槽两侧的翻堆机对物料进行搅拌，使物料水分均匀和均匀接触空气，并使堆肥物料迅速分解防止臭气产生。链板环状相连组成翻堆机，在各链板上安装附加挡板形成戽斗式刮刀，以此来搅拌和掏送物料。其结构如图 17.6 所示。发酵时间为 7～10d，翻堆次数为一天 1 次。

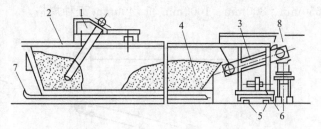

图 17.6　戽斗式翻堆机发酵池

1—翻堆机；2—翻堆行机走轨道；3—排料皮带机；4—发酵仓；

5—活动轨道；6—活动小车；7—空气管道；8—叶片输送机

（2）卧式刮板发酵池　卧式刮板发酵池的主要部件是一组呈片状的刮板，由齿轮齿条驱动，如图 17.7 所示。刮板从左到右摆动搅拌垃圾，从右到左空载返回，然后再从左到右推入一定量（推入数量可以调节）的物料。池体为密封负压设计，可以避免臭气外逸。好氧环境由通风口吸入空气维持。发酵池还设有洒水及排水设施以调节物料湿度。

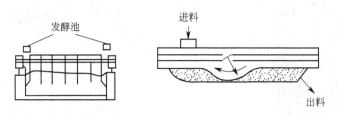

图 17.7　卧式刮板发酵池

（3）桨式翻堆机发酵池　桨式翻堆机发酵池的结构如图 17.8 所示。翻堆机由两大部分组成，即大车行走装置和小车旋转桨装置。搅拌桨叶依附于移动行走装置移动，可以根据发酵工艺需要，定期翻动、搅拌、混合、破碎、输送物料。翻堆机的纵横移动可把物料定期向出料端移动。由于搅拌可以遍及整个发酵池，所以池体可以设计成很宽，具有较大的处理能力。

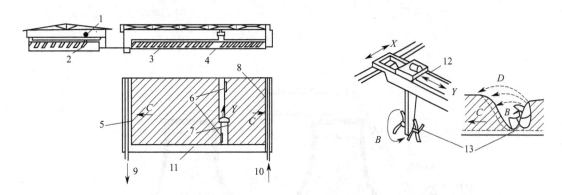

图 17.8　桨式翻堆机发酵池

1,7—翻堆机；2—旋转桨；3—软地面；4—工作示意；5—出料端；6—翻堆机行走路线；
8—进料端；9—排料口；10—进料口；11—翻堆机车道；12—大车行走装置；
13—旋转桨反对状态；B—旋转桨运动方向；C—物料移动方向；D—物料运动轨迹；
X—大车行走方向；Y—翻堆机行走方向

（4）多段竖炉式发酵塔　多段竖炉式发酵塔属于立式多段发酵设备，其结构是将整个立式设备水平分隔成多层，物料在各层上堆积发酵，靠重力从上往下移动，典型结构如图 17.9 所示。

物料从仓顶加入，在最上层借助内拨旋转搅拌耙子边搅拌翻料边向中心移动，从中央下落口落到第二层；落入第二层的物料则靠外拨旋转搅拌耙子的作用从中心向周边移动，从周边下落口落到第三层，以此类推直至发酵结束出料。通风方式有强制通风和自然通风两种。通常全塔分 8 层，发酵周期为 5～8 天。这种发酵仓的优点是搅拌充分，但旋转扭矩大，投资费用和运行费用较高。

（5）筒仓式发酵仓　筒仓式发酵仓为单层圆筒状或方体状，发酵仓深度一般为 4～5m，多数采用钢筋混凝土结构，如图 17.10 所示。原料从仓顶加入，由设在仓体下部的置螺旋排料装置出料，为保证出料顺畅，筒仓直径通常设成倒锥形。一般采用高压离心机在仓底强制通风供氧，以维持仓内的好氧发酵。发酵周期为 6～12 天。由于筒仓式发酵仓结构简单，螺旋出料方便，在我国应用较多。

（6）螺旋搅拌式发酵仓　螺旋搅拌式发酵仓的典型结构如图 17.11 所示。经分选、破碎等

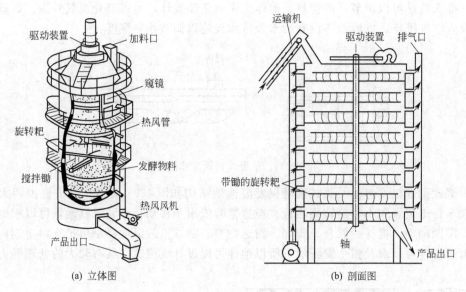

图 17.9 多段竖炉式发酵塔

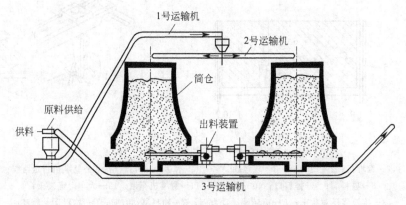

图 17.10 筒仓式发酵塔

预处理后的废物通过运输机送到发酵仓中心上方，通过设在发酵仓上部与天桥一起旋转的输送带向仓壁内侧均匀加料，靠吊装在天桥下部的多个螺丝钻头搅拌物料，使原料边混合边掺入到正在发酵的料层中。螺丝钻头自下而上提升物料的同时，还随天桥一起在仓内公转，使物料在被翻动搅拌的同时，由仓壁内侧缓慢地向仓中央的出料口移动。由于这种混合、掺入，能使原料迅速升到 45℃而快速发酵，此外，即使原料的臭味很强烈，也会因为被正在发酵的物料淹没，不至于散发恶臭。物料的移动速度及在仓内的停留时间可以用公转速度来调节。停留时间一般为 5 天。空气由设在发酵仓底部的环状布气管供给。

(7) 卧式发酵滚筒 卧式发酵滚筒有多种形式，其中图 17.12 所示的丹诺（Dano）发酵滚筒是世界各国最广泛采用的发酵设备之一，其突出优点是结构简单，可以发酵较大粒度的物料，使预处理程序（设备）简化，物料在滚筒内反复升高、跌落，可使物料的水分、温度均一化，达到供气的目的。此外，由于筒体斜置，当沿旋转方向提升的废物靠自重落下时，逐渐向筒体出口端移动，从而实现自动稳定供料、传输和排出堆肥产品。

丹诺发酵滚筒的滚筒直径为 2.5～4.5m，长度为 20～40m，旋转速度为 0.2～3r/min，通风量为 $0.1m^3/(m^3 \cdot min)$，若一次发酵，时间只需 36～48h，全程发酵时间为 2～5d，充填率控制在不大于 80%。

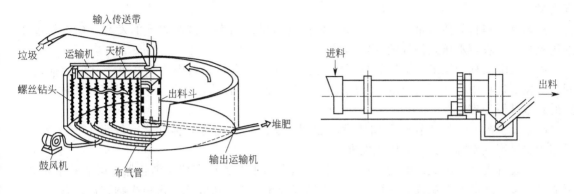

图 17.11　螺旋搅拌式发酵仓　　　　　　　图 17.12　卧式发酵滚筒

17.2　有机固体废物的厌氧发酵设计

17.2.1　厌氧发酵装置类型及特点

按照厌氧发酵装置的温度、进料方式、装置类型和原料的物理状况、发酵装置，可将厌氧发酵装置划分为若干类型。

(1) 发酵温度　根据发酵温度，可将厌氧发酵工艺分为常温发酵、中温发酵和高温发酵。

常温发酵的主要特点是发酵温度随自然气温的变化而变化，因此，产气量不稳定，转化率低。常温发酵主要用于粪便、污泥和中低浓度的有机废水处理，比较适合于气温较高的南方地区。垃圾填埋场的厌氧产沼、农村的小型沼气发酵属于常温发酵。

中温发酵的温度控制在 28～38℃，因而沼气产量稳定，转化率高，主要用于大中型产沼工程、高浓度有机废水处理等。

高温发酵的温度控制在 48～60℃，因而分解速率快，处理时间短，产气量高，能有效杀死寄生虫卵，通常需要采取加温和保温措施。主要适用于高浓度有机废水、城市生活垃圾和粪便的无害化处理及农作物秸秆的处理等。

(2) 进料方式　厌氧发酵的进料方式有批序进料、半连续进料和连续进料。

批序进料是一批原料经发酵后，全部重新换入新的发酵原料。这种工艺主要用于农村多池沼气发酵，特别是北方农村。

半连续进料是在正常发酵情况下，当产气量下降时，开始投入少量原料，以后定期补充原料和出料，以使产气均衡，具有较强的适应性。主要适用于有机污泥、粪便、有机废水的厌氧处理和大中型沼气工程。

连续进料是在厌氧发酵正常进行后，按一定的负荷连续进料，或以很短的间隔进料，可以使产气均衡，提高运行效率。这种工艺主要用于高浓度有机废水的处理。

(3) 发酵方式　按发酵阶段划分，厌氧发酵可分二步发酵和混合发酵。

二步发酵就是把厌氧发酵的产酸阶段和产甲烷阶段分别放在 2 个装置内进行，有利于高分子有机废水和有机废物的处理，有机物转化率高，但单位有机质的沼气产量较低。主要用于含高分子有机物和固形物含量高的废水、垃圾、农业废物的处理，如禽畜粪便的厌氧发酵、印染废水的处理等。

混合发酵是将厌氧发酵的 2 个阶段在同一装置内完成，设备简单，但条件控制较难。主要用于禽畜粪便、下水污泥、高浓度有机废水的处理以及以秸秆为原料的沼气发酵。

(4) 原料的物理状况　根据原料的物理状况，厌氧发酵可分为液体发酵、固体发酵和高浓度发酵。

液体发酵是指固体含量在 10% 以下，发酵物料呈流动态的液状物质的发酵，如有机废水的厌氧处理、农村水压式沼气池的发酵等。

固体发酵又称干发酵，其原料总固体含量在 20% 左右，物料中不存在可流动的液体而呈固态，发酵过程中所产沼气甲烷含量较低，气体转化效果较差，适用于垃圾发酵和农村缺水地区的禽畜粪便处理。

高浓度发酵介于液体发酵和固体发酵之间，发酵物料的总固体含量一般为 15%～20%，适用于农村沼气发酵、粪便的厌氧发酵。

(5) 装置类型 厌氧发酵的装置类型种类繁多，主要类型有传统消化器、厌氧接触消化、上流式厌氧过滤器、上流式厌氧污泥床、厌氧复合床、厌氧流化床、厌氧生物转盘、管道式消化器、折流式厌氧消化器等。

根据厌氧发酵装置内部构造，消化装置类型可分为常规发酵和高效发酵，其主要区别是装置内是否有固定式截留活性物质的措施或装置。常规发酵装置内没有固定式截留活性物质的措施或装置，因而发酵效率较低。例如，高效发酵装置内利用填料、盘片等载体固定或截留厌氧发酵的活性物质，反应器中微生物浓度高，从而提高了反应效率和产气率，停留时间可以大大缩短。

17.2.2 厌氧发酵装置设计的基本要求

厌氧发酵处理废物不同，厌氧发酵工艺也不同，但厌氧发酵装置和发酵工艺应满足以下基本要求：

(1) 应最大限度地满足沼气微生物的生活条件，要求发胶装置内能保留大量的微生物。

(2) 应具有最小的表面积，有利于保温增温，使其热损失量最少。

(3) 要使用很少的搅拌动力，使整个发酵装置内物料混合均匀。

(4) 易于破除浮渣，方便去除器底沉积污泥。

(5) 要实现标准化、系列化、工业化生产。

(6) 能适应多种原料发酵，且滞留时间短。

(7) 占地面积少，便于施工。

17.2.3 厌氧发酵装置的设计

厌氧发酵装置是微生物分解转化废物中有机质的场所，是厌氧发酵工艺中的主体装置，品种繁多，设计布局变化多端，许多因素影响其结构和设计方案，还必须考虑特殊情况和环境条件，下面以水压式沼气池为例，介绍厌氧发酵装置的设计。

水压式沼气池是农村推广的主要池型，其结构和工作原理示于图 17.13。这是一种埋没在地下的立式圆筒形发酵池，池底和池盖是具有一定曲率半径的壳体，主要结构包括加料管、发酵间、出料管、水压间、导气管等。

17.2.3.1 设计参数

设计水压式沼气池时，需要掌握的主要参数如下：

(1) 气压 7480Pa（即 80cmH$_2$O）为宜。

(2) 池容产气率 池容产气率系指每立方米发酵池容积 1 昼夜的产气量，单位为 m^3 沼气/(m^3 池容·d)。我国通常采用的池容产气率包括 0.15、0.2、0.25 和 0.3 几种。

(3) 贮气量 贮气量是指箱内的最大沼气贮存量。农村家用水压式沼气池的最大贮气量以 12h 产气量为宜，其值与有效水压间的容积相等。

(4) 池容 池容是指发酵间的容积。农村家用水压式沼气池的池容有 4m^3、6m^3、8m^3、10m^3 等几种。

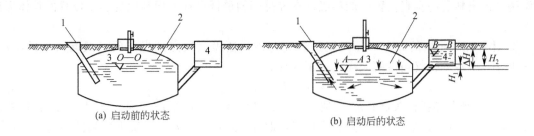

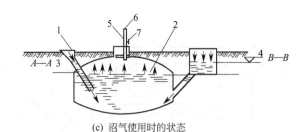

图 17.13　水压式沼气池工作原理示意图

1—加料管；2—发酵间；3—池内液面；4—出料液面；5—导气管；6—沼气输气管；7—控制阀

（5）投料率　投料率是指最大限度投入的料液所占发酵间容积的百分比，一般在85%～95%之间为宜。

17.2.3.2　发酵间的设计

（1）池容确定

$$池容 = \frac{人均用气量 \times 人口}{预计池容产气率} \qquad (17\text{-}1)$$

（2）贮气量确定

$$贮气量 = 池容产气率 \times 池容 \times \frac{1}{2} \qquad (17\text{-}2)$$

（3）计算圆筒形发酵间容积　圆筒形发酵间由池盖、池身、池底组成（图17.14），三个部分的容积计算公式如下：

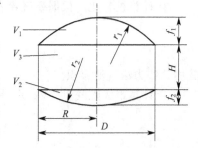

$$V_1 = \frac{\pi}{6} f_1 (3R^2 + f_1^2) = \pi f_1^2 \left(r_1 - \frac{f_1}{3} \right) \qquad (17\text{-}3)$$

$$V_2 = \frac{\pi}{6} f_2 (3R^2 + f_2^2) = \pi f_2^2 \left(r_2 - \frac{f_2}{3} \right) \qquad (17\text{-}4)$$

$$V_3 = \pi R^2 H \qquad (17\text{-}5)$$

图 17.14　圆筒形沼气池
几何尺寸示意图

式中，V_1、V_2、V_3 分别为池盖容积、池底容积和池身容积；f_1、f_2 分别为池盖矢高和池底矢高；r_1 为池盖曲率半径；r_2 为池底曲率半径；R 为池体内径；H 池身高度；π 为圆周率，取 3.14。

综合圆形沼气池的内力结构计算、材料用量计算和施工、管理、使用技术等各种因素，一般认为，当 $\frac{f_1}{D} = \frac{1}{5}$、$\frac{f_2}{D} = \frac{1}{8}$、$h = \frac{D}{2.5}$ 时，沼气池的尺寸比较合理。这样，一旦发酵间的某一尺寸确定后，即可算出其他部分的尺寸。

此外，还可以根据合理尺寸比例，确定已知容积的发酵间各部分尺寸。

（4）进出料管安装位置确定　水压式沼气池进出管的水平位置，一般都确定在发酵间直径的两端。进出料管的垂直位置一般都确定在发酵间的最低设计液面高度处。该位置的具体算法如下：

① 计算死气箱拱的矢高　死气箱拱的矢高是指池盖拱顶点到发酵间的最高液面的距离，如图 17.15 所示。死气箱拱的矢高可按下式计算：

$$f_{死}=h_1+h_2+h_3 \tag{17-6}$$

式中，$f_{死}$ 为死气箱拱的矢高；h_1 为池盖拱定点到活动盖下缘平面的距离，对 65cm 直径的活动盖，取 $10\sim15\text{cm}$；h_2 为导气管下露长度，取 $3\sim5\text{cm}$；h_3 为导气管下口到液面的距离，一般取 $20\sim30\text{cm}$。

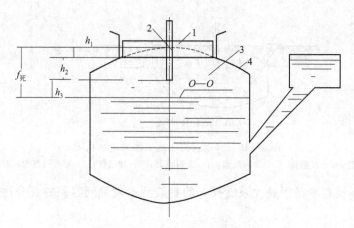

图 17-15　死气箱矢高计算示意图
1—活动盖；2—导气管；3—死气箱；4—固定拱盖

② 计算死气箱容积　死气箱容积（$V_{死}$）可按下式计算：

$$V_{死}=\pi f_{死}^2\left(r_1-\frac{f_{死}}{3}\right) \tag{17-7}$$

③ 计算投料比　根据死气箱容积，可计算出沼气池投料率：

$$投料率=\frac{V-V_{死}}{V}\times100\% \tag{17-8}$$

式中，V 为沼气池容积。

④ 计算最大贮气量（$V_{贮}$）　最大贮气量（$V_{贮}$）可用下式计算：

$$V_{贮}=池容\times池容产气率\times\frac{1}{2} \tag{17-9}$$

⑤ 计算气箱总容积（$V_{气}$）　气箱总容积可用下式计算：

$$V_{气}=V_{死}+V_{贮} \tag{17-10}$$

⑥ 确定发酵间最低液面 $A—A$ 位置　对于一般沼气池来说，$V_{气}$ 均大于 V_1，即 $A—A$ 液面位置在圆筒形池身范围内。此时要确定进、出料管的安装位置，应按下式先计算出气箱在圆筒形池身部分的容积（$V_{筒}$）：

$$V_{筒}=V_{气}-V_1 \tag{17-11}$$

因此，

$$h_{筒}=\frac{V_{筒}}{\pi R^2} \tag{17-12}$$

式中，$h_筒$ 为圆筒形池身内气箱部分的高度。

$A—A$ 液面位在池盖与池身交接面以下 $h_筒$ 的位置上。这个位置也就是进出料管的安装位置。

17.2.3.3 水压间的设计

水压间的设计包括确定以下三个尺寸：

(1) 水压间的底面标高：此标高应确定在发酵间初始工作状态时的液面位置 $O—O$ 水平。

(2) 水压间的高度（ΔH）：此高度应等于发酵间最大液位下降值（H_1）与水压间液面最大上升值（H_2）之和，即 $\Delta H = H_1 + H_2$

(3) 水压间容积：此容积等于池内最大贮气量。

思 考 题

1. 好氧堆肥工艺流程包括哪些环节？各环节的主要作用是什么？

2. 好氧堆肥的供料进料设备（设施）包括哪些？设计时应如何考虑？

3. 常见的堆肥化设备有哪些？各自的优缺点是什么？

4. 厌氧发酵装置有哪些类型？

5. 厌氧发酵装置设计时应遵循的基本原则有哪些？

6. 已知圆筒形水压式沼气池容积为 $10m^3$，试用合理的尺寸比列确定池盖矢高、池底矢高、发酵池直径和池身高度。

7. 假设圆筒形水压式沼气池的体积为 $6m^3$，$D = 2.4m$，$f_1 = 0.48m$，$r_1 = 1.73m$，池容产气率为 $0.35m^3$ 沼气/(m^3 池容·d)，求进出管的竖直安装位置。

第五篇

噪声污染控制工程设计

18 隔振装置的设计

隔振不仅是控制噪声的产生与传播的重要措施，也是减少振动对人体和环境影响的重要措施。

隔振就是将振动源与承载物或地基之间的刚性连接，改为弹性连接，利用弹性装置的隔振作用，减弱振动源与承载物或地基之间的能量传递，降低振动对环境的影响。

隔振措施根据目的不同，可分为积极隔振和消极隔振。积极隔振的目的，是通过设置隔振装置，减少振源的振动能量向周围传递。消极隔振的目的，是通过隔振装置减少或避免外来振动对被保护仪器设备的影响。本章仅介绍积极隔振的基本方法。

18.1 隔振器

目前常用的隔振器有橡胶隔振垫和钢弹簧两种。近年来，空气弹簧也已经开始有所应用。

18.1.1 橡胶隔振器

橡胶隔振器是一种造价低廉的隔振元件，通常有橡胶隔振垫和剪切隔振器两大类。

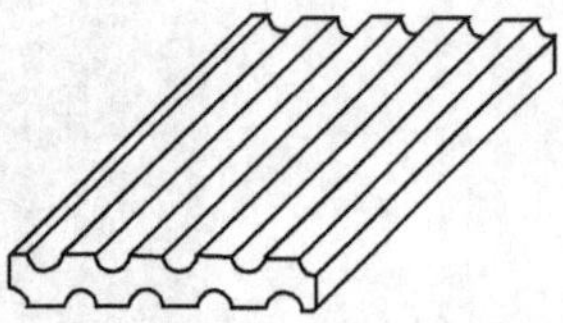

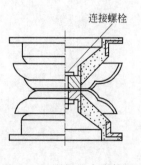

（1）橡胶隔振垫　橡胶隔振垫通常采用丁腈橡胶硫化成形，外形如图 18.1 所示。

橡胶隔振垫的优点是造价低、承载力较大，对于冲击振动及高频振动的隔振效果较好。

橡胶隔振垫的阻尼比约为 0.098，其单层固有频率在 $14\sim20\mathrm{Hz}$。根据实际需要，它可以多层重叠使用以提高隔振效率。橡

图 18.1　橡胶隔振垫构造

胶隔振垫的性能见表 18.1。

表 18.1　橡胶隔振垫性能

型　号	60×60 每块单层额定荷载 /N	固定频率/Hz			
		一层	二层	三层	四层
TJ1-1	196～687	14	12.5	11	10
TJ1-2	245～785	14.5	13	12	10.5
TJ1-3	294～883	17	15	13.5	12
TJ1-4	343～981	20	17.5	15	13

（2）剪切型橡胶隔振器　剪切型橡胶隔振器采用合成橡胶硫化成圆锥体外形，利用橡胶剪切弹性模量较低的特点，通过设计使其刚度和固有频率都较低，因而隔振效果较为理想。

剪切型橡胶隔振器的阻力比约为 0.08，固有频率为 $4.3\sim21\mathrm{Hz}$。与橡胶隔振垫一样，可以通过两个元件串联来提高隔振效果（见图 18.2）。

剪切型橡胶隔振器性能见表 18.2。

连接螺栓

18.1.2 钢弹簧

钢弹簧通常采用预应力钢筋制成，其固有频率及阻尼比都较

图 18.2　隔振器串联使用

低，因此隔振效果极佳。但是，单独的钢弹簧由于阻尼比较小，稳定性较差，并且共振时易产生振幅激增的现象，因此，钢弹簧通常和橡胶隔振器联合使用。目前常用的预应力阻尼弹簧隔振器就是其中的一种。它的阻力比为 0.08，固有频率 1.9～5.5Hz，比较适合于中、低频振动的隔振。预应力阻尼弹簧隔振器性能见表 18.3。

表 18.2　橡胶剪切隔振器特性

型　号	尺寸/mm					额定荷载 /N	刚度/(N/cm)	
	D_1	D_2	M	H_1	H_2		竖向	水平
TJ3-6-1	90	28	10	4	37	49～294	497	746
TJ3-6-2						88～520	867	1300
TJ3-6-3						147～863	1441	2162
TJ3-6-4						196～119	2001	3001
TJ3-9-1	130	40	12	5	53	128～687	657	1051
TJ3-9-2						226～1187	1138	1821
TJ3-9-3						373～1991	1900	3040
TJ3-9-4						520～2757	2627	4203
TJ3-12-1	160	50	16	5	71	275～1462	918	1469
TJ3-12-2						461～2492	1556	2490
TJ3-12-3						775～4440	2590	4144
TJ3-12-4						1070～5729	3584	5734
TJ3-18-1	230	70	20	5	94	451～2806	1122	1683
TJ3-18-2						775～4846	1938	2907
TJ3-18-3						1295～8093	3237	4854
TJ3-18-4						1795～11183	4476	6714

表 18.3　预应力阻尼弹簧隔振器性能

型　号	尺寸/mm				额定荷载/N		刚度/(N/cm)	
	H	D_1	D_2	Φ	预压	最大	竖向	径向
TJ5-1	64	70	38	9	80	177	11.5	8
TJ5-2	78	78	38	12	147	294	15.3	12
TJ5-3	91	84	44	12	235	471	21.6	13
TJ5-4	104	90	44	13	314	628	28.4	17
TJ5-5	123	103	50	15	530	1060	34.3	25
TJ5-6	123	108	50	15	687	1374	44.6	26
TJ5-7	131	222	76	20	1060	2120	68.6	49
TJ5-8	131	222	76	20	1590	3180	103.0	74
TJ5-9	131	222	76	20	2120	4240	137.2	99
TJ5-10	131	222	76	20	2748	5496	178.4	102
TJ5-11	152	126	64	20	1040	2080	48.0	31
TJ5-12	152	126	64	20	1246	2492	57.6	32
TJ5-13	164	268	90	24	2080	4160	96.0	62
TJ5-14	164	268	90	24	3120	6240	144.0	94
TJ5-15	164	268	90	24	4160	8320	192.0	125
TJ5-16	164	268	90	24	4984	9968	230.0	129
TJ5-17	194	142	76	20	1510	3020	59.8	36
TJ5-18	194	142	76	20	1765	3530	69.8	37
TJ5-19	204	304	106	26	3020	6040	119.6	72
TJ5-20	204	304	106	26	4530	9060	179.4	108
TJ5-21	204	304	106	26	6040	12080	239.2	144
TJ5-22	204	304	106	26	7060	14120	279.4	149
TJ5-23	272	342	140	32	9682	19365	300	108
TJ5-24	272	342	140	32	12910	25820	400	144
TJ5-25	272	342	140	32	17893	36100	566	162

18.1.3 空气弹簧

空气弹簧实际上是一个内部充满气体（通常是空气）的封闭容器，利用气体的压缩和膨胀来达到隔振的目的。根据不同的充气量或充气压力，其刚度和阻尼比都可进行调整以适合不同的需要。同时，在安装时，只要求均匀布置，通过改变各隔振器的充气压力即可使设备保证水平安装而不需要考虑设备重心问题。

空气弹簧的缺点是可靠性较差，应随时检查充气压力以保证正常使用。空气弹簧的性能见表 18.4。

表 18.4　空气弹簧隔振器技术性能

型　号	使用气压/MPa	对应承载能力/kN	隔振体系固有振动频率/Hz		阻尼比	
			垂直向	水平向	垂直向	水平向
JKM-1.5	0.1～0.6	0.22～1.51	4.86～3.51	5.39～3.30	0.08	0.06
JKM-3	0.1～0.6	0.49～3.36	4.00～2.86	4.70～2.10	0.08	0.06
JKM-6	0.1～0.6	0.87～6.27	3.69～2.62	4.31～1.88	0.08	0.06
JKM-24	0.1～0.6	3.30～26.25	5.33～2.74	5.92～2.66	0.10	0.06

18.1.4 隔振吊钩

隔振吊钩主要用于吊装设备和管道的隔振，以防止振动传到楼板。其形式通常有橡胶和钢弹簧（或预应力阻尼弹簧），技术性能见表 18.5、表 18.6。

表 18.5　橡胶悬吊隔振器性能

型　号	额定荷载/N		固有频率/Hz	型　号	额定荷载/N		固有频率/Hz
	最小值	最大值			最小值	最大值	
TJ8-1-1	108	353	8.7～15	TJ8-1-3	324	1080	11.5～21
TJ8-1-2	167	569	9.4～15	TJ8-1-4	440	1490	13.6～25

表 18.6　预应力阻尼弹簧悬吊隔振器性能

型号	Φ	Φ_1	H_1	H_2	H_3	H	变形量/mm		额定荷载/N		刚度/(N/mm)
							最大	预压	预压	最大	
TJ10-1	48	19	22	66.5	17.5	106	12	4	44	176	12
TJ10-2	60	19	22	76.5	17.5	116	15	5	74	294	15
TJ10-3	60	25	27	97	23.5	147.5	16	6	117	470	22
TJ10-4	75.5	25	27	101.5	23.5	161	16	6	157	628	28
TJ10-5	88.5	31	36	134	29.5	199.5	22	8	265	1060	34
TJ10-6	88.5	31	36	134	29.5	199.5	22	8	343	1374	45
TJ10-7	114	38	36	166	35	237	33	11	520	2080	48
TJ10-8	114	38	36	166	35	237	33	11	623	2492	58
TJ10-9	140	38	45	210.5	35	290.5	37	13	755	3020	60
TJ10-10	140	38	45	210.5	35	290.5	37	13	883	3532	70

18.2　隔振装置的设计

18.2.1　隔振设计的基本原则

（1）选择振动频率较高的机械设备　机械设备运行时的振动频率就是作用在隔振系统上的激振频率，这个频率与隔振系统的固有频率之比必须大于$\sqrt{2}$，隔振系统才能发挥隔振作用，因此在进行隔振设计之前，必须详细了解机械设备运行时产生振动的原因和振动特性，在条件许可的情况下，应尽量选用振动频率较高的机械设备。在进行隔振设计时，通常把机械设备运行时产生的最低振动频率作为激振频率。

（2）选择合适的隔振材料和隔振器件　对机械设备采取隔振措施，应根据隔振要求，选用合适的隔振材料制成隔振器件，以达到预期的隔振目的。

凡是能支承机械设备的动力负载，又有良好弹性恢复性能的材料，均可作为隔振材料，常用的隔振材料主要有弹簧钢和橡胶。选择隔振材料时，首先要考虑它的动态特性和承载能力。一般要求隔振材料的动态弹性模量低、刚度小、弹性好、强度高、承载能力大；其次要求材料的物理、化学性能稳定，要能抗酸、碱、油或有害气体、液体的侵蚀，也不会因为工作环境温度、湿度的变化而使隔振性能受到较大的影响。还要考虑由这些材料制成的隔振系统的自振频率。

隔振器件是由隔振材料按照隔振要求设计制作的装置，如钢弹簧、橡胶隔振器、橡胶隔振垫等。这些都有系列化的产品可供选用。选用的原则和选择隔振材料基本相同，除此之外，主要考虑它的隔振量（静态压缩量）和承载能力。隔振器件的荷载应包括机械设备及机座的重量、机械设备运行时产生的动态力和可能出现的过载。在计算时，应将静荷载乘以动力系数作为总荷载。动力系数视不同设备取不同数值。通常对于风机、泵类，动力系数取 1.1 左右；车床 1.2～1.3；冲床 1.2～1.3；锻床≥3。选用隔振器件还要保证机械设备能正常可靠的运行，不致使其受到不利影响或需重新校正水平。在隔振要求相同的情况下，尽量降低成本。

（3）设置合适的隔振机座　隔振机座安装在机械设备和隔振器件之间。设置隔振机座的作用，主要是增加整个机械设备安装系统的质量，降低重心，减少或限制由于机械设备运行而产生的运动，对于有流体的设备，可以减少反力的影响，增加稳定性。合理安排隔振机座质量的分布，还可减少机械设备质量分布不均匀的影响。隔振机座的质量至少应等于所隔振机械设备的质量，一般均大于机械设备的质量，如对于轻型机械设备，隔振机座的质量可达到其质量的10 倍左右。

隔振机座可以吸收一定的振动能量，所以也可起到一定的隔振作用，隔振量的大小可由下式计算：

$$\Delta L = 20\lg\left(1+\frac{M_2}{M_1}\right) \tag{18-1}$$

式中，ΔL 为隔振量；M_1 为机械设备的质量，kg；M_2 为隔振机座的质量，kg。

（4）选择正确的安装方式　隔振器件的安装方式主要有支承式和悬挂式，见图 18.3、图 18.4。对于一般机械设备的隔振，支承式用的较多。

隔振器件的布置方式，通常是选定至少四个支点对称布置，并采用相同的隔振器件。支点的选择要保证机械设备和隔振机座的重心在垂直方向上与支承重心吻合。

（5）建筑设计和平面布置合理　在进行建筑规划、设计和机械设备安置时，应采取尽量减少振动对操作者、其他机械设备和周围环境影响的方案。机械设备的基础应独立，并与其他设备的基础和房屋基础分开或留一定的缝隙。

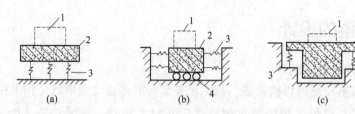

图 18.3 隔振器件的支承式安装

1—设备；2—基础；3—隔振器；4—钢球

18.2.2 橡胶隔振垫的设计

（1）确定激振频率 激振频率是设备在运行过程中，由于设备做周期性旋转或往复式运动

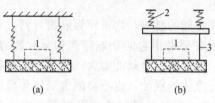

图 18.4 隔振器件的悬挂式安装

1—设备；2—支承弹簧；3—摆杆

所产生的频率，激振频率通常可按下式计算：

$$f=\frac{n}{60} \quad (18\text{-}2)$$

式中，f 为激振频率，Hz；n 为设备转速，r/min。

由于旋转设备运行时产生振动的原因不止一个，振动频率也不止一个。隔振设计时通常取最低的振动频率作为隔振系统的激振频率。

（2）确定自振频率 自振频率（f_0）即隔振器的固有频率，它与隔振器结构、材质及承受荷载的大小有关，通常由生产厂商给出。自振频率是衡量隔振器隔振效果的一个关键因素。

（3）传递率 传递率（T）表明了隔振体系的隔振能力，它与隔振器的阻尼比 D、扰动频率 f 和自振频率 f_0 有关，可按下式计算：

$$T=\frac{\sqrt{1+\left(2D\frac{f}{f_0}\right)^2}}{\sqrt{\left(1-\frac{f^2}{f_0^2}\right)^2+\left(2D\frac{f}{f_0}\right)^2}} \quad (18\text{-}3)$$

大多数隔振器的阻尼比通常为 $0.08\sim0.098$，对于上式而言 $\left(2D\frac{f}{f_0}\right)^2$ 是很小的，通常可以忽略不计，因此，式（18-3）可简化为：

$$T=\left|\frac{1}{1-\left(\frac{f}{f_0}\right)^2}\right| \quad (18\text{-}4)$$

（4）隔振效率 隔振效率（I）是反映隔振体系隔振效果的另一个物理量，$I=(1-T)\times100\%$。

（5）确定隔振垫的刚度 总的垂向动刚度由下式计算：

$$K_d=\frac{W}{g}(2\pi f_0^2) \quad (18\text{-}5)$$

式中，K_d 为垂向动刚度，N/cm；W 为总静荷载，N；f_0 为自振频率，Hz；g 为重力加速度，取 980cm/s^2。

单个隔振垫的垂向动刚度 K_{di} 为：

$$K_{di}=\frac{K_d}{n}$$

式中，n 为隔振垫的个数，个。

相应的垂向静刚度为：

$$K_{si}=\frac{K_{di}}{d}\qquad(18\text{-}6)$$

式中，K_{si} 为单个隔振垫的垂向静刚度，N/cm；d 为橡胶的动、静态弹性模量之比。

（6）确定静态压缩量　隔振垫在荷载下的静态压缩量由下式计算：

$$x=\frac{W}{nK_{si}}=\frac{W}{K_s}\qquad(18\text{-}7)$$

式中，x 为静态压缩量，cm。

（7）隔振垫的总面积　取合适的实际应力和动力系数，可以计算出隔振垫的总面积为：

$$S=\frac{W}{\delta}\varphi\qquad(18\text{-}8)$$

式中，S 为隔振垫的总面积，cm^2；δ 为实际应力，N/cm^2；φ 为动力系数，一般取 1.2～1.4。

（8）确定隔振垫的高度　隔振垫的高度可由下式计算：

$$H=\frac{E_s S x}{W}\qquad(18\text{-}9)$$

式中，H 为隔振垫的高度，cm；E_s 为橡胶材料的弹性模量，N/cm^2。

18.2.3　钢弹簧隔振器的设计

18.2.3.1　钢弹簧隔振器的设计

钢弹簧隔振器的设计方法与橡胶隔振缘（垫）的设计方法基本一样，所不同的是钢弹簧的垂向动刚度与静刚度之比为 1。式(18-7)可写为：

$$x=\frac{W}{nK_{zi}}=\frac{W}{K_z}\qquad(18\text{-}10)$$

式中，K_{zi} 为每个弹簧的垂向刚度，N/cm；K_z 为总的垂向刚度，N/cm。

计算求出的静态压缩量是理论值，与设计出的弹簧在工作时的实际压缩量可能不一致，要求实际压缩量不小于理论计算值。

18.2.3.2　圆柱螺旋压缩单弹簧的设计

在隔振设计中，在求出了每个钢弹簧的垂向刚度和静态压缩量的基础上，可进行弹簧的设计。

（1）选择弹簧圈外径　为避免弹簧受压时产生侧向屈曲，保持横向稳定性，弹簧圈的最小外径（D_1）应根据其荷载的大小和静态压缩量来确定。表 18.7 列出了一些推荐值。

表 18.7　自由受压螺旋钢弹簧的最小外圈直径（cm）推荐值

静态压缩量/cm	荷载/kg			静态压缩量/cm	荷载/kg		
	＜350	350～1150	1150～2700		＜350	350～1150	1150～2700
≤3	7.0	10.0	12.5	7.5～10	21.5	21.5	25.5
3～5	12.5	12.5	19.0	≥10	25.5	25.5	30.5
5～7.5	15.0	18.0	21.5				

（2）确定弹簧的旋绕比　根据选择的弹簧最小外径，估计弹簧中径的大小，可按式(18-11)确定旋绕比：

$$C=\frac{D_2}{d}\qquad(18\text{-}11)$$

式中，C 为旋绕比；D_2 为弹簧中径，mm；d 为弹簧钢丝直径，mm。

弹簧中径是螺旋弹簧由钢丝中心到钢丝中心的绕制直径（见图 18.5）。旋绕比也可按表

18.8 选用。

表 18.8 弹簧旋绕比推荐值

钢丝直径/mm	2.5~6	8~16	18~50
旋绕比	5~12	4~10	4~8

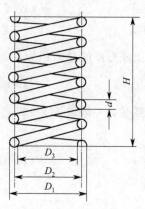

图 18.5 螺旋弹簧示意图

（3）计算曲度系数 根据假定的旋绕比，可按下式计算弹簧的曲度系数：

$$k=\frac{4C-1}{4C-4}+\frac{0.615}{C}$$ (18-12)

式中，k 为弹簧的曲度系数。

（4）计算钢丝的直径

$$d\geqslant 1.6\sqrt{\frac{W_1 kC}{\tau}}$$ (18-13)

式中，d 为钢丝直径，mm；W_1 为每个弹簧承受的荷载，N；τ 为弹簧受动力荷载时的容许剪切应力，N/mm²。

将由上式计算得到的直径值与常用钢丝直径比较，尽量选用略大的值作为钢丝直径。

（5）确定弹簧中径和实际旋绕比 钢丝直径确定后，根据式(18-11)确定弹簧中径，并按标准取整数。弹簧中径和钢丝直径都确定后，再根据式(18-11)求得实际的旋绕比。

（6）确定弹簧的总圈数

① 弹簧的工作圈数 i_1 由下式计算：

$$i_1=\frac{Gd}{8K_{zi}C^3}$$ (18-14)

式中，G 为弹簧的剪切弹性模量，N/cm。

② 弹簧两端的支撑圈数 i_2 的确定：当 $i_1\leqslant 7$ 时，i_2 取 1.5；当 $i_1>7$ 时，i_2 取 2.5。弹簧的总圈数 i 为：

$$i=i_1+i_2$$ (18-15)

（7）计算弹簧的实际刚度 根据前面确定的钢丝直径、实际旋绕比和工作圈数，可由下式计算弹簧的实际刚度：

$$K'_{zi}=\frac{Gd}{8i_1C^3}$$ (18-16)

式中，K'_{zi} 为弹簧的实际刚度。要求 $K_{zi}\geqslant K'_{zi}$，否则需要重新计算。

（8）计算弹簧的实际静态压缩量

$$x'=\frac{W}{K_{zi}}$$ (18-17)

式中，x' 为弹簧的实际静态压缩量，mm。

（9）计算弹簧节距

$$h=d+\frac{x'}{i_1}+\sigma$$ (18-18)

式中，h 为弹簧节距，mm；σ 为在实际载荷下弹簧各圈之间的间隙，一般取 $\sigma\geqslant 0.1d$，mm。

（10）计算弹簧的自由高度和工作高度

① 弹簧的自由高度 H 为

$$H = ih - (i_2 - 0.5)d \tag{18-19}$$

一般要求 $\dfrac{H}{D_2} \leqslant 2.5$。

② 弹簧的工作高度 H_p 为

$$H_p = H - x' \tag{18-20}$$

（11）计算弹簧螺旋角和展开长度　螺旋角 α 为：

$$\alpha = \tan^{-1}\left(\frac{h}{\pi D_2}\right) \tag{18-21}$$

压缩弹簧的螺旋角一般小于 $9°$，推荐采用值为 $4°\sim9°$。

压缩螺旋弹簧的展开长度为：

$$X = \frac{\pi D_2 i}{\cos\alpha} \tag{18-22}$$

（12）确定弹簧的水平刚度和垂向刚度之比　根据弹簧工作高度 H_p 与中径 D_2 之比和弹簧的静态压缩量 x 与工作高度 H_p 的之比，可以从相关书籍中查得弹簧的水平刚度和垂向刚度之比，为保证弹簧工作时保持稳定，要求 $\dfrac{K_{zi}}{K'_{zi}} \geqslant 1.2\dfrac{H_p}{D_2}$。

18.2.3.3　圆柱螺旋压缩同心组合弹簧的设计

当隔振器承受的载荷较大，或其安装位置有限，用单弹簧难以达到隔振要求时，可以采用 n 个不同直径的圆柱螺旋压缩弹簧组合成并联的同心装置。一般采用双圈同心组合。双同心组合弹簧的设计方法如下。

（1）组合荷载与组合刚度

$$\begin{cases} W = W_1 + W_2 \\ K_z = K_{z1} + K_{z2} \end{cases} \tag{18-23}$$

式中，W、W_1 和 W_2 分别为总荷载及内、外弹簧的最大荷载，N；K_z、K_{z1} 和 K_{z2} 分别为总垂向刚度及内、外弹簧的垂向刚度，N/cm。

（2）等应力条件　内、外弹簧变形后应力应该相等，因此要求两个弹簧的旋绕比相等，即

$$C = \frac{D_{21}}{d_1} = \frac{D_{22}}{d_2} \tag{18-24}$$

式中，D_{21}、D_{22} 分别为内、外弹簧的中径，mm；d_1、d_2 分别为内、外弹簧钢丝的直径，mm。

在分配两个弹簧的荷载时，外圈弹簧受力宜为内圈弹簧的 2.5 倍，也即外圈弹簧的垂向刚度为内圈弹簧的 2.5 倍。

（3）等变形条件　组合弹簧的静态压缩量应与内、外弹簧的静态压缩量保持一致，这时，内、外弹簧并紧时的高度 H_b 应相等，即

$$H_b = i_1 d_1 = i_2 d_2 \tag{18-25}$$

实际工程中很难保证内、外两个弹簧的压缩量和工作高度完全一致，允许有合理的差异。为保证工作高度一致，可以用薄垫片补齐。

确定了上述有关参数后，就可以按单弹簧的设计方法进行同心组合弹簧的设计。

18.2.3.4　弹簧与橡胶组合隔振器的设计

由于弹簧隔振器的阻尼很小，对高频振动的隔振效果不佳。为增大隔振阻尼，常采用钢弹簧与橡胶垫的组合隔振方式。

钢弹簧与橡胶垫的组合有并联和串联两种，见图 18.6。

（1）并联时的阻尼比和刚度

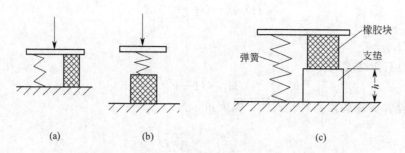

图 18.6　钢弹簧与橡胶垫组合隔振器的组合方式

$$\begin{cases} K = K_x + K_t \\ D = \dfrac{K_x D_x + K_t D_t}{K} \end{cases} \tag{18-26}$$

式中，K、K_x、K_t 分别为组合隔振器、橡胶垫、钢弹簧的垂向静刚度，N/cm；D、D_x、D_t 分别为组合隔振器、橡胶垫、钢弹簧的阻尼比。

（2）串联时的阻尼比和刚度

$$\begin{cases} K = \dfrac{K_x K_t}{K_x + K_t} \\ D = \dfrac{K_x D_x + K_t D_t}{K_x + K_t} \end{cases} \tag{18-27}$$

（3）支垫高度的确定　在并联组合隔振器中，由于计算出的橡胶垫高度往往小于钢弹簧的高度，通常需要在橡胶垫下面加支垫，使其高度与弹簧高度一致，见图 18.6(c)。支垫的高度由下式确定：

$$h = H_t - H_x \tag{18-28}$$

式中，h 为支垫高度，mm；H_t 为弹簧的工作高度，mm；H_x 为橡胶垫的工作高度，mm。

思 考 题

1. 一台电动机连同机座总重 900kg，转速为 1500r/min，不考虑阻尼，要求传振系数 $T=0.2$，设计橡胶隔振垫。

2. 一台通风设备连同底座重 58310N，转速为 720r/min，试设计一钢弹簧隔振系统要求隔振效率达到 95% 以上。

3. 一台风机安装在一块厚钢板上，如果在钢板的下面垫 4 个钢弹簧，已知弹簧的静态压缩量为 1cm，风机的转速为 90r/min，弹簧的阻尼忽略不计，试求传递比和隔振效率。

4. 有一台转速为 1500r/min 的机器，在做隔振处理前，测得基础上的力振动级为 80dB（指此频率），欲使基础的力振动级降低 20dB，问需要选取静态压缩量为多大的弹簧才能满足要求？设阻尼比为零。

5. 设一台风机连同基座总重量为 8000N，转速为 1000r/min。试设计一种隔振装置、将风机振动激振力减弱为原来的 10%。

19 吸声、隔声及消声器的设计

19.1 吸声与隔声

19.1.1 吸声

吸声的主要目的是降低噪声在室内的声压级。噪声在室内的衰减按下式计算：

$$\Delta L = -10\lg\left(\frac{Q}{4\pi r^2} + \frac{4}{R}\right) \tag{19-1}$$

式中，Q 为方向因素，取决于声源与测点（或人耳）间的夹角以及声源频率和风口长边的乘积，见表 19.1；r 为声源与测点的距离，m；R 为房间特性，与房间内表面积 A 和内表面平均吸声能力 $\bar{\alpha}$ 有关，$R = \frac{A \times \bar{\alpha}}{1 - \bar{\alpha}}$。

表 19.1 用以确定 ΔL 值的方向因素 Q 的值

频率×长边/(Hz×m)	10	20	30	50	75	100	200	300	500	1000	2000	3000
角度 $\theta=0°$	2	2.2	2.5	3.1	3.6	4.1	6.0	6.5	7.0	8.0	8.5	8.52
角度 $\theta=45°$	2	2	2	2.1	2.3	2.5	3.0	3.3	3.5	3.8	4.0	4.0

可见，随着房间平均吸声能力 $\bar{\alpha}$ 的增加，R 值加大，ΔL 的数值也将增大。因此，提高房间吸声能力有助于室内噪声的衰减。

提高 $\bar{\alpha}$ 的最有效方法是采用吸声材料。目前最常用的是玻璃棉制品，其对 1000Hz 的吸声系数 α 为 0.75~0.9。吸声材料的吸声效果和密度有关，密度越小则 $\bar{\alpha}$ 值越大。

在实际工程中，一般将吸声处理与装修材料统一考虑。为了尽可能给操作人员提供一个较好的环境，吸声处理更多是用于噪声较大的机械用房之中。

19.1.2 隔声

民用建筑的一些机械用房（如冷冻机房、泵房、风机房等），因噪声较大，有可能对相邻房间产生影响时，应考虑隔声措施。通常，隔声措施与吸声措施是统一考虑而采用的。

与吸声材料的特性相反，隔声材料的密度越大，则隔声效果越好，表 19.2 列出了部分常用隔声材料的隔声性能。

表 19.2 常用墙体结构的隔声量

构造简述/(厚度单位:mm)	面密度 /(kg/ m²)	下述频率(Hz)的隔声量/dB						平均隔声量 $\bar{R}$/dB
		125	250	500	1000	2000	4000	
120 厚砖墙,双面抹灰	240	37	34	41	48	55	53	44.6
240 厚砖墙,双面抹灰	480	42	43	49	57	64	62	52.8
370 厚砖墙,双面抹灰	700	43	48	52	60	65	64	55.3
490 厚砖墙,双面抹灰	840	45	53	56	65	66	67	58.3
层 120 厚砖墙,总空 80	480	38	45	51	62	64	63	53.3
120 厚砖墙与纤维板复合,中空 50	320	39	40	44	53	57	58	48.5
240 厚砖墙与岩棉及塑料板复合	500	44	52	58	73	77	69	62.2

续表

构造简述/(厚度单位:mm)	面密度/(kg/m²)	下述频率(Hz)的隔声量/dB						平均隔声量 $\overline{R}$/dB
		125	250	500	1000	2000	4000	
双240厚砖墙,中空10,内填岩棉	970	51	63	67	74	81	—	67.2
120厚砖墙与240厚砖墙复合,中空80	700	45	52	54	63	67	69	58.3
490厚砖墙与加气混凝土复合,中空80	1160	47	59	73	82	82	—	68.6
78厚空心墙,双面抹灰	120	30	35	36	43	53	51	41
150厚加气混凝土墙,双面抹灰	140	29	36	39	46	54	55	43
200厚加气混凝土墙,双面抹灰	160	31	37	41	47	55	55	44
硅酸盐切块墙,双面抹灰	450	35	41	49	51	58	60	49
空斗砖墙240厚,双面抹灰	300	21	22	31	33	42	46	31
140厚陶粒混凝土墙	240	32	31	40	43	48	56	42
双层100厚加气混凝土中空50,双面抹灰	180	36	46	50	57	73	72	54
双层75厚机器混凝土中空50,内填50厚矿棉毡	180	41	48	52	58	68	73	57
75厚与100厚加气混凝土复合,中空50抹灰	153	35	44	48	56	69	67	54
100厚加气混凝土与纤维板复合,中空60	84	26	34	42	53	63	65	47
100厚加气混凝土与三合板复合,中空80	83	31	27	31	50	57	61	43
双层60厚圆孔石膏板中空50,内填矿棉毡	—	37	41	38	41	47	52	43
双层石膏板(每层2块)中空80	45	35	35	43	51	58	51	44
双层12厚石膏板,中空80,内填矿棉毡	29	34	40	48	51	57	49	45
双层1.5厚钢板,中空65内填超细棉毡	27	32	41	49	56	62	66	50
双层钢板,分别为1.0和2.0厚,中空62,内填超细棉	26	31	40	48	55	62	66	49
双层钢板,分别为1.0和2.0厚,中空100,内填超细棉	27	39	43	51	58	66	70	53
1.5厚钢板和5厚纤维板复合,中空100,内填超细棉	21	37	40	51	58	64	69	52
2.5厚钢板与5厚纤维板复合,中空80,内填超细棉	20	31	43	51	57	62	65	51

从表19.2中可知,采用吸声材料与普通结构墙体做成复合墙,对于吸声和隔声都有利。

19.2 消声器

19.2.1 消声器的分类

空气动力性噪声是风机、空压机、内燃机以及各种输气管道的进气、排气过程产生的,控制这类噪声的有效方法是在这些设备的进气、排气管道或输气管道上安装消声器。消声器是一种既能允许气体通过，又能降低噪声的一种装置。

消声器是设于风道上防止噪声通过风管传播的设备。按外形上，可分为直管消声器和消声弯管两种；按消声原理，可分为阻性消声器、抗性消声器和阻抗复合式消声器 3 种。

19.2.1.1　阻性消声器

阻性消声器是一种吸收型消声器，它是把吸声材料固定在气流通过的通道内，利用声波在多孔吸声材料中传播时，因摩擦阻力和黏滞阻力将声能转化为热能，达到消声的目的。其特点是对中、高频有良好的消声性能，对低频消声性能较差。主要用于控制风机的进排气噪声、燃气轮机进气噪声等。常用的吸声材料为玻璃棉。

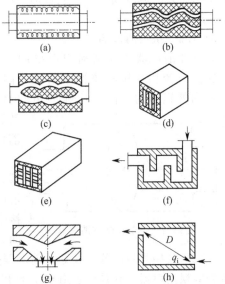

图 19.1　常见的阻性消声器形式

阻性消声器的种类繁多，一般按气流通道的几何形状而分为直管式、片式、折板式、迷宫式、蜂窝式、声流式、盘式和弯头式等，见图 19.1。

（1）单通道管式消声器　单通道置管式消声器是最简单的阻性消声器，结构形式见图 19.1(a)。即在一个直的管道内壁衬贴一层厚度均匀的多孔吸声材料。当管中传播的声波波长比管道截面尺寸大时，则管中声波为平面波。由于衬贴材料的吸声作用，声波的能量随着在管道中传播而衰减。对于管中被激发的高次波，则经多次反射后而衰减掉。

（2）片式消声器　对于大风量的消声器多采用这种消声结构。它与直管式消声器的区别在于它的通道是由多孔材料组成的吸声片构成，可等效为多个吸声管道并联，如图 19.1(d) 所示。当片式消声器每个通道的构造尺寸相同时，只要计算单个通道的消声量，即为该消声器的消声量。

吸声系数与材料的种类和厚度有关，通常取吸声片厚度为 50～100mm，片间距离（通道宽度）取 100～250mm 之间。为了增加高频的消声效果可将直通道改为曲折通道，如图 19.1(b) 所示，称之为折板式消声器，由于折板式阻力较大，一段用于高压风机或鼓风机的消声。为减小阻力，也可将折板式的折角变为平滑，如图 19.1(c) 所示，称为声流式消声器。这两种消声器是片式消声器的变形。实际设计时折角不要过大，一般小于 20°，以刚刚遮挡住视线为宜。

（3）蜂窝式消声器　这种消声器是由若干个小型直管消声器并联而成的，如图 19.1(e) 所示。因管道的周长与截面积的比值要比直管式和片式大，所以消声量较高。且由于小管的尺寸很小，使上限失效频率大大提高而改善了高频消声特性。但由于构造复杂，阻力较大，通常在风量较大、流速较低的条件下使用。

（4）室式消声器　室式消声器实际是一个在内壁面衬贴有吸声材料的小消声室，进排气管接在室的两个对角上，如图 19.1(h) 所示。这种消声器是由于截面积的两次突变引起声反射以及吸声材料对声波的吸收而起到消声作用的，其特点是消声频带较宽，消声量也较大。缺点是阻力较大、占有空间也大，一般适用于低速进、排气消声。

将若干个室式消声器串联起来，则构成"迷宫式"消声器，如图 19.1(f) 所示，其消声原理类似于单室，特点是消声频带宽，消声量较大。但阻力较大，适用于低风速条件。

（5）盘式消声器　盘式消声器是在装置消声器的空间尺寸受到限制时使用的，如图 19.1

(g) 所示。其外形呈圆盘状，使消声器的轴向长度和体积大为缩减。因消声通道截面是渐变的，气流速度也随之变化，阻力比较小。还因进气和出气方向互相垂直，使声波发生弯折而提高了中高频的消声效果。一般轴向长度不超过 50cm，插入损失约 10～15dB，适用风速以不大于 16m/s 为宜。

19.2.1.2　抗性消声器

抗性消声器主要是利用声抗的大小来消声。它不使用吸声材料，而是利用管道截面的突变或旁接共振腔使管道系统的阻抗失配，产生声波的反射、干涉现象从而降低由消声器向外辐射的声能，达到消声的目的。抗性消声器的选择性较强，适用于窄带噪声和低、中频噪声的控制，常用的有扩张室消声器和共振腔消声器两大类。

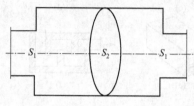

图 19.2　单节扩张室消声器

（1）扩张室消声器　扩张室消声器也称为膨胀室消声器，它是由管和室组成的，其最基本的形式是单节扩张室消声器，见图 19.2。因此，其消声量取决于空腔截面积与接管的截面积之比，一般来说，此比值宜控制在 4～15 之间。由此可见，扩张室消声器外形尺寸通常是比较大的。

（2）共振式消声器　共振式消声器是利用共振吸声原理进行消声的。最简单的结构形式是单腔共振消声器，它是由管道壁上的开孔与外侧密闭空腔相通而构成的，见图 19.3。共振消声器实质上是共振吸声结构的一种应用，其基本原理基于亥姆霍兹共振器。管壁小孔中的空气柱类似活塞，具有一定的声质量，密闭空腔类似于空气弹簧，具有一定的声顺，二者组成一个共振系统。出声波传至颈口时，在声压作用下空气柱便会产生振动，振动时的摩擦阻尼使一部分声能转换为热能耗散掉。同时，由于声阻抗的突变，一部分声能将反射回声源。当声波频率与共振腔固有频率相同时，便产生共振，空气柱振动速度达到最大值，此时消耗的声能最多，消声量也就最大。

典型的共振式消声器是微穿孔板式消声器。其结构特点是在消声器气流通道的内侧壁上开有若干微小孔，与消声器外壳组成一个密闭空间，通过适当的开孔率及孔径的控制，使声源波频率与消声器固有频率相等或接近，从而产生共振以消除声能。

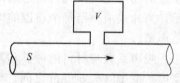

图 19.3　单腔共振消声器

微穿孔板消声器空气阻力较小，适用频率较宽，尤其是低频效果较好，是一种较为优良的消声设备，但其缺点是尺寸相对较大。因此，它主要适用对于低频消声有明显要求的场所。

19.2.1.3　阻抗复合式消声器

如前所述，阻性消声器适用于中、高频噪声，抗性消声器适用于低、中频噪声。为了使整个频程范围内消声器都具有较好的消声特性，目前应用比较多的是阻抗复合式消声器。一方面，它通过内部的吸声材料吸收中、高频声波；另一方面，通过一定的开孔率及孔径来使其低、中频的插入损失较大。同样尺寸的该型消声器，从高频来看，它不如阻性，从低频来看，它不如抗性，因此它只是在两者之间求得一种综合平衡结果。常用的形式有：阻性-扩张室复合式，见图 19.4(a)、图 19.4(b)；阻性-共振腔复合式，见图 19.4(c)；阻性-扩张室-共振腔复合式，见图 19.4(d)。

19.2.1.4　消声弯头

从工作原理上看，消声弯头也有阻性和抗性两种，但由于其尺寸较小，无法按阻抗复合式的方式制作。因此，采用消声弯头时，应注意其消声特性，有时用不同原理的消声弯头联合使

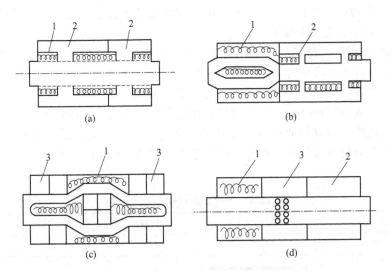

图 19.4　几种阻抗复合式消声器示意图

1—阻性；2—扩张室；3—共振腔

用会取得更好的效果。

　　消声弯头的尺寸小，使用方便，消声量也比较理想。一般来说，两个消声弯头的消声量可相当于（甚至大于）同接管尺寸的一个 1m 长的消声器的消声量。

　　图 19.5 是一种常见消声弯头的示意图。

19.2.2　消声器的设计

　　由于篇幅限制，下面仅介绍两种典型消声器的设计。

19.2.2.1　阻性消声器的设计

　　阻性消声器的消声性能取决于消声器的有效长度、气流通道的断面尺寸、通过气流的速度以及多孔吸声材料的种类、吸声层敷设厚度和吸声材料表面栏护结构等。

　　(1) 消声量　直管式消声器的消声量由管道的有效长度、断面尺寸和吸声材料的性能决定。

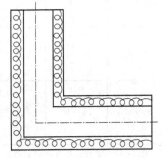

图 19.5　消声弯头示意图

　　对于矩形截面的直管，有

$$L_A = 1.1 \varphi(\alpha_0) \frac{P}{S} L \tag{19-2}$$

　　对圆形截面的直管，有

$$L_A = 4.4 \varphi(\alpha_0) \frac{P}{S} L = 4.4 \varphi(\alpha_0) \frac{L}{D} \tag{19-3}$$

式中，L_A 为直管式消声器的消声量，dB；α_0 为吸声材料的正入射吸声系数；$\varphi(\alpha_0)$ 为与 α_0 有关的消声系数，见表 19.3；P 为消声器通道截面周长，m；S 为消声器通道截面面积，m^2；L 为消声器的有效长度，m；D 为消声器圆形通道的直径，m。

表 19.3　消声系数

α_0	0.1	0.2	0.3	0.4	0.5	0.6～1.0
$\varphi(\alpha_0)$	0.11	0.24	0.39	0.55	0.75	1.0～1.5

　　(2) 几何尺寸　几何尺寸是指圆形管的通道直径或矩形管的边长以及有效通道长度。通道直径或边长，一般均参照空气动力设备的进、排气口大小确定，通道直径一般不宜大于 30cm。

长度一般控制在 1~2m。若消声量要求较高时，可采取几节分段设置。每节的长度一般为 1~2m，以便加工、运输、安装和维护。

（3）吸声材料与吸声层厚度 选用多孔吸声材料时，应根据噪声的频谱特性和消声要求，尽量选用吸声系数较大的吸声材料。同时还应根据气流的物理、化学性质，注意吸声材料在防潮、防腐、耐温等方面的性能。吸声层的厚度一般为 5~15cm。

（4）吸声材料表面栏护结构 吸声材料表面的栏护结构是为了固定吸声材料，并使之不被气流冲刷流失。栏护结构应与通道内气流的速度相适应。不同流速适用的栏护结构可参考表 19.4。如选用穿孔金属板为栏护，则金属板的厚度一般为 1~2mm，孔径为 5~8mm，穿孔率大于 20%。

表 19.4 不同护面结构的适宜风速

允许风速[①]/(m/s)		构造及说明	
平行	垂直	构 造	说 明
<6	<4		无防护层的吸声材料
6~10	1~7		用玻璃布、塑料或金属网防护
10~22	7~15		用穿孔金属板护面，穿孔率大于 20%
22~33	15~21		用金属穿孔板加玻璃布护面
30~63	21~40		用穿孔金属板、金属网及玻璃布护面

① 平行、垂直是指气流对材料表面的流向。

（5）消声器外壳 消声器外壳一般选用金属板材，其厚度为 2~3mm。

19.2.2.2 抗性消声器的设计

抗性消声器也称扩张式消声器或膨胀式消声器。它的基本结构是由扩张室和连接管串联而成。当声波通过这种管道时，由于管道截面突变（扩张或收缩）使沿管道传递的某些特定频段的声波反射回声源，降低声能的输出，从而达到消声的目的。其消声作用就像交流电路中的滤波器，故称为抗性消声器。抗性消声器适用于降低以中、低频噪声为主的气流噪声。

（1）消声量 单扩张室消声器的消声量为：

$$L_{TL}=10\lg\left[1+\frac{1}{4}\left(m-\frac{1}{m}\right)^2(\sin\kappa l)^2\right] \tag{19-4}$$

式中，L_{TL} 为消声量，dB；m 为扩张比，$m=\dfrac{S_2}{S_1}$，S_1 为连接管截面积，m^2，S_2 为扩张室截面积；κ 为圆波数，$\kappa=\dfrac{2\pi f}{C}$，C 为声速，m/s；l 为扩张室长度，m。

（2）最大消声频率 由式（19-4）可知，单管扩张式消声器的消声量是 κl 的周期函数，消声量具有最大值时的频率称为最大消声频率。最大消声频率与扩张室长度间的关系是：

$$f_{\max} = (2n+1)\frac{C}{4l} \tag{19-5}$$

式中，n 为整数。

（3）通过频率　消声量为零时的频率称为"通过频率"。通过频率与扩张室长度间的关系为：

$$f_{\min} = n\frac{C}{\alpha l} \tag{19-6}$$

（4）上限失效频率　上限失效频率也称"高频失效"频率，可由下式计算：

$$f_s = 1.22\frac{C}{D} \tag{19-7}$$

（5）下限失效频率　当声波频率较低时，声波波长比扩张室尺寸大很多，扩张室本身相当于一个低通滤波器，因此会影响消声器的有效低频消声范围，使消声量明显下降。消声量明显下降时的频率称为下限失效频率，下限失效频率可由下式计算：

$$f_x = \frac{C}{\pi}\sqrt{\frac{S_1}{Vl}} \tag{19-8}$$

式中，V 为扩张室体积，m^3。

单管扩张室消声器的有效消声频率范围介于 f_s 和 f_x 之间。

（6）扩张比的确定　设计时应根据消声量的大小，合理选择扩张比，一般对于气流流量较大的管道取 4～6，气流量中等管道取 6～8；气流量较小的管道取 8～15；最大不宜超过 20。

（7）扩张室长度的确定　合理确定扩张室的长度，应综合考虑最大消声频率、上下限失效频率和"通过频率"等各种因素的影响，尽量使噪声的主频段落在消声器的最大消声频率范围内。

（8）改善抗性消声器消声性能的措施　改善消声性能的措施主要有 4 条。

① 把扩张室的入口管和出口管分别插入扩张室，当插入部分的长度等于扩张室长度的 1/2 时，可消去式(19-6)中 n 为奇数时的通过频率；当插入部分的长度等于扩张室长度的 1/4 时，可消去式(19-6)中 n 为偶数的通过频率。在实际应用中，应将两者结合起来，以扩大消声频率范围。

② 将多节长度不同的扩张室串联起来使用，由于各节长度不一样，可使通过频率错开。

③ 将多节扩张室的插入管错开放置，能有效地改善对高频噪声的消声性能。但此时阻力会增加。

④ 将插入到扩张室内的内管不连续部分用穿孔率高于 25% 的开孔外管连接起来，既可减少截面突变处的局部阻力，又不影响原有的消声性能。

思　考　题

1. 某风机的风量为 $2100m^3/h$，进气口直径为 200mm。风机开动时测得噪声的频谱见下表，试设计一阻性消声器，消除进气噪声，使之符合国家标准要求。

中心频率/Hz	63	125	250	500	1000	2000	4000	8000
频带声压级/dB	105	110	101	93	94	85	84	80

2. 某气流噪声在 125Hz 处有一明显的峰值，排气管直径为 150mm，长 1m，试设计一单扩张室消声器，要求在 125Hz 处有 14dB 的消产量。

3. 选用同一种吸声材料衬贴的消声管道，管道截面积为 2000cm²，当截面形状分别为圆形、正方形和 1∶5 及 2∶3 两种矩形时，试问哪种截面形状的声音衰减量大？哪一种最小？两者相差多少？

4. 降低放空排气噪声通常可采取哪些措施？并简单说明其降噪原理。

第六篇

环境工程经济技术分析

20 环境工程项目概预算

20.1 建设项目概预算的概念及划分

20.1.1 建设项目概预算的概念

建设工程设计概算与施工图预算，是在进行工程建设程序中制定的，根据不同阶段设计文件的具体内容和国家规定的定额、指标及各项取费标准，预先计算和确定每项新建、扩建和重建工程所需要的全部投资文件。它是建设项目在不同阶段经济上的反映，是按照国家规定的特定计划程序，预先计算和确定建设项目工程价格的计划性文件。

建筑及设备安装工程概算与预算是建设项目概算与预算文件的内容之一。也是根据不同阶段设计文件的具体内容和国家规定的定额、指标及各项费用取费标准，预先计算和确定建设项目投资额中建筑安装工程部分所需要的全部投资额的文件。

概预算所确定的每一个建设项目、单项工程或其中单位工程的投资额，实际上就是相应工程的计划价格。

20.1.2 建设项目划分

建设项目按照它的组成内容不同，从大到小可以划分为单项工程、单位工程、分部工程和分项工程等项目。

(1) 建设项目　建设项目一般指具有设计任务书，按一个总体设计进行施工，经济上独立核算，行政上具有独立组织形式的建设单位。它是一个或几个单项工程组成的，如一个污水处理厂、垃圾焚烧厂等。

(2) 单项工程　单项工程一般是在一个建设项目中，具有独立设计文件，单独编制综合预算，竣工后可以独立发挥生产能力或效益的工程。它是建设项目的组成部分。一个建设项目可以包括多个工程项目，也可以只有一个工程项目。单项工程是具有独立存在意义的一个完整工程。

(3) 单位工程　单位工程是单项工程的组成部分，通常是指具有独立设计的施工图和单独编制的施工图预算，可以独立组织施工和单独作为计算成本的对象，但建成后一般不能单独进行生产或发挥效益的工程。

(4) 分部工程　分部工程是单位工程的组成部分，一般按单位工程的各个部位、构件性质、使用的材料、工种或设备种类和施工方法不同而划分，如建筑工程预算定额中分为土石方工程、桩基工程、砖石工程、脚手架工程等。

(5) 分项工程　在每一个分部工程中，因为构造、使用材料规格或施工方法等的不同，完成同一个计量单位的工程所需要消耗的工、料和机械台班数量及其价值的差别很大，所以还需把分部工程进一步分为分项工程。分项工程是单项工程组成部分中最基本的构成要素，一般没有独立存在的意义。

20.2 建设项目概预算的分类及作用

根据我国的设计和概预算文件编制及管理方法，对建设工程规定：采用两阶段设计的项目，在初步设计阶段必须编制总概算，在施工图设计阶段必须编制施工图预算；采用三阶段设计的项目，在技术设计阶段必须编制修正总概算；在基本建设全过程中，根据基本建设程序的要求和国家有关文件规定，除编制建设预算文件外，在其他建设阶段还必须编制以设计概预算为基础的其他有关经济文件。

(1) 投资估算　一般是指在建设项目前期工作阶段，建设单位向国家申请拟建设项目或国家对拟建设项目进行决策时，确定建设项目在规划、项目建议书、设计任务书等不同阶段的相应投资总额而编制的经济文件。

国家对任何一个拟建项目都要通过全面的可行性论证后才能决定其是否正式立项。在可行性论证过程中，除考虑国家经济发展上的需要和技术上的可行性外，还要考虑经济上的合理性。投资估算是在设计前期各阶段的工作中论证拟建项目经济上是否合理的重要文件。

(2) 设计概算　设计概算是指在初步设计或扩大初步设计阶段，根据设计要求对工程造价进行的概略计算，它是设计文件的组成部分。

(3) 修正概算　采用三阶段设计形式时，在技术设计阶段，随着设计内容的深入化，可能会发现建设规模、结构性质、设备类型和数量等内容与初步设计内容相比有出入。为此，设计单位根据技术图纸、概算指标或概算定额、各项费用取费标准、建设地点的技术经济条件和设备预算价格等资料，对初步设计总概算进行修正而形成修正概算。

(4) 施工图预算　在施工图设计阶段，在工程设计完成后、单位工程开工前，施工单位根据施工图纸计算工程量，对施工进行设计，同时根据国家规定的现行工程预算定额、单位估价表、各项费用取费标准、建筑材料预算价格及建设地区的自然条件、技术经济条件等资料，进行计算和确定单位工程的建设费用，形成施工图预算。

(5) 施工预算　施工阶段在施工图预算的控制下，施工单位根据由施工图计算的分项施工定额、单位工程施工的组织设计或分部（项）工程施工的过程设计及降低工程成本的技术组织措施等资料，通过工程分析，计算和确定完成一个单项工程或其中的分部（项）工程所需的人工、材料和机械台班消耗量及相应的费用，形成施工预算。

(6) 工程决算　一个单项工程、单位工程、分部工程或分项工程完工并经建设单位及有关部门验收后，施工单位根据施工过程中现场实际情况记录、设计变更通知书、现场工程更改签证、预算定额、材料预算价格和各项费用标准等资料，在概算的范围内和施工图预算的基础上，按照规定编制向建设单位办理结算工程款，取得收入，用以补偿施工工程中的资金消耗，确定施工盈亏形成的文件即为工程决算。

(7) 竣工决算　竣工决算是指在竣工验收阶段由建设单位编制的建设工程项目从筹建到建成投产或使用的全部实际成本的技术文件。它是建设投资管理的重要环节，是竣工验收、交付使用的重要依据，也是工程建设的财务总结和银行对其实行监督的必要手段。

20.3　建设项目造价

20.3.1　建设项目造价的构成

工程建设项目造价是设计概算的重要指标体系之一。根据费用的性质，工程建设项目的造价除了建筑安装工程费用外；还包括设备、工器具和生产用具的购置费用；工程建设其他费用；预备费和固定资产投资方向调节税等。

(1) 建筑安装工程费用　建筑工程的费用包括：新建、改建、扩建和恢复性的建筑物（包括各种厂房、仓库、住宅、宿舍等）的一般土建、采暖、给水排水、通风、电器照明等费用；铁路、公路、码头、各种设备的基础、工业炉砌筑等费用；电力和通信设备的铺设；工业管道的工程费用；各种水利工程和其他特殊工程的费用等。

设备安装工程的费用包括：各种需要安装的设备的装配、装置工程和附属设施、管线的敷设工程（包括绝缘、油漆、保温）的费用；鉴定工程质量所需的费用；对单个设备的试车、修配和整理工作的费用等。

（2）设备、工器具、生产用家具的费用　设备购置费用是指为购置设计所确定的各种机械和电气设备的全部费用，包括设备的出厂费、运输费和采购保管费等。

工具、器具和生产上所用家具的购置费是指购置生产、实验室的经营管理或生活需要的达到固定资产水平的各种工具、器具、及用具和家具的费用。

（3）工程建设其他费用　工程建设其他费用是指上述费用之外、根据国家规定应在建设投资中支付、并列入建设项目总概算或工程项目综合概（预）算的一些费用。如土地、青苗等补偿费和安置补助费、建设单位管理费、研究试验费、培训费、办公和生活家具购置费、联合试运转费、勘察设计费、供电补贴费和施工机构迁移费等。

（4）不可预见费　指在初步设计和概算中难以预料的工程和费用，其中包括按施工图预算加系数包干的预算包干的费用。不可预见费的主要用途是：

① 在进行技术设计、施工图设计和施工过程中，在批准的初步设计范围内所增加的工程和费用。

② 设备、材料结构和工资单价的价差，但不包括由于管理不善而造成的价差。

③ 由于一般自然灾害（如地震、洪水等）所造成的损失和预防自然灾害所采取的措施的费用。

④ 由于社会因素（如社会动乱等）所造成损失而采取补救措施的费用。

⑤ 在上级主管部门组织竣工验收时，验收委员会为鉴定工程质量而必须开挖和修复隐蔽工程的费用。

不可预见费不能用于因为施工质量不合设计要求而返工的费用。

不可预见费根据各单项工程概算和其他工程费用概算（不包括本项费用）之和，按照主管部门规定的不可预见费费率提取。

（5）固定资产投资方向调节税　固定资产投资方向调节税为引导实现合理的产业结构而设立的。税率按国家有关规定执行。

20.3.2　建设项目造价的编制

建设项目造价的编制，应按国家和地方各级主管部门颁发的定额等有关文件规定的程序进行。我国现行的工程建设各项费用的计算方法如表 20.1 所示。

表 20.1 中所列的各种取费的费率，由国家和地方主管部门制定。但是由于各个地方的经济发展的不平衡性，由于不同时期各种经济因素会有不同程度的变化，因此，不同地方的上述费率会有一定的差异；不同时期也要进行小幅的调整。表 20.2 为辽宁省和沈阳市建设工程部分项目的取费标准。

表 20.1　工程建设各项费用的计算方法

项　目	费　用　项　目	参　考　计　算　方　法
建筑安装工程费用（一）	直接工程费	Σ(实物工程量×概预算基价+其他直接费)
	间接费	（直接工程费×取费定额）或（人工费×取费定额）
	计划利润	（直接工程费+间接费）×计划利润率，或（人工费×计划利润率）
	税金	（直接工程费+间接费+计划利润）×规定的税率

续表

项　目	费　用　项　目	参　考　计　算　方　法
设备、工器具购置费（二）	设备购置费（包括备品备件）	设备原价×（1＋设备运杂费率），设备运杂费率包括设备制造公司的成套服务费
	工器具及生产家具购置费	设备购置费×费率，或按规定的金额计算
工程建设其他费用（三）	土地使用费	按有关规定计算
	建设单位管理费	［（一）＋（二）］×费率，或按规定的金额计算
	研究试验费	按批准的计划编制
	生产准备费	按有关定额计算
	办公和生活家具购置费	按有关定额计算
	联合试运转费	［（一）＋（二）］×费率，或按规定的金额计算
	勘察设计费	按有关规定计算
	引进技术和设备进口项目的其他费用	同上
	供电贴费	
	施工机构迁移费	同上
	临时设施费	同上
	工程监理费	同上
	工程保险费	同上
	财务费用（建设期贷款利息）	同上
	经营项目铺底流动资金	同上
预备费（四）	预备费	［（一）＋（二）＋（三）］×费率
	其中：价差预备费	按规定计算
固定资产投资方向调节税（五）	固定资产投资方向调节税	Σ［各工程项目费用（不包括贷款利息）×规定税率］

表20.2　其他直接费、间接费和其他取费的取费标准

代　号	费　用　项　目		计算公式	工程类别费率/%			
				一	二	三	四
A	直接费（分项工程合计）						
1	其他直接费	冬雨费及其他	A×费率	1.300	1.200	1.100	0.800
2		其他	A×费率	1.600	1.500	1.200	1.000
3	现场经费		A×费率	3.500	3.400	2.900	2.400
4	间接费及其他	间接费	A×费率	4.400	4.200	3.600	3.000
5		劳动保险费	A×费率	0.000	0.000	0.000	0.000
6		贷款利息	A×费率	1.030	0.690	0.000	0.000
7		生活补贴	A×费率	1.260	0.370	0.370	0.370
8		计划利润及装备费	A×费率	8.000	6.000	4.000	3.000
9		材料价差	A×费率	0.000	0.000	0.000	0.000
10		土地税、印花税	A×费率	0.400	0.300	0.200	0.200
11		构件增值税	构件直接费×费率	6.960	6.960	6.960	6.960
12		税金（A＋1＋2＋…）×费率		3.413	3.413	3.413	3.413
13		价格风险	A×费率	0.000	0.000	0.000	0.000
B	工程造价			A＝1＋2＋3＋…＋13			

20.4 建设项目设计概算的编制

20.4.1 编制投资概算的依据

编制投资概算时，要严格遵守国家的相关法律、法规，要如实反应工程内容和当时当地的价格水平，要提倡勤俭节约、反对铺张浪费。

编制投资概算的依据如下所述。

（1）经批准的工程项目计划任务书 工程项目计划任务书由国家或地方计划或建设主管部门批准，是确定基本建设项目，编制设计文件的主要依据。所有的新建、改建、扩建项目，都要由主管部门组织计划、设计等单位提前编制计划任务书。其内容随建设项目的性质而异。一般包括建设目的和根据；建设规模、产品方案、生产方法和工艺原则；矿产资源、水文、地质条件和原材料、燃料、动力、供水、运输等协作条件；资源综合利用和环境保护的要求；建设布局、建设内容、建设进度、建设投资；劳动定员控制数；要求的达到的技术水平和经济效益等。

（2）初步设计或扩大的初步设计图纸和说明书 认真研究初步设计的图纸和说明书，才能详细了解设计内容和相关要求，才能比较准确地估算出主要的工程量，这些是编制设计概算的基础资料。

（3）概算指标、概算定额或综合预算定额 概算指标、概算定额或综合预算定额是由国家或地方建设主管部门（如省定额站）编制、颁发的，是计算价格的依据。上述指标或定额文件不能满足需要时，可参考预算定额或其他有关资料。

（4）设备价格资料 各种定型设备（如各种用途的泵、空压机、蒸汽锅炉等）的价格均按照国家有关部门规定的现行出厂价计算，非标准设备则以制造厂家的报价为依据。此外，还应该具备供销部门的手续费、包装费、运输费和采购保管费用资料。

（5）地区材料价格。

（6）有关取费标准和费用定额。

（7）所签订的有关合同、协议。

20.4.2 编制设计概算的准备工作

在编制设计概算之前，做好充分的准备工作是十分重要的。这些准备工作包括：

（1）深入现场，调查研究，掌握第一手资料，如了解特殊材料的价格（如土地价格、拆迁费等）以及材料的外部条件等。对新设备、新材料、新技术和非标准设备的价格更要查清、落实。

（2）根据设计要求、总体布置图和全部工程项目一览表等资料，对工程项目的内容、性质、建设单位的要求、建设地区的施工条件等，作一概括性的了解。

（3）在掌握和了解上述资料与情况的基础上，拟出编制设计概算的提纲，明确概算编制工作的主要内容、重点、步骤和审核方法。

（4）根据已拟定的概算编制工作提纲，合理选用编制依据、明确取费标准。

20.4.3 单位工程设计概算的编制方法

按照我国的现行做法，一个建设项目的概算叫做总概算；一个单项工程的概算叫综合概算；一个单位工程的概算称之为单位工程概算。通常，总概算是由一个或几个综合概算和其他工程费用概算所组成；而单项工程综合概算是根据各单位工程概算汇总而成的。

单位工程概算是初步设计文件的重要组成部分，设计单位在进行初步设计时，必须同时编制出建筑工程设计概算。

一般情况下，施工图预算造价不允许超过设计概算的造价，实质上设计概算起到了控制施工图预算的作用。所以，单位建筑、安装工程概算的编制，既要保证它的及时性，又要突出它的准确性。

单位工程的设计概算，一般有四种编制方法：①根据概算指标进行编制；②以概算定额为编制依据；③用预算定额来编制设计概算；④根据综合预算定额来进行编制。对于小型工程可以按概算定额进行编制；而对于实行招标的大型工程，通常应按照综合预算定额进行编制。

20.4.3.1　利用概算指标编制设计概算

（1）概算指标　概算指标通常以建筑面积为计算单位，以整幢建筑物为计算单元而确定的指标。它的数据是根据各种已经完工的建筑物的预算（或竣工决算）的资料，用该建筑物所需的各种人工费、材料费除以建筑面积得到的。

由于概算指标是以某建筑物每百平方米的价值，或工料消耗量为计算依据，因此它比概算定额（或综合概算定额）更为扩大、综合，因此其编制的程序更为简单，其精度自然要较后者为低。

（2）编制方法　如果在初步设计阶段编制设计概算，则可以根据初步设计图纸、设计说明和概算指标，按设计的要求、条件和结构特征（如结构类型、基础、内外墙、楼板、屋架、建筑外层、层数、层高、檐高、屋面、地面、门窗、建筑装饰等），查阅概算指标中的相同类型的建筑物的简要说明和结构特征，来编制设计概算。如果尚在可行性研究阶段，由于无初步设计图纸而无法计算工程量时，只要方案初具轮廓，也可用概算指标来编制设计概算。利用概算指标编制设计概算的方法常有以下两种。

① 直接套用概算指标编制概算。

如果所要编制概算的建筑物与概算指标中某建筑物相符，则可直接应用概算指标来进行计算。其方法是，利用设计工程每百平方米或每平方米的工程量乘以概算指标中的相应材料和人工数据，即可计算出该设计工程的全部概算价值和主要材料的消耗量：

每平方米建筑面积人工费=指标人工日数×地区日工资标准。

每平方米建筑面积主要材料费=∑（主要材料数量×地区材料预算价格）。

每平方米建筑面积直接费=人工费+主要材料费+其他材料费+施工机械使用费

每平方米建筑面积概算单价=直接费+间接费+材料差价+税金。

设计工程概算价值=设计工程建筑面积×每平方米建筑面积概算单价。

设计工程主要材料、人工数量=设计工程建筑面积×每平方米建筑面积主要材料、人工耗用量。

② 换算概算指标编制概算。

在实际工作中，由于建筑技术的发展，随着新结构、新技术、新材料的应用，设计的工程也在不断地更新、发展。因此有的工程不一定能够完全符合概算指标中所规定的结构特征。也就不能简单地套用类似的或最相近的概算指标。此时必须根据差别的具体情况，对其中某一项或某几项不符合概算指标中设计结构的内容，分别进行修正或者换算。经过换算过的概算指标才可使用。换算的方法如下：

单位建筑面积造价的换算概算指标=原造价概算指标单价-换出结构构件单价+换入结构构件单价。

换出（或换入）结构构件单价=换出（换入）结构构件工程量×相应的概算定额单价。

20.4.3.2　利用概算定额编制设计概算

（1）编制依据　此种方法编制的依据有：

① 初步设计或扩大的初步设计的说明书和图纸资料。

② 概算定额。

③ 概算费用指标。

④ 施工条件和施工方法。

(2) 编制方法　利用初步设计的图纸资料和说明书准确确定某一分部分项工程中每一个小项（如墙体工程是分部分项工程，而内墙、外墙、山墙、女儿墙、空斗墙、空花墙、弧形砖墙、空心砖墙、多孔砖墙等是小项工程）的工程量，再乘以相应的概算定额单价（对于墙体工程，即每平方米工程量的人工费、材料费、机械费），即可获得该小项的所耗费的相应费用。

利用概算定额编制设计概算的具体步骤如下：

① 熟悉设计图纸，了解设计意图、施工条件和施工方法。

由于初步设计的图纸比较粗略，一些结构构造表示得不十分详尽，只有很好地熟悉结构方案和设计意图，才能准确地计算出工程量。同样，如果不了解地质情况、土壤类别、挖土方法、余土外运等施工条件和施工方法，同样也会降低设计概算的准确性。

② 列出单位工程设计图中各分部分项的工程项目，并计算其工程量。

工程量的计算应该按照定额手册中规定的计算规则进行。所有的各分项工程量要按概算定额编号顺序填入工程概算表内。

③ 确定各分部分项工程项目的概算定额单价。

按照工程概算表中分部分项工程项目的顺序，逐项确定概算定额定价。当要计算的分部分项工程项目名称、内容与采用的概算定额手册中相应的项目完全一致时，即可直接套用概算定额进行计算。如果两者有某些不相符之处，则须按规定的方法对定额进行换算后，此定额才可使用。将所确定的相应定额单价和人工材料消耗指标分别填入工程概算表和工料分析表中。

④ 计算各分部分项工程的直接费和总直接费。

将已计算出的各分部分项工程的工程量与定额手册查得的相应的定额单价和单位人工、材料消耗指标分别相乘，即可得到各分部分项工程的直接费和人工、材料消耗费。总直接费和总的人工、材料消耗由各分项数据汇总而得。

以上计得的直接费数据可取整数。如果有某地区的人工、材料的差价调整指标，计算直接费时，还应按规定的调整系数进行调整。

⑤ 计算间接费用和税金。

根据总直接费和各项施工取费标准，分别计算间接费和税金。

⑥ 计算设计费。

设计费有两种取费方法。一种方法是用建筑面积乘以设计费收费定额（见表20.3）；另一种计算方法是按概算投资为基础取费（见表20.4）。

⑦ 计算不可预见费。

一般以直接费、间接费、税金和设计费的总和乘以5％的费率计算不可预见费。

⑧ 计算单位工程概算总价格

$$单位工程总价格＝直接费＋间接费＋税金＋设计费＋不可预见费$$

⑨ 计算单位建筑面积造价

$$每平方米建筑面积概算造价＝概算总造价/建筑面积$$

⑩ 概算工料分析。

对主要工种人工和主要建筑材料进行分析，计算出其总耗用量。

最后一项工作是编写概算编制说明。

表 20.3 民用建筑设计收费标准　　　　　　　　　　单位：元/m²

工程等级	集中采暖	集中空调	500以下	501~1000	1001~2000	2001~3000	3001~5000	5001~10000	10001~30000	30000以上
特	无	有					25.20	23.80	22.40	21.00
	有	有					26.74	25.34	23.94	22.54
1	无	有				18.20	16.80	15.54	14.84	14.14
	有	有				20.18	17.78	16.38	15.68	14.98
2	无	无			11.20	10.36	9.52	9.24	8.96	
	有	无			11.90	11.60	10.22	9.94	9.66	
	有	有			13.30	12.46	11.62	11.34	11.06	
3	无	无			6.30	6.16	6.09	6.02		
	有	无			6.79	6.58	6.51	6.44		
	有	有			7.84	7.56	7.49	7.42		
4	无	无	3.92	3.50	3.22	3.15				
	有	无	4.20	3.78	3.50	3.43				
5	无	无	2.10	1.68	1.61	1.54				
	有	无	2.38	1.96	1.89	1.82				

表 20.4 民用建筑工程设计费收费标准　　　　　　　　单位：%

工程等级	300以下	301~1000	1001~3000	3000以上
1	2.0	1.9	1.8	1.7
2	1.8	1.7	1.6	1.5
3	1.6	1.5	1.4	1.3
4	1.4	1.3	1.2	
5	1.2	1.1		

表头：工程概算投资额/万元

20.4.3.3 利用预算定额编制概算

（1）编制依据

① 初步设计或扩大的初步设计的图纸资料及说明书。

② 建筑工程预算定额。

③ 地区单位估价表和地区材料价格。

④ 有关其他费用指标。

（2）编制步骤

① 熟悉图纸及预算定额。

② 列出各主要分项工程项目。

根据初步设计图纸和预算定额，按照设计的内容和要求，依照预算定额中分部分项顺序，列出主要分项工程项目；次要的零星小项目，则可合并归到"其他零星工程"项目内，如台阶、散水、雨篷、小型抹灰、局部装修、零星砖砌等。

③ 计算各主要分项工程的工作量。

按预算定额的工作量计算规则进行。

④ 计算各主要分项工程的直接费和总直接费。

按所列的主要分项工程项目套用预算定额或单位估价表中的相应项目的单价，计算出各分项工程的直接费，其和即为主要分项工程总直接费。

⑤ 计算材料差价。

材料差价是指市场材料价格与定额所规定的或采用的材料价格之差。其方法有二：一是单项材料差价调整法，即对分项工程项目进行分析，将分析出的材料数量乘以该项材料的差价，相加汇总后即得总材料价差；二是价差系数调整法，即根据已规定的材料价差系数乘以直接费即得。

⑥ 计算其他零星工程的直接费。

将已算出的主要分项工程总直接费乘以一个适当的系数即可。零星工程系数应根据零星工程所及范围确定，一般为 5%～10%。

⑦ 计算定额幅度差。

预留一定幅度差的目的是使根据预算定额编制的设计概算能起到控制施工图预算的作用。幅度差的标准，要根据国家有关规定和各地区具体情况确定，一般控制在 5% 以内。

⑧ 计算单位建筑工程直接费。

单位建筑工程直接费＝主要分项工程总直接费＋材料价差直接费＋其他零星工程直接费＋定额幅度差

⑨计算间接费和税金。

计算方法和利用概算定额编制设计概算的方法相同。

⑩ 计算单位建筑工程总造价和技术经济指标。

计算方法和利用定额编制设计概算的方法相同。

20.4.4　利用综合预算定额编制设计概算

综合预算定额是在预算定额的基础上，以其主体项目为主，综合其有关项目进行编制的，并补充了一些必要的项目。因此它是预算定额的扩大与综合，是属于概算定额性质的。具体的编制方法与利用概算定额编制设计概算的方法相似。

思　考　题

1. 简述建设项目概预算的概念。
2. 工程建设项目可以划分为哪些？
3. 建设项目概预算的作用是什么？
4. 建设项目的造价由哪几部分构成？
5. 编制投资概算的依据包括哪些？
6. 如何编制建设项目设计概算？

21 环境工程项目技术经济分析

21.1 编制技术经济部分的目的、范围和内容

编制技术经济部分的目的在于：将所设计的工业企业的技术经济指标和已设计的或生产中的类似的企业的技术经济指标进行比较，以便判定所作的设计是否合理和先进，帮助设计者发现和改进设计中存在的问题；并对企业投产后的生产、经营管理提供重要的参考依据。技术经济部分的内容包括：①总论；②基本建设投资；③职工定员、工资和劳动生产率；④生产成本；⑤设计企业的技术经济指标。

在总论中，应概述设计的依据及设计的范围，前者包括经批准的设计任务书，厂（场）址的选择报告，可行性研究，地形测量和工程地质、水文地质资料，环境标准和各种其他标准等；后者包括各主要的车间或生产设施、辅助设施、公用设施和生活福利设施等。还需有厂（场）址及建厂（场）地区的简介，企业的生产任务、生产能力及产品种类，原材料和水、电的来源及供应，主要生产设备、生产方法、生产指标及车间的组成等内容。

在基本建设投资部分，要列出基本建设的总投资额，按单位产品产量的投资额，此外，还需要列出按概（预）算项目计的投资分配情况，可用列表方式表示。

第三部分要列出设计企业的职工定员，年平均工资及工资总额，劳动生产率。

职工定员按在册人数计算，在册人数为出勤人数与在册系数的乘积。而在册系数＝全年日历日数/每个职工全年实际出勤日数（全年的实际出勤日数要扣除节、假日天数，可能的病、事假天数，此值对于不同的工作岗位略有差别）。通常职工可分为：工人、工程技术人员、职员和勤杂人员四类。

劳动生产率可按物料的处理量或产品的产量计算。如垃圾填埋场可以用处理的垃圾数量来计算。

第四部分阐述生产成本的计算方法，并把计算的结果填入相应的表格。

最后一部分列出所设计的企业的主要技术经济指标，并将这些指标和类似企业的指标进行比较。

21.2 编制技术经济部分所需的原始资料

编制设计的技术经济部分所用的资料有：设计用的原始资料；在生产运行过程中所需要消耗的材料、燃料、水、电等的价值；有关的定额资料。

设计的主要生产环节需要提供下列资料：企业的生产年度平衡表，表中载明产品的产量和有关的质量指标或者物料的处理能力；生产过程中主要材料的消耗定额；生产用燃料的消耗定额；工厂和主要车间的年工作制度和日工作制度；按各车间和其他工作单位划分的工人、工程技术人员、职员和勤杂人员的定员一览表。

电力部分需要提供的资料为：设备总安装功率；各车间各科室每年和每日的动力用电量；照明用电量；电路和变压器中的电能损失。

卫生技术部分需要提供的资料有：生产用水的年耗量；各生活用水的年耗量；各作业生产

用燃料的年耗量；采暖用燃料的年耗量。

预算部分需要提供下列资料：各个工程和各项费用的综合概（预）算书；综合概（预）算书。

编制技术经济部分所需要的定额资料有：工资等级鉴定表；由于劳动条件有害健康、需要额外休假的职业一览表；与劳动报酬有关的其他定额；固定资产折旧率；构筑物和设备的小修费用定额；润滑材料和擦洗材料平均消耗定额，低值器具、用具和附件偿还费用平均定额，电力网及卫生技术设备维修费平均定额（均以设备费的百分数计算）；劳动保护费平均定额，劳动环境清洁保持费平均定额，出差费、办公费及邮电费的平均定额（均以年工资总额的百分数计算）。

21.3　生产成本的计算方法

生产成本是设计的一项重要的技术经济指标，它综合地反映出设计中各项技术经济指标的关系，是产品市场竞争力的最为重要的参数之一，可用它对整个设计的经济效果作出评价。

设计的生产成本主要包括：

① 主要的原、材料费；

② 运输费；

③ 生产的燃料费用；

④ 动力用电费（不包括照明用电）；

⑤ 生产用水费；

⑥ 生产工人工资，生产工人的附加工资；

⑦ 固定资产（设备和建筑物）的折旧费；

⑧ 固定资产维护和经常维修费；

⑨ 车间经费。

车间经费包括：车间工作人员工资；车间工作人员附加工资；劳动保护费；车间采暖、照明、用水费；办公费；各类奖金（如超产奖、合理化建议奖等）；研究、试验和技术组织措施费；保险费；工厂的实验室、化验室、生活福利室等的固定资产维修费；其他费用。

21.4　环保设备应用技术经济分析

21.4.1　环保设备的技术经济指标

从环保设备或系统的特点出发，环保设备的技术经济指标可以分为三类：一是反映已经形成使用价值的收益类指标，二是反映已形成使用价值的消耗类指标，三是与上述两类指标相联系的反映技术经济效益的综合指标。

（1）收益类指标

① 处理能力　环保设备的处理能力指单位时间内处理"三废"物质的量，例如水处理设备的流量大小、除尘设备的风量大小等。

② 处理效率　环保设备的处理效率指通过处理后的污染物去除率。

③ 设备运行寿命　环保设备的运行寿命指既能保证环境治理质量，又能符合经济运行要求的环保设备运行寿命，实际上代表了环保设备的投资有效期。

④ "三废"资源化能力　"三废"资源化能力指通过处理获得的直接经济价值，如回收硫、回收贵金属、水循环、废渣制建材等。

⑤ 降低损失水平　环保设备降低损失水平是指通过环保设备对污染源进行治理后，改善了环境质量，减交或免交处理前的环境污染补偿费，或减少生产资料损失。

⑥ 非货币计量效益　非货币计量效益指通过环保设备对污染源进行治理后，产生的不能直接用货币计量的效益，如空气质量的改善、环境变得优雅舒适、社会变得更稳定等。

（2）消耗类指标

① 投资总额　投资总额是指购置和制造环保设备支出的全部费用，含购买、制作、安装等直接费用和管理费、占地费等非直接费用。

② 运行费用　运行费用是指让环保设备正常运行所需的全部费用。包括直接费用（人工、水、电、材料）和间接费用（管理、折旧等）。

③ 设备（设施）耗用时间　设备（设施）耗用时间是指环保设备（设施）从开始投资到实际运行所耗用的时间，它反映了从投资到形成使用价值的速率。

④ 有效运行时间　有效运行时间是指环保设备年实际运行时间，常用设备作业率来表示，即年实际累计运行时间与年计划运行时间的比值。

（3）综合指标

① 寿命周期费用　环保设备的寿命周期费用是指环保设备在整个寿命周期过程中所发生的全部费用。所谓寿命周期是指从研究开发开始，经过制造和长期使用直至报废或被其他设备取代为止所经历的整个时期。

② 环境效益指数　环境效益指数是反映使用环保设备后环境质量改善的综合指标。其计算公式为：

$$\text{环境效益指数} = \frac{\text{治理前后某污染物排放量之差}}{\text{该污染物的允许排放量}} \tag{21-1}$$

③ 投资回收期　投资回收期是以环保设备的净收益（包括直接和间接收益）抵偿全部投资所需要的时间，一般以年为单位，是考虑环保设备投资回收能力的重要指标。根据是否考虑货币资金的时间价值，投资回收期分为静态投资回收期和动态投资回收期。

静态投资回收期的计算公式为：

$$N_t = \frac{TI}{M} \tag{21-2}$$

式中，N_t 为静态投资回收期，a；TI 投资总额，元；M 为年平均净收益，元/a。

动态投资回收期的计算公式为：

$$N_d = \frac{\lg\left(1 - \frac{TI}{M}i\right)}{\lg(1+i)} \tag{21-3}$$

式中，N_d 为动态投资回收期，a；i 为年利率，%。

21.4.2　设计费用与设计方案成本

（1）设计费用　从环境工程项目的治理要求的提出到环保设备（或系统）设计完成，大致要经过方案论证、初步设计、施工图设计和竣工四个阶段。每个阶段又要花费一定人力、材料、实验、能源、设备和其他方面的费用。这些费用的总和称为设计费用。对环保设备设计进行技术经济分析必然涉及设计费用。一般而言，如果设计费用花的太少，就难免出现一些本该可以避免的设计缺陷，导致制造成本和使用成本上升，甚至有可能前功尽弃。当然并不是设计费用花得越多越好。对于那些指标不适当的优化设计，尽管花了较高的设计费用，也不会得到很好的设计方案。同时那种不准备进行改进设计，要求工作图一次性准确无误的想法也是不切实际的，势必拖延下达图纸进行试制的时间。一般各设计阶段花费不同，而且后一阶段都比前一阶段费用高。

设计费用由直接费用和间接费用构成。直接费用一般由编制技术文件费用、上机试验操作费用、试验研究费用和组织评价费用组成。间接费用与直接费用不同，它是指那些虽然不是直接在设计过程中所花，但主要是在设计过程中"孕育"的费用。

（2）设计方案成本 设计方案成本是指按设计方案进行设备制造所需的制造成本，包括直接材料费、直接人工费和制造费。下面介绍几种设计方案成本的计算方法。

① 系数法 系数法是根据以往研制或已经正式投产的同类产品或系列型谱中的基本型产品的费用，来估算设计方案成本的方法。又分为简单系数法和综合系数法，简单系数法是以原材料费用的构成比例为基础进行计算，其公式见式（21-4），综合系数法是综合考虑直接材料费、直接人工费和制造费的基础上进行计算，其公式见式（21-5）。

$$C_m = \frac{M_c}{f_M} \tag{21-4}$$

式中，C_m 为设计方案成本，元；M_c 为设计方案预计直接材料费，元；f_M 为直接材料费占设备成本的比例，%。

$$C_m = M_c \left(1 + \frac{f_w + f_k}{f_M}\right) \tag{21-5}$$

式中，f_w 为直接人工费占设备成本的比例，%；f_k 为制造费占设备成本的比例，%。

② 额定成本法 额定成本法的计算公式如下：

$$直接材料费 = \sum(某材料用量 \times 单价)$$

直接材料费与直接人工费之和即为设计方案成本。

21.4.3 环保设备技术经济分析

环保设备经济技术分析最主要的是进行投资分析和管理分析，以达到单位寿命周期成本创造较好的环境效益、经济效益和社会效益。

（1）环保设备投资分析 环保设备投资与生产投资不完全相同，后者的投资决策判据仅是成本与效益，前者则需综合考虑环境治理的基本要求、经济效益、环境效益等综合指标。环保设备投资分析的方法有投资回收期法、寿命周期费用法、环境效益指数-费用分析法、边际分析法等。以投资回收期为例，如果某项环保设备的投资回收期小于或等于基准投资回收期，则该方案在经济上可以接收。

（2）运行管理分析 环保设备寿命是指设备从诞生到报废的时间，分为自然寿命（物质寿命）、设备技术寿命（设备未坏，因技术落后而淘汰）及设备经济寿命（设备未坏，因经济上不合算而淘汰）。

有效利用环保设备是提高投资经济效益及环境效益的必然要求，环保设备的有效利用率最基本的表达式为：

$$\eta = \frac{T_1}{T_1 + T_2} \tag{21-6}$$

式中，η 为环保设备的有效利用率，%；T_1 为在规定时间内，环保设备在正常状态下的累计运行时间，h；T_2 为在规定时间内，环保设备停止运行的时间，h。

在环保设备运行的全过程中，应把有效利用率作为设备综合管理效果的重要指标。影响环保设备正常运行的最主要因素是可靠性和可维修性。尽管可靠性和可维修性在设计阶段就大体确定了，但加强运行管理和维修对提高环保设备的有效利用率也很重要。

思 考 题

1. 编制环境工程项目技术经济部分的目的是什么？包括哪些内容？
2. 环保设备的技术经济指标包括哪些？
3. 如何进行环保设备技术经济分析？

参 考 文 献

[1] 金毓荃，李坚，孙治荣. 环境工程设计基础. 北京：化学工业出版社，2002.
[2] 魏先勋主编. 环境工程设计手册. 长沙：湖南科学技术出版社，2002.
[3] 赵铁生编著. 工程项目管理. 天津：天津大学出版社，1998.
[4] 陆惠民，苏振民，王延树. 工程项目管理. 南京：东南大学出版社，2002.
[5] 聂永丰主编. 三废处理工程技术手册（固体废物卷）. 北京：化学工业出版社，2000.
[6] 芈振明，高爱忠，祁梦兰等. 固体废弃物的处理与处置. 北京：高等教育出版社，1993.
[7] G. Tchobanoglous, H. Theisen, S. Vigil. Integrated solid waste management-Engineering principles and management issues. 北京：清华大学出版社，2000.
[8] 陈世和，张所明. 城市垃圾堆肥原理与工艺. 上海：复旦大学出版社，1990.
[9] 姚永福. 中国沼气技术. 北京：农业出版社，1989.
[10] 郑元景，杨海林，蔺金印. 有机废料厌氧处理技术. 北京：化学工业出版社，1988.
[11] H August, U Holzlohner, T Meggyes. Advanced landfill liner systems. Thomas Telford Publishing, 1997.
[12] 徐新阳，于锋. 污水处理工程设计. 北京：化学工业出版社，2003.
[13] 于尔捷，张自杰主编. 给排水工程快速设计手册（2）排水工程. 北京：中国建筑工业出版，1996.
[14] 化学工业部环境保护设计技术中心站. 化工环境保护设计手册. 北京：化学工业出版社，1998.
[15] 高廷耀，顾国维. 水污染控制工程（下册）. 第2版. 北京：高等教育出版社，1999.
[16] 唐受印等. 废水处理工程. 北京：化学工业出版社，1998.
[17] 哈尔滨建筑工程学院主编. 排水工程. 第2版. 北京：中国建筑工业出版社，1987.
[18] 国家环境保护局科技标准司编. 城市污水处理厂设计. 北京：中国环境科学出版社，1997.
[19] 徐新阳主编. 环境保护与可持续发展. 沈阳：辽宁民族出版社，2001.
[20] 罗茜主编. 固液分离. 北京：冶金工业出版社，1997.
[21] 陈耀宗主编. 建筑给排水设计手册. 北京：中国建筑工业出版社，1992.
[22] 赵俊英. 射流溶气浮上法研究及其在水处理中的应用. 环境污染与防治，1985，2-3.
[23] 陈翼孙，胡斌. 气浮技术的研究与应用. 上海：上海科学技术出版社，1989.
[24] 潘文全编著. 工程流体力学. 北京：清华大学出版社，1988.
[25] P Aarne Vesilind, J Jeffrey Peirce, Ruth F Weiner. Environmental Engineering. 3rd. Newton, MA: Butterworth-Heinemann, 1994.
[26] 戴树桂主编. 环境化学. 北京：高等教育出版社，1997.
[27] 国家环境保护局科技标准司主编. 城市污水稳定塘处理技术指南. 北京：中国环境科学出版社，1997.
[28] 丁启圣等. 新型实用过滤技术. 北京：冶金工业出版社，2000.
[29] 曾科，卜秋平，陆少鸣主编. 污水处理厂设计与运行. 北京：化学工业出版社，2001.
[30] Clark J W, W Viessman, M J Hammer. Water supply and pollution control. 3rd. New York: Thomas Crowell, 1977.
[31] 钱易，郝吉明主编. 环境科学与工程进展. 北京：清华大学出版社，1998.
[32] 吴唯民. 厌氧上流式污泥层（UASB）反应器的设计及启动运行要点. 水处理技术，1986，3.
[33] 刘永淞. SBR法工艺特性研究. 中国给水排水，1990，6（6）.
[34] 陈翼孙，胡斌. 气浮净水技术的研究与应用. 上海：上海科学技术出版社，1989.
[35] 金儒霖等. 污泥处置. 北京：中国建筑工业出版社，1982.
[36] A W Obayaski. Anaerobic Treatment of High-Strength Wastes. Chem. Prog, 1981.

[37] 北京水环境技术与设备研究中心，北京市环境保护研究院，国家城市环境污染控制工程技术研究中心主编. 三废处理工程技术手册. 北京：化学工业出版社，2000.

[38] 金毓荃等. 环境工程设计基础. 北京：化学工业出版社，2002.

[39] 同济大学主编. 排水工程（下册）. 上海：上海科学技术出版社，1980.

[40] 张希衡主编. 废水治理工程. 北京：冶金工业出版社，1984.

[41] 顾夏声主编. 水处理工程. 北京：清华大学出版社，1985.

[42] 王彩霞主编. 城市污水处理新技术. 北京：中国建筑工业出版社，1990.

[43] 羊寿生. 曝气的理论与实践. 北京：中国建筑工业出版社，1982.

[44] 吕玉恒，王庭佛. 噪声与振动控制设备及材料选用手册. 北京：机械工业出版社，1999.

[45] 刘惠玲. 环境噪声控制. 哈尔滨：哈尔滨工业大学出版社，2002.

[46] 罗辉，胡亨魁，周才鑫. 环保设备设计与应用. 北京：高等教育出版社，1997.

[47] 马大猷. 噪声控制学. 北京：科学出版社，1987.

[48] 陈秀闻. 工业噪声控制. 北京：化学工业出版社，1983.

[49] 陈绎勤. 噪声与振动的控制. 北京：中国铁道出版社，1985.

[50] 赵松龄. 噪声的降低与隔离（上）. 上海：同济大学出版社，1985.

[51] 赵松龄. 噪声的降低与隔离（下）. 上海：同济大学出版社，1989.

[52] 李家华. 环境噪声控制. 北京：冶金工业出版社，2001.

[53] 潘云钢. 高层民用建筑空调设计. 北京：中国建筑工业出版社，1999.

[54] 郝吉明. 大气污染控制过程. 北京：高等教育出版社，2002.

[55] 北京有色冶金设计研究总院. 余热锅炉设计与运行. 北京：冶金工业出版社，1995.

[56] 庄骏. 热管与热管换热器. 上海：上海交通大学出版社，1989.

[57] 钟秦. 燃煤烟气脱硫脱销技术及工程实例. 北京：化学工业出版社，2002.

[58] 蒋文举. 烟气脱硫脱销技术手册. 北京：化学工业出版社，2007.

[59] 黄问盈. 热管与热管换热器设计基础. 北京：中国铁道出版社，1995.

[60] 金兆丰. 环保设备设计基础. 北京：化学工业出版社，1997.

[61] 刘天齐. 三废处理工程技术手册废气卷. 北京：化学工业出版社，1995.

[62] 郝文阁，王尚元. 微型旋风分离超细粉尘的性能. 东北大学学报，2008，29（4）：581-584.

[63] 石伟，郝文阁. 袋式除尘器反吹风清灰效果实验研究. 安全与环境学报，2006，6（6）：71-73.

[64] 吴岩，郝文阁，裴莹莹等. 气箱式脉冲喷吹袋式除尘器清灰系统主要技术参数的确定. 环境科学学报，2008，28（8）：1593-1598.

[65] 郝文阁，侯亚平. 静电除尘器的粉尘非稳态收集过程. 环境工程学报，2008，28（10）：2059-2063.

[66] 郝文阁，赵光玲. 石灰水湿法脱硫过程中 SO_2 吸收数学模型. 环境工程学报，2008，2（7）：969-972.